人工智能人才培养系列

人工智能原理及MATLAB实现

许国根 贾瑛 黄智勇 李茸 ◎ 编著

人民邮电出版社
北京

图书在版编目（C I P）数据

人工智能原理及MATLAB实现 / 许国根等编著. -- 北京 : 人民邮电出版社, 2024.3
（人工智能人才培养系列）
ISBN 978-7-115-62302-7

Ⅰ. ①人… Ⅱ. ①许… Ⅲ. ①Matlab软件－应用－人工智能 Ⅳ. ①TP18

中国国家版本馆CIP数据核字(2023)第129144号

内 容 提 要

本书系统地阐述人工智能的基本原理、实现技术及其应用，基本涵盖人工智能的重要理论和方法，包括机器学习、人工神经网络、深度学习、计算智能、数据挖掘、图像处理与识别等新技术、新理论。本书注重理论与实际相结合，通过实际问题介绍各种理论和方法，并介绍各种人工智能算法的MATLAB实现，具有较强的指导性和实用性。

本书可作为计算机、信息处理、自动化和电信等专业的高年级本科生和研究生学习人工智能的教材，也可作为从事计算机科学研究、开发和应用的教学和科研人员的参考用书。

◆ 编　　著　许国根　贾　瑛　黄智勇　李　茸
　责任编辑　孙　澍
　责任印制　王　郁　陈　犇
◆ 人民邮电出版社出版发行　　北京市丰台区成寿寺路 11 号
　邮编　100164　　电子邮件　315@ptpress.com.cn
　网址　https://www.ptpress.com.cn
　三河市兴达印务有限公司印刷
◆ 开本：787×1092　1/16
　印张：19.75　　2024 年 3 月第 1 版
　字数：507 千字　　2024 年 3 月河北第 1 次印刷

定价：79.80 元

读者服务热线：(010) 81055256　印装质量热线：(010) 81055316
反盗版热线：(010) 81055315
广告经营许可证：京东市监广登字 20170147 号

前言 PREFACE

人工智能是21世纪世界三大尖端技术（基因工程、纳米科学和人工智能）之一，作为研究机器智能和智能机器的一门综合性高技术学科，人工智能涉及心理学、认知科学、思维科学、信息科学、系统科学和生物科学等多个学科。经过多年的研究和发展，人工智能已在知识处理、模式识别、自然语言处理、对弈、自动定理证明、自动程序设计、专家系统、知识库、智能机器人、智能计算、数据挖掘和知识发现等多个领域取得了举世瞩目的成果，并形成了多元化的发展方向。

使计算机程序具有智能，能够模拟人的思维和行为，一直是计算机科学工作者的理想和追求。经过长期的努力，人类已经发明了自动机械等高级机器，创建了能够为人类的进化和发展服务的智能机器和智能系统，扩展了人脑的功能，形形色色的人工智能正在多个领域发挥着越来越重要的作用。计算智能、无人机器、智能机器人、机器学习、机器翻译等各种人工智能的应用及商品已成为人类学习、工作和生活的组成部分。

虽然人工智能取得了许多成果，但由于人脑结构及功能的复杂性，目前人类对自身的思维规律和智能行为的研究仍然处于探索阶段。人工智能研究要远远比人类的预想艰难、复杂得多，摆在人工智能面前的任务是极其艰巨和复杂的，需要广大的计算机科学工作者不畏艰难，勇于探索，辛勤耕耘，共同开创人工智能发展的广阔未来。党的二十大报告指出，要推动战略性新兴产业融合集群发展，构建新一代信息技术、人工智能等一批新的增长引擎。因此，人工智能是许多高新技术企业和高等院校的重要研究方向。

国内外论述人工智能的图书为数不少，但由于这一领域涉及包括数学在内的众多深奥、复杂的理论和知识，许多图书只介绍人工智能的理论，并没有给出各种算法的具体程序代码与实现效果，因此大多数读者在学习人工智能的过程中会感到非常困难，不易掌握其内容。根据这些现实情况，笔者基于自身对人工智能内容的掌握撰写了本书，目的是通过对人工智能技术的系统介绍和实例分析，让读者不仅能掌握人工智能的理论，而且能掌握其实现方法。

本书系统地阐述人工智能的基本原理、实现技术及其应用。全书共7章（第1章　概述，第2章　机器学习，第3章　人工神经网络，第4章　深度学习，第5章　计算智能，第6章　数据挖掘，第7章　图像处理与识别），基本涵盖了人工智能的重要理论和方法。

本书注重理论结合实际，通过实际问题介绍各种理论和方法，并介绍实现各种算法的MATLAB源代码，具有较强的指导性和实用性。读者可通过了解各种算法的实现思路和方法，体会算法源代码的含义，掌握人工智能的原理、实现方法，并应用于自己从事的科学研究中。应注意的是，由于MATLAB的版本变化较快，一些函数的用法随版本的变化而发生变化，因此书中的MATLAB程序虽然都能在MATLAB 2016版本运行通过（深度学习部分的程序能在MATLAB 2019版本运行通过），但有可能在其他的版本上会发生错误。读者可以根据出错的提示及函数的相关帮助文档自行加以改进。

由于编者水平有限，书中有不妥之处在所难免。故编者殷切希望广大读者及专家学者批评指导，并拨冗反馈发现的疏漏和不足之处，以便编者学习与更正。

编者

2023 年 10 月于西安

目录 CONTENTS

01

第 1 章　概述

人工智能自 1956 年诞生以来，经数十年的发展和研究获得了很大的成果，无论是在理论上还是在工程上都已自成体系，逐步成为一门独立的学科。人工智能被称为 20 世纪 70 年代以来世界三大尖端技术（空间技术、能源技术和人工智能）之一，也被认为是 21 世纪世界三大尖端技术（基因工程、纳米科学和人工智能）之一。

1.1　人工智能的定义与发展

1.1.1　人工智能的定义

什么是人工智能？人的智能与人工智能有什么区别和联系？人工智能产生于人的智能，它的出现并不是偶然的。从思维基础上讲，它是人们长期以来探索研制能够进行计算、推理和其他思维活动的智能机器的必然结果；从理论基础上讲，它是信息论、控制论、系统工程论、计算机科学、心理学、数学和哲学等多个学科相互渗透的结果；从物质和技术基础上讲，它是计算机和电子技术广泛应用的结果。

像许多新兴学科一样，人工智能至今尚无统一的定义。人工智能的英文是 Artificial Intelligence（AI），其含义是智能的人工制品，这个含义并不全面且没有涉及人工智能的实质。不同学科背景的学者对人工智能有不同的理解，所以提出了许多不同的观点。下面是几位知名的研究人工智能的科学家分别在不同年代对人工智能所下的定义。

1978 年帕特里克·温斯顿（P. Winston）："人工智能是研究使计算机更灵活有用、使智能的实现成为可能的原理。因此，人工智能研究结果不仅是使计算机模拟智能，而且是了解如何帮助人们变得更有智能。"

1981 年巴尔（A. Barr）和爱德华·费根鲍姆（E. Feigenbaum）："人工智能是计算机科学的一个分支，它关心的是设计智能计算机系统，该系统具有通常与人的行为相联系的智能特征，如了解语言、学习、推理、问题求解等。"

1983 年伊莱恩·里奇（E. Rich）："人工智能是研究怎样让计算机模拟人脑从事推理、规划、设计、思考、学习等思维活动，解决至今认为需要由专家才能处理的复杂问题。"

1987 年迈克尔·吉内塞雷斯（M. Genesereth）和约翰·尼尔森（J. Nilsson）："人工智能是研究智能行为的科学，它的最终目的是建立关于自然智能实体行为的理论和指导创建具有智能行为的人工制品。这样一来，人工智能有两个分支，一个为科学人工智能，另一个为工程人工智能。"

近年来，许多人工智能和智能系统研究者认为：人工智能（学科）是智能科学中涉及研究、设计及应用智能机器和智能系统的一个分支，而智能科学是一门与计算机科学并列的学科。

1.1.2 人工智能的发展

人工智能的起源可以追溯到丘奇（Church）、图灵（Turing）等学者关于计算本质的思想萌芽。在 20 世纪 30 年代，他们就开始探索形式推理概念与即将发明的计算机之间的联系，建立起关于计算和符号处理的理论。而且，在计算机产生之前，丘奇和图灵就已发现，数值计算并不是计算机的主要工作，它仅仅是解释机器内部状态的一种方法。被称为“人工智能之父”的图灵，不仅创造了一个简单的非数值计算模型，而且直接证明了计算机能以某种被认为是智能的方式进行工作，这就是人工智能的思想萌芽。

人工智能作为一门学科而出现的突出标志是：1956 年夏，在美国达特茅斯（Dartmouth）大学，当时美国年轻的数学家麦卡锡（McCarthy）和他的朋友明斯基（Minsky）、纽厄尔（Newell）、西蒙（Simon）、香农（Shannon）、塞缪尔（Samuel）、莫尔（More）等数学、心理学、神经学、信息论、计算机科学方面的学者共 10 人，举行了一个长达两个月的研讨会，认真、热烈地讨论了用机器模拟人类智能的问题。会上麦卡锡提出了“Artificial Intelligence”一词，之后纽厄尔和西蒙提出了物理符号系统假设，从而创建了人工智能这一学科。

之后，人们就试图编写程序以解决智力测验难题、证明数学定理和其他命题、对弈以及把文本从一种语言翻译成另一种语言，这些程序是第一批人工智能程序。1965 年，人们开始研制专家系统，并于 1968 年成功开发出第一个专家系统——DENRAL 系统，该系统用于分析有机化合物的分子结构，为人工智能的应用研究做出了开创性贡献。此后许多著名的专家系统，如地质勘探专家系统、青光眼诊断治疗专家系统、符号积分和数学专家系统等相继问世。在开发专家系统的过程中，许多研究者取得了共识，即人工智能系统是一个知识处理系统，知识表示（Representation）、知识利用（Application）和知识获取（Acquisition）是人工智能的 3 个基本问题。

到 20 世纪 80 年代后期，各个智能计算机研究计划的实施先后遇到严峻挑战和困难，无法实现其预期目标。这促使人工智能研究者对已有的人工智能和专家系统的思想和方法进行反思，认为人工智能应用技术应当以知识处理为核心，实现软件的智能化。知识处理需要对应用领域和问题求解任务有深入的理解，扎根于主流计算环境。只有这样，才能促使人工智能研究的应用走上持续发展的道路。

20 世纪 80 年代后期以来，机器学习、计算智能、人工神经网络和行为主义等研究深入开展，不时形成高潮。不同人工智能学派的争论推动了人工智能研究应用的进一步发展。以数理逻辑为基础的符号主义，从命题逻辑到谓词逻辑再到多值逻辑，包括模糊逻辑和粗糙集理论，为人工智能的形成和发展做出了历史性贡献。计算智能弥补了传统人工智能缺乏数学理论和计算的不足，更新并丰富了人工智能的理论框架，使人工智能进入一个新的发展时期。

迄今为止，人工智能已获得愈来愈广泛的应用，深入渗透到其他学科和科学技术领域，为这些学科和领域的发展做出了极大的贡献，并为人工智能的理论发展和应用提供了新的思路与参考。人工智能理论、方法和技术，包括人工智能三大学派，即符号主义、连接主义和行为主义，不再“单枪匹马打天下”，而是携手合作，走综合集成、优势互补、共同发展的道路。有理由相信，人工智能研究工作者一定能够抓住机遇，不负众望，创造更多、更大的新成果，开创人工智能发展的新时期。

1.2 人工智能的技术特征

人工智能作为一门学科，具有独特的技术特征，主要表现在以下几个方面。

1. 利用搜索

人工智能常常利用搜索补偿经验知识的不足。人们在遇到从未经历过的问题时，会由于缺乏经验知识而不能快速解决它，但可以采取“尝试-检验”的方法，即凭借人们的常识和相关领域的专门知识对问题进行试探性的求解，逐步解决问题，直至成功。这就是人工智能问题求解基本策略中的生成-测试法，用于指导在问题状态空间中的搜索。

2. 利用知识

知识在求解问题过程中具有非常重要的作用。利用知识可以提高搜索效率，弥补搜索中的不足。知识工程和专家系统技术的开发证明了知识可以指导搜索，“修剪”不合理的搜索分支，从而减小问题求解的不确定性，以大幅度地减少状态空间的搜索量，甚至完全免除不必要的搜索。从某种意义上讲，人工智能就是一种利用知识的方法。

3. 利用抽象

抽象用以区分重要与不重要的特征。借助抽象可区分问题中的重要特征和变式与大量不重要特征和变式。

人工智能技术利用抽象表现为在人工智能程序中采用陈述性的知识表示方法，这种方法把知识当作一种特殊的数据来处理，在程序中只把知识和知识之间的联系表达出来，与知识的处理截然分开，这使得知识更加清晰、明确并易于理解。

4. 利用推理

基于知识表示的人工智能程序主要利用推理在形式上的有效性，即在问题求解的过程中，人工智能程序使用知识的方法和策略都应较少地依赖知识的具体内容。目前，人工智能已有各种逻辑推理，如似然推理、定性推理、模糊推理、非精确推理等，这些逻辑推理已发展成为各种控制策略，为人工智能的应用开辟了广阔的应用前景。

5. 利用学习

人工智能的核心是思维，具有可运用的知识。关于人工智能的研究应以学习而不是知识为中心。人工智能的研究中心应当通过学习来积累。

6. 遵循有限合理原则

西蒙于 20 世纪 50 年代在研究人的决策制定中总结出一条关于智能行为的基本原则。该原则指出，人在超过其思维能力的条件下，仍要做好决策，而不是放弃。这时人将在一定的约束条件下制定尽可能好的决策。这样制定的决策具有一定的随机性，往往不是最优的。人工智能要完成的任务，大多是在一个“组合爆炸空间”内的搜索，因此有限合理是人工智能技术应遵循的原则之一。

1.3 人类智能的计算机模拟

人工智能的研究表明，计算机可以模拟人类的活动。机器智能的应用研究已取得可喜进展，其发展前景令人鼓舞。

帕梅拉·麦考达克（P. McCrduck）在其关于人工智能历史研究的著作《机器思维》中曾经提出：复杂的机械装置与智能之间存在着长期的联系。人类很早就开始了机器智能的研究。从机械自动化开始，人们已对机器操作的复杂性与自身的智能活动进行了直接联系。今天，新技术已使所建造机器的复杂性和智能大为提高。

计算机对人脑的模拟是从数值计算开始的。然而人类最主要的智力活动并不是数值计算，而是逻辑推理。由于逻辑推理与人的智能都是物理符号（模式）系统，即可以用符号表示事物和状态，然后用计算机进行运算，因此我们可以通过编写计算机程序来模拟人的智能，如对弈、证明定理、翻译语言等。当然这些程序的功能只能接近人的行为，而不可能完全相同；此外，这些程序所能模拟的智能的水平还是很有限的。例如 1979 年以前的国际象棋程序是十分熟练的、具有人类专业棋手水平的实验系统，但是它们并没有达到人类国际象棋大师的水平。近年来，随着计算机技术日新月异的发展，自学习、并行处理、启发式搜索、机器学习、智能决策等人工智能技术已用于对弈程序设计，使计算机棋手的水平大为提高。1997 年，IBM 研制的“深蓝”（Deep Blue）智能计算机在 6 局比赛中以 2 胜 1 负 3 平的结果，战胜国际象棋大师卡斯帕罗夫。这一成就表明：可以通过人脑与计算机协同工作，以人-机结合的模式，为复杂系统问题寻找解决方案。随后 IBM 研制了功能更强大的“小深”（Deep Junior），其与人类顶尖棋手的对弈结果表明，虽然人工智能要完全达到人的智能水平尚需时日，但并非不可能。近些年应用深度学习等人工智能技术而编写的围棋程序“AlphaGo”是第一款击败人类职业围棋冠军的人工智能围棋程序，围棋界公认“AlphaGo”的棋力已经超过人类职业围棋顶尖棋手水平。

对神经型智能计算机（简称神经计算机）的研究是人工智能技术应用又一新的范例，其研究进展必将为模拟人类智能做出新的贡献。神经计算机能够以类似人类的方式进行“思考”，它力图重建人脑的形象。在美国、英国、中国、日本等国家，众多的研究小组投入到对神经网络和神经计算机的研究。对量子计算机的研究也已起步，并取得了一些研究成果。2019 年，谷歌公司宣称实现了 53 个量子位的量子计算机；2020 年，中国科学家宣布成功构建 76 个光子的量子计算原型机“九章”，其求解数学算法高斯玻色取样只需 200s，而当时世界最快的超级计算机要用 6 亿年。

人脑能够快速处理大量的信息，同时执行多项任务。但迄今为止的所有计算机，基本上未能摆脱冯·诺依曼机的结构，只能依次对单个问题进行“求解”。即使是现有的并行处理计算机，其性能仍然十分有限。人们期望，借鉴人脑能够复制大量的交互信息、快速处理大量的信息、同时执行多项任务的特点，通过对神经计算的研究开发出神经计算机，通过对量子计算的研究开发出量子计算机，通过对光计算的研究开发出光子计算机。人们期望在不久的将来，使用光子计算机或量子计算机取代现有的计算机，大大提高信息处理能力，模仿和呈现出更为高级的人工智能。

1.4 人工智能的研究与应用领域

人工智能在问题求解与对弈、逻辑推理与定理证明、计算智能、分布式人工智能、自动程序设计、专家系统、机器学习、模式识别、机器视觉、神经网络、智能检索等领域都有广泛的应用。

1. **问题求解与对弈**

应用人工智能的一大成就是发展出了对弈（国际象棋、围棋等）程序。在对弈程序中应用的某些技术，如向前看几步及把困难的问题分成一些比较容易解决的子问题，可发展成为搜索和问题消解这样的人工智能基本技术。另一种求解问题的技术是把各种数学公式和符号汇编在一起，其性能可以达到很高的水平，该技术已为许多科学家和工程师所应用。

2. 逻辑推理与定理证明

逻辑推理是人工智能研究中历史最悠久的领域之一。借助逻辑推理，人类可通过机器对数学中臆测的定理进行证明或反证。最著名的例子便是“四色定理”的证明：证明过程用3台大型计算机，耗费大约1200h的CPU时间，并对中间结果进行了反复修改，最终证明了该定理。

3. 计算智能

计算智能涉及神经计算、模糊计算、进化计算、粒子群算法、自然计算、免疫计算和人工生命等研究领域。遗传算法、进化规划、进化策略、粒子群算法等是研究的热点。人工生命是在1987年提出的，旨在用计算机和精密机械等人工媒介生成或构造出能够表现自然生命系统行为特征的仿真系统或模型系统。自然生命系统具有自组织、自复制、自修复等特征，以及形成这些特征的混沌动力学、进化能力和环境适应能力。

4. 分布式人工智能

分布式人工智能（Distributed Artificial Intelligence，DAI）是分布式计算与人工智能结合的结果。DAI系统以鲁棒性作为衡量控制系统质量的标准，并具有互操作性，即不同的异构系统在快速变化的环境中具有交换信息和协作的能力。DAI 的研究目标是创立一种能够描述自然系统和社会系统的精确概念模型。

5. 自动程序设计

自动程序设计能够以各种目的描述来编写计算机程序。对自动程序设计的研究不仅可以促进半自动化软件开发系统的发展，而且可以使通过修正代码进行学习的人工智能系统得到发展。

6. 专家系统

一般地，专家系统是一个智能计算机程序系统，其内部具有大量某个领域专家水平的知识与经验，能够利用人类专家的知识和解决问题的办法来解决该领域的问题。专家系统与传统的计算机程序的本质区别在于专家系统所要解决的问题一般没有算法解，并且经常要在不完全、不精确或不确定的信息的基础上得出结论。

7. 机器学习

学习是人的智能的主要标志和获得知识的基本手段，而机器学习是使计算机具有智能的根本途径。此外机器学习还有助于发现人类学习的机理并揭示人脑的奥秘。

数据挖掘和知识发现是20世纪90年代初期兴起的一个活跃的机器学习研究领域。在数据库基础上实现的知识发现系统，通过综合运用统计学、粗糙集、模糊数学、机器学习和专家系统等多种学习手段和方法，从大量的数据中提炼出抽象的知识，从而揭示出蕴含在这些数据中的客观世界的内在联系和本质规律，实现知识的自动获取。

8. 模式识别

计算机硬件的迅速发展、计算机应用领域的不断开拓，急切要求计算机能更有效地感知如声音、文字、图像、温度等人类赖以发展自身、改造环境所运用的信息资料。着眼于拓宽计算机的应用领域，提高其感知外部信息的能力，模式识别便得到迅速发展。

人工智能所研究的模式识别是指用计算机代替人类或帮助人类感知，是对人类感知外界功能的模拟，其研究的是计算机模式识别系统，也就是使计算机具有模拟人类通过感官接受外界信息、识别和理解周围环境的感知能力。

9. 机器视觉

机器视觉（或计算机视觉）已从模式识别的一个研究分支发展为一门独立的学科。

机器视觉通常可分为低层视觉与高层视觉。低层视觉主要用于实现预处理功能，如边缘检测，动目标检测，纹理分析，通过阴影获得形状、立体造型、曲面色彩等。高层视觉则主要用于理解所观察对象的形象。

机器视觉的前沿研究领域包括实时并行处理、主动式定性视觉、动态和时变视觉、三维景物的建模与识别、实时图像压缩传输和复原、多光谱和彩色图像的处理与解释等。

10. 神经网络

研究结果已经表明，用神经网络处理直觉和形象思维具有比传统处理方式好得多的效果。对神经网络模型、算法、理论分析和硬件实现的大量研究，为神经计算机走向应用提供了基础性支持。人们期望神经计算机能具有人脑的功能，极大地提高信息处理能力，在更多方面取代传统的计算机。

11. 智能检索

科学技术的迅速发展，导致“知识爆炸”情况的出现。对国内外种类繁多和数量巨大的科技文献的检索远非人类和传统检索系统所能胜任。研究智能检索系统已成为科技持续快速发展的重要保证。

智能检索系统的设计面临几个方面的问题。第一，建立一个能够理解以自然语言陈述的询问系统本身就存在不少问题。第二，即使通过规定某些机器能够理解的形式化询问语句来规避语言理解问题，仍然存在如何根据存储的事实演绎出答案的问题。第三，理解询问和演绎答案所需要的知识都可能超出该学科领域数据库所表示的知识范围。

1.5 人工智能之知识获取

知识获取研究伴随人工智能的兴起而逐渐升温，它是人工智能和知识工程的基本技术之一，也是主要问题之一。特别是 20 世纪 70 年代以来，基于知识工程的人工智能发展，形成了人工智能的 3 个中心问题：知识表示、知识应用和知识获取。人工智能的研究不仅让机器有解决问题的能力，而且应使机器具有自学习能力，使机器能像智慧生物一样积累生活经验和不断总结教训，改正错误，提高性能，适应不断变化的环境，并有发现和发明的能力。知识获取能解决机器知识的来源和补充问题。所有先进、完善的人工智能系统都必须具备学习能力，知识获取是设计和实现各种人工智能和知识工程的关键。

什么是知识获取呢？一般而言，知识获取可以简单地表述为从与领域专家的交互中获取知识。事实上，知识获取的提出与形成是和知识紧密联系在一起的。费根鲍姆（Feigenbaum）认为：“知识获取是人工智能应用的一项技能。它运用人工智能的原理和方法，为处理只有具备专家知识才能解决的难题提供便捷途径。恰当运用专家知识的获取、推理和表达过程中的方法，是设计基于知识系统的重要技术。”

知识获取的方法是多种多样的，如与专家会谈、观察专家的问题求解过程、使用文本理解系统等。依据在知识获取过程中自动化程度的高低，可把知识获取方法分为3种类型：人工知识获取、半自动知识获取和自动知识获取。

人工知识获取是指处于中间指导环节的知识工程师，通过知识源和计算机系统，经过抽取、组织和归纳后最终将知识以某种形式存入知识库。

半自动知识获取是指在知识工程师的干预指导下，借助知识获取工具来完成知识获取的过程。此种方法主要通过交流等一系列方式，例如采取提示、指导或问答的方式，利用专门的知识获取系统把专家描述的内容翻译成所需的知识形式并记入知识库。此种方法又被称为交互式知识获取。

自动知识获取是指由领域专家直接提供知识、数据和有关资料，知识获取过程完全由知识获取工具或知识库系统自动完成，知识工程师仅仅协调知识获取过程，如维护系统运行、教会领域专家使用计算机系统等。自动知识获取具有从已有知识中发掘新知识的能力，因此又被称为具有推理能力的知识获取方法。自动知识获取分为两种形式：一种是系统在运行过程中自动总结经验，修改和扩充自己的知识库，本身具有自学习能力；另一种形式是开发专门的机器学习系统，让机器自动从实际问题中获取知识，并填充知识库。

在人工智能或知识工程系统中，机器获取知识的方法和途径可分为以下3类。

1. 人工移植

人工移植依靠人工智能系统的设计师、知识工程师、程序员、专家或用户，通过系统设计、程序编制及人机交互或辅助工具，将人的知识移植到机器的知识库中，使机器获取知识。

人工移植的方式可分为以下两种。

（1）静态移植。在系统设计过程中，通过知识表示、程序编制、建立知识库，进行知识存储、编排和管理，使系统获取所需的先验知识或静态知识。

（2）动态移植。在系统运行过程中，通过常规的人机交互方法（如“键盘-显示器”的输入输出交互方式）或辅助知识获取工具（如知识编辑器），利用知识同化技术和知识顺应技术，对机器的知识库进行人工的增加、删除、修改、扩充和更新，使系统动态获取所需的知识。

2. 机器学习

机器学习是指在人工智能系统运行过程中，机器通过学习获取知识，进行知识积累，对知识库进行增加、删除、修改、扩充与更新。

机器学习的方式可分为以下两种。

（1）示教式学习。在机器学习过程中，由人作为示教者或监督者，给出评价准则或判断标准，对系统的工作效果进行检验，选择或控制“训练集”，对学习过程进行指导和监督。这种学习方式可以是离线或在线的、非实时或实时的。

（2）自觉式学习。在机器学习过程中，不需要人作为示教者或监督者，而由系统本身的监督器实现监督功能，对学习过程进行监督，提供评价准则和判断标准，通过反馈进行工作效果检验，控制选例和训练。这种学习方式通常是在线、实时的。

在上述两种学习方式中，机器可以采用各种学习方法，如强记、指导、示例、类比等。

3. 机器感知

所谓机器感知是指人工智能系统在调试或运行过程中，通过机器视觉、机器听觉、机器触觉等途径，直接感知外部世界、输入自然信息、获取感性知识和理性知识。

机器感知主要有以下 3 种途径。

（1）机器视觉。在系统调试或运行过程中，通过文字识别、图像识别和物景分析等，直接从外部世界输入相应的文字、图像和物景的自然信息，获取感性知识，并经过识别、分析和理解，获取有关的理性知识。

（2）机器听觉。在系统调试或运行过程中，通过声音识别、语音识别和语言理解等，直接从外部世界输入相应的声音、语言等自然信息，获取感性知识，并经过识别、分析和理解，获取有关的理性知识。

（3）机器触觉。机器触觉是指通过触觉传感器与被识物体相接触或相互作用来完成对物体表面特征和物理性能（如硬度、弹性、粗糙度、材质等）的感知。它可实现视觉等其他感觉无法实现的功能，例如可以识别出物体是否要滑出或预测抓取物体成功的可能性等。

在人工智能的研究层面上，知识获取遇到的主要问题来自以下 6 个方面。

（1）知识获取是一个科学建模的过程。它并不是简单地将知识从一种表示方式转换为另一种表示方式的过程，而是在计算机专家知识系统中将根据专家求解问题的方法建立的求解模型表示出来的过程。

（2）知识表示的不一致性。由于知识在转换过程中会遗失一部分原有的知识，同时引入新的“知识杂质”，因此知识源中的知识和知识库系统中的知识在表示法上存在不同。

（3）在专家头脑中有一部分知识是凭经验产生的，如涉及一些操作技能的知识。专家往往能恰当地处理某个领域中的问题，但说不清楚处理所依据的原则。因此，许多专家知识只可意会而难以言传。

（4）知识的形式是多种多样的，不同形式的知识在不同研究领域中有其对应的表示方式和获取方法。目前，还不存在比较统一和规范的知识获取方法。

（5）专家资源问题。为了获取某个领域的知识，特别是一些用于提高问题求解效率的启发性知识，就不可避免地要与一些该领域的优秀专家交流。但专家们往往没有充裕的时间与知识工程师充分讨论相关领域具体问题的求解方法，这可能使相关领域知识失去权威性。

（6）测试和完善知识库系统的复杂性。知识工程师的任务之一是将专家知识表示为计算机系统所能接受的方法。而知识表示方法直接关系到知识库系统的性能。另外，知识库中的知识是否一致、是否完备和有无冗余也是知识工程师要考虑的问题。目前在这些方面的技术还有相当的局限性。

知识获取技术最近几年发展迅速，但其毕竟属于新兴领域，发展时间比较短且技术难题很多。一直以来，机器学习能力是人工智能领域研究的一个关键点。机器学习能力的不足限制了人工智能的发展，但同时其他领域在学习算法和学习形式等方面的发展，也推动了机器学习领域的发展。

02 第2章 机器学习

机器学习是人工智能应用的一个重要研究领域，它不仅是计算机科学领域的研究热点，也是一些交叉学科的重要技术。目前，机器学习已经广泛应用于各个研究领域。

2.1 机器学习概述

学习是人类具有的一种重要的智能行为。通过学习，人类可以不断取得科学与工程上的突破，同时也可以不断提高自身的智力水平。人类一直试图让机器具有智能，也就是人工智能。当机器具备了学习能力（机器学习），能自动获取知识时，它就在一定程度上与人类似了。

机器学习是人工智能应用较为重要的分支，代表性的成果有人工神经网络、支持向量机等。进入21世纪，随着数据量的不断增大和计算能力的不断提升，以深度学习为基础的诸多人工智能应用逐渐成熟。

在20世纪50年代，人们通过赋予机器逻辑推理能力使机器获得智能来完成一些数学定理的证明。但由于机器缺乏知识，远不能实现真正的智能。因此，在20世纪70年代，人工智能的发展进入“知识期”，即人类将知识总结出来并教给机器，使机器获得智能。在这一时期，大量的专家系统问世，在很多领域取得了大量应用成果。在这个时期，机器按照人类设定的规则和总结的知识运作，但由于人类知识量巨大，故出现了知识瓶颈，即机器无法超越其创造者即人类。针对这个缺陷，机器学习应运而生，人工智能进入“机器学习时期”。经过数十年的研究，特别是随着人工智能技术和计算机技术的快速发展，机器学习有了新的更有力的研究手段和环境。结合各种学习方法，取长补短的多种形式的集成机器学习系统研究兴起，机器学习的应用领域不断扩大，其中一部分技术应用已成功转化为产品；新的研究热点如数据挖掘和知识发现及机器学习在生物医学、金融管理、商业销售等领域的成功应用，给机器学习注入了新的活力，机器学习已经进入新阶段。

随着机器学习技术的不断成熟和计算学习理论的不断完善，机器学习必将会给人工智能的研究带来新的突破。

2.2 机器学习的分类

按照不同的分类标准，机器学习有不同的分类。

（1）按任务类型划分，机器学习可以分为回归模型、分类模型和结构化学习模型。回归模型是预测模型，其输出是一个不能枚举的数值；分类模型又可分为二分类模型和多分类模型；结构化学习模型的输出不是一个固定长度的值，而是图片的文字描述。

（2）按方法的角度划分，机器学习可以分为线性模型和非线性模型。线性模型较为简单，但使用时条件严格，线性模型是非线性模型的基础；非线性模型又可分为传统机器学习模型（如支持向量机、*k* 近邻、决策树等）与深度学习模型。

（3）按学习理论划分，机器学习可以分为有监督学习、半监督学习、无监督学习、迁移学习和强化学习。当训练样本带有标签时是有监督学习；当训练样本部分有标签，部分无标签时是半监督学习；当训练样本全部无标签时是无监督学习。迁移学习是指把已经训练好的模型参数迁移到新的模型上以帮助新模型训练；强化学习是一个学习最优策略，可以让机器在特定环境中，根据当前状态做出行动，从而获得最大回报。强化学习和有监督学习最大的不同是，强化学习每次的决定没有对与错，而只希望获得最多的累计奖励。

2.3 机器学习的主要策略与机器学习系统的基本结构

2.3.1 机器学习的主要策略

学习是一项复杂的智能活动，学习过程与推理过程紧密相连。根据学习中使用推理的多少，机器学习的主要策略可以分为机械学习、示教学习、类比学习和示例学习。学习过程所用的推理越多，系统的学习能力就越强。

机械学习就是记忆，是最简单的策略。这种策略不需要推理。因为计算机存储容量相当大、检索速度相当快，而且记忆准确，所以能产生人类难以预料的效果。如有些对弈程序就采用这种策略，可以记住数万个棋局，能在对弈中优先选择对自己有利（分值高）的走法，并不断地修改分值以提高自己的水平，这对人类来说是不可能办到的。

示教学习是比机械学习更复杂的策略。系统在这种策略下接受外部知识时需要进行一些推理、翻译和转化工作。许多专家系统就采用这种策略。

类比学习只能得到完成类似任务的有关知识，学习时系统必须能够发现当前任务与已知任务的相似点，由此制定出完成当前任务的方案，因此此策略比上述两种策略需要更多的推理。

采用示例学习策略的系统，事先完全没有完成任务的任何规律性的信息，而只有一些具体的工作例子及工作经验。系统需要对这些例子及经验进行分析、总结和推广，得到完成任务的一般性规律，并在下一步的工作中验证或修改这些规律，因此这种策略需要的推理是最多的。

此外，还有基于解释的学习、决策树学习、增强学习和基于神经网络的学习等策略。

2.3.2 机器学习系统的基本结构

图 2.1 所示是机器学习系统的基本结构。环境向机器学习系统的学习部分提供某些信息，学习部分利用这些信息修改知识库，以提高机器学习系统执行部分完成任务的效能，执行部分根据知识库完成任务，同时把获得的信息反馈给学习部分。

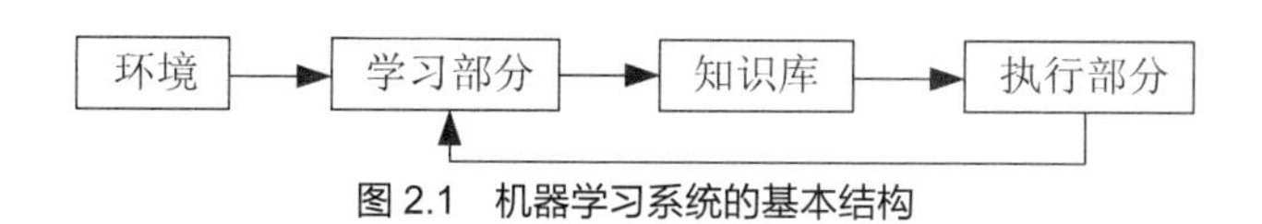

图 2.1　机器学习系统的基本结构

影响机器学习系统设计的最主要因素是环境向学习部分提供的信息的质量。机器学习系统中知识库存储的知识是指导执行部分动作的一般原则，但环境向学习部分提供的信息却是各种各样的。如果信息的质量比较高，与知识库中的知识差别比较小，则学习部分比较容易处理；但如果提供的是杂乱无章的信息，则机器学习系统需要在获得足够信息之后，经过归纳总结、推理，删除不必要的细节，形成可作为指导动作的一般原则的知识后再将其存储到知识库。这样学习部分的任务就比较繁重，设计起来也较为困难，而且机器学习系统所进行的推理并不完全是可靠的，以至总结出的知识的可靠性也受到影响，需要通过执行部分来检验效果。正确的知识能使机器学习系统的效能提高，应予以保留；不正确的知识应予以修改或从数据库中删除。

知识库是影响机器学习系统设计的第二个因素。知识的表示有多种形式，例如特征向量、一阶逻辑语句、产生式规则、语义网络和框架等。这些表示形式各有特点，在选择表示形式时要兼顾以下 4 个方面。

（1）表达能力强，即表示形式能很容易表达有关的知识。如研究物体，可以用特征向量(颜色,形状,体积,材质)表示。例如(红,方,小,木)表示的是一个红色的小的方形木块。但用特征向量表示物体间的相互关系会比较困难，这时采用一阶逻辑语句是比较方便的。

（2）易于推理，即表示形式能使推理较为容易。例如，在判别两种表示形式是否等价时，如果采用的是特征向量则这个问题比较容易解决，而用一阶逻辑语句则要困难得多，需要较高的计算代价。

（3）容易修改知识库。机器学习系统在学习的过程中会不断修改它的知识库。因此机器学习系统的知识表示一般都采用利于修改知识库的明确、统一的形式，如特征向量、产生式规则。学习部分在修改知识库时，无论是增加还是删除知识，应对整个知识库进行检验、调整，以防产生矛盾的知识。

（4）知识易于扩展。随着机器学习系统学习能力的提高，单一的知识表示形式已经不能满足需要，一个机器学习系统有时需要使用几种知识表示形式，有时还要求机器学习系统本身能构造出新的表示形式，以适应外界信息不断变化。因此机器学习系统应包含如何构造表示形式的元级知识。这些元级知识可以使机器学习系统的学习能力得到极大提高，学会更加复杂的知识，不断扩大知识领域和提高执行能力，所以元级知识也可以被看作知识库的一部分。

需要说明的是，机器学习系统并不能凭空获得知识，因此要求其具有某些知识以能够理解环境提供的信息，对信息进行分析比较，做出假设，检验并修改这些假设，从而形成自己的知识。更确切地说，机器学习系统是对现有知识的扩展和改进。

2.4　机器学习算法

机器学习算法是一些算法的总称，这些算法从大量历史数据中挖掘出隐含的规律，用于预测或分类。更具体地说，机器学习算法可以看作是寻找一个函数，其输入是样本数据，输出是期望的结果，只是这个函数过于复杂，以至于没有明确的数学表达式。机器学习算法的目标是使寻找到的函数不仅能在训练样本上表现很好，而且能很好地适用于新样本，即具有很好的泛化能力。

机器学习算法的基本训练步骤如下。

① 选择一个合适的模型。模型就是一个或一组函数的集合，通常需根据实际问题而定。不同的

问题和任务需要选取恰当的模型，才能更易获得正确的结果。

② 判断函数的好坏。这需要确定一个衡量标准，也就是通常所说的损失函数。损失函数也需要依据具体问题而定，如回归问题一般采用欧氏距离，分类问题一般采用交叉熵代价函数。

③ 找到最好的函数。通过训练样本数据，机器学习算法从众多函数中以较快的速度找到最好的函数。要又快又准地完成这个过程往往不是一件容易的事，完成这个过程常用的算法有梯度下降算法、最小二乘算法等。

④ 检验。找到最好的函数后，还需要在新的样本上进行检验，函数只有在新样本上表现很好，才算是一个好的函数。

机器学习算法包括决策树算法、贝叶斯网络算法、支持向量机算法、k 近邻分类算法、模糊聚类算法、随机森林算法、集成学习、KM 算法等。

2.4.1 决策树算法

决策树算法利用特殊的决策树模型来进行辅助决策，是模式识别中进行分类的一种有效的算法。它利用树状分类把一个复杂的多类问题转换为若干个简单分类问题来解决。

决策树模型代表了样本属性值与样本类别之间的一种映射关系。它采用“分而治之”的方法将问题的搜索空间分为若干子集，其形式类似于流程图。其中，每个内部节点表示在一个属性上的测试，每个分支代表一个测试输出，而每个决策节点存放一个类标号。决策树的最顶层节点是根节点。决策树也可解释为一种特殊形式的规则集，其特征是规则的层次组织关系。决策树可以由分析训练数据的算法创建，或者由领域专家创建。大多数决策树因创建过程不同而不同。

决策树算法是主要针对“以离散型作为属性类型进行分类”的算法。对于连续型变量，必须被离散化后才能进行学习和分类。

决策树算法具有以下优点：决策树的构造不需要任何领域知识或参数设置，因此适用于探究式知识的发现；可以处理高维数据；获取的知识树的表示形式是直观的，并且容易被人理解；决策树学习的归纳和分类步骤简单、快速；一般情况下决策树具有很高的准确率。但也存在以下缺点：决策树算法不易处理连续型数据；数据的属性域必须被划分为不同的类别才能处理，有时这样的划分比较困难；决策过程忽略了数据库属性之间的相关性；在处理较大数据库时算法的额外开销较大，降低了分类的准确性；数据复杂性提高，会导致分支数增加，管理的难度会越来越大。

2.4.1.1 决策树基本算法

决策树算法是一种单分类器的分类技术，也是机器学习中的一种经典算法。决策树的内部节点是属性或者属性的集合，而叶节点是学习划分的类别或结论，内部节点的属性称为测试属性或分裂属性。

决策树模型一般包含 3 类节点：根节点、决策节点、叶节点。决策树节点构成示意如图 2.2 所示。决策树从根节点即决策树的起始节点开始，所有的待分类数据都存储在其中，即根节点中包含所有样本的数据。决策节点中包含所有属性的集合，并在某种规则下对其属性进行划分，最

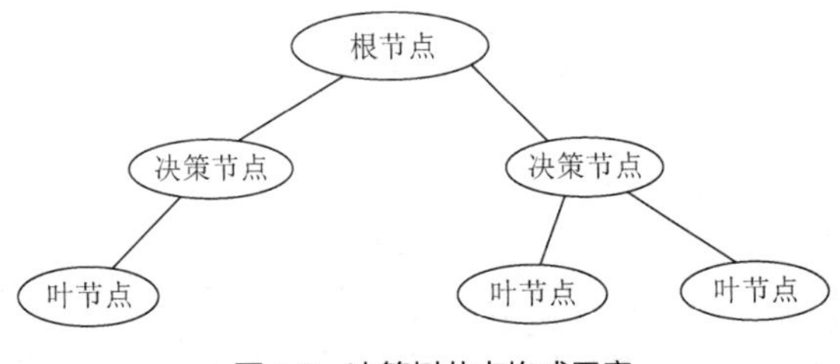

图 2.2　决策树节点构成示意

终当每个节点中仅含有某一类样本的时候，分裂完成，形成叶节点。从根节点至叶节点所形成的路径表示相应的分类规则。

决策树的建立是一个从上至下、分而治之的过程。决策树的构建过程主要分为两个阶段：构造和剪枝。在构造阶段，从根节点开始在每个决策节点上选择测试属性，然后在建立的决策树的分支上进行样本的划分，直到达到规定的终止条件为止。一般终止条件有两种：一种是当每个叶节点中只含有同一类型的样本时停止继续分裂；另一种是设置节点中的迭代次数达到某个定值，同时样本数量小于某个阈值时停止分裂，而上述过程对于未知测试集的分类能力并不能保证，尤其在噪声数据或者孤立点数据较多时，分类精度会大打折扣。所以决策树采用剪枝来弥补决策树构造过程中的缺陷。决策树剪枝过程示意如图 2.3 所示。剪枝的过程实际上就是去除过于细分的叶节点，即噪声点和孤立点，将其回退到其父节点或更高的节点，使其父节点或更高的节点变为叶节点。这样就可以大大降低决策树的复杂度，减小决策树出现过拟合的概率，并对未知的数据有着较好的分类效果。

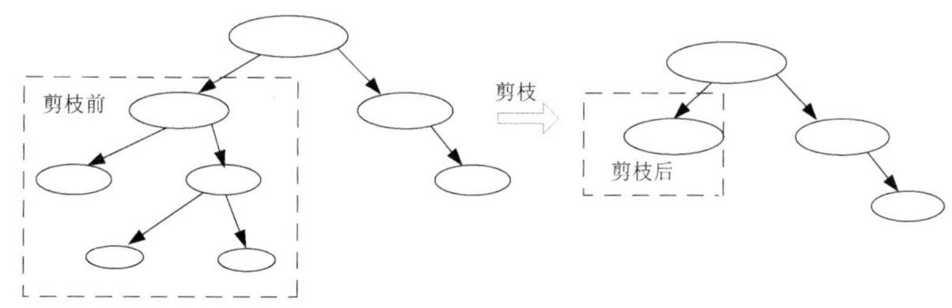

图 2.3 决策树剪枝过程示意

决策树的整个构建过程如图 2.4 所示。当通过一组训练样本数据集的学习产生决策树后，就可以对一组新的未知数据进行分类。使用决策树对数据进行分类的时候，采用自顶向下的递归，对决策树内部节点进行属性值的判断，根据不同的属性值决定走哪一条分支，在叶节点处就能得到新数据的类别或结论。

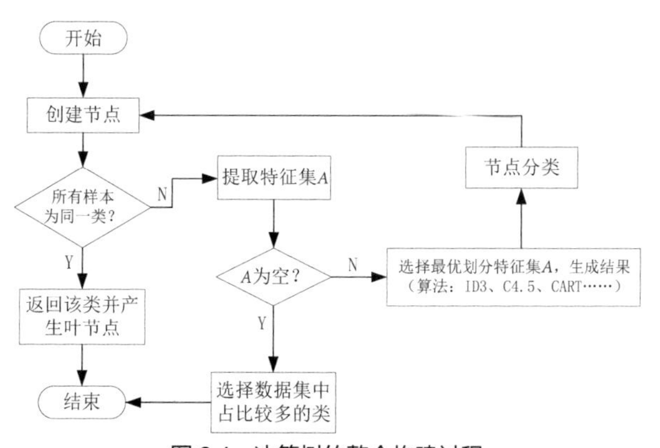

图 2.4 决策树的整个构建过程

根据决策树内部节点的不同属性，决策树有以下几种分类。

（1）当决策树的每一个内部节点都只包含一个属性时，称为单变量决策树；当决策树存在包含多个属性的内部节点时，称为多变量决策树。

（2）根据测试属性的不同属性值的个数，每一个内部节点可能有两个或者多个分支。如果决策树的每一个内部节点只有两个分支则称为二叉决策树。

分类结果可能有两类，也可能有多类。二叉决策树的分类结果只能有两类，故也称为布尔决策树。

在决策树构造过程中，分支指标（Splitting Index，SI）是关键。不同的决策树算法采用不同的分支指标。算法 ID3、C4.5 使用的分支指标是信息增益（Information Gain），而算法 CART、SLIQ 和 SPRINT 使用 gini 指标。这些指标决定了决策树在哪个属性处发生分类。

由于训练集中的噪声产生的起伏使决策树产生不必要的分支，因此在对实测样本分类时可能会产生错误的结果，为了降低错误率，需要进行决策树剪枝。

大多数决策树算法面临下列问题。

① 选择分类属性。在构建决策树的过程中，选择哪个属性作为分类属性会影响算法性能。属性的选择不仅涉及检验训练集中的数据，而且需要参考领域专家的建议。

② 分类属性的次序。选择分类属性的次序也是很重要的。较好的分类次序可以减少算法计算量。

③ 分类的数量。与选择分类属性的次序相对应的是确定分类的数量。分类的数量根据属性的定义域来确定。

④ 决策树的结构。为了改进应用决策树进行分类的性能，总是希望得到具有最少层次的平衡树。

⑤ 当训练数据被正确分类时，决策树的构造过程就应停止。为了防止产生过大的决策树或产生过拟合，有时也希望提前停止构造过程。提前停止构造过程需综合考虑分类精度和性能等多个因素。

⑥ 训练数据。构造的决策树的结构取决于训练数据。如果训练集太小，则构造的决策树由于没有足够的特殊性，不能很好地应用于更加通用的数据；如果训练集太大，则构造的决策树可能产生过拟合。

⑦ 剪枝。决策树被构造后，还需要对决策树进行剪枝，以提高分类阶段决策树的性能。剪枝阶段可能会删除过多的分类属性或者删除一些叶节点，以获得更好的性能。

在设计构建决策树算法时，总是希望得到可以对数据集进行正确分类的最佳形状的决策树。决策树的归纳算法和训练数据共同决定决策树的形状。

决策树算法的时间和空间复杂度取决于训练数据的规模、属性数量以及最终构建的决策树的形状。在最坏的情况下，构建的决策树可能很深而不茂密。

2.4.1.2 ID3 算法

ID3 算法是各种决策树算法中最有影响力、使用最广泛的一种，其基本策略是选择具有最高信息增益的属性作为分类属性。

设样本数据集为 X，类别数为 n，并设属于第 i 类的样本数据个数是 C_i，X 中总的样本数为$|X|$，则一个样本属于第 i 类的概率 $P(C_i) \approx \frac{C_i}{|X|}$。此时决策树对划分 C 的不确定程度（即信息熵）为

$$H(X,C) = H(X) = -\sum_{i=1}^{n} P(C_i)\log_2 P(C_i) \tag{2.1}$$

若选择属性 a（设属性 a 有 m 个不同的取值）进行测试，其不确定程度（即条件熵）为

$$\begin{aligned} H(X|a) &= -\sum_{i=1}^{n}\sum_{j=1}^{m} P(C_i, a=a_j)\log_2 P(C_i|a=a_j) \\ &= -\sum_{i=1}^{n}\sum_{j=1}^{m} P(a=a_j)P(C_i|a=a_j)\log_2 P(C_i|a=a_j) \\ &= -\sum_{j=1}^{m} P(a=a_j)\sum_{i=1}^{n} P(C_i|a=a_j)\log_2 P(C_i|a=a_j) \end{aligned} \tag{2.2}$$

则属性 a 对于分类提供的信息量为

$$I(X,a)=H(X)-H(X\mid a) \tag{2.3}$$

式中 $I(X,a)$表示属性作为分类属性之后信息熵的下降程度，亦称为信息增益。我们应该选择使 $I(X,a)$ 最大的属性作为分类属性，这样得到的决策树的确定性最大。

ID3 算法的步骤如下。

（1）在整个样本数据集 X 中选出规律为 W 的随机子集 X_1，W 称为窗口规模，子集称为窗口。

（2）以 $I(X,a)=H(X)-H(X\mid a)$ 的值最大，即 $H(X|a)$的值最小为标准，选取每次的测试属性，形成当前窗口的决策树。

（3）按顺序扫描所有样本数据，找出当前的决策树的例外，如果没有例外，则结束算法。

（4）组合当前窗口的一些样本数据与某些在步骤（3）中找到的例外形成新的窗口，转到步骤（2）。

基本的 ID3 算法采用信息增益作为单一的属性的度量，试图减少树的平均深度，而忽略对叶节点数量的研究，这导致了许多问题：信息增益的计算依赖于属性取值较多的特征，但属性取值较多的属性不一定是最优属性；抗噪性差，训练集中正例（符合决策属性）和反例（不符合决策属性）较难控制。因此，针对 ID3 算法的不足，提出以下改进策略。

① 离散化。在处理连续型属性时，可以将其离散化。最简单的方法是将属性值分成两段。对任何一个属性，其所有的取值在一个数据集中是有限的。假设该属性取值为$\{a_1,a_2,\cdots,a_n\}$，首先将其值按递增顺序排列，然后将每对相邻值的中点看作可能的分裂点，一共存在 $n-1$ 个分段值（即均值，如$\frac{a_i+a_{i+1}}{2}$）。ID3 算法采用计算信息量的方法计算最佳的分段值，然后进一步构建决策树。

② 空缺值处理。训练集中的数据可能会出现某一训练样本中某一属性值空缺的情况，此时必须进行空缺值处理。我们可以用属性值的最常见值、平均值、样本平均值等代替空缺值。

③ 属性选择度量。在决策树的构建过程中，有许多的属性选择度量，我们也可以通过改造属性得到新的属性选择度量来提高算法的性能。

④ 可伸缩性。ID3 算法对于规模相对较小的训练集是有效的，但对于现实世界中数以百万计的训练集，其需要频繁地将训练数据在主存和高速缓存中换进换出，会使算法的性能降低。因此，我们可以将训练集分成几个子集（每个子集能够放入内存），然后由每个子集构造一棵决策树，最后，将每个子集得到的分类规则组合起来，得出输出的分类规则。

⑤ 碎片、重复和复制处理。碎片是指给定的分支中的样本数太少，从而失去统计意义。碎片的解决方法：一种是将分类属性分组，决策树节点可以测试一个属性值是否属于给定的集合；另一种是创建二叉决策树，在决策树的节点上进行属性的布尔测试，从而减少碎片。

当一个属性沿决策树的一个给定的分支重复测试时，将出现重复。复制是指复制决策树中已经存在的子树。重复和复制问题可以由给定的属性构造新的属性（即属性构造）来解决。

2.4.1.3 C4.5 算法

C4.5 算法是 ID3 算法的改进，它在 ID3 基础上增加了对连续属性、属性值空缺情况的处理，对剪枝也有较为成熟的方法。

与 ID3 算法不同，C4.5 算法选取具有最高信息增益率的属性作为测试属性。对样本集 X，假设变量 a 有 k 个属性，属性取值为 $a_1,a_2,\cdots,a_k$，对应 a 取值 a_i 出现的样本数为 n_i，若 n 是样本的总数，

则应有 $n_1+n_2+\cdots+n_k=n$ 。C4.5 算法利用属性的熵值来定义为了获取样本关于属性的信息所需要付出的代价，即

$$H(X,a)=-\sum_{i=1}^{n}P(a_i)\log_2 P(a_i)\approx-\sum_{i=1}^{k}\frac{n_i}{n}\log_2\frac{n_i}{n} \tag{2.4}$$

信息增益率定义为平均互信息与获取信息所付出代价的比值，即

$$E(X,a)=\frac{I(X,a)}{H(X,a)} \tag{2.5}$$

即信息增益率是单位代价所取得的信息量，是一种相对的信息量不确定性度量。以信息增益率作为测试属性的选择标准，是选择 $E(X,a)$最大的属性 a 作为测试属性。

C4.5 算法在如下几个方面有所改进。

（1）解决了一些样本的某些属性值可能为空的情况。一种解决方法是在构建决策树时，将这些缺失值用常见值代替，或者用该属性所有取值的平均值代替，从而处理缺少属性值的训练样本。另一种解决方法是采用概率的方法，为属性的每一个取值赋予一个概率，在划分样本集时，将未知属性值的样本按照属性值的概率分配到子节点中，这些概率的获取依赖于已知的属性值的分布。

（2）不仅可以处理离散属性，还可以处理连续属性。其基本思想是对属性的取值进行排序，两个属性取值之间的中点作为可能分裂点，将数值集分成两部分，从而将 ID3 算法的处理扩充到数值属性上。

（3）增加了剪枝方法。在 C4.5 算法中，有以下两种基本的剪枝方法。

① 子树替代法，即用叶节点替代子树，且仅当替代后的误差率与原始树的误差率接近时才替代。子树替代是从“树枝”向“树根”方向进行的。

② 子树上升法，即用一棵子树中最常用的子树来代替这棵子树，子树从当前位置上升到树中较高的节点处。这种替代也需要根据误差率的增加量确定。

（4）分类时 ID3 算法会“偏袒”具有较多值的属性，因而可能导致过拟合。而 C4.5 算法的信息增益率函数可以弥补这个缺陷。

（5）使用 k 次迭代交叉验证，评估模型的优劣程度。交叉验证是一种模型评估方法，它将学习样本产生的决策树模型应用于独立的测试样本，从而对学习的结果进行验证。首先将所有的训练样本随机平均分成 n 份，每次使用其中的一份作为测试样本，使用其余的 $n-1$ 份作为学习样本，然后选择平均分类精度最高的决策树作为最后结果。上述的学习-验证过程重复 k 次，就称为 k 次迭代交叉验证。通常平均分类精度最高的决策树并不是节点最多的树。

但是 C4.5 算法同样存在缺点，它偏向于选择属性值比较集中的属性（即熵值最小的属性），而并不一定是对分类贡献最大、最重要的属性。

2.4.1.4 CART 算法

在 ID3 与 C4.5 算法中，当确定作为某层决策树节点的变量属性值较多时，按每一属性值引出一个分支进行递归，就会引出较多的分支，对应算法次数也增多，决策树算法速度缓慢。解决这个问题的方法是建立二叉决策树，即使每个树节点只产生两个分支（二叉）。CART 算法就是这样一种算法。CART 算法确定决策树节点（即测试属性）的方法与 ID3 算法一样，以平均互信息作为分类属性的度量，对于取定的测试属性 a，若它有 n 个属性值 $s_1,s_2,\cdots,s_n$，应选取“最佳”分类属性值 s_i 作为分

裂点引出两个分支，以使分类结果尽可能合理、正确。

“最佳”分类属性值应满足条件

$$\Phi(s_0 / a) = \max_i \Phi(s_i / a) \tag{2.6}$$

其中

$$\Phi(s / a) = 2P_L P_R \sum_{j=1}^{m} | P(C_i | a_L) - P(C_j | a_R) | \tag{2.7}$$

$\Phi(s/a)$ 主要度量在属性 a 的属性值引出两个分支时，两分支出现的可能性以及两分支每个分类结果出现的可能性差异大小。当 $\Phi(s/a)$ 较大时，表示两分支分类结果出现的可能性差异大，即分类不均匀。特别地，当一分支完全含有同一类别结果的样本而另一分支不含有时，差异最大，这种情况越早出现表示利用越小的节点，可以越快获得分类结果。下标 L 和 R 分别指决策树中当前节点的左子树和右子树。P_L 和 P_R 分别指训练集（样本集）中的样本在左子树和右子树的概率，其计算公式如下

$$P_L = \frac{\text{左子树中的样本数}}{\text{样本总数}}$$
$$P_R = \frac{\text{右子树中的样本数}}{\text{样本总数}} \tag{2.8}$$

$P(C_i|a_L)$与 $P(C_i|a_R)$分别指在左子树和右子树中的样本属于 C_i 的概率，其计算公式为

$$P(C_i | a_L) = \frac{\text{左子树属于}C_i\text{类的样本数}}{a_L\text{节点样本数}}$$
$$P(C_i | a_R) = \frac{\text{右子树属于}C_i\text{类的样本数}}{a_R\text{节点样本数}} \tag{2.9}$$

CART 算法的一大优点是它将模型的验证和最优通用树的发现嵌在了算法中，最优通用树即各边的代价之和最小。它先生成一棵非常复杂的决策树，再根据交叉验证和测试集验证的结果对决策树进行剪枝，从而得到最优通用树。

2.4.1.5　决策树的评价指标

对于决策树，可以用以下性能指标进行评价。

1. 分类准确率

评价决策树最首要、最基本的指标就是分类准确率。只有保证较高的分类准确率，才能评价决策树的其他性能。

2. 过学习

在决策树的学习过程中，可能会得到若干与训练实例集相匹配的决策树，必须在它们当中选择应用于实测样本时出错率最低的决策树。如果有过多的决策树与训练实例集相匹配，那么模型的泛化能力（预测准确度）很差，这种情况称为过学习。

3. 有效性

估计决策树在测试实例集上的性能一般是通过比较它在测试实例集上实际测试结果来完成的。这种方法等价于在测试实例集上训练决策树，这在大多数情况下都是不现实的。所以一般不采用这种方法，而是采取用训练实例集本身来估计训练算法的有效性。一种最简便的方法是用训练实例集的一部分（例如 2/3 的训练实例）对决策树进行训练，而用另外一部分（1/3 的训练实例）检测决策

树的有效性。但是这样将减少训练实例的数量而增大过学习的可能性，特别是当训练实例的数量较少时更会如此。所以一般利用交叉有效性和余一有效性来评价决策树的有效性。

（1）交叉有效性。在度量交叉有效性时，将训练实例集 T 分为互不相交并且大小相等的 k 个子集 $T_1,T_2,\cdots,T_k$，对于任意子集 T_i，用 $T-T_i$ 训练决策树，之后用 T_i 对生成的决策树进行测试，得到错误率 e_i，然后估计整个算法的平均错误率 $e_T=\frac{1}{k}\sum_{i=1}^{k}e_i$。因为随着 k 的增加，生成的树的数量会增加，算法的复杂度也会变大，所以应选择合适的 k 值。

（2）余一有效性。这种有效性的度量方法与交叉有效性类似，不同之处在于将每一个 T_i 的大小定为 1。假设$|T|=n$，则整个算法的错误率 $e_T=\frac{1}{n}\sum_{i=1}^{n}e_i$。很明显这种有效性度量算法的复杂度很高，但是它的准确度也是很高的。

4. 复杂度

决策树的复杂度也是度量决策树学习效果的一个很重要的指标，一般有以下 3 种评价指标。

（1）最优覆盖问题（MCV），即生成叶节点数量最少的决策树。

（2）最简公式问题（MCOMP），即生成每个叶节点深度最小的决策树。

（3）最优学习问题（OPL），即生成叶节点数量最少并且每个叶节点深度最小的决策树。

其中，叶节点深度是指叶节点距离根节点的层数。

2.4.1.6 决策树的剪枝

在创建决策树时，由于数据中噪声和离群点的影响，许多分支反映的是训练数据中的异常。对于这种代表异常的分支可以通过剪枝的方法去除。

一般来说，如果决策树构造过于复杂，那么决策树是难以理解的，对应决策树的知识规则会出现冗余，将导致其难以应用；另外，决策树越小，存储决策树所需要的代价也越小。因此建立有效的决策树，不仅需要考虑分类的正确性，而且需要考虑决策树的复杂度，即建立的决策树在保证具有一定的分类准确率的条件下，越小越好。

常用的决策树简化方法就是剪枝。剪枝时要遵循奥卡姆剃刀原则，即“如无必要，勿增实体”，也就是在与观察相容的情况下，应当选择最简单的模型或方法。决策树越小就越容易理解，其存储与传输的代价就越小；决策树越复杂，节点越多，每个节点包含的训练样本越少，则支持每个节点的假设的样本个数就越小，可能导致决策树在测试集上的分类错误率增大；但决策树过小也会导致错误率增大。因此需要在决策树的大小与准确率之间寻找平衡点。剪枝方法主要包括预剪枝和后剪枝。

1. 预剪枝

预剪枝就是预先指定某一相关阈值，决策树模型有关参数在达到该阈值后停止决策树的生长。预剪枝方法不必生成整棵决策树模型，且算法相对简单，效率很高，适合解决大规模问题，但预先指定的阈值不易确定。较高的阈值可能导致过分简化决策树，而较低的阈值可能使决策树的简化太少。一般地，以样本集应达到的分类准确率作为阈值进行预剪枝控制，此时决策树的复杂度随阈值变化而变化。更普遍的方法是采用统计意义下的 χ^2 检验、信息增益等度量，评估每次节点分类对系统性能的增益。如果节点分类的增益小于预先给定的阈值，则不对该节点进行扩展。如果在最好的情况下的扩展增益都小于阈值，即使有些节点的样本不属于同一类，算法也可以终止。

2. 后剪枝

决策树后剪枝方法，就是针对未经剪枝的决策树，应用算法将决策树的某一棵或几棵子树删除，得到简化的决策树，并对得到的简化决策树进行评价，找出最好的剪枝策略以确定最终的决策树。其中，剪枝过程删除的子树可用叶节点代替，这个叶节点所属的类用这棵子树中大多数训练样本所属的类来代替。

后剪枝方法有自上而下的和自下而上两种剪枝策略。自下而上的策略从底层的节点开始剪枝，剪去满足一定条件的节点，在生成的新决策树上递归调用这个策略，直到没有可以剪枝的节点为止。自上而下的策略从根节点开始向下逐个考虑节点的剪枝问题，只要节点满足剪枝的条件就进行剪枝。

一般的后剪枝方法的步骤如下。

设 T_0 为原始决策树，T_{i+1} 是由 T_i 中一棵或多棵子树被叶节点所代替得到的剪枝树。

① 第 i 次剪枝评价：若第 i 次的原始决策树是 T_i，$T_{i1},T_{i2},\cdots,T_{ik}$ 是分别对应 T_i 的各种可能的剪枝决策树，可用以下评价标准选出一种最好的剪枝策略 a_{ik}，即

$$a_{ik}=\frac{M}{N(L(S)-1)} \tag{2.10}$$

式中，M 是剪枝决策树分类错误率增加值，N 是样本总数，$L(S)$是剪枝决策树被去掉的叶节点数。

② 对各次得到的剪枝决策树 $T_{i1},T_{i2},\cdots,T_{ik}$，用相同的样本测试其分类的错误率，错误率最小的为最优的剪枝决策树。

预剪枝和后剪枝可以交叉使用。后剪枝所需的计算要比预剪枝多，但通常可产生更可靠的决策树。

2.4.2 贝叶斯网络算法

贝叶斯理论是一种研究不确定性的推理方法。不确定性常用贝叶斯概率表示，它是一种主观概率。通常的经典概率代表事件的物理特性，是不随人的认识而变化的客观存在，而贝叶斯概率则是个人主观的估计，会随个人的主观认识的变化而变化。如在投掷硬币的实验中，贝叶斯概率是指个人相信硬币会某面向上的程度。

主观概率不像经典概率那样强调多次的重复，因此在许多不可能出现重复事件的场合能得到很好的应用，如投资者对股票是否能取得高收益的预测不可能进行重复的实验，此时利用主观概率，按照个人对事件的相信程度而对事件做出推断是一种很合理且易于解释的方法。

在贝叶斯理论之上可以建立贝叶斯网络。贝叶斯网络是用来表示变量之间连接关系概率的图形模式，它提供了一种自然的表示因果关系的方法，用于刻画信任度与证据的一致性以及信任度随证据而变化的增量学习特性，以概率的权值来描述数据间的相关性。

2.4.2.1 贝叶斯定理、先验和后验

使用 $P(X=x|A)$或者 $P(x|A)$表示在给定知识 A 的情形下对事件 $X=x$ 的相信程度，即贝叶斯概率，它同时也表示 X 的分布或分布密度。

如果 θ 是一个参数，$P(\theta|A)$表示在给定知识 A 的前提下 θ 的分布，$D=\{X_1=x_1,\cdots,X_N=x_N\}$ 表示观测数据集合，则 $P(\theta|D,A)$表示给定知识 A 和数据 D 时参数 θ 的分布。其中 $P(\theta|A)$也表示参数 θ 的先验概率，有知识 A 表示该先验不是无知识先验，它是在掌握知识 A 后给出的先验概率；$P(\theta|D,A)$

表示参数 θ 的后验概率，它是在已知知识 A 和数据 D 之后对参数 θ 的概率密度的估计。在实际表示中，可以省略知识 A。

由贝叶斯理论可知

$$P(\theta \mid D)P(D) = P(\theta, D) = P(\theta)P(D \mid \theta) \tag{2.11}$$

经过简单变化，可以得到由先验知识和数据计算后验概率的贝叶斯定理

$$P(\theta \mid D) = \frac{P(D \mid \theta)P(\theta)}{\sum P(D \mid \theta)P(\theta)} \tag{2.12}$$

式中的 $P(\theta|D)$常常被称为似然函数，用 $l(\theta|D)$表示，此时贝叶斯定理常可表示为

$$P(\theta \mid D) \propto l(D \mid \theta)P(\theta) \tag{2.13}$$

一般来说，先验概率可反映人们在获得数据之前对参数（或其他概率知识）的认识，后验概率可反映在获得数据之后对参数的认识。两者的差异源自数据出现后对参数的调整。所以从这个角度看，先验概率和后验概率是相对的，当需要利用新数据更新参数的概率时，已知的参数概率就是先验概率，更新后的参数概率就是后验概率。这一更新过程可以重复进行，只要有新的数据信息，就可以根据贝叶斯定理对先验概率进行更新，得到后验概率。

贝叶斯定理给出了一种根据新数据不断更新后验概率的序贯分析方法。如果获得了新的数据集 D^*，则在获得数据集 D 和 D^*后参数的后验概率为

$$P(\theta \mid D^*, D) = \frac{P(D^* \mid \theta)P(\theta \mid D)}{P(D^*)} \tag{2.14}$$

2.4.2.2 贝叶斯网络

设 U 是一个有限集，$U = \{X_1, X_2, \cdots, X_n\}$，其中 X_i 从一有限集 $\mathrm{Val}(X_i)$中取值。U 的一个贝叶斯网络定义了 U 上的一个联合概率分布。$B=\langle G,\Theta\rangle$ 表示一贝叶斯网络，其中 G 是一个有向无环图，其顶点对应于有限集 U 中的随机变量 $X_1, X_2, \cdots, X_n$，其弧代表一个函数依赖关系。如果有一条弧从 X_i 到 X_j，则 X_i 是 X_j 的“双亲”或直接前驱（或父节点），X_j 是 X_i 的后继（或子节点），变量 X_k 所有“双亲”变量用集合 $P_a(X_k)$表示，并用 $p_a(X_k)$表示 $P_a(X_k)$的一个取值。一旦给定其“双亲”，图 2.5 给定的一个贝叶斯网络中的每个变量独立于图中该连接点的非后继。这里的独立是指条件独立，其定义是：给定 Z, X_i, X_j 是条件独立的，如果 $\forall x_i \in X_i, \forall x_j \in X_j, \forall z \in \mathrm{Val}(Z)$，当 $P(X_j, Z)>0$ 时，有 $P(x_i \mid z, x_j) = P(x_i \mid z)$ 成立。Θ 表示用于量化网络的一组参数，对于每一个 X_i 的取值 x_i，以及 $P_a(X_k)$的取值 $p_a(X_k)$，存在一个参数，$\theta_{i|p_a(X_i)} = P(x_i \mid p_a(X_i))$，指明在给定 $p_a(X_k)$下 X_i 发生的条件概率。图 2.5 所示为一个贝叶斯网络。实际上贝叶斯网络给定了变量集合 X 上的联合条件概率分布

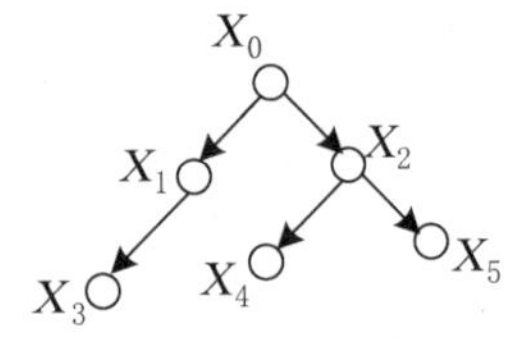

图 2.5 一个贝叶斯网络

$$P(X_1, X_2, \cdots, X_n) = \prod_{i=1}^{n} P(X_i \mid p_a(X_i)) \tag{2.15}$$

贝叶斯网络的建立主要有两个相继环节，一个是结构学习，另一个是参数学习。结构学习是利用一定的方法建立贝叶斯网络结构的过程。该过程决定了各个变量间的关系，是实现贝叶斯网络分类算法的最重要的步骤，是参数学习环节与分类环节的基础。参数学习是量化网络的过程，它在网络结构已知的情况下计算各节点 X_i 的条件概率。

常用以下 3 种方法来构造贝叶斯网络。

（1）由领域专家确定贝叶斯网络的变量（有时也称为影响因子），然后通过专家知识来确定贝叶斯网络的结构，并指定它的概率密度。这种方法构造的贝叶斯网络完全在专家的指导下进行，由于人类获得知识的有限性，导致构建的贝叶斯网络与实践中积累的数据有较大偏差。

（2）由领域专家确定贝叶斯网络的结构特点，通过大量的训练数据，来学习贝叶斯网络的结构与参数。这种方法完全是一种数据驱动的方法，具有很强的适应性，而且随着数据挖掘和机器学习等技术的不断发展，这种方法更加普及。

（3）由领域专家确定贝叶斯网络的结构特点，通过专家知识来确定网络的结构，再通过机器学习的方法从数据中学习网络的参数。这种方法实际上是前两种方法的折中，在邻域中变量之间的关系较为明显的情况下，这种方法能大大提高学习的效率。

2.4.2.3　贝叶斯网络学习

1. **贝叶斯网络的结构学习**

贝叶斯网络的结构学习主要分析节点依赖关系与节点连接关系。常用的算法有基于评分-搜索的贝叶斯网络的结构学习和基于信息化的依赖分析。

① 基于评分-搜索的贝叶斯网络的结构学习算法将学习问题看作数据集寻找最合适的结构。大多数算法应用启发式搜索的方法，从没有边的图形开始，利用搜索方法将边加入图形。然后，利用测试方法检验新的结构是否优于原结构。如果是，保存新加上的边并继续加入其他边。这个过程一直持续到得到最优的结构。我们可以使用不同的测试标准评价结构的优劣。为了减小搜索空间，许多算法事先确定知识结构的次序。

该算法随着变量增加，其运算复杂性也增加，所以当变量较大时，贝叶斯网络结构空间是相当大的，这会使搜索用时较长且结果较差，导致准确、有效地找到贝叶斯分类器的最优结构是非常困难的。

② 基于信息化的依赖分析算法主要根据变量之间的依赖性建立贝叶斯网络结构。依赖关系通过变量的互信息定义，如果对应变量的网络节点为 X_i 和 X_j，则 X_i 和 X_j 的互信息可以表示为

$$I(X_i,X_j)=\sum_{X_i,X_j}P(X_i,X_j)\lg\frac{P(X_i,X_j)}{P(X_i)P(X_j)} \tag{2.16}$$

条件互信息可表示为

$$I(X_i,X_j\mid C)=\sum_{X_i,X_j,C}P(X_i,X_j,C)\lg\frac{P(X_i,X_j\mid C)}{P(X_i\mid C)P(X_j\mid C)} \tag{2.17}$$

其中 C 是一个节点集合，如果 $I(X_i,X_j)\leqslant\varepsilon$（$\varepsilon$ 是一个定值），则节点 X_i 和 X_j 依赖较少。

2. **贝叶斯网络的参数学习**

贝叶斯网络的参数学习实质上是在已知贝叶斯网络结构的条件下，通过样本学习获取每个节点的概率密度。初始的贝叶斯网络的概率分布一般由专家根据先验知识指定，称为网络的先验参数。先验参数可能导致与观察数据产生较大的偏差。要减小偏差，必须从样本数据中学习以获取更准确的参数及其相应的概率分布。针对完整与不完整数据，贝叶斯网络的参数学习也分为两种情况。

（1）基于完整数据的贝叶斯网络的参数学习。

对完整数据集 D 进行条件概率学习的目标是找到能以概率形式 $P(x|\theta)$ 概括 D 的参数 θ。参数学习

一般要首先指定一定的概率分布族，然后可以采用极大似然估计（MLE）方法或贝叶斯方法估计这些参数。下面简单介绍贝叶斯方法。

设 $X=(X_1,X_2,\cdots,X_n)$ 为对应各节点的随机变量集，B 表示贝叶斯网络的结构，θ 表示各节点条件概率分布的随机变量。$D=(C_1,C_2,\cdots,C_n)$，每个 C_i 都是随机变量的实例，目的是通过对样本数据的学习，得到各节点的条件概率分布。

贝叶斯方法学习条件概率由两部分组成，即观察前的先验知识和观测得到的数据。假设参数的先验分布为 Dirichlet 分布

$$P(\theta)=\mathrm{Dir}(\alpha_1,\alpha_2,\cdots,\alpha_n)=\frac{\Gamma(\alpha)}{\prod_i \Gamma(\alpha_i)}\prod_i \theta^{\alpha_i-1} \tag{2.18}$$

式中 $\alpha=\sum_{i=1}^{n}\alpha_i$ 是分布精度，$\alpha_i(i=1,\cdots,n)$为超参数，这些参数为每个取值出现次数的先验知识。

参数的后验分布也为 Dirichlet 分布

$$P(\theta|D)=\frac{P(\theta)P(D|\theta)}{P(D)}=\frac{\Gamma(\alpha+n)}{\prod_i \Gamma(\alpha_i+m_i)}\prod_i \theta^{\alpha_i}=\mathrm{Dir}(\alpha_1+n_1,\cdots,\alpha_N+n_N) \tag{2.19}$$

式中 m_i 是训练样本中 x_i 第 i 个值出现的次数，N 为所有值总的出现次数。

对于含有多个父节点条件概率的计算，设 θ_{kj} 表示在父状态 j 时，$x_i=k$ 的条件概率，r_i 表示 x_i 的取值个数，q_i 表示所有父节点的状态总数。那么在以上假定的基础上，对于每个变量 x_i 和它的父状态 j 服从 Dirichlet 分布

$$P(\theta_{1j,},\cdots,\theta_{nj}|\zeta)=\zeta\prod_k \theta_{kj}^{\alpha_{kj}} \tag{2.20}$$

在数据集 D 下的后验分布仍为 Dirichlet 分布，所以可以用式（2.21）来计算条件概率

$$\theta_{kj}=\frac{\alpha_{ijk}+m_{ijk}}{\alpha_{ij}+m_{ij}} \quad (\alpha_{ij}=\sum_k \alpha_{ijk}, m_{ij}=\sum_k m_{ijk}) \tag{2.21}$$

（2）基于不完整数据的贝叶斯网络的参数学习。

在训练样本集不完整的情况下，一般要借助近似算法，目前常采用的是 Gibbs 抽样（Gibbs Sampling）算法和 EM（Expectation Maximization）算法。

Gibbs 抽样算法是一种随机算法，能近似给出变量的初始概率分布。算法过程：按照候选假设集合 H 上的后验分布，从 H 中随机选择假设 h，用来预言下一个实例的分类。算法的实现分为 3 个步骤：首先，随机地对所有未观察变量的状态进行初始化，由此可得出一个完整的数据集；然后，基于这个完整的数据集，对条件概率表（Conditional Probability Table，CPT）进行更新；最后，基于更新的 CPT，用 Gibbs 抽样算法对所有丢失的数据进行抽样，又可得到一个完整的数据集。直到 CPT 达到稳定时，完成学习过程。

EM 算法是在概率模型中寻找参数极大似然估计值或者最大后验估计值的算法，可搜索参数的极大后验概率。EM 算法用于变量值从来没有被直接观察到的情形，但要求这些变量所遵循的概率分布的一般形式已知。

EM 算法的实现过程如下。

给定一个似然函数 $L(\theta;x,z)$，其中 θ 是参数集，x 是可观测得到的数据，z 是不可观测到的潜在

数据或缺失数据。

EM 算法主要通过迭代地应用如下两个步骤来寻找极大似然估计值。

① E 步骤（Expectation Step）：通过给定的观测数据 x，根据参数集 $\theta^{(t)}$的当前估计值，计算关于 z 的条件分布的似然函数的期望值。

$$Q(\theta \mid \theta^{(t)}) = E_{z,x,\theta^{(t)}}[\lg L(\theta; x, z)] \quad (2.22)$$

② M 步骤（Maximization Step）：找到使如下表达式最大化的参数。

$$\theta^{(t+1)} = \arg\max Q(\theta \mid \theta^{(t)}) \quad (2.23)$$

重复 E 步骤、M 步骤，直至收敛。简单来说，EM 算法的第一步是利用对隐藏变量的现有估计值，计算其极大似然估计值来计算期望值；第二步是最大化在 E 步骤上求得的极大似然估计值来计算参数的值。M 步骤上找到的参数估计值被用于下一步计算中，这个过程不断交替进行。

2.4.2.4　主要贝叶斯网络模型

根据变量关系要求的不同，贝叶斯网络一般可分为有约束贝叶斯网络和无约束贝叶斯网络。有约束贝叶斯网络要求变量对应的节点相互独立或有少量的节点是不独立的，这样可以使网络建立的结构简化或参数学习计算量大大减小，而无约束贝叶斯网络允许变量节点是不独立的。

1. 朴素贝叶斯网络

朴素贝叶斯网络是典型的有约束贝叶斯网络。朴素贝叶斯网络如图 2.6 所示。

这个网络描述了朴素贝叶斯分类器的假设：给定定类变量（网络中的根节点）的状态，每个属性变量（网络中每个叶节点）与其余的属性变量是相互独立的。

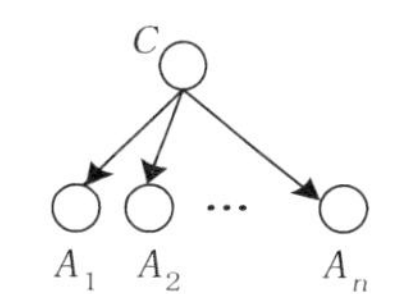

图 2.6　朴素贝叶斯网络

朴素贝叶斯分类器的工作过程如下。

（1）每个数据样本用一个 n 维特征向量组 $\boldsymbol{X} = (\boldsymbol{x}_1, \boldsymbol{x}_2, \cdots, \boldsymbol{x}_n)$ 表示。

（2）假定有 m 个类 $C_1, C_2, \cdots, C_m$。给定一个未知的数据样本 $\boldsymbol{X}$（即没有类标号），分类器将预测 $\boldsymbol{X}$ 属于具有最高后验概率（$\boldsymbol{X}$ 条件下）的类。即朴素贝叶斯分类器将未知的样本分配给类 C_i，当且仅当 $P(C_i \mid \boldsymbol{X}) > P(C_j \mid \boldsymbol{X}), 1 \leqslant i \leqslant m, 1 \leqslant j \leqslant m, j \neq i$。这样可最大化 $P(C_i \mid \boldsymbol{X})$，使 $P(C_i \mid \boldsymbol{X})$ 最大的类 C_i 称为最大后验假定。

根据贝叶斯定理有

$$P(C_i \mid \boldsymbol{X}) = \frac{P(\boldsymbol{X} \mid C_i) P(C_i)}{P(\boldsymbol{X})} \quad (2.24)$$

（3）由于 $P(\boldsymbol{X})$对于所有类为常数，因此只需要 $P(\boldsymbol{X} \mid C_i) P(C_i)$ 最大。如果类的先验概率未知，则通常假设这些类是等概率的，即 $P(C_1) = P(C_2) = \cdots = P(C_m)$，并据此只对 $P(\boldsymbol{X} \mid C_i)$ 进行最大化，否则，最大化 $P(\boldsymbol{X} \mid C_i) P(C_i)$。类的先验概率可以用 $P(C_i) = s_i / s$ 计算，其中 s_i 是类 C_i 中的训练样本数，s 是训练样本总数。

（4）给定具有许多属性的数据集，计算 $P(\boldsymbol{X} \mid C_i)$ 的开销可能非常大。为降低此开销，我们可以做类条件相互独立的朴素假设。给定样本的类标号，假设属性值相互条件独立，即在属性之间不存在依赖关系，这样有

$$P(\boldsymbol{X} \mid C_i) = \prod_{k=1}^{n} P(x_k \mid C_i) \quad (2.25)$$

概率 $P(x_1 | C_i), P(x_2 | C_i), \cdots, P(x_n | C_i)$ 可以由训练样本估值，其中：

① 如果 A_k 是离散属性，则 $P(x_k | C_i) = s_{ik} / s_i$，$s_{ik}$ 是属性 A_k 上具有值 x_k 的类 C_i 的训练样本数，s_i 是类 C_i 的训练样本数。

② 如果 A_k 是连续属性，则离散化该属性。

（5）为对未知样本 $\boldsymbol{X}$ 进行分类，对每个类 C_i，计算 $P(\boldsymbol{X} | C_i)P(C_i)$。样本 $\boldsymbol{X}$ 被指派到类 C_i，当且仅当 $P(C_i | \boldsymbol{X})P(C_i) > P(\boldsymbol{X} | C_j)P(C_j)$，$1 \leqslant i \leqslant m, 1 \leqslant j \leqslant m, j \neq i$ 时，$\boldsymbol{X}$ 被指派到使 $P(\boldsymbol{X} | C_i)P(C_i)$ 最大的类 C_i。

朴素贝叶斯分类器具有网络结构非常简单、建立网络时间少、参数学习与分类过程简便等优点。但由于类条件相互独立假设割断了属性间的联系，朴素贝叶斯分类器具有网络结构不合理、分类精度相对较低等缺点。

2. TAN 网络

TAN（Tree Augmented Naive）网络是一种有约束贝叶斯网络，是朴素贝叶斯分类器的一种改进。它要求属性节点除了以类结构为父节点外最多只能有一个属性父节点，即每一节点至多有两个父节点，如图 2.7 所示。

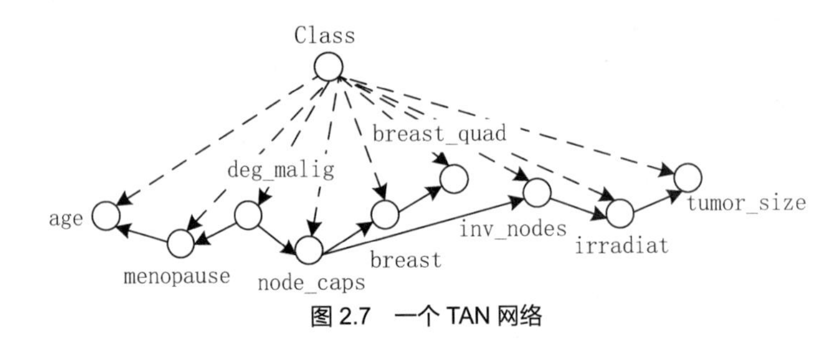

图 2.7 一个 TAN 网络

若 X,Y,Z 是属性变量，x,y,z 分别为其取值，则 X,Y 两变量间的条件互信息定义为

$$I_p(X;Y|Z) = \sum_{x,y,z} P(x,y,z) \log_2 \frac{P(x,y|z)}{P(x|z)P(y|z)}$$

它用于度量一个变量包括另一个变量的信息的多少，两变量间的互信息越大，则两个变量包含对方的信息就越多。

设 $\{X_1, X_2, \cdots, X_n\}$ 是 n 个属性节点，则 TAN 网络的结构学习过程分为如下 5 个步骤。

（1）计算属性变量之间的条件互信息：$I_p(X_i; X_j | C)$，$i, j = 1, 2, \cdots, n$，C 为信息类。

（2）建立一个以 $I_p(X_i; X_j | C)$ 为弧的权值的加权完全无向图，$i, j = 1, 2, \cdots, n$。

（3）建立一个最大权值生成树。

（4）选择一个根节点，设置所有边的方向由根节点向外，把无向树转换为有向树。

（5）建立一个类变量节点及类变量节点与属性节点之间的弧。

建立最大权值生成树的方法是：首先把边按权值由大到小排序，然后遵照选择的边不能构成回路的原则，按照边的权值由大到小的顺序选择边，这样由所选择的边构成的决策树便是最大权值生成树。

TAN 分类器的网络结构较为简单，建立网络耗时少，而且由于它在一定程度上克服了朴素贝叶斯分类器结构的不合理假设，分类精度较朴素贝叶斯分类器高，且其分类性能是当前所有贝叶斯分类器中较好的。由于 TAN 分类器性能优异以及网络结构简单，因此它是一种被广泛应用的贝叶斯分类器。

3. 无约束贝叶斯网络

学习无约束贝叶斯网络时需要引入一个评分函数。目前常用的用于学习无约束贝叶斯网络的两个评分函数分别是贝叶斯评分函数以及基于最小描述长度（Minimum Description Length，MDL）的函数。

设 $B=<G,\Theta>$ 是一个贝叶斯网络，$D=\{u_1,u_2,\cdots,u_n\}$ 是训练样本集，则网络 B 的评分函数为

$$\mathrm{MDL}(B\mid D)=\frac{\lg n}{2}\mid B\mid-\mathrm{LL}(B\mid D) \tag{2.26}$$

其中 $\mid B\mid$ 是贝叶斯网络中参数的个数，$\mathrm{LL}(B\mid D)=\sum_{i=1}^{n}\lg(P_B(u_i))$。

式（2.26）给出了已知节点数 n 时，决定可能的贝叶斯网络结构的个数的回归函数。很明显，随着节点数的增加，相应可能的网络结构的个数是呈指数级增长的。因此，当节点数较大时，如何有效、快速地在其相应的网络结构空间中找出与训练数据匹配得最好的网络结构是无约束贝叶斯网络学习的重点。

2.4.3　支持向量机算法

传统的统计研究方法都是基于大数定理而建立起来的渐近理论，要求训练样本数目足够多。然而在实际应用中，由于各个方面的原因，这一要求往往得不到满足。因此在小样本的情况下，建立在传统统计学基础上的机器学习方法，也就很难取得理想的学习效果和泛化性能。

针对小样本问题，以贝尔实验室弗拉基米尔・万普尼克（V. Vapnik）教授为首的研究小组从 20 世纪 60 年代开始，就致力于这个问题的研究，并提出了统计学习理论（Statistical Learning Theory，SLT）。支持向量机（Support Vector Machine，SVM）是 SLT 发展的产物。针对有限样本情况，SVM 建立了一套完整、规范的基于统计学的机器学习理论和方法，大大减少了算法设计的随意性，克服了传统统计学中经验风险与期望风险可能具有较大差别的不足。目前，SLT 和 SVM 已成为继人工神经网络以来机器学习领域中研究的热点，在模式识别、函数逼近、概率密度估计、降维等方面得到越来越广泛的应用。

与人工神经网络相比，SVM 有坚实的统计学基础，它具有以下优点。

（1）以结构风险最小原理为基础，减小推广错误的上界，具有很好的推广性能，可解决神经网络的过拟合问题。

（2）问题的求解等价于线性约束的凸二次规划问题，具有全局最优解，可解决神经网络的局部极小问题。

（3）把原问题映射到高维空间，通过在高维空间构造线性分类函数来实现原问题的划分，引入核函数，可解决维数灾难问题。

2.4.3.1　支持向量机概述

对于图 2.8 所示的 SVM 原理示意，分割线 1（平面 1）和分割线 2（平面 2）都能正确地将两类样本分开，都能保证经验风险最小（为 0）。这样的分割线（平面）有无限多条，但分割线 1 使两类样本的间隙最大，被称为最优分类线（平面）。最优分类线（平面）的置信范围最小。

设线性可分样本集为 $\{\boldsymbol{x}_i,y_i\}$（$i=1,2,\cdots,N$，$\boldsymbol{x}_i\in\mathbf{R}^n$，$y\in\{-1,1\}$ 是类别标号），在线性可分情况下会有一个超平面使这两类样本完全分开。n 维空间中线性判别函数的一般形式为 $g(\boldsymbol{x})=[\boldsymbol{w},\boldsymbol{x}]+b$，$\boldsymbol{x}\in$

$\{\boldsymbol{x}_i\}$则超平面描述为$[\boldsymbol{w},\boldsymbol{x}]+b=0$，$\boldsymbol{w}$是超平面的法向量。

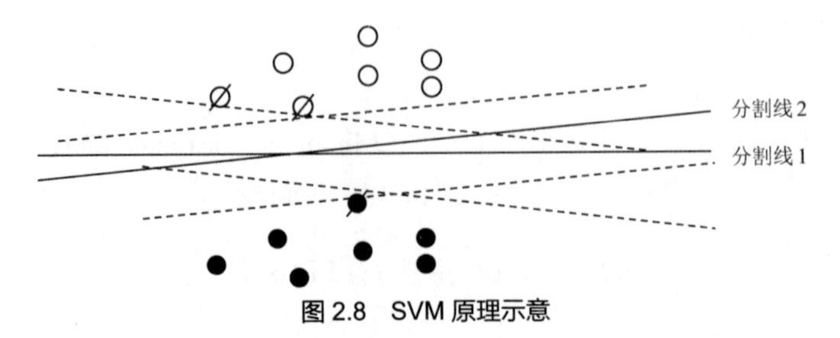

图 2.8 SVM 原理示意

将判别函数归一化，使两类样本都满足$|g(\boldsymbol{x})|\geqslant 1$，则判别函数变为

$$y_i([\boldsymbol{w},\boldsymbol{x}]+b)-1\geqslant 0 \tag{2.27}$$

此时样本点与超平面的最小距离为 $1/\|\boldsymbol{w}\|$，分类间隔为 $2/\|\boldsymbol{w}\|$。使 $2/\|\boldsymbol{w}\|$最大，等价于使$\|\boldsymbol{w}\|^2$最小。满足式（2.27）并且使$\|\boldsymbol{w}\|^2$最小分界面称为最优分界面。满足$|g(\boldsymbol{X})|=1$ 的样本点，与分割线（平面）距离最小。这些样本决定了最优分类线（平面），被称为支持向量（Support Vector，SV），图 2.8 中带斜线的 3 个样本为支持向量。

根据统计学理论，求最优分类平面的问题可转换为下述优化问题。

$$\min \phi(\boldsymbol{w})=\frac{1}{2}\|\boldsymbol{w}\|^2=\frac{1}{2}[\boldsymbol{w},\boldsymbol{w}] \tag{2.28}$$

$$\text{s.t}\quad y_i[[\boldsymbol{w},\boldsymbol{x}_i]+b]-1\geqslant 0 \quad (i=1,2,\cdots,N)$$

利用拉格朗日优化方法把上面的优化问题转换为对偶化问题。

$$\min Q(\boldsymbol{\alpha})=\frac{1}{2}\sum_{i,j=1}^{n}\alpha_i\alpha_j y_i y_j(\boldsymbol{x}_i\cdot\boldsymbol{x}_j)-\sum_{i=1}^{n}\alpha_i \tag{2.29}$$

$$\text{s.t}\quad \sum_{i=1}^{n}y_i\alpha_i=0$$

$$\alpha_i\geqslant 0 \quad (i=1,2,\cdots,N)$$

其中，α_i为每个样本对应的拉格朗日乘子。这是一个在等式约束和不等式约束下的凸二次规化问题，存在唯一解，且解中只有一部分不为 0，对应的样本就是支持向量。此时最优分类函数为

$$f(\boldsymbol{x})=\operatorname{sgn}[\sum_{i=1}^{n}\alpha_i^* y_i[\boldsymbol{x}_i,\boldsymbol{x}]+b^*] \tag{2.30}$$

其中，α_i^*和b^*为最优解。

因为非支持向量满足 $\alpha_i=0$，所以最优分类函数只需对支持向量进行运算，而 b^*可根据任何一个支持向量的约束条件求出。

对于非线性可分问题，我们可以把样本 $\boldsymbol{x}$ 映射到某个高维空间中，然后在高维空间中使用上述的方法。

定义非线性映射 $\boldsymbol{\Phi}$：$\mathbf{R}^n\to\boldsymbol{H}$，$\boldsymbol{H}$ 为高维希尔伯特空间。

$$\boldsymbol{x}\to\boldsymbol{\Phi}(\boldsymbol{X})=\begin{pmatrix}\phi_1(\boldsymbol{x})\\ \vdots\\ \phi_i(\boldsymbol{x})\\ \vdots\end{pmatrix} \tag{2.31}$$

其中 $\phi_i(\boldsymbol{x})$ 是实函数，核函数 $K(\boldsymbol{x},\boldsymbol{y})=[\boldsymbol{\Phi}(\boldsymbol{x}),\boldsymbol{\Phi}(\boldsymbol{y})]$，则非线性 SVM 的目标函数变为

$$\min Q(\boldsymbol{\alpha})=\sum_{i=1}^{n}\alpha_i-\frac{1}{2}\sum_{i,j=1}^{n}\alpha_i\alpha_j y_i y_j K(\boldsymbol{x}_i,\boldsymbol{x}_j) \quad (2.32)$$

分类函数为

$$d(\boldsymbol{x})=\mathrm{sgn}[\langle \boldsymbol{w},\boldsymbol{\Phi}(\boldsymbol{x})\rangle+b^*]=\mathrm{sgn}[\sum_{i,j=1}^{n}\alpha_i y_i K[\boldsymbol{x}_i,\boldsymbol{x}_j]+b^*] \quad (2.33)$$

可以看出，它只涉及样本变换高维空间的内积运算，而这种内积运算可以用原空间的函数来实现。

2.4.3.2 核函数

对于线性不可分问题，有以下两种解决途径。

一是采用一般线性化方法，引入松弛变量，此时的优化问题为

$$\min \phi(\boldsymbol{w})=\frac{1}{2}\|\boldsymbol{w}\|^2=\frac{1}{2}[\boldsymbol{w},\boldsymbol{w}]+C\sum_{i=1}^{n}\xi_i \quad (2.34)$$

$$\text{s.t} \quad y_i[[\boldsymbol{w},\boldsymbol{x}_i]+b]-1+\xi_i \geqslant 0 \quad (i=1,2,\cdots,n)$$

其中，C 是可调参数，表示对错误的惩罚程度，C 的值越大惩罚越重。

二是采用万普尼克引入的核空间理论：将低维输入空间中的数据通过非线性函数映射到高维属性空间 $\boldsymbol{H}$（也称为特征空间），将分类问题转换到属性空间进行求解。可以证明，如果选用适当的映射函数，输入空间中的线性不可分问题在属性空间将转换成线性可分问题。因此，如果能找到一个映射函数 K 使得 $K(\boldsymbol{x}_i,\boldsymbol{x}_j)=\langle\boldsymbol{\Phi}(\boldsymbol{x}_i),\boldsymbol{\Phi}(\boldsymbol{x}_j)\rangle$，这样在高维特征空间中实际上只需进行内积运算，而这种内积运算可以用输入空间中的某些特殊函数来实现，甚至没有必要知道具体的变换。这种特殊的函数称为核函数。根据泛函的有关理论，只要核函数满足 Mercer 定理的条件，它就对应某一变换空间中的内积。

Mercer 定理是指任何半正定的函数都可以作为核函数，它将核解释为特征空间的内积，将低维向高维映射，却不需要过多地考虑维数对机器性能的影响。核函数是 SVM 的重要组成部分。根据 Hilbert-Schmidt 定理，只要变换 $\boldsymbol{\Phi}$ 满足 Mercer 条件，就可以构建核函数。Mercer 条件：给定对称函数 $K(\boldsymbol{x},\boldsymbol{y})$和任意函数 $\varphi(\boldsymbol{x})\neq 0$，满足约束

$$\begin{cases}\int \varphi^2(\boldsymbol{x})\mathrm{d}\boldsymbol{x} < 0\\ \iint K(\boldsymbol{x},\boldsymbol{y})\varphi(\boldsymbol{x})\varphi(\boldsymbol{y})\mathrm{d}\boldsymbol{x}\mathrm{d}\boldsymbol{y} > 0\end{cases} \quad (2.35)$$

目前使用的核函数主要有以下 4 种。

① 线性核函数：$K(\boldsymbol{x},\boldsymbol{y})=[\boldsymbol{x},\boldsymbol{y}]$。

② 多项式核函数：$K(\boldsymbol{x},\boldsymbol{y})=([\boldsymbol{x},\boldsymbol{y}]+c)^p$，其中 c 为常数，p 为多项式阶数，当 c=0, p=1 时函数为线性核函数。

③ 多层感知机核函数（Sigmoid）：$K(\boldsymbol{x},\boldsymbol{y})=\tanh(\mathrm{scale}\times[\boldsymbol{x},\boldsymbol{y}]-\mathrm{offset})$，其中 scale 和 offset 是尺度参数和衰减参数。

④ RBF 核函数：$K(\boldsymbol{x},\boldsymbol{y})=\exp\left\{\frac{\|\boldsymbol{x}-\boldsymbol{y}\|^2}{2\sigma^2}\right\}$，其中$\|\boldsymbol{x}-\boldsymbol{y}\|$为两个向量之间的距离，$\sigma$ 为常数。

从上述的讨论可以看出，应用 SVM 进行分类的步骤为：①选择合适的核函数；②求解优化方程，

获得支持向量及相应的拉格朗日算子；③写出最优分类平面的方程；④根据 sgn($f(\boldsymbol{x})$)的值，输出类别。

图 2.9 所示为 SVM 的结构示意。SVM 利用输入空间的核函数取代了高维特征空间中的内积运算，解决了算法可能导致的“维数灾难”问题。在构造判别函数时，不是对输入空间的样本做非线性变换，然后在特征空间中求解，而是先在输入空间比较向量（如求内积或某种距离），再对结果做非线性变换。这样大的工作量将在输入空间而不是在高维特征空间中完成。

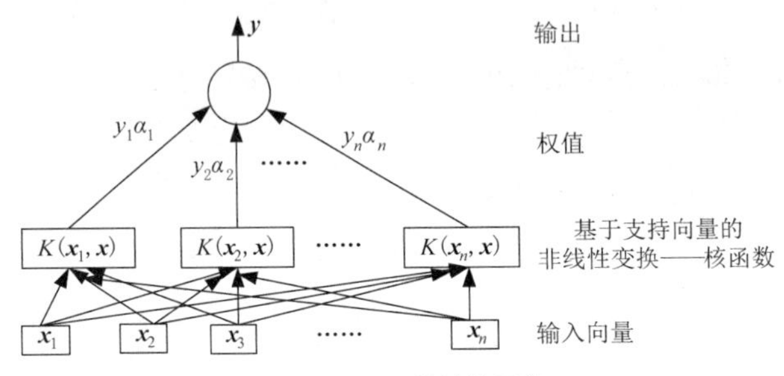

图 2.9　SVM 的结构示意

2.4.4　*k* 近邻分类算法

2.4.4.1　近邻法

近邻法是在数据挖掘中使用最早的方法之一。其基本思想是为了预测一个记录中的预测值或在历史数据库中寻找有相似预测值的记录，可以使用未分类记录中最接近的记录值作为预测值，也即表示相互接近的对象会有相似的预测值。

假设有 M 个类别（$\boldsymbol{\omega}_1,\boldsymbol{\omega}_2,\cdots,\boldsymbol{\omega}_M$），每类有标明类别的样本 N_i（i=1,2,⋯,M）个，可以规定 $\boldsymbol{\omega}_i$ 类的判别函数为

$$d_i(\boldsymbol{X})=\min_k \|\boldsymbol{X}-\boldsymbol{X}_{ik}\| \tag{2.36}$$

其中 $\boldsymbol{X}_{ik}$ 的角标 i 表示 $\boldsymbol{\omega}_i$ 类，k 表示 $\boldsymbol{\omega}_i$ 类 N_i 个样本中的第 k 个。分类器规则可以写为

若 $d_j(\boldsymbol{X})=\min\limits_i d_i(\boldsymbol{X})$，$i=1,2,\cdots,M$ 则 $\boldsymbol{X}\in\boldsymbol{\omega}_j$。

这一决策过程称为最近邻法，也即对未知样本，只需要比较其与 $N=\sum\limits_{i=1}^{M}N_i$ 个已知类别的样本间的欧氏距离，并将其归类于离它最近的样本类别。

上述方法只根据与未知样本最近的一个样本的类别来决定未知样本的类别，通常称为 1NN 法。为了克服单个样本类别的偶然性以增加分类的可靠性，可以采用 k 近邻（k-Nearest Neighbors，KNN）法。未知样本所属的类，用多数“选票”确定。所谓多数“选票”，即在与样本的 k 个最近邻中哪一类的样本最多，就将 x 判属哪一类。为了避免近邻数相等，一般 k 采用奇数。另外，最近邻样本对于“选票”所起的作用，可以用相应的距离将之赋权

$$V_{总}=\sum_{i=1}^{k}\frac{V_i}{D_i} \quad 或 \quad V_{总}=\sum_{i=1}^{k}\frac{V_i}{D_i^2} \tag{2.37}$$

式中，对于两类问题，当其近邻属于第一类时，V_i 为“+1”，属于第二类时，V_i 为“−1”，D_i 为未知样本与第 i 个近邻的距离，k 为最近邻数。当“选票”$V_{总}>0$ 时，则将未知样本归入第一类，否则将未知样本归入第二类。

为了测试 k 个最近邻样本的风险值，可用式（2.38）计算

$$R_i^{(k)} = [1 + \frac{1}{k} + a\delta^2(k)]R^* \tag{2.38}$$

式中 a 为常数；$\delta^2(k)$为 k 个与未知样本最近邻的已知样本的平均距离；R^*为期望贝叶斯值。

KNN 法不要求不同类的代表点线性可分，用每个未知点的近邻类来判别就可以，也不需要进行训练。它的缺点是没有对训练点进行信息压缩，每判别一个新的未知点都需要把它和所有已知代表点的距离全部算一遍，因此计算工作量大，对已知代表点太多的情况不甚合适。但正因为没有进行信息压缩，而用全体已知点的原始信息作为判据，故有时可得到极好的预报准确率，其效果一般优于或等于其他模式识别方法。

KNN 法对其中所有的类选取相同的 k 值，且其选择有一定的经验性。如果能根据每类中样本的数目和分散程度选择 k 值，并当各类的 k_i 选定后，用一定的算法对各类中样本的概率进行估计，并且根据概率大小对它们进行分类，将会影响 k 值选择的经验性。ALKNN（Alternative KNN）正是基于这样的思想形成的。

在 ALKNN 法中，以 $\boldsymbol{x}_i$ 与类 $\boldsymbol{g}_i$ 的 k_i 个近邻中最远的一个样本的距离 r 为半径，以 $\boldsymbol{x}_i$ 为中心，计算相应的超球的体积，并且认为超球体积越小，类 $\boldsymbol{g}_i$ 在 $\boldsymbol{x}_i$ 处的概率密度越大。其概率密度可用式（2.39）计算

$$P(\boldsymbol{x}_i \mid \boldsymbol{g}_i) = \frac{k_i - 1}{n[V(\boldsymbol{x}_i \mid \boldsymbol{g}_i)]} \tag{2.39}$$

其中 $V(\boldsymbol{x}_i \mid \boldsymbol{g}_i)$为类 $\boldsymbol{g}_i$ 的超球体积，该超球中心为 $\boldsymbol{x}_i$，半径为 r。为了选择 k_i 和计算相应的 r，可采用欧氏距离。m 维超球体积的一般表达式为

$$V(\boldsymbol{x}_i \mid \boldsymbol{g}_i) = (2\pi)^{m/2} r^m [m\Gamma(m/2)] \tag{2.40}$$

其中 Γ 为 gamma 函数。

在实际计算中，式（2.40）可根据 m 的奇偶性写成下列两种形式。

当 m 为偶数时

$$V(\boldsymbol{x}_i \mid \boldsymbol{g}_i) = (2\pi)^{m/2} r^m / [m(m-2)(m-4)\cdots] \tag{2.41}$$

当 m 为奇数时

$$V(\boldsymbol{x}_i \mid \boldsymbol{g}_i) = 2(2\pi)^{(m-1)/2} r^m / [m(m-2)(m-4)\cdots] \tag{2.42}$$

计算时必须对 k_i 进行优化，这样才能保证各类概率密度的测试一致。k_i 值的优化可采用公式

$$\max g(k_i) = \sum_{t=1}^{n} \ln P(\boldsymbol{x}_{it} \mid \boldsymbol{g}_i) \tag{2.43}$$

其中 x_{it} 表示 x_i 的第 t 次测试结果。对未知样本 $\boldsymbol{x}$ 的分类采用后验概率，其计算公式为

$$P(\boldsymbol{g}_i \mid \boldsymbol{x}) = P(\boldsymbol{x} \mid \boldsymbol{g}_i) / \sum_{i=1}^{G} [P(\boldsymbol{x} \mid \boldsymbol{g}_i)] \tag{2.44}$$

即将样本划归于具有最大后验概率的类中。

2.4.4.2 k 均值聚类

k 均值聚类是一种实际应用较多的聚类方法，它的核心思想是通过迭代把数据对象划分到不同的簇中，以使目标函数最小化，从而使生成的簇尽可能地紧凑和独立。给定样本集和整数 k，用 k 均值算法将样本集分割成 k 个簇，每个聚类中心是簇中样本的均值，然后将其余对象根据其与各个簇的

中心的距离分配到最近的簇，再求新形成的簇的中心。这个重定位过程不断迭代重复，使得每个簇中所有样本与其中心的距离总和最小，直至目标函数最小为止。此算法的结果既受聚类中心的个数以及初始聚类中心的选择影响，也受样本几何性质及排列次序影响。如果样本的几何特性表明它们能形成几个相距较远的小块孤立区域，则算法都能收敛。

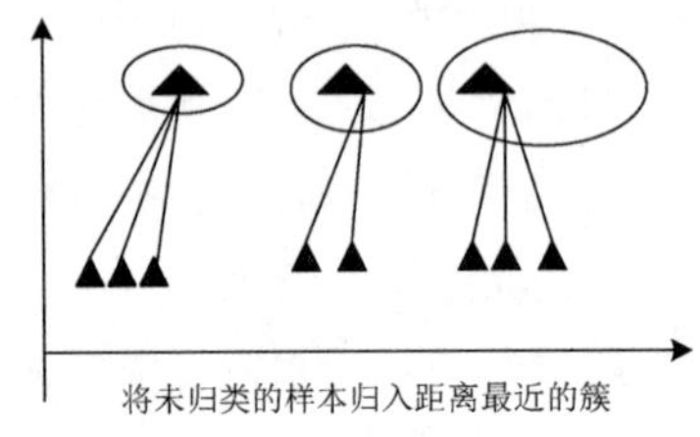

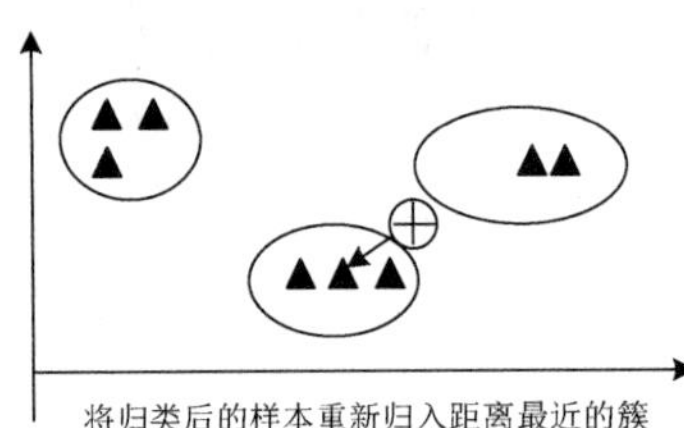

图 2.10　*k* 均值算法示意

k 均值算法示意如图 2.10 所示，具体实现步骤如下。

① 确定分类数量（*k*）和最大迭代次数。

② 初始化。随机取 *k* 个样本作为聚类中心，记其余样本中心号为−1，样本到本类中心的距离为无穷大。

③ 计算其余样本到 *k* 个聚类中心的距离，并将它归为距离最近的簇，直到所有样本都归类完毕。将计算得到的各个类中心所有样本特征值的平均值作为该聚类中心的特征值。

④ 对每一类中的各个样本，计算它到其他聚类中心的距离，如果它到某一个聚类中心的距离小于它到自身聚类中心的距离，需要对该样本重新分类，将它归属到距离聚类中心最近的簇。循环重复计算所有的样本，直至不再有样本归入的簇发生变化或达到最大迭代次数。

对于大规模数据集，该算法是相对可扩展的，并且具有较高的效率。算法复杂度为 $O(nkt)$，其中 n 为数据集中对象的数量，k 为期望得到的簇的数量，t 为迭代的次数，算法通常终止于局部最优解。

k 均值算法的缺点在于要事先给出期望生成簇的数量，这在某些应用中是不实际的，另外它不适用于发现非凸面形状的簇和大小差异较大的簇，并且该算法对“噪声”和数据孤立点敏感。

在初始的 *k* 个均值选择、对象相异度计算、簇均值的计算等方面采取不同的方法将得到 *k* 均值算法的很多变形。例如 *k* 模算法用模代替簇的均值，用新的差异度度量方法处理对象，用基于频率的方法修改簇的模；而 *k* 原型算法将 *k* 均值和 *k* 模算法集成在一起，用于处理含有数值和分类值属性的数据聚类。

k 均值算法采用簇的质心来代表一个簇，质心是簇中其他对象的参照点。因此该算法对孤立点是敏感的，如果孤立点具有极大值，就可能大幅度地扭曲数据的分布。此时可用 *k* 中心点算法代替 *k* 均值算法，它选择簇中位置最接近簇中心的对象（即聚类中心）作为簇的代表点，目标函数仍然可以采用平方误差准则。

k 中心点算法的具体实现步骤如下。

① 确定分类数量（*k*）和最大迭代次数。

② 选择 *k* 个对象作为初始的聚类中心。

③ 对每个对象，计算离其最近的聚类中心，并将对象分配到该聚类中心代表的簇中。

④ 随机选取非聚类中心 O。

⑤ 计算用 O 代表 O_j，形成新簇的总代价 S（其度量为新簇与代表点之间的平均相异度）。

⑥ 如果 $S<0$，用 O 代替 O_j，形成新的有 *k* 个聚类中心的集合。

⑦ 重复第③～⑥步，直至聚类中心不再发生变化或达到最大迭代次数。

2.4.5　模糊聚类算法

模糊聚类预测模型用模糊数学的方法对样本进行分类，用聚类分析来实现预测。其基本思想是：

对由待预测量和影响待预测量的环境因素的历史值所构成的样本按一定的方法进行分类，形成各类的环境因素特征和待预测量变化模式，这样在待预测时段的环境因素已知时，通过对该环境因素与各历史环境因素特征进行比较，判断出待预测量的环境因素与哪个历史类最为接近，进而找出受环境因素影响的待预测量也与该历史类所对应的待预测量同变化的模式，从而达到预测的目的。

2.4.5.1 基于模糊等价矩阵的聚类分析

进行基于模糊等价矩阵的聚类分析一般要经过如下步骤。

1. **数据标准化和归一化**

在实际应用中，由于所获得的分类对象的数据比较复杂，往往不是[0,1]区间的数，因此需要进行标准化和归一化。

2. **建立模糊等价关系**

为了建立分类对象的模糊等价关系，需要计算各个分类对象之间的相似统计量，建立分类对象集合 X 上的模糊等价关系 $\boldsymbol{R}=[r_{ij}]_{n\times n}, 0\leqslant r_{ij}\leqslant 1(i,j=1,2,\cdots,n)$，$r_{ij}$ 表示分类对象 $\boldsymbol{x}_i$ 与 $\boldsymbol{x}_j$ 的相似程度。计算 r_{ij} 的常用方法有以下几种。其中 x_{ik}, x_{jk} 分别表示 $\boldsymbol{x}_i, \boldsymbol{x}_j$ 的第 k 维特征，k=1,2,⋯,m。

① 数量积法。

$$r_{ij}=\begin{cases}1, & i=j\\ \dfrac{1}{M}\sum_{k=1}^{n}x_{ik}x_{jk}, & i\neq j\end{cases} \tag{2.45}$$

其中 M 为一适当的正数，满足 $M\geqslant\max\limits_{i,j}(\sum_{i=1}^{n}x_{ik}x_{jk})$。

② 相关系数法。

$$r_{ij}=\frac{\sum_{k=1}^{n}(x_{ik}-\overline{x}_k)\cdot(x_{jk}-\overline{x}_k)}{\sqrt{\sum_{k=1}^{n}(x_{ik}-\overline{x}_i)^2}\cdot\sqrt{\sum_{k=1}^{n}(x_{jk}-\overline{x}_j)^2}} \tag{2.46}$$

式中 $\overline{x}_k=\frac{1}{n}\sum_{p=1}^{n}x_{pk}$。

③ 绝对值减数法。

$$r_{ij}=1-\alpha\sum_{k=1}^{n}|x_{ik}-x_{jk}| \tag{2.47}$$

其中 α 为适当选取的常数，使 r_{ij} 在[0,1]中且分散。

④ 夹角余弦法。

$$r_{ij}=\frac{\sum_{k=1}^{m}x_{ik}x_{jk}}{\sqrt{\sum_{k=1}^{m}x_{ik}^2\sum_{k=1}^{m}x_{jk}^2}} \tag{2.48}$$

如果 r_{ij} 出现负值，则需要用式（2.49）进行调整。

$$r_{ij}'=\frac{r_{ij}+1}{2} \tag{2.49}$$

⑤ 最大最小法。

$$r_{ij}=\frac{\sum_{k=1}^{n}\min(x_{ik},x_{jk})}{\sum_{k=1}^{n}\max(x_{ik},x_{jk})} \tag{2.50}$$

⑥ 算术平均法。

$$r_{ij}=\frac{\sum_{k=1}^{n}\min(x_{ik},x_{jk})}{\frac{1}{2}\sum_{k=1}^{n}(x_{ik}+x_{jk})} \tag{2.51}$$

如果模糊矩阵 $\boldsymbol{R}$ 只是一个模糊相似矩阵，那么它不一定具有传递性，即 $\boldsymbol{R}$ 不一定具有模糊等价关系，还需要将其改造成模糊等价矩阵。具体方法是从模糊相似矩阵出发，依次求平方：$\boldsymbol{R}\to\boldsymbol{R}^2\to\boldsymbol{R}^4\to\cdots\to\boldsymbol{R}^{2^i}\to\cdots$。当第一次出现 $\boldsymbol{R}^k\circ\boldsymbol{R}^k=\boldsymbol{R}^k$ 时，表明 $\boldsymbol{R}$ 具有传递性，$\boldsymbol{R}$ 为模糊等价矩阵。

3. 聚类

对求得的模糊等价矩阵求 λ-截集，便可以得出一定条件下研究对象的分类情况。

2.4.5.2 模糊 C 均值聚类算法

模糊 C 均值（Fuzzy C-Means，FCM）聚类算法是由 k 均值聚类算法派生而来的，其算法步骤如下。

（1）已知样本集 $X=\{\boldsymbol{x}_1,\boldsymbol{x}_2,\cdots,\boldsymbol{x}_N\}$，确定类别数 C（$2\leqslant C\leqslant N$）、模糊性加权指数 m（用来控制聚类结果模糊程度的常数，通常 $0<m\leqslant 5$）、矩阵 $\boldsymbol{A}$（对称正定矩阵，可以取单位矩阵）和一个适当小的迭代停止阈值 ε。

（2）设置初始模糊分类矩阵 $\boldsymbol{U}^{(s)}=(\mu_{ij})_{C\times N}$，令迭代次数 $s=0$；其中 μ_{ij} 表示 $\boldsymbol{x}_j$ 属于 $\omega_i(i=1,2,\cdots,C)$ 类的程度。

（3）计算 $\boldsymbol{U}^{(s)}$ 时的聚类中心 $\boldsymbol{v}_i^{(s)}$。

$$\boldsymbol{v}_i^{(s)}=\frac{\sum_{j=1}^{N}\mu_{ij}^m\boldsymbol{x}_j}{\sum_{j=1}^{N}\mu_{ij}^m},\qquad i=1,2,\cdots,C \tag{2.52}$$

（4）按下面方法更新 $\boldsymbol{U}^{(s)}$。

① 计算 I_j 和 I_j'，其中 $j=1,2,\cdots,N$。

$$\begin{aligned}I_j&=\{i\,|\,1\leqslant i\leqslant C,d_{ij}=0\}\\ I_j'&=\{1,2,\cdots,C\}-I_j\end{aligned} \tag{2.53}$$

其中 $d_{ij}^2=(\boldsymbol{x}_j-\boldsymbol{v}_i)^{\mathrm{T}}\boldsymbol{A}(\boldsymbol{x}_j-\boldsymbol{v}_i)$，当 $\boldsymbol{A}$ 为单位矩阵时，d_{ij} 为欧氏距离。

② 计算 x_j 的新隶属度。

如果 $I_j=\varnothing$，则

$$\mu_{ij}=\frac{1}{\sum_{k=1}^{C}\left(\frac{d_{ij}}{d_{kj}}\right)^{\frac{2}{m-1}}} \tag{2.54}$$

否则，若$I_j \neq \varnothing$，令$\mu_{ij}=0$，$\forall i \in I'_j$，并使$\sum_{i \in I_j} \mu_{ij}=1$。

（5）以一个适当的矩阵范数比较$\boldsymbol{U}^{(s)}$和$\boldsymbol{U}^{(s+1)}$，如果$\|\boldsymbol{U}^{(s)}-\boldsymbol{U}^{(s+1)}\| \leqslant \varepsilon$，则停止，否则，返回第（3）步。

在上述FCM算法中，模式类用一点表示，点到模式类的距离采用加权欧氏距离。算法最终得到的最优分类矩阵$\boldsymbol{U}$是模糊矩阵，对应的分类也是模糊分类。要得到样本集$X=\{\boldsymbol{x}_1,\boldsymbol{x}_2,\cdots,\boldsymbol{x}_N\}$的硬分类，可用如下方法：

- $\boldsymbol{x}_j(j=1,2,\cdots,N)$与哪一个聚类中心最接近，就将它归到哪一类；
- $\boldsymbol{x}_j(j=1,2,\cdots,N)$对哪一类的隶属度最大，就将它归到哪一类。

该算法也有另一种形式，即初始化聚类中心，计算模糊分类矩阵，然后更新聚类中心，直到满足停止准则为止。

2.4.6　随机森林算法

随机森林算法是布莱曼（Leo Breiman）在2001年提出的一种可以用于分类和预测的机器学习算法。其主要思想是建立一个包含多棵决策树的“森林”，并且在建立的过程中采用随机决策的方式，每棵决策树在分类或回归时保持独立。随机森林之所以随机，我们可以从两个方面进行理解，一方面是训练样本的随机选择，另一方面是特征向量的随机选取。

随机森林算法在进行分类时，利用Bagging算法进行抽样，从原始训练样本集N中有放回地重复随机抽取m次。构成决策树的新的数据集不是原始数据的重复复制，而是利用有限样本的重复抽样产生的新的训练集。这些数据集的样本个数是相同的但是包含不同的样本个体。通过Bagging算法进行抽样产生的每一个训练集都会生成一个基分类器。这些基分类器都存在着差异，这些差异最终表现出随机森林算法中决策树生长的“随机性”。这种随机性又不是完全随机的，可理解为有条件的概率抽样，这种抽样可以保证随机森林既不过度趋向局部最优解也不会过度发散。之后将多棵决策树合并在一起，使每棵决策树的分布大致相同，对得到的m个决策树的分类结果取众数，确定最终分类结果。决策树算法作为一个单分类器容易产生过拟合，而Bagging算法的出现，让多棵决策树集成在一起，形成随机森林，既可以防止单棵决策树产生过拟合，也可以增强其泛化能力，提高决策树的性能。另外，随机森林中的子树的每一个分类过程并未用到所有的待选特征，而是从所选取的待选特征中随机选取一定的特征，然后在随机选取的特征中选取最优的特征，这样能够使随机森林中的决策树彼此不同，提升系统的多样性，从而提升分类性能。

2.4.6.1　随机森林算法的构建过程

随机森林算法的构建过程（见图2.11）主要分为3步，即生成随机森林、决策分类和算法的产生。

要生成随机森林，首先需要构建N棵决策树，每棵决策树的构建都需要一个训练子集。所以需要使用统计抽样Bagging算法，从大样本集中抽取N个小样本数据集。在构建随机森林的过程中，利用Bagging算法进行抽样，生成N棵决策树，且不需要做剪枝处理，生成的N棵决策树即组成随机森林。在决策树生成过程中涉及两个问题：一是节点分类问题；二是随机特征变量的随机选取问题。节点分类是随机森林算法的核心部分。不同的决策树生成算法有着不同的节点分类方法。随机森林使用CART算法作为基分类器，即使用Gini节点分类方法作为节点分类的准则。

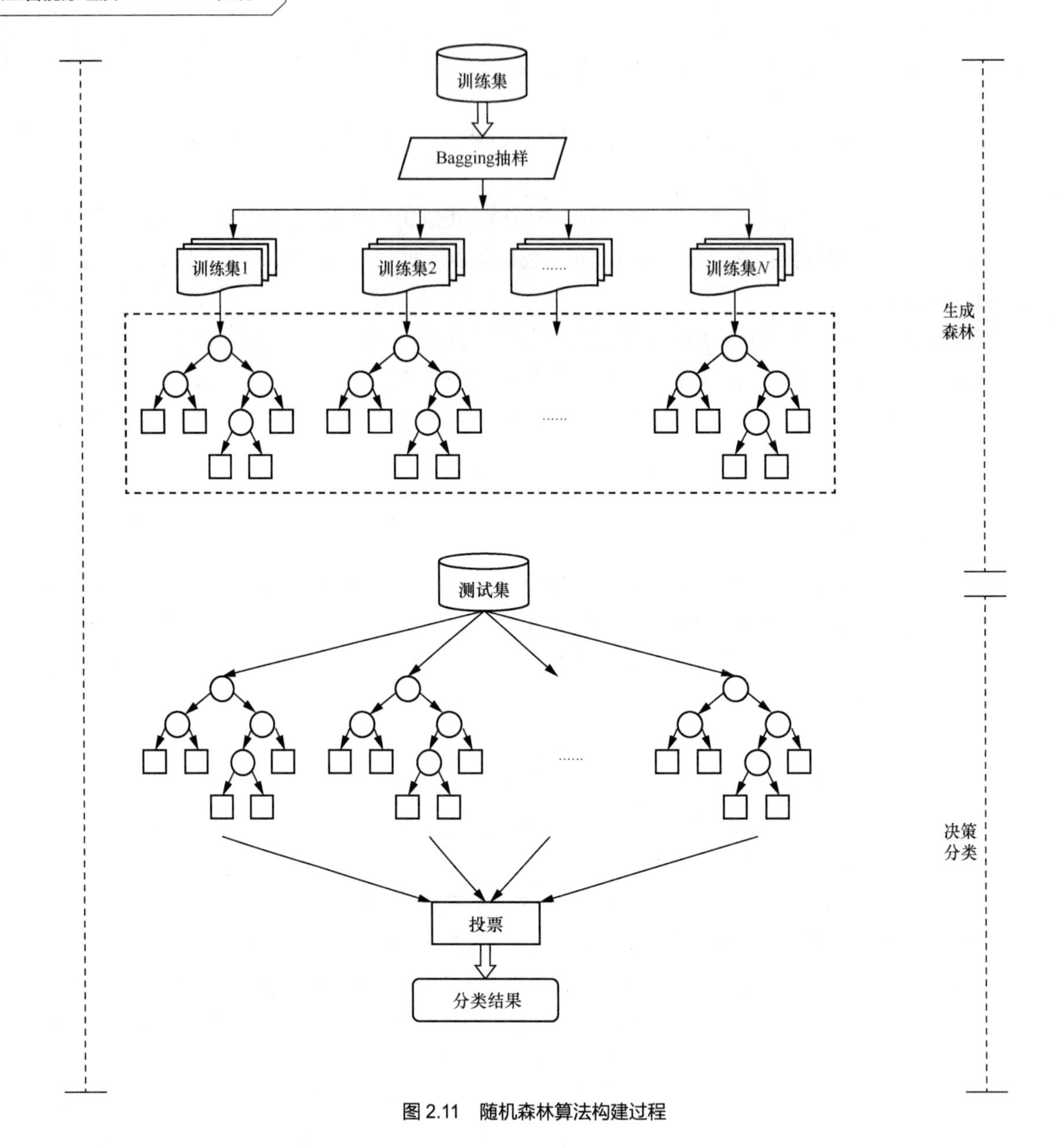

图 2.11　随机森林算法构建过程

而随机特征变量的随机选取是指随机选择节点中的一部分特征属性参与节点分类的计算，即并不是所有的属性都参与节点分类的计算，每棵树的随机选择特征数量一般取$\sqrt{M}$，其中M为输入变量的总数。当$\sqrt{M}$的计算结果带有小数时，四舍五入确定选取的特征数量。这样做是为了降低决策树与决策树之间的关联性，进而可以提升随机森林算法分类精度。

对使用以上述方式形成的大量决策树模型进行组合就可得到随机森林模型。我们可以把其中的每棵决策树想象成各个领域的专家，而随机森林算法是集合各个领域的专家，让他们采用投票的形式来实现分类，并将所有决策树的分类结果汇总，将具有最大投票数的分类结果作为算法的最终输出。

2.4.6.2　随机森林算法的性能评价指标

随机森林算法的分类精度需要根据随机森林的性能指标来判断。对于大部分的分类算法来说，分类精度主要受原始样本分布和算法结构的影响。对于原始样本来说，主要看正反样本的平衡性、参数个数和原始样本数据的大小。对于随机森林算法本身来说，主要看单棵决策树的分类性能和每棵决策树之间的相关性。组合分类器的分类精度与其基分类器的分类精度成正比，与基分类器之间的相关性成反比。

1. 分类效果评价指标

随机森林算法主要用来做分类预测，可以使用表 2.1 所示二分类数据的混淆矩阵作为评价标准。

表 2.1　混淆矩阵

真实情况	预测结果	
	正　例	反　例
正例	TP	FN
反例	FP	TN

表 2.1 中 TP 指当预测为正例时预测正确的样本数，TN 指当预测为反例时预测正确的样本数，FP 指当预测为正例时预测错误的样本数，FN 指当预测为反例时预测错误的样本数。

分类效果评价指标有如下几类。

（1）召回率（Recall），表示对模型正例样本的分类精度，计算公式如下。

$$\text{Recall} = \frac{\text{TP}}{\text{TP+FN}} \tag{2.55}$$

（2）特异度（Specificity），表示对模型反例样本的分类精度，计算公式如下。

$$\text{Specificity} = \frac{\text{TN}}{\text{FP+TN}} \tag{2.56}$$

（3）精确率（Precision），表示预测为正例的样本中正确的样本所占的比例，计算公式如下。

$$\text{Precision} = \frac{\text{TP}}{\text{FP+TP}} \tag{2.57}$$

（4）准确率（Accuracy），表示分类器正确分类的样本数与总样本数之比，计算公式如下。

$$\text{Accuracy} = \frac{\text{TP+TN}}{\text{FP+FN+TP+TN}} \tag{2.58}$$

2. ROC 和 AUC 评价指标

ROC 曲线全称为受试者操作特征（Receiver Operating Characteristic）曲线，如图 2.12 所示。它是一条经过原点和点(1,1)的曲线。曲线下面积（Area Under the Curve，AUC）是一种二分类模型分类评价指标，数值一般在 0.5 到 1 之间，AUC 值越高，表示分类器的分类性能就越好。

从图 2.12 中可以看出几个特殊点所代表的评价意义。

点(0,1)处 FN=0 且 FP=0，表示 FPR=0，TPR=1，所有的样本点都得到了正确的分类，相当于一个完美的分类器；点(1,0)处 FPR=1，TPR=0，表示没有一个样本得到了正确的分类；点(1,1)处 FPR=TPR=1，表示此分类器所有预测结果都为正例样本，没有反例样本；点(0,0)处 FP=TP=0，表示所有预测样本都是反例样本，没有正例样本。

在样本分布比较均匀，即正反样本比例比较接近时，分类精度作为一个单独的指标可以较好地评价分类效果的好坏。但如果测试样本中的正反样本的数量分布差距比较大时，会存在准确率偏高的现象。而且很多分类方法如逻辑回归，在进行分类时不是直接判断测试样本的类别，而是得到一个值，然后通过适当的计算完成分类。在这个过程中取不同的阈值，得到的分类情况有所不同，这样模型的评价指标也会有较大的差异。因此，将 ROC 曲线引入分类器的效果评估可以在一定程度上反映真实率与误报率之间的平衡，以更好地进行数据结果分析。

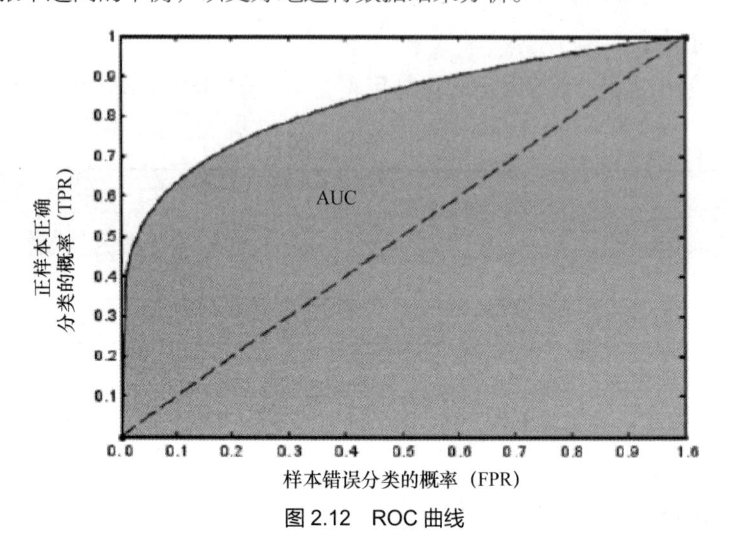

图 2.12　ROC 曲线

3. 泛化误差

泛化能力（Generalization Ability）就是模型对未知数据的预测能力。泛化误差是评价泛化能力的重要指标，它可以用于评价学习方法的泛化能力。泛化误差越小，模型的学习能力越强。目前求泛化误差的方法主要有两种：一是交叉验证；二是分析模型。交叉验证方法操作简单，它将原始数据进行分组，一部分作为训练集，另一部分作为测试集，通过测试集对泛化误差进行分析。分析模型可以对算法的参数做出估计，用于不是很复杂的线性分析方程，对复杂的非线性方程来说其实用性不高。

2.4.6.3　随机森林算法的优点

随机森林算法是以决策树为基分类器的集成学习算法。随机森林算法非常简单，易于实现，并且随机森林算法具有的两个随机性能加大了算法的优势，使其具有以下明显的优点。

（1）训练速度快。每棵决策树都是独立的，可以以并行化方法训练，节约训练时间。

（2）可以自由选择决策树节点进行特征的划分，即使样本特征维度较高，也可以高效地训练模型。

（3）随机森林算法通过 Bagging 算法进行随机采样，训练出的模型方差小，泛化能力强。

（4）对于不平衡数据集来说，随机森林算法的两个随机性能的体现可以有效平衡误差。

2.4.7　集成学习

集成学习是机器学习的一种经典算法，属于监督学习的一种模式。其主要形式是将几个弱学习器串行结合形成强学习器使用，能够很好地平衡模型的偏差和方差，学习训练效果好，应用的领域也比较广，因此集成学习在这几年里得到迅速发展，图 2.13 所示为其示意。

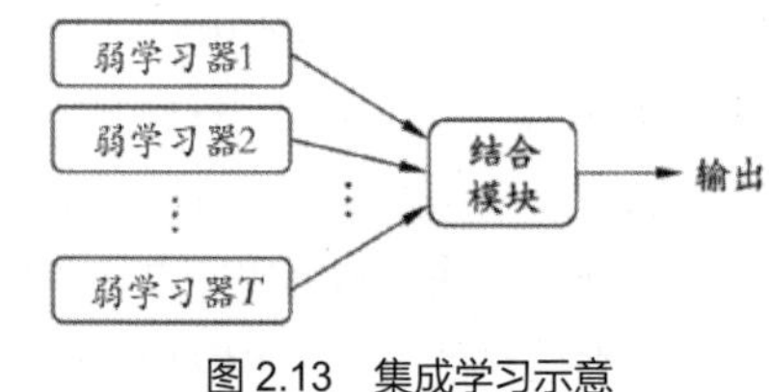

图 2.13　集成学习示意

个体学习器通常由一个现有的学习算法从训练数据中产生，例如 CART 算法、BP 神经网络等。若集成中只包含同种类型的个体学习器，例如“决策树集成”中全是决策树，这样的集成是“同质”的。同质集成的个体学习器亦称“基学习器”，相应的学习算法称为“基学习算法”。

集成也可包含不同类型的个体学习器，例如同时包含决策树和神经网络，这样的集成是“异质”的。异质集成的个体学习器由不同的学习算法生成，这时就不再称为“基学习器”，常称为“组件学习器”或直接称为“个体学习器”。

根据各种算法的特点，算法的集成主要有以下 3 种方法。

（1）强学习器的组合。强学习器的组合常用于模式识别领域，它设计强学习器的组合规则以获得更强的组件学习器。

（2）弱学习器的结合。弱学习器的结合主要应用于机器学习。在机器学习中，通过设计算法将各种弱学习器集成，可以明显提升弱学习器的性能。这方面的工作促成了 AdaBoost、Bagging 等集成方法的诞生。

（3）混合专家方法。该方法主要在神经网络领域使用，通常使用分而治之的策略，联合训练多个局部参数模型，并使用组合规则来获得全局解决方案。

2.4.7.1　个体学习器与集成的性能指标

集成最重要的性能是泛化误差，它可以用个体学习器的精确度、差异度或相关度之间的关系表示。

1. 个体学习器的精确度

设输入为 x，满足分布 $p(x)$，目标输出为 $y=f(x)$。个体学习器的精确度可看作个体估计的输出与目标输出之间的逼近程度，用风险泛函或泛化误差表示。此值越小，表明个体学习器的精确度越高。在均方误差意义下的泛化误差为

$$E_t = \int p(x)[y - h_t(x)]^2 \mathrm{d}x \tag{2.59}$$

式中 $h_t(x)$为集成中某个个体学习器的输出。

个体学习器的泛化误差与集成的泛化误差有一定的关系。虽然精确度高的个体学习器构成的集成也应具有较高的精确度，但由于集成中的所有个体学习器完成的是同一任务，因此多个高精确度的个体学习器可能非常相似。集成相似的个体学习器不会提取更多的信息，对提高集成性能作用不大。

2. 个体学习器的差异度

个体学习器的差异度可以反映集成中个体学习器输出（或输出误差）“不同”的程度，可以用强化误差表示。设对应输入 x 下集成的输出为

$$\overline{h}(x) = g(\alpha_t, h_t(x)), t = 1, 2, \cdots, T \tag{2.60}$$

式中 T 为集成中个体学习器的数目，g 为个体学习器输出的结合方式，α_t 为每个个体学习器的贡献权值。

个体学习器的差异度为

$$E_t = \int p(x)[h_t(x) - \overline{h}(x)]^2 \mathrm{d}x \tag{2.61}$$

可以看出，若个体学习器的输出越偏离集成的输出，差异度就越大，此值反映了个体学习器包含着不同的信息。通过集成可以充分提取这些不同的信息，更精确地挖掘出数据之间的规律。

3. 个体学习器的相关度

个体学习器之间的相关度可以直接反映两个个体学习器之间的联系。m，n 表示任意两个个体学习器，则个体学习器 m 和个体学习器 n 之间的相关度为

$$C_{mn} = \int p(x)[y - h_m(x)][y - h_n(x)]\,\mathrm{d}x \tag{2.62}$$

当 $m=n=t$ 时，有

$$C_{mn} = C_{tt} = \int p(x)[y - h_t(x)][y - h_t(x)]\,\mathrm{d}x = E_t \tag{2.63}$$

即个体学习器的自相关度等于其精确度。自相关度越低，个体学习器越精确，而两个个体学习器之间的相关度则反映了它们之间的不同，相关度越低，它们的差异越大。

4. 个体学习器性能与集成性能之间的关系

集成的风险泛函即泛化误差为

$$E = \int p(x)[y - \bar{h}(x)]^2\,\mathrm{d}x \tag{2.64}$$

则集成泛化误差与个体学习器的精确度和差异度之间的关系为

$$E = \bar{E} - \bar{A} \tag{2.65}$$

式中，$\bar{E} = \sum_{t=1}^{T} \alpha_t E_t$，$\bar{A} = \sum_{t=1}^{T} \alpha_t A_t$。$\alpha_t$为每个个体学习器的贡献权值，$\sum_{t=1}^{T} \alpha_t = 1$。

由此可以看出，提高个体学习器的精确度和差异度有助于提高集成的性能。但在实际应用中，个体学习器的精确度和差异度并不总能同时提高，个体学习器越精确，相互之间可能越相似，差异度越小。因此要提高集成的泛化能力，我们就需要在个体学习器的精确度和差异度之间寻找一个折中，也就是使个体学习器在整个数据空间上具有一定的精确度，而它们的输出误差则分布在数据空间的不同部分。更精确地说，个体学习器的输出应该紧密地分布在期望值的附近。个体学习器生成方法的目的就是能够更好地找到这个折中，促使个体学习器既精确度高又差异度大。

集成的泛化误差还可以用个体学习器之间的相关度来表示，即

$$E = \frac{\sum_{m=1}^{T}\sum_{n=1}^{T} C_{mn}}{T^2} = \frac{1}{T}\sum_{n=1}^{T} C_{nn} + \frac{\sum_{m=1}^{T}\sum_{n=1(n\neq m)}^{T} C_{mn}}{T^2} \tag{2.66}$$

由于个体学习器的自相关度等于其精确度，因此可以看出，在个体学习器精确度一定的情况下，降低个体学习器之间的相关度也可以提高集成的性能。

总之，一个好的集成就是构造出精确度高且差异度大的个体学习器，在个体学习器精确度和差异度之间找到一个合适的平衡点。

2.4.7.2 集成方法

一般来说，在集成过程中，个体学习器往往是泛化性能略优于随机猜测的学习器的弱学习器，最终形成的是精确度非常高的强学习器。集成的泛化性能往往比构成集成的个体学习器强得多，而且随着集成中个体学习器数量的增多，集成的错误率将呈指数级下降，最终趋向于零。但这是理想的情况，在实际应用中并不能实现。

1. Bagging 方法

Bagging 方法是从环境信息(x,y)变化对建模产生影响这一角度出发来构建集成的方法。Bagging 方法模型从环境信息(x,y)中提取映射关系，当信息有限时，模型和真实系统之间总存在一定的偏差；当环境信息的数据发生变化时，模型也会不同。因此，如果把不同的模型看成环境信息不同侧面的反映，则通过集成综合不同模型的结果，可能会取得更好的结果。该方法的理论背景如下。

设数据集 D 中每一个样本点(x_n,y_n)是以概率 P 独立抽取出来的，$h(x,D)$是个体学习器的输出，集成的输出 $\bar{h}(x)$ 是 D 变化情况下 $h(x,D)$的数学期望值 $\bar{h}(x) = E_D h(x,D)$，固定输入为 x，输出为 y，则

$$E_D(y - h(x,D))^2 = y^2 - 2yE_D h(x,D) + E_D h^2(x,D) \tag{2.67}$$

利用 $\bar{h}(x)=E_D h(x,D)$ 以及不等式 $\mathrm{Var}Z^2 \geqslant (EZ)^2$，可以得到

$$E_D(y-h(x,D))^2 \geqslant [y-\bar{h}(x)]^2 \tag{2.68}$$

根据以上式子，可以得到 $\bar{h}(x)$ 与 y 之间的均方误差小于 $h(x,D)$随 D 变化时与 y 之间的均方误差，这个差值的大小取决于下面不等式两端的差值大小

$$[E_D h(x,D)]^2 \leqslant E_D h^2(x,D) \tag{2.69}$$

由此可以看出学习器的不稳定性起着重要作用。如果随着 D 的重复采样数据集变化不大，不等式两边的值就非常接近，$h(x,D)$的变化就大，集成的效果就越明显。

由于实际上不可能得到多个与 D 具有相同分布规律的样本集，因此只能通过自助采样技术从 D 中多次抽取产生多个样本集，然后用于训练多个个体学习器，最后将多个个体学习器结合形成最终的学习器，这一过程就是 Bagging 方法。这里 $\bar{h}(x)$ 不仅与 x 有关，它还与从 D 中抽取的概率 P 有关，通过 Bagging 方法产生的估计不是 $\bar{h}(x,P)$，而是 $\bar{h}_B(x)=\bar{h}(x,P_D)$（这里在每一个属于 D 的样本点(x_n,y_n)上的概率分布集中在 $1/N$ 附近，被称为 P 的 Bootstrap 近似）。这样 $\bar{h}_B$ 就受到两方面的影响：一方面，如果学习器的学习过程是不稳定的，则通过集合可以增强性能；另一方面，如果学习器的学习过程是稳定的，则对于以概率 P 抽取的数据来说，$\bar{h}_B(x)=\bar{h}(x,P_D)$ 就不如 $\bar{h}_B(x,P)\approx h(x,D)$ 精确。不稳定与稳定之间存在一个交叉点，在此处，$\bar{h}_B$ 就不是增强而是开始减弱 $h(x,D)$的性能了。对于某些数据，当 $h(x,D)$接近由该数据可以获得的精确度极限时，Bagging 方法也不会起任何作用了。

Bagging 方法采用的自助采样法是一种有放回的重采样方法。给定包含 m 个样本的训练集 D，对它进行采样得到 D_1：每次随机从 D 中挑选一个样本，将其复制到 D_1，重复执行此过程 m 次后，就能得到包含 m 个样本的数据集 D_1，这就是自助采样，即有放回的重采样。显然，D 中有一部分样本会在 D_1 中出现多次，而有一部分样本不出现。样本在 m 次采样中始终不被采样到的概率是$(1-1/m)^m$，取极限可得 0.368，即 D 中约有 36.8%的样本未出现在采样数据集 D_1 中。于是可以将 D_1 用作训练集，将 $D-D_1$ 作为测试集。这样，实际评估的模型与期望评估的模型都使用 m 个训练样本，而仍有约占数据总量 1/3 的、没有在训练集中出现的样本用于测试。这样的测试结果，称为“包外估计”。

Bagging 方法基于自助采样法训练出 T 个与原数据集大小相同的采样数据集，然后基于每个采样数据集训练出一个基学习器，再将这些基学习器进行结合。在对预测输出进行结合时，Bagging 方法通常对分类任务使用简单投票法，对回归任务使用简单平均法。

2. Boosting 方法

Boosting 方法是一类能够将弱学习器转换成强学习器的方法，其工作机制为先从初始训练集训练出一个基学习器，然后根据基学习器的表现对训练样本的分布进行调整，使得基学习器做错的训练样本在后续计算过程受到更多的关注，再基于调整后的样本来训练下一个基学习器，如此重复进行，直到基学习器数量达到事先指定的值 T，最终将这 T 个基学习器加权组合构成集成学习器。Boosting 方法的通用流程如图 2.14 所示。

输入：样本分布D;
基学习器算法 ζ;
迭代次数;
过程：
1.初始化，$D_1=D$;
2.for $t=1,2,\cdots,T$
3.　　根据样本分布D_t训练基学习器$h_t=\zeta(D_t)$
4.　　计算h_t误差$=P_{x|Dt}(h_t(x)\neq f(x))$
5.　　根据误差调整样本分布D_{t+1}=Adjust_Distribution(D_t, ζ_t)
6.end
输出：$H(x)$=Combine_Outputs($\{h_1(x),\cdots,h_t(x)\}$)

图 2.14　Boosting 方法的通用流程

基于 Boosting 的集成方法有很多，其中 AdaBoost、Gradient Boosting Tree 方法最为出名。限于篇幅，在此只介绍 AdaBoost 方法。

AdaBoost 方法的核心思想是将一系列弱分类器集成

起来，构成一个强分类器。在其运用过程中，每一个训练样本都会被赋予一个相等的初始权值，该权值表明对应样本被某个弱分类器选中送入训练集的概率。如果该样本已被某一弱分类器准确分类，则它的权值就会降低；反之则权值会提高，使它在下次弱学习时获得更多关注，被下一个分类器选中的概率增大。因此，AdaBoost 方法能够提高样本被准确分类的能力。

AdaBoost 方法的实现流程如图 2.15 所示。

给定 m 个样本对(x,y)；

初始化样本权值 $w_1(i)=1/m$；

for　$t=1,2,\cdots,T$

　　建立第 t 个模型，使得 $h_t=\arg\min\limits_{h_j\in H}\varepsilon_j=\sum\limits_{i=1}^{m}w_t(i)I(y_i\neq h_j(x_j))$

　　式中 I 为指标函数；H 为有限的模型集合。

　　如果 $\varepsilon_t\geqslant 1/2$，则停止，否则

　　设置 $\alpha_t=\dfrac{1}{2}\lg(\dfrac{1-\varepsilon_t}{\varepsilon_t})$

　　更新 $w_{t+1}(i)=\dfrac{w_t(i)\exp[-\alpha_t y_i h_t(x_i)]}{Z_t}$

　　式中 Z_t 为归一化因子， $Z_t=\sum\limits_{i}w_t(i)\exp[-\alpha_t y_i h_t(x_i)]$

end

计算集成输出 $h(x)=\mathrm{sign}(\sum\limits_{t=1}^{T}\alpha_t h_t(x))$

图 2.15　AdaBoost 方法的实现流程

AdaBoost 方法最初用于解决分类问题，当用于解决回归问题时，通常用于判断误差是否在一定范围内来确定权值的更新程度。

3. Stacking 方法

与前述两种方法不同，Stacking 方法更适合用于结合不同类型的基学习器。其主要思想是在基学习器基础上构建高层学习器，将多个基学习器的预测值作为输入，拟合该输入与目标输出 y 之间的映射关系。其具体实施步骤如下。

（1）将训练集分为两个独立的数据集。

（2）用一个数据集训练基学习器。

（3）用另一个数据集测试基学习器。

（4）将用于测试的数据的预测值作为输入，将正确值 y 作为输出，训练一个高层学习器。

这个方法类似于细菌集群和蜂群当中的共同决策部分，每个个体将输出反馈回群体，在同一个平台上对这些输出进行综合。

4. 选择性集成

选择性集成的关键是选择策略。选择策略是指决定如何从大量的基学习器中选出部分精确度高且差异度大的基学习器来集成。它基于 3 点：一是并行策略中，方法上的差异（如改变训练数据、学习器参数等）并不能保证学习器具有差异；二是串行策略中也都隐含着选择的内容；三是还没有一种公认的最好的集成方法。选择策略易于实现且可能会提高集成的性能。

增加或剔除某个基学习器都是“选择”的过程。给定一定数量的基学习器，通过选择，可以找到与单个基学习器或简单集成（如所有基学习器求均值）性能相当或更好的集成，这就是选择的有效性。

这类方法中的个体一般采用独立生成的方式，在对个体进行评价之后选择部分适应不同环境的个体，最后进行综合。

2.4.8 EM 算法

EM 算法是于 1977 年提出的，它是一类通过迭代计算进行极大似然估计的优化算法，算法的每次迭代都包含一个 E 步骤和一个 M 步骤。该算法的目的是解决不完全数据的极大似然估计问题。不完全数据是指含有隐变量的数据和缺失数据。当要对含有隐变量的数据或缺失数据进行极大似然估计时，传统的极大似然估计方法已经不能发挥作用，而使用 EM 算法可以很好地解决该问题。

2.4.8.1 EM 算法的基本原理

当处理含有隐变量的数据时，如果用 $\boldsymbol{Y}$ 表示可观测数据，用 $\boldsymbol{Z}$ 表示隐变量，则 $(\boldsymbol{Z},\boldsymbol{Y})$ 便组成了完全数据，而可观测数据 $\boldsymbol{Y}$ 称为不完全数据。利用隐变量和可观测数据构造完全数据，可使得极大似然估计的计算变得简单。

用 $\boldsymbol{Y}$ 表示可观测数据，对应 $\boldsymbol{Y}$ 的 N 个简单随机抽样观测值记为 $\{\boldsymbol{y}^{(1)},\boldsymbol{y}^{(2)},\cdots,\boldsymbol{y}^{(N)}\}$，概率函数记为 $P(\boldsymbol{y}|\boldsymbol{\theta})$，其中 $\boldsymbol{\theta}\in\Theta$，$\Theta$ 是需要估计的空间。$\boldsymbol{Y}$ 和 $\boldsymbol{Z}$ 的联合分布记为 $P(\boldsymbol{y},\boldsymbol{z}|\boldsymbol{\theta})$。EM 算法用于求某一对数似然函数的极大似然估计，每次由 E 步骤（期望步骤）和 M 步骤（极大化步骤）组成，顺次迭代，直至满足所设的精度后停止，具体步骤如下。

记第 i 次迭代结果为 $\boldsymbol{\theta}^{(i)}$，将第 i+1 次迭代开始的参数设置为 $\boldsymbol{\theta}^{(i)}$，则第 i+1 次迭代的 E 步骤和 M 步骤如下。

E 步骤：求概率函数 $P(\boldsymbol{y},\boldsymbol{z}|\boldsymbol{\theta}^{(i)})$ 的条件期望 $E_{\boldsymbol{\theta}^{(i)}}[\lg P(\boldsymbol{y},\boldsymbol{z}\,|\,\boldsymbol{\theta})\,|\,\boldsymbol{\theta}^{(i)}]$，并记 $Q(\boldsymbol{\theta}\,|\,\boldsymbol{\theta}^{(i)})=E_{\boldsymbol{\theta}^{(i)}}[\lg P(\boldsymbol{y},\boldsymbol{z}\,|\,\boldsymbol{\theta})\,|\,\boldsymbol{\theta}^{(i)}]$。

如果随机变量 $\boldsymbol{Z}$ 是连续型的，则 $Q(\boldsymbol{\theta}\,|\,\boldsymbol{\theta}^{(i)})=\int_{z\in \boldsymbol{Z}}\lg P(\boldsymbol{y},\boldsymbol{z}\,|\,\boldsymbol{\theta})P(\boldsymbol{z}\,|\,\boldsymbol{y},\boldsymbol{\theta}^{(i)})\mathrm{d}z$。

如果随机变量 $\boldsymbol{Z}$ 是离散型的，则 $Q(\boldsymbol{\theta}\,|\,\boldsymbol{\theta}^{(i)})=\sum_{\boldsymbol{Z}}\lg P(\boldsymbol{y},\boldsymbol{z}\,|\,\boldsymbol{\theta})P(\boldsymbol{z}\,|\,\boldsymbol{y},\boldsymbol{\theta}^{(i)})$。

式中 $P(\boldsymbol{z}\,|\,\boldsymbol{y},\boldsymbol{\theta}^{(i)})(\boldsymbol{z}\in\mathbf{R}^N)$ 表示在给定参数 $\boldsymbol{\theta}=\boldsymbol{\theta}^{(i)}$ 和可观测数据 $\boldsymbol{Y}=\boldsymbol{y}$ 下隐变量 $\boldsymbol{Z}$ 的条件密度。

M 步骤：极大化 $Q(\boldsymbol{\theta}|\boldsymbol{\theta}^{(i)})$，通过极大似然估计找到 $\boldsymbol{\theta}^{(i+1)}$，即 $\boldsymbol{\theta}^{(i+1)}=\arg\max\limits_{\theta\in\Theta}Q(\boldsymbol{\theta}\,|\,\boldsymbol{\theta}^{(i)})$。

上式可以写成：$\arg\max\limits_{\theta}\sum\limits_{i=1}^{n}\lg P(\boldsymbol{y}^{(i)};\boldsymbol{\theta})=\arg\max\limits_{\theta}\sum\limits_{i=1}^{N}\lg\sum\limits_{z^{(i)}}P(\boldsymbol{y}^{(i)},\boldsymbol{z}^{(i)};\boldsymbol{\theta})$。

此时很难直接对 $\boldsymbol{\theta}$ 进行极大似然估计，EM 算法提供了一种用于进行极大似然估计的有效方法。具体实现方式如下。

$$\begin{aligned}\sum_{i=1}^{N}\lg\sum_{z^{(i)}}P(\boldsymbol{y}^{(i)},\boldsymbol{z}^{(i)};\boldsymbol{\theta})&=\sum_{i=1}^{N}\lg\sum_{z^{(i)}}Q_i(\boldsymbol{z}^{(i)})\frac{P(\boldsymbol{y}^{(i)},\boldsymbol{z}^{(i)};\boldsymbol{\theta})}{Q_i(\boldsymbol{z}^{(i)})}\\&\geqslant\sum_{i=1}^{N}\sum_{z^{(i)}}Q_i(\boldsymbol{z}^{(i)})\lg\frac{P(\boldsymbol{y}^{(i)},\boldsymbol{z}^{(i)};\boldsymbol{\theta})}{Q_i(\boldsymbol{z}^{(i)})}\end{aligned}\tag{2.70}$$

这样就完成了一次从 $\boldsymbol{\theta}^{(i)}\rightarrow\boldsymbol{\theta}^{(i+1)}$ 的迭代，反复迭代 E 步骤和 M 步骤，直到给定的正数 ε_1 和 ε_2 满足条件

$$\|\boldsymbol{\theta}^{(i+1)}-\boldsymbol{\theta}^{(i)}\|\leqslant\varepsilon_1\text{或}\|Q(\boldsymbol{\theta}^{(i+1)}\,|\,\boldsymbol{\theta}^{(i)})-Q(\boldsymbol{\theta}^{(i)}\,|\,\boldsymbol{\theta}^{(i)})\|\leqslant\varepsilon_2\tag{2.71}$$

则迭代停止。

式中 $Q(\boldsymbol{\theta}|\boldsymbol{\theta}^{(i)})$称为 Q 函数，它是指完全数据的对数似然函数 $\lg P(\boldsymbol{y},\boldsymbol{z}\,|\,\boldsymbol{\theta}^{(i)})$ 在给定可观测数据 $\boldsymbol{Y}$ 和当前参数 $\boldsymbol{\theta}^{(i)}$的条件下，对隐变量 $\boldsymbol{Z}$ 的条件概率分布 $P(\boldsymbol{z}\,|\,\boldsymbol{y},\boldsymbol{\theta}^{(i)})$ 的期望，即 $Q(\boldsymbol{\theta}\,|\,\boldsymbol{\theta}^{(i)})=E_{\boldsymbol{\theta}^{(i)}}[\lg P(\boldsymbol{y},\boldsymbol{z}\,|\,\boldsymbol{\theta})\,|\,\boldsymbol{\theta}^{(i)}]$。为了简化计算，引入 Jensen 不等式，即如果 $f(x)$是凸函数，x 为随机变量；如果有 $x_i(i=1,2,\cdots,n), x_i\in \mathrm{I}$ 和 $x_i\geqslant 0$，且 $\sum_{i=1}^{n}\lambda_i=1$，则 $f(\sum_{i=1}^{n}\lambda_i x_i)\leqslant\sum_{i=1}^{n}\lambda_i f(x_i)$。

2.4.8.2　EM 算法的优点和不足

EM 算法具有以下优点。

（1）算法具有稳定的数值，对数似然函数值在每次迭代时都会递增。

（2）算法在通常情况下具有可靠的全局收敛性，从参数空间中的任意一点开始，该算法几乎总是能够收敛到局部最大值。

（3）算法针对不同的问题需要具体分析，但其原理简单，易于实现。由于该算法依赖于完全数据的计算，每次迭代时 E 步骤只需要在完全数据的条件分布上求期望，且 M 步骤只需要对完全数据进行极大似然估计，通常求出的是解析解。

EM 算法存在以下不足。

（1）当所要优化的函数不是凸函数时，算法能够保证参数估计序列收敛到对数似然函数的稳定点，但不能保证收敛到极大值点。

（2）算法初始值通常需要经过多次实验比较，才能最终确定最优初始值。使用最为普遍的方法是首先选取几个不同的初始值进行一定次数的迭代计算，然后对得到的各个参数估计值加以比较，从中选择结果最好的初始值。

（3）算法计算复杂，收敛较慢，不适合用于大规模数据集和高维数据的计算。

2.5　机器学习的 MATLAB 实战

例 2.1　表 2.2 所示是顾客买车意向数据，试用决策树算法进行分析。

表 2.2　顾客买车意向数据

编　号	年龄/岁	月薪/元	健康状况	买车意向（类别）
1	<30	<3000	好	不买
2	<30	<3000	不好	不买
3	<30	⩾3000	不好	买
4	<30	⩾3000	好	买
5	30～60	<3000	好	买
6	30～60	⩾3000	好	买
7	30～60	⩾3000	不好	买
8	>60	<3000	好	买
9	>60	<3000	不好	不买
10	>60	⩾3000	不好	不买

解：有关机器学习的算法程序可以根据各种算法的原理自编，也可以参见 MATLAB 中的“统计与机器工具箱”中的相关函数。本例采用后者的“Classification Trees”中的相关函数。

为了使用MATLAB中的相关函数，首先将表中的数据进行定量化，即将年龄中的“＜30”“30～60”“＞60”分别表示为1、2、3，将月薪中的“＜3000”“≥3000”分别表示为1、2，将健康状况中的“好”“不好”分别表示为1、2。

```
>> clear
>> x=[1 1 1;1 1 2;1 2 2;1 2 1;2 1 1;2 2 1;2 2 2;3 1 1;3 1 2;3 2 2];
>> y={'不买';'不买';'买';'买';'买';'买';'买';'买';'不买';'不买'};
>> tree=fitctree(x,y);          %构建决策树
>> label=predict(tree,x);        %预测
label = '不买'  '不买'  '买'  '买'  '不买'  '买'  '买'  '不买'  '不买'  '买'
```

从结果中可以看出，准确率为70%。

注：“Classification Trees”中各函数的具体用法详见各函数的帮助文档。下面以MATLAB中的数据的决策树分析进行简单说明。

```
>> clear
>> load ionosphere                                    %MATLAB中的数据
>> tc=fitctree(X,Y);
>> MdlDefault=fitctree(X,Y,'CrossVal','on');
>> view(MdlDefault.Trained{1},'Mode','graph')         %作出如图2.16所示的完整决策树
>> Mdl7=fitctree(X,Y,'MaxNumSplits',7,'CrossVal','on');
>> view(Mdl7.Trained{1},'Mode','graph')               %作出如图2.17所示的最大分类数为7的决策树
```

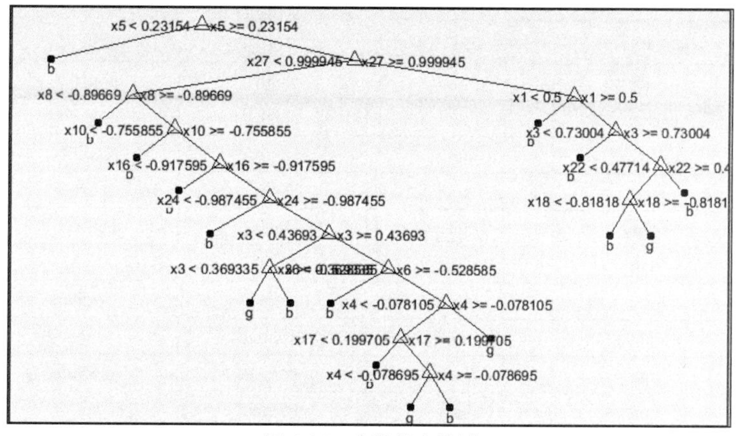

图2.16 完整的决策树

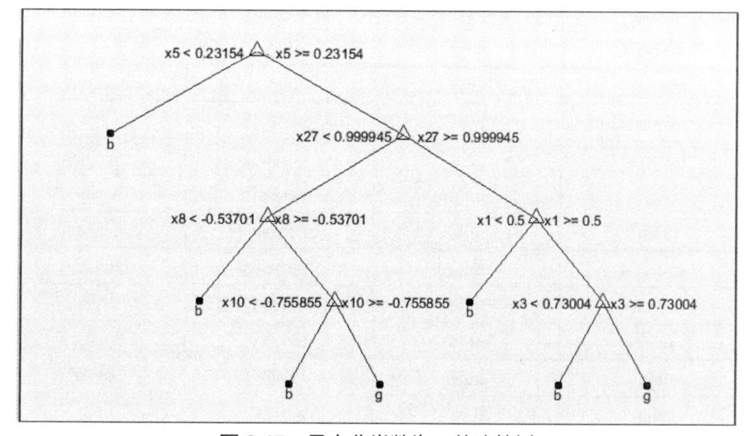

图2.17 最大分类数为7的决策树

在 MATLAB 2016 及以上版本中，机器学习被制成应用程序“Classification Learner”。打开此程序，可进入图 2.18 所示的界面。在此界面中，单击“New Session”选项，从工作窗口或文件输入数据。注意变量及类别应以同一个矩阵输入，然后选择变量和类别，最后按照界面中的提示完成对数据的整个决策树分析。

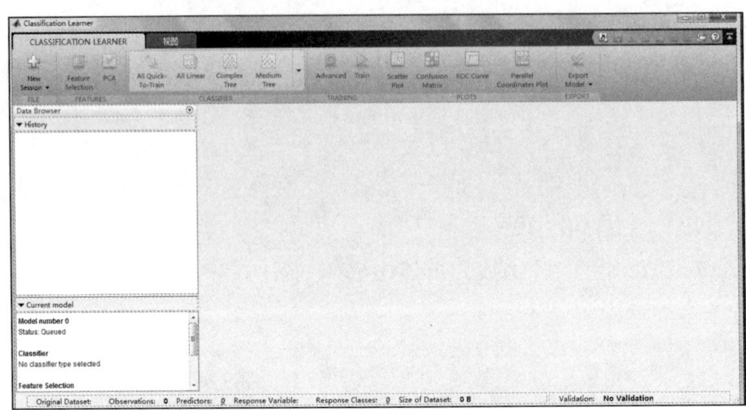

图 2.18 “Classification Learner”界面

例 2.2 表 2.3 所示是天气样本数据。每个样本有 4 个属性变量：outlook、temperature、humidity 和 windy。样本集分为 2 类——P 和 N，分别表示正例和反例。利用 ID3 算法求解其决策规则。

表 2.3 天气样本数据

编 号	outlook	temperature	humidity	windy	类 别
1	overcast	hot	high	not	N
2	overcast	hot	high	very	N
3	overcast	hot	high	medium	N
4	sunny	hot	high	not	P
5	sunny	hot	high	medium	P
6	rain	mild	high	not	N
7	rain	mild	high	medium	N
8	rain	hot	normal	not	P
9	rain	cool	normal	medium	N
10	rain	hot	normal	very	N
11	sunny	cool	normal	very	P
12	sunny	cool	normal	medium	P
13	overcast	mild	high	not	N
14	overcast	mild	high	medium	N
15	overcast	cool	normal	not	P
16	overcast	cool	normal	medium	P
17	rain	mild	normal	not	N
18	rain	mild	normal	medium	N
19	overcast	mild	normal	medium	P
20	overcast	mild	normal	very	P
21	sunny	mild	high	very	P
22	sunny	mild	high	medium	P
23	sunny	hot	normal	not	P
24	rain	mild	high	very	N

解：根据 ID3 算法原理进行编程计算，求出其决策规则。

```
>> load data                    %训练集，其中包含属性名称及分类结果
>> test=data(2:10,1:end-1);     %测试样本
>> [rule,p]=ID3_2(data,test);   %可只输入训练集，此时输出只有决策规则
```

其中 rule 为决策规则，本例共用如下 7 个规则。

规则 1：'outlook' 'overcast' 'humidity' 'high' 'N'

规则 2：'outlook' 'overcast' 'humidity' 'normal' 'P'

规则 3：'outlook' 'rain' 'temperature' 'cool' 'N'

规则 4：'outlook' 'rain' 'temperature' 'hot' 'windy' 'not' 'P'

规则 5：'outlook' 'rain' 'temperature' 'hot' 'windy' 'very' 'N'

规则 6：'outlook' 'rain' 'temperature' 'mild' 'N'

规则 7：'outlook' 'sunny' 'P'

p 为测试样本的分类结果，与实际结果完全相同。

```
>> p'
ans = 'N'    'N'    'N'    'P'    'P'    'N'    'N'    'P'    'N'
```

图 2.19 所示为本例的决策树。

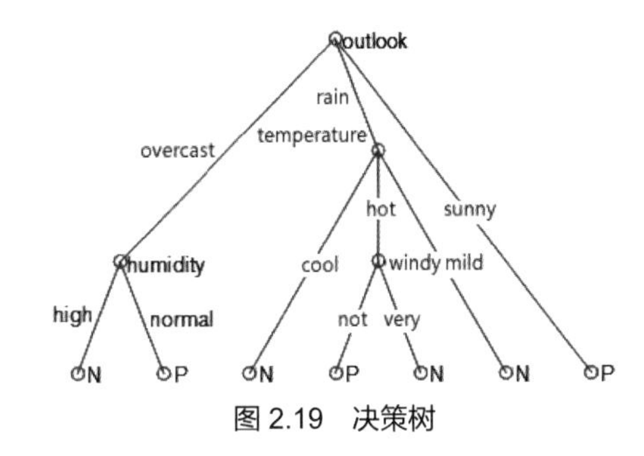

图 2.19 决策树

例 2.3 利用 C4.5 算法对 MATLAB 中的意大利酒数据库 wine_dataset 中的数据进行分析。

解：根据 C4.5 算法的原理进行编程分析。

```
>> [X,T] = wine_dataset;        %X 为数据文件，T 为类别
>> data=[C X'];                 %C 是对 T 进行处理后得到的（类别用 1、2、3 表示）
>> train_index=randperm(length(data),floor(length(data)/4*3)); %随机采样 3/4 的数据作训练集
>> test_index=setdiff(linspace(1,length(data),length(data)),train_index);
>> traindata=data(train_index,:);                         %训练数据
>> testdata=data(test_index,:);                           %测试样本
>> train_pattern=traindata(:,2:(size(traindata,2)));      %训练样本属性
>> train_targets=traindata(:,1)';                         %训练样本类别
>> test_pattern=testdata(:,2:(size(testdata,2)));         %测试样本属性
>> test_targets=testdata(:,1)';                           %测试样本类别
>> out=my_C4_5(train_pattern', train_targets, test_pattern'); %改进 C4.5 算法
>> [accuracy,k1,k2]=cal_accuracy(test_targets,out{2})     %计算准确率
accuracy =0.9111                                          %准确率
k1 = 4                                                    %出错的个数
k2 =19    20    22    23                                  %出错样本的序号
>> t=classregtree(train_pattern,train_targets');
```

```
>> test_targets_predict2=eval(t,test_pattern);
>> [accuracy,k1,k2]=cal_accuracy(test_targets,test_targets_predict2)
accuracy =0.9111
k1 = 4
k2 =9   20   31   34
>> test_targets_predict1=C4_5(train_pattern', train_targets, test_pattern',5);%C4.5算法
>> [accuracy,k1,k2]=cal_accuracy(test_targets,test_targets_predict1)
accuracy =0.9333
k1 =3
k2 = 9   20   31
```

例 2.4　测定了冠心病患者和健康人血液中 4 种微量元素的含量（见表 2.4），试用朴素贝叶斯网络进行分类。

表 2.4　冠心病患者及健康人血液中 4 种微量元素含量的测定结果

样本号	测定结果/（μg·mL⁻¹）				原归类
	x_1	x_2	x_3	x_4	
1	0.039	0.980	46.2	6.32	1
2	0.051	0.580	32.9	4.85	1
3	0.009	0.800	50.9	6.48	1
4	0.042	0.920	55.5	6.27	1
5	0.026	1.56	43.2	5.45	1
6	0.034	0.74	59.2	7.13	1
7	0.016	0.75	41.6	4.56	1
8	0.019	0.82	33.2	7.06	1
9	0.037	0.94	36.8	6.21	1
10	0.051	0.87	33.7	6.17	1
11	0.071	1.13	31.4	7.19	1
12	0.055	0.870	35.9	5.53	1
13	0.099	1.100	33.6	7.18	1
14	0.031	0.53	31.9	4.07	2
15	0.030	0.750	53.1	6.48	2
16	0.050	0.790	36.4	4.53	2
17	0.040	0.720	50.0	4.07	2
18	0.043	0.81	65.4	6.18	2
19	0.047	0.640	53.6	4.23	2
20	0.076	0.60	63.5	6.0	2
21	0.072	0.610	44.6	4.49	2
22	0.103	0.75	68.4	7.11	2
23	0.062	0.65	62.1	7.34	2
24	0.087	0.88	70.8	7.78	2
25	0.091	0.73	70.1	6.94	2
26	0.040	0.570	36.7	3.74	2

解：MATLAB 中“统计与机器工具箱”中有关朴素贝叶斯网络分类的函数为 fitcnb（在 MATLAB 较低版本中为 NaiveBayes.fit 函数），此函数的具体用法见其帮助文档。

```
>> load data; y=[ones(13,1);2*ones(13,1)];
>> Mdl=fitcnb(data,y);              %建立模型
>> pre=predict(Mdl,data);           %预测
>> [accuracy,k1,k2]=cal_accuracy(y,pre)
accuracy =0.8846                    %准确率，3 个样本分类错误
k1 =3
k2 =2    6    7
```

例 2.5　表 2.5 所示的数据来源于对某高校学生就业情况的统计。为分析求解毕业生就业预测问题，请用朴素贝叶斯网络对表中数据进行分类分析。

表 2.5　学生就业情况

性　别	学生干部	优秀毕业论文	学位获得	综合成绩	就　业
male	no	no	no	90	yes
male	yes	yes	yes	76	no
female	no	no	no	95	yes
male	yes	yes	yes	80	yes
male	no	yes	no	79	no
female	no	no	no	89	no
male	yes	yes	yes	79	yes
female	no	no	no	88	yes
male	no	no	no	86	yes
male	yes	yes	no	75	no
male	yes	no	yes	80	yes
female	yes	yes	yes	90	yes
female	no	yes	yes	95	yes
male	no	no	yes	90	yes
male	no	no	yes	80	no
female	yes	no	yes	80	yes
female	no	no	yes	90	yes
male	no	yes	yes	92	yes
male	no	no	no	72	no
male	no	yes	yes	85	yes

解：MATLAB 中朴素贝叶斯网络的函数 fitcnb 只能处理训练集是数据矩阵的情况，而本例表 2.5 中数据类型除“综合成绩”外均为非数值型。因此自编函数 bayesnet1 进行分析。

在实际利用朴素贝叶斯网络进行分类时，可能会遇到 3 种情况：一是属性为连续属性；二是条件概率为 0；三是缺少某个属性值。

本例中，综合成绩是一个连续属性，此时通常假定该属性的值服从高斯分布，并可按下式计算概率。

$$P(x_k \mid c_i) = g(x_k, \mu_{c_i}, \sigma_{c_i}) = \frac{1}{\sigma_{c_i}\sqrt{2\pi}} \mathrm{e}^{-\frac{(x-\mu_{c_i})^2}{2\sigma_{c_i}^2}}$$

其中，给定类 c_i 的训练样本属性 x_k 的值，$g(x_k, \mu_{c_i}, \sigma_{c_i})$ 是属性 x_k 的高斯密度函数，μ_{c_i}、σ_{c_i} 分别为平

均值和标准差。

当条件概率为 0 时，可以用 $P(x_k \mid c_i)=\dfrac{\frac{1}{N}}{N_{c_i}+\frac{N_{x_k}}{N}}$ 进行计算。

其中 N 为样本常数，N_{x_k} 为属性的取值个数，N_{c_i} 为总样本中某一类的样本数。

根据以上的处理方法，可编程计算本例。

```
>> load train;                                                     %训练集数据
>> sample={'male' 'yes' 'no' 'no' 82;'female' ' ' 'yes' 'no' 88};%预测样本，其中一个缺数据
>> numeric=[5];                                                    %数值变量的序号
>> class1=bayesnet1(train,sample,numeric);                         %自编函数
>> class1{1}='no'  class1{2}='yes'                                 %预测结果
```

例 2.6　试用支持向量机对表 2.6 中的企业家综合素质做出更为有效的评价，其中 I_i 为各项指标。

表 2.6　企业家综合素质评价指标数据

评价	I_1	I_2	I_3	I_4	I_5	I_6	I_7	I_8	I_9	I_{10}	I_{11}	I_{12}	I_{13}	I_{14}	I_{15}	I_{16}	I_{17}
高	0.8	0.8	0.9	0.7	0.8	0.7	0.8	0.8	0.8	0.7	0.8	0.7	0.9	0.8	0.7	0.8	0.6
	0.8	0.9	0.7	0.8	0.9	0.8	0.8	0.8	0.8	0.8	0.8	0.7	0.8	0.7	0.6	0.8	0.8
	0.8	0.8	0.9	0.7	0.7	0.8	0.8	0.8	0.8	0.8	0.8	0.7	0.7	0.7	0.8	0.8	0.8
中	0.7	0.7	0.6	0.7	0.8	0.7	0.6	0.8	0.7	0.6	0.7	0.7	0.6	0.8	0.7	0.7	0.7
	0.7	0.7	0.6	0.6	0.7	0.6	0.7	0.7	0.7	0.7	0.8	0.7	0.6	0.7	0.8	0.7	0.8
	0.7	0.6	0.8	0.7	0.6	0.6	0.7	0.8	0.6	0.7	0.7	0.8	0.8	0.7	0.6	0.7	0.8
低	0.4	0.5	0.5	0.5	0.6	0.5	0.5	0.5	0.5	0.5	0.6	0.5	0.5	0.6	0.7	0.6	0.6
	0.5	0.5	0.5	0.5	0.7	0.6	0.5	0.4	0.5	0.5	0.6	0.5	0.5	0.6	0.5	0.6	0.5
	0.5	0.6	0.5	0.6	0.6	0.5	0.4	0.5	0.5	0.5	0.4	0.5	0.5	0.5	0.7	0.5	0.6
未知	0.8	0.7	0.6	0.9	0.7	0.6	0.8	0.6	0.6	0.7	0.9	0.8	0.7	0.8	0.7	0.6	0.7
	0.6	0.6	0.7	0.5	0.7	0.8	0.6	0.7	0.8	0.5	0.6	0.5	0.6	0.7	0.6	0.6	0.8

解： MATLAB 中支持向量机的训练函数、分类函数分别是 svmtrain 和 svmclassify，在 MATLAB 2016 及以上的版本中改为 fitcsvm。这两个函数的使用方法基本相同，具体用法见其帮助文档。

支持向量机只能解决二类分类问题，而本例是一个三类分类问题且每类样本数较少，所以用 3 个分类器，核函数为较简单的一阶多项式。

```
>> load mydata;
>> high=mydata(1:3,:);mid=mydata(4:6,:);low=mydata(7:9,:);test=mydata(10:11,:);
>> num=nchoosek(1:3,2);    %1、2、3 这 3 个数字两两配对，1 代表高，2 代表中，3 代表低
>> Training={high,mid,low};SVM=cell(size(num,1),1);      %元胞形式的训练集及支持向量机
>> for k=1:size(num,1)
      t1=Training{num(k,1)}; t2=Training{num(k,2)};      %配对组成训练集
      SVM{k}=svmtrain([t1;t2],[ones(size(t1,1),1);zeros(size(t2,1),1)],'Kernel_function',…
      'polynomial','polyorder',1);                        %训练函数
   end
>> for kk=1:size(test,1)
```

```
    for k=1:length(SVM)
      result(k)=svmclassify(SVM{k},test(kk,:));           %分类函数
      temp(k)=num(k,1).*result(k)+num(k,2).*~result(k);  %每个分类器的分类结果
    end
    results(kk)=mode(temp,2);           %依据每个数字出现的次数，决定总的分类结果
end
>> results
    results =2      2                   %即都为中等素质
```

例 2.7 胃病患者和健康人的生化指标测量值如表 2.7 所示。试用 k 近邻法对某未知样本进行判别。

表 2.7 胃病患者和健康人生化指标的测量值

类 型	铜蓝蛋白（x_1）	蓝色反应（x_2）	吲哚乙酸（x_3）	中性硫化物（x_4）	归 类
胃病患者	228	134	20	11	1
	245	134	10	40	1
	200	167	12	27	1
	170	150	7	8	1
	100	167	20	14	1
健康人	150	117	7	6	2
	120	133	10	26	2
	160	100	5	10	2
	185	115	5	19	2
	170	125	6	4	2
	165	142	5	3	2
	185	108	2	12	2
未知样本	225	125	7	14	
	100	117	7	2	
	130	100	6	12	

解：在 MATLAB 较低版本中 k 近邻法分类函数为 knnclassify，在 MATLAB 2016 及以上的版本中此函数改为 fitcknn，这两个函数的具体用法相似，可参见其帮助文档。

```
>> x=[228   134   20   11;245   134   10   40;200   167   12   27;170   150   7   8;
      100   167   20   14;150   117    7    6;120   133   10   26;160   100   5  10;
      185   115    5   19;170   125    6    4;165   142    5    3;185   108   2  12;
      225   125    7   14;100   117    7    2;130   100    6    12];
>> x1=x(1:12,:); y=[ones(5,1);2*ones(7,1)];
>> mdl=fitcknn(x1,y);
>> label=predict(mdl,x(13:15,:))
   label =1  2  2                            %预测样本的类别
```

例 2.8 对表 2.7 中的数据分别用 k 均值法、随机森林算法、集成学习算法等进行分类分析。

解：

（1）k 均值法

MATLAB 中 k 均值分类算法函数为 kmeans，其具体用法可参见其帮助文档。

利用此函数对表中数据进行分析，可得到以下结果，其中有两个样品的类别与原来的类别有所差异。如果此函数用不同的参数，则可得到不同的结果。

```
>> load x;
>> y=kmeans(x,2,'distance','city')'
y=2  2  2  1  1  1  1  1  1  1  1  1  2  1  1
```

在使用此函数时，如果预先不知道类别数，则可以通过 silhouette 图或通过每次迭代时显示的相关情况做出判断，具体见相关文档。

```
>> figure    %查看 silhouette 图，如图 2.20 所示
>> [silh3,h]=silhouette(x,y,'city');h=gca;h.Children.EdgeColor=[.8 .8 1];
>> xlabel 'Silhouette Value';ylabel 'Cluster'
```

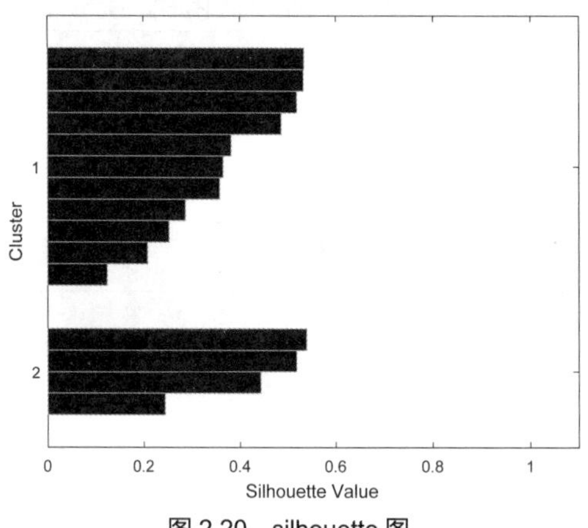

图 2.20　silhouette 图

从 silhouette 图可以看出绝大多数的点聚集在第 1 个类中，说明其较好地与近邻分离。

（2）随机森林算法

MATLAB 中随机森林算法函数为 TreeBagger，其具体用法可参见帮助文档。

```
>> B=TreeBagger(10,x(1:12,:),y);
>> predict_label=predict(B,x(13:15,:));
predict_label = '2'  '2'  '2'        %第 1 个样本的分类结果与其他方法不同
```

（3）集成学习算法

MATLAB 中集成学习算法函数为 fitensemble，其具体用法可参见帮助文档。

```
>> Mdl=fitensemble(x(1:12,:),y,'AdaBoostM1' ,100,'tree','type','classification');
>> predict_label=predict(Mdl,x(13:15,:))
predict_label =2  2  2
```

例 2.9　对 μ、σ 分别为[0 0;2 4;-2 3]、[0.8 0.1;0.4 1.3;2.4 1.3]所产生的随机高斯分布运用 EM 算法进行分析。

解：首先按给出的参数产生随机数据。

```
>> mu1=[0 0];S1=[0.8 0.1];data1=mvnrnd(mu1,S1,1000);
>> figure;plot(data1(:,1),data1(:,2),'r.');hold on
>> mu2=[2 4];S2=[0.4 1.3];data2=mvnrnd(mu2,S2,1000);
>> plot(data2(:,1),data2(:,2),'g.');
>> mu3=[-2 3];S3=[2.4 1.3];data3=mvnrnd(mu3,S3,1000);
>> plot(data3(:,1),data3(:,2),'b.');
>> data=[data1;data2;data3];   %绘制如图 2.21 所示的数据分布图
```

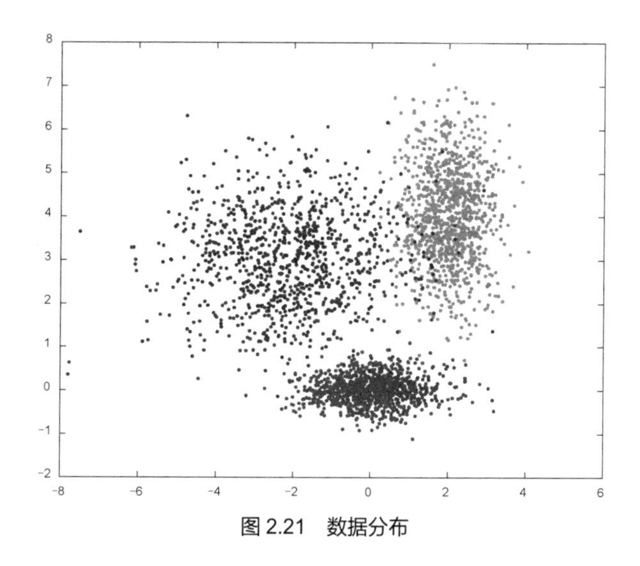

图 2.21　数据分布

然后运用 EM 算法进行分析：

```
>> [label, model, llh,pre]=myEm(data',data1',3);
>> [accuracy,k1,k2]=cal_accuracy(3.*ones(1,1048),pre)
accuracy =0.9647
k1 =37
```

从结果可看出准确率令人满意。

在应用此函数时一般假设数据遵循高斯分布。对于此问题，我们也可以应用 MATLAB 中“统计与机器学习”中的 fitgmdist 函数解决。

例 2.10　设新疆 10 个地区的集 $X=\{1,2,3,\cdots,10\}$，其中 1 代表阿勒泰、2 代表塔城、3 代表伊宁、4 代表昌吉、5 代表奇台、6 代表阿克苏、7 代表库车、8 代表喀什、9 代表和田、10 代表吐鲁番。根据专业知识和实践经验，选取 4 种影响当地玉米生长的主要气象和气候因素：x_1 代表≥10℃积温（即一年中不小于 10℃的日平均温度累积）；x_2 代表无霜期；x_3 代表 6～8 月平均气温；x_4 代表 5～9 月降水量。这些因素的实际观测值如表 2.8 所示。

表 2.8　玉米生长的 4 种主要影响因素

地　区	x_1/℃	x_2/天	x_3/℃	x_4/mm
1	2704.7	149	21.3	83.1
2	2886.2	146	20.9	119.0
3	3412.1	175	21.8	139.2
4	3400.2	169	23.3	98.0
5	3096.4	157	22.3	105.0
6	3798.2	207	22.6	42.4
7	4283.6	227	25.3	31.2
8	4256.3	222	24.5	40.7
9	4348.8	230	24.5	20.0
10	5378.3	221	31.4	8.3

请利用模糊聚类算法对后 9 个地区进行分类，并判断第 1 个地区属于哪一类？

解：利用 MATLAB 中的模糊聚类函数 fcm 进行计算分析。

```
>> load mydata.dat
>> y1=mean(x);y2=std(x);
>> x=[(x(:,1)-y1(1))/y2(1) (x(:,2)-y1(2))/y2(2) (x(:,3)-y1(3))/y2(3)
    (x(:,4)-y1(4))/y2(4)];  %对数据进行归一化处理
```

如果利用二维数据作图，可得图 2.22，并可明显看出各样本的聚类情况。

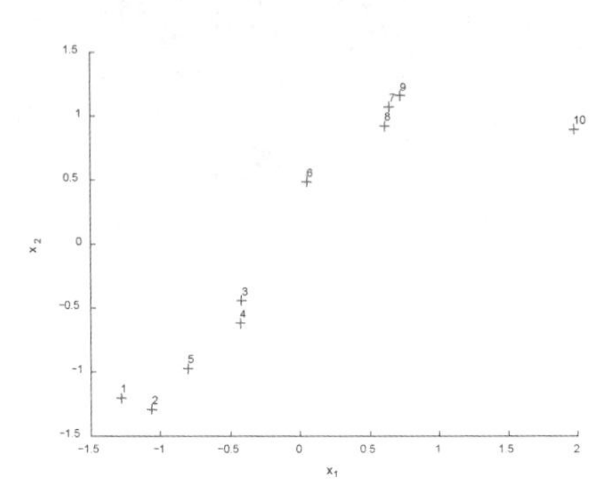

图 2.22　数据的二维近似表示

```
>> [center,U,obj_fcn]=fcm(x,3);  %按南疆、北疆及吐鲁番 3 个地区分类
>> maxU=max(U);
>> index1=find(U(1,:)==maxU);index2=find(U(2,:)==maxU);index3=find(U(3,:)==maxU);
>> x(index1,1);             %第 6~9 个地区属于南疆地区为第 1 类
>> x(index2,1);             %第 10 地区属于吐鲁番地区为第 2 类
>> x(index3,1);             %第 1~5 个地区属于北疆地区为第 3 类
>> x1=[ -1.2823 -1.2026 -0.8170 0.3154];  %新目标值
>> e=ones(3,1)*x1;          %使新数据维数与分类值相等
>> f=(center-e)';           %新数据与各聚类中心的值相比较
>> ff=sum(f.^2);            %最小二乘法
>> [min1,index]=min(ff);
>> disp(['新目标为第',num2str(index),'类'])
```

新目标为第 3 类，即属于北疆地区。

例 2.11　考虑煤炭按成因分类的模糊识别问题。根据煤炭成因可将煤炭分为三大类，即无烟煤、烟煤和褐煤。设论域 U 为所有煤种的集合，无烟煤 A_1、烟煤 A_2 和褐煤 A_3 是 U 上的模糊子集，对于某一给定的具体煤种 $\boldsymbol{u}$，试判断其归属。各个煤种特性指标的测量值如表 2.9 所示。

表 2.9　各个煤种特性指标的测量值

煤种样本分类及编号	序号	特性指标（u）的侧量值									
		碳	氢	硫	氧	镜质组分	丝质组分	块状微粒体	粒状微粒体	壳质树脂体	平均最大反射率
无烟煤（A_1）	1	92.21	2.74	0.84	3.58	86.70	13.30	0.00	0.00	0.00	4.92
	2	92.58	2.80	1.00	2.98	90.01	9.70	0.20	0.00	0.00	3.98
	3	92.63	3.04	0.74	2.64	89.10	10.60	0.30	0.00	0.00	4.12
	4	93.01	1.98	0.55	3.46	89.00	9.40	0.80	0.00	0.00	6.05
	5	93.01	2.79	0.79	2.67	88.30	11.70	0.00	0.00	0.00	4.50
平均值		92.68	2.67	0.78	3.06	88.62	10.94	0.26	0.00	0.00	4.71

续表

煤种样本分类及编号	序号	特性指标（u）的侧量值									
		碳	氢	硫	氧	镜质组分	丝质组分	块状微粒体	粒状微粒体	壳质树脂体	平均最大反射率
烟煤（A_2）	6	84.62	5.61	0.76	7.30	69.10	13.10	1.40	4.10	12.50	0.90
	7	84.53	5.55	0.70	7.36	64.60	8.10	3.00	11.3	11.00	0.85
	8	83.82	5.78	0.90	7.80	84.10	2.70	1.20	7.40	4.50	0.93
	9	82.65	5.57	2.48	7.19	77.20	9.10	2.70	3.20	7.80	0.83
	10	82.43	5.77	1.61	8.53	84.90	3.80	2.30	5.00	4.10	0.84
	11	81.88	5.87	2.94	7.39	80.30	4.30	3.30	7.80	4.30	0.71
平均值		83.32	5.69	1.56	7.59	76.70	6.85	2.31	6.46	7.36	0.84
褐煤（A_3）	12	72.49	5.31	2.11	20.23	85.72	7.90	3.54	3.12	3.73	0.30
	13	72.29	5.26	1.02	20.43	85.60	4.60	3.30	2.80	3.70	0.31
	14	71.39	5.33	1.07	21.03	84.70	5.90	2.80	3.00	3.60	0.32
	15	70.95	5.04	1.50	21.10	81.85	7.25	2.75	2.94	3.21	0.33
	16	71.85	5.17	1.14	20.95	85.10	7.21	3.54	2.77	3.54	0.32
平均值		71.79	5.22	1.36	20.74	84.59	6.57	3.18	2.92	3.55	0.31

解：在模糊识别中，构造模糊模式的模糊函数是其关键点和难点。下面介绍常用的样本法。

（1）设 U 为待识别对象全体的集合，$A_1,A_2,\cdots,A_p$ 为 U 上 p 个模糊模式，每一个识别对象 $\boldsymbol{u}\in U$ 的特性指标向量为 $\boldsymbol{u}=(u_1,u_2,\cdots,u_m)$。

从模糊模式 A_i 中选出 k_i 个样本，设为

$$\boldsymbol{a}_{ij}=(x_{ij_1},x_{ij_2},\cdots,x_{ij_m})\quad (i=1,2,\cdots,p;j=1,2,\cdots,k_i)$$

其中 $\boldsymbol{a}_{ij}$ 表示第 i 个模糊模式 A_i 中的第 j 个样本的特性指标向量；x_{ij_k} 表示第 i 个模糊模式 A_i 中的第 j 个样本的第 k 个特性指标的实测数据。

（2）计算模糊模式 A_i 中的 k_i 个特性指标向量 $\boldsymbol{a}_{ij}(i=1,2,\cdots,p;j=1,2,\cdots,k_i)$ 的平均值 $\overline{\boldsymbol{a}}_i$，即

$$\overline{\boldsymbol{a}}_i=(\overline{\boldsymbol{a}}_{i1},\overline{\boldsymbol{a}}_{i2},\cdots,\overline{\boldsymbol{a}}_{im})$$

式中

$$\overline{\boldsymbol{a}}_{ik}=\frac{1}{k_i}\sum_{j=1}^{k_i}x_{ij_k},\qquad k=1,2,\cdots,m$$

称 $\overline{\boldsymbol{a}}_i$ 为模糊模式 A_i 的均值样本。

（3）计算模糊模式 A_i 的隶属函数。

计算识别对象 $\boldsymbol{u}=(u_1,u_2,\cdots,u_m)$ 与均值样本 $\overline{\boldsymbol{a}}_i=(\overline{\boldsymbol{a}}_{i1},\overline{\boldsymbol{a}}_{i2},\cdots,\overline{\boldsymbol{a}}_{im})$ 之间的距离 $d_i(\boldsymbol{u},\overline{\boldsymbol{a}}_i)$，若取欧氏距离，则有

$$d_i(\boldsymbol{u},\overline{\boldsymbol{a}}_i)=(\sum_{j=1}^{m}(u_j-\overline{\boldsymbol{a}}_{ij})^2)^{1/2},\qquad i=1,2,\cdots,p$$

令 $D=\max\{d_1(\boldsymbol{u},\overline{\boldsymbol{a}}_1),d_1(\boldsymbol{u},\overline{\boldsymbol{a}}_2),\cdots,d_p(\boldsymbol{u},\overline{\boldsymbol{a}}_p)\}$，则模糊模式的隶属函数为

$$A_i(\boldsymbol{u}) = 1 - \frac{d_i(\boldsymbol{u}, \overline{\boldsymbol{a}}_i)}{D}, \qquad i = 1, 2, \cdots, p$$

根据以上所述，计算各模式的隶属度值过程如下。

（1）用 mean 函数求平均值，即类的中心。

（2）计算待识别煤种与均值的距离（即与每类的距离），可以采用各种距离，如用欧氏距离，则可以用 norm 函数计算。

$$d_1(\boldsymbol{u},\boldsymbol{a}) = (\sum_{j=1}^{10}(u_j - \overline{\boldsymbol{a}}_j)^2)^{1/2}，\ d_2(\boldsymbol{u},\boldsymbol{b}) = (\sum_{j=1}^{10}(u_j - \overline{\boldsymbol{b}}_j)^2)^{1/2}，\ d_3(\boldsymbol{u},\boldsymbol{c}) = (\sum_{j=1}^{10}(u_j - \overline{\boldsymbol{c}}_j)^2)^{1/2}$$

令 $D = d_1(\boldsymbol{u},\boldsymbol{a}) + d_2(\boldsymbol{u},\boldsymbol{b}) + d_3(\boldsymbol{u},\boldsymbol{c})$，则可得到 3 种煤的隶属函数。

$$A_1(\boldsymbol{u}) = 1 - \frac{d_1(\boldsymbol{u},\boldsymbol{a})}{D}，\ A_2(\boldsymbol{u}) = 1 - \frac{d_2(\boldsymbol{u},\boldsymbol{b})}{D}，\ A_3(\boldsymbol{u}) = 1 - \frac{d_3(\boldsymbol{u},\boldsymbol{c})}{D}$$

然后可计算出每个煤种隶属于每种类型煤的隶属度值，据此可判断出其所属的类别，计算结果符合实际。

下面以前 5 种煤样的计算为例，列出程序。

```
>> load x;c=mean(x(12:end,:));b=mean(x(6:11,:));a=mean(x(1:5,:));
>> for k=1:5
       d1(k,1:3)=0;
       for i=1:10
          d1(k,1)=d1(k,1)+sqrt((x(k,i)-a(i))^2);d1(k,2)=d1(k,2)+sqrt((x(k,i)-b(i))^2);
          d1(k,3)=d1(k,3)+sqrt((x(k,i)-c(i))^2);
       end
   end
>> D1=sum(d1')';
>> for i= 1:5;for j=1:3;A1(i,j)=1-d1(i,j)/D1(i);end;end
```

03

第3章 人工神经网络

人工神经网络（Artificial Neural Network，ANN）在对人脑组织结构和运行机制的认识理解基础之上模拟其结构和智能行为。人工神经网络从 20 世纪 40 年代提出基本概念以来得到了迅速的发展，因其具有大规模并行处理能力、分布式存储能力、自适应能力以及适合求解非线性、容错性和冗余性等问题而受到了众多领域科学工作者的关注。

3.1 人工神经网络的基本原理

人工神经网络对人脑进行了简化、抽象和模拟，是模拟生物大脑结构的数学模型。人工神经网络由大量功能简单而具有自适应能力的信息处理单元（即人工神经元）按照大规模并行的方式，通过拓扑结构连接而成。

3.1.1 人工神经元

人工神经元是对生物神经元结构和功能的模拟。我们可以把人工神经网络看成以处理单元为节点、用加权有向弧相互连接而成的有向图。其中处理单元是对生物神经元的模拟，而有向弧则是对“轴突—突触—树突”的模拟，有向图的权值表示两处理单元的相互作用的强弱。

一般对生物神经元的抽象与模拟（称为形式神经元）的模型如图 3.1 所示，它可以看作一个具有“多输入-单输出”结构的非线性阈值器件。

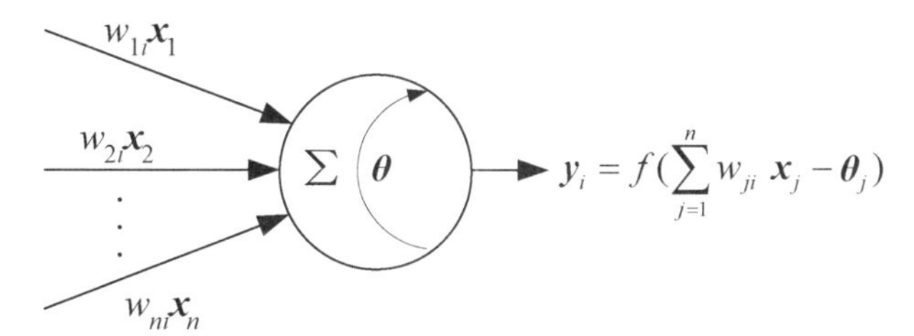

图 3.1 形式神经元的模型

$\boldsymbol{X}=[\boldsymbol{x}_1,\boldsymbol{x}_2,\cdots,\boldsymbol{x}_n]$表示某一神经元的 n 个输入，w_{ji} 表示第 j 个与第 i 个神经元的突触连接强度的值（权值）。若用 A_i 表示第 i 个神经元的输入总和，它相应于生物神经元细胞的膜电位称为激活函数。$\boldsymbol{y}_i$ 表示第 i 个神经元的输出，$\boldsymbol{\theta}_i$ 表示神经元的阈值。

由图 3.1 可见，形式神经元主要由权值、阈值和传递函数 $f(\cdot)$的形式定义，其数学表达式如下。

$$\boldsymbol{y}_i = f(\sum_{j=1}^{n} w_{ji}\boldsymbol{x}_j - \boldsymbol{\theta}_j) \tag{3.1}$$

式中$f(\cdot)$称为传递函数。

3.1.2 传递函数

在人工神经元系统中，输出是通过传递函数$f(\cdot)$来完成的。传递函数的作用是控制输入对输出的激活，把可能的无限域变换到给定范围的输出，对输入、输出进行函数转换，以模拟生物神经元线性或非线性转移特性。

传递函数形式多样，它可反映神经元的线性特征，这些特征一般可分为 3 种类型：简单的映射关系、动态系统方程和概率统计模型。

（1）对于简单的映射模型，不考虑神经元的时间滞后效应，各神经元的构成的输出向量 $\boldsymbol{Y}$ 与输入向量 $\boldsymbol{X}$ 符合某种映射规律，如

$$\boldsymbol{Y} = f(\boldsymbol{WX} - \boldsymbol{\theta}) \tag{3.2}$$

式中 $\boldsymbol{W}$ 是权向量，$\boldsymbol{\theta}$ 是阈值向量。这种映射可以是线性的，也可以是非线性的。

（2）动态系统方程模型可反映神经元输出与输入之间的延时作用，一般可以用差分方程或微分方程表示，如

$$\boldsymbol{Y}(t+1) = f(\boldsymbol{WX}(t) - \boldsymbol{\theta}) \tag{3.3}$$

（3）概率统计模型的输出向量 $\boldsymbol{Y}$ 与输入向量 $\boldsymbol{X}$ 之间不存在确定性的关系，而是利用随机函数来说明神经元特性。

表 3.1 所示为一些简单的人工神经网络传递函数。除线性传递函数外，其他函数给出的均是累积信号的非线性变换。因此，人工神经网络特别适用于解决非线性问题。

表 3.1 人工神经网络传递函数

类 型	函 数
阈值逻辑（二值）	$f(x)=\begin{cases}1(x\geqslant s)\\0(x<s)\end{cases}$
阈值逻辑（两极）	$f(x)=\begin{cases}1(x\geqslant s)\\-1(x<s)\end{cases}$
线性传递函数	$f(x)=cx$
线性阈值函数	$f(x)=\begin{cases}1(x\geqslant s)\\0(x<s)\\c(\text{其他})\end{cases}$
Sigmoid 函数	$f(x)=\dfrac{1}{1+\mathrm{e}^{-cx}}$
双曲线-正切函数	$f(x)=\dfrac{\mathrm{e}^{cx}-\mathrm{e}^{-cx}}{\mathrm{e}^{cx}+\mathrm{e}^{-cx}}$

3.1.3 人工神经网络的特点

人工神经网络具有以下不同于其他计算方法的特点。

（1）人工神经网络将信息存储在大量的神经元中，且具有内在的知识索引功能，即具有将大量

信息存储起来并以一种更为简便的方式对其进行访问的能力。

（2）人工神经网络能模拟人类的学习过程，并且有很强的容错能力。由于人工神经元个数众多以及整个网络的存储信息容量巨大，因此人工神经网络具有很强的不确定性信息处理能力，它可以对不完善、不准确或模糊不清的数据和图形进行学习并做出决定。一旦训练完成，就能由给定的输入模式快速计算出结果。

（3）人工神经元是一种非线性的处理单元。只有当神经元对所有的输入信号的综合处理结果超过某一阈值后才输出信号。因此人工神经网络是一种具有高度非线性的超大规模连续时间动力学系统，具备人类所具有的一些自学习、自组织、自适应功能，它是人工智能信息处理能力和模拟人脑智能行为能力的一大飞跃。

正因为具有这些特点，人工神经网络在人工智能、自动控制、计算机科学、信息处理、模式识别等领域得到了广泛的应用。

3.1.4 人工神经网络的数学基础知识

人工神经网络涉及许多数学知识。限于篇幅，在此仅介绍基本的数学基础知识。

1. 向量的内积与外积

设向量 $\boldsymbol{V}=(v_1,v_2,\cdots,v_n)$和矩阵 $\boldsymbol{W}=[\boldsymbol{w}_1,\boldsymbol{w}_2,\cdots,\boldsymbol{w}_n]$。向量可用两种方法来进行乘法运算：一种为点乘，又称内积；另一种为外积。

内积表示为 $\boldsymbol{U}=\boldsymbol{W}\boldsymbol{V}$。

在人工神经网络中，上式表示给定一个单元 $\boldsymbol{U}$，它接收来自 n 个单元的输入向量 $\boldsymbol{V}$ 和权向量 $\boldsymbol{W}$ 的内积。

设两个向量 $\boldsymbol{A}=(a_1,a_2,a_3)$，$\boldsymbol{B}=(b_1,b_2,b_3)$，其外积可表示为

$$\boldsymbol{A}\times\boldsymbol{B}=\begin{bmatrix}\boldsymbol{i} & \boldsymbol{j} & \boldsymbol{k}\\ a_1 & a_2 & a_3\\ b_1 & b_2 & b_3\end{bmatrix}=\begin{bmatrix}a_2 & a_3\\ b_2 & b_3\end{bmatrix}\boldsymbol{i}+\begin{bmatrix}a_3 & a_1\\ b_3 & b_1\end{bmatrix}\boldsymbol{j}+\begin{bmatrix}a_1 & a_2\\ b_1 & b_2\end{bmatrix}\boldsymbol{k}$$
$$=((a_2b_3-a_3b_2),(a_3b_1-b_3a_1),(a_1b_2-b_1a_2)) \tag{3.4}$$

式中 $\boldsymbol{i}$、$\boldsymbol{j}$、$\boldsymbol{k}$ 分别为单位向量。

2. 矩阵运算与层次结构网络

设给定一个向量 $\boldsymbol{V}$ 和一个矩阵 $\boldsymbol{W}$，则它们的乘积为一个向量：$\boldsymbol{W}\boldsymbol{V}=\boldsymbol{U}$。

这种运算又称为映射，即 $\boldsymbol{V}$ 被 $\boldsymbol{W}$ 映射成 $\boldsymbol{U}$：$\boldsymbol{U}=\boldsymbol{W}\boldsymbol{V}$。

若用 $\boldsymbol{W}^{-1}$ 表示 $\boldsymbol{W}$ 的逆矩阵，则类似有映射：$\boldsymbol{V}=\boldsymbol{W}^{-1}\boldsymbol{U}$。

图 3.2 所示为人工神经网络的连接，表示由 n 个输入单元和 m 个输出单元所构成的一个双层的人工神经网络。图 3.2 中每个输入单元都连接到一个连接强度为 w_{ij} 的输出单元上。每个输出单元都计算它的权向量和输入向量的内积，即在第 i 个输出单元上的输出可作为第 i 个单元的各个连接权与输入向量的内积。输入向量的分量是各输入单元的值，第 i 个单元的权向量是连接权矩阵 $\boldsymbol{W}$ 的第 i 行。

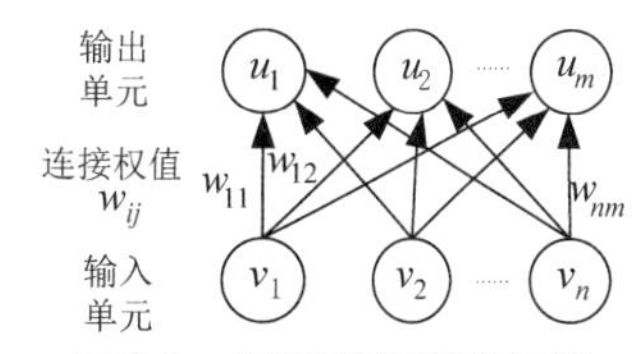

图 3.2 人工神经网络的连接

外积的概念可用来表示一个人工神经网络的学习过程，如 Hebb 学习规则。一个特殊的矩阵可以

通过与一个输出向量相联系的输入向量产生，其过程就是所谓的联想学习。对于任一给定的向量 $\boldsymbol{V}$，当计算出向量 $\boldsymbol{V}$ 和它的转置 $\boldsymbol{V}^{\mathrm{T}}$ 的内积时，就能生成有关存储状态唯一的一个存储矩阵。通常输入向量并不一定是完整的信息，它可以是一部分信息或有干扰的信息。当这个不完整的信息与存储矩阵进行运算时，内积将给出完整的信息。

3.2 人工神经网络的结构形式

人工神经网络由一组基本处理单元通过不同的连接模式构成。人工神经元输出信号之间通过互相连接形成网络，互相连接的方式称为连接模式。目前人工神经网络模型已有上百种，均是从生物神经元抽象、由最基本生物学事实而衍生出来的。基本处理单元是对生物神经元的近似仿真，因而称为人工神经元，它的主要功能是信号的输入、处理和输出。

人工神经元输出信号的强度反映了该单元对相邻单元影响的大小。处理单元之间连接效率的高低称为连接强度，也可称为连接权值或权值。因为人工神经网络的连接权值矩阵决定人工神经网络的连接模型，所以它也被称为人工神经网络的连接权矩阵。对连接权矩阵的修改就是人工神经网络的学习、进化过程。

通常，权矩阵用 $\boldsymbol{W}_{m\times n}$ 表示，W_{ij} 表示从单元 U_i 到 U_j 的连接强度和性质。如果 U_i 对 U_j 起刺激、兴奋作用，则 W_{ij} 为正数；若 U_i 对 U_j 起抑制作用，则 W_{ij} 是一个负数，而 W_{ij} 的绝对值表示连接作用的强弱。

构造人工神经网络的一个很重要的步骤是构造神经网络的拓扑结构。由于单个人工神经元的功能是非常有限的，只有将大量人工神经元通过互连结构构造成神经网络，使之构成群体并行分布式处理的计算结构，方能发挥出强大的运算能力，并初步具备人脑所具有的形象思维、抽象思维和灵感思维的物质基础。

人工神经网络的连接结构往往决定和制约着网络的特性及能力。根据人工神经元之间连接的拓扑结构的不同，我们可将人工神经网络的连接结构分为分层网络结构和相互连接型网络结构两大类。

3.2.1 分层网络结构

分层网络结构又称为层次网络结构，按层数的多少，可分为单层、双层和多层网络结构。

1. 单层与双层网络结构

单层与双层网络结构是最简单的层次网络结构，也是最早出现的人工神经网络结构，如图 3.3 所示。采用单层与双层网络结构的网络，一些不允许属于同一层的神经元相互连接，如图 3.3（a）所示；一些则可以允许同一层的神经元相互连接，这种连接称为抑制性连接，如图 3.3（b）所示。

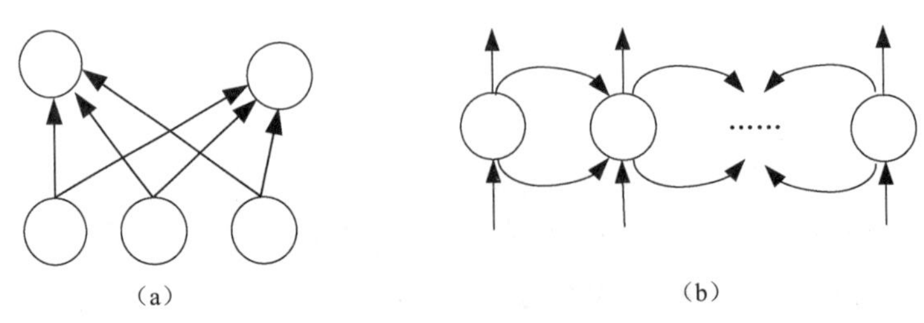

图 3.3　单层与双层网络结构

2. 多层网络结构

多层网络结构如图 3.4 所示。这种结构的代表有简单的前向多层网络（如 BP 神经网络）、多层侧抑制模型和带有反馈的多层神经网络。

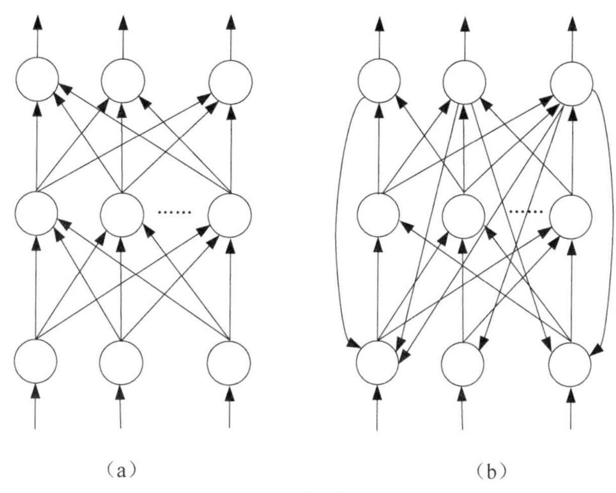

图 3.4　多层网络结构

在具有多层网络结构的人工神经网络模型中，将所有人工神经元按功能分成若干层，一般有输入层、隐含层（中间层）和输出层，各层按顺序连接。输入层节点上的人工神经元接受外部环境的输入模式，并由它们传递给相连隐含层上的各个人工神经元。隐含层即网络中间层，它体现了人工神经网络的模式变换能力，如模式分类、特征抽取等。根据模式变换功能的不同，隐含层可以有多层，也可以没有。输出层则是人工神经网络产生的输出模式。

图 3.4（a）所示的是简单的前向多层网络，其典型代表为 BP 神经网络。输入信息从输入层进入网络，经中间层的顺序模式变换，再由输出层产生输出模式，便可完成网络状态更新。

更一般的多层神经网络连接模式称为循环连接或闭环网络模式，如图 3.4（b）所示。它包含多层神经网络中一层内有相互连接的侧抑制连接模式，不同层间的带有反馈的连接模式和兼有同层侧抑制与前层反馈连接的循环连接模式。

通常多层网络结构中的输出层-隐含层、隐含层-隐含层、隐含层-输入层之间都可能具有反馈连接的方式，反馈的结果将形成封闭环路。人工神经网络中具有反馈的人工神经元称为隐神经元，其输出又称为内部输入。由于循环式连接模式的人工神经网络有先前的反馈作为输入，它们的输出要由当前的输入和先前的输出共同决定，这显示出该神经网络类似于人类短期记忆的性质。

3.2.2 相互连接型网络结构

相互连接型网络结构如图 3.5 所示，该网络结构中任意两个人工神经元之间是可达的，即存在任意的连接路径。霍普菲尔德神经网络、玻尔兹曼机、自组织网络等人工神经网络模型的结构均属于此类。由于此类网络结构中路径多，信息要在同层和层间的各个人工神经元之间反复往返传递，使人工神经网络处于一种不断改变状态的过程中，因此产生的模式较为复杂。

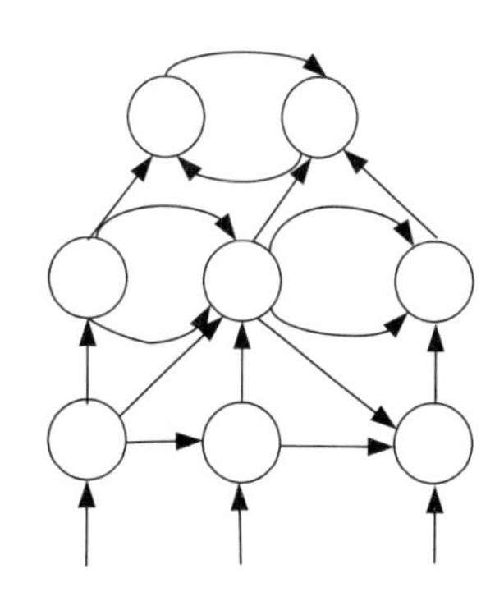

图 3.5　相互连接型网络结构

相互连接型网络可以认为是一种非线性动力学系统，其主要特点是模块内部的人工神经元相互紧密连接，每个模块完成自己特定的功能；然后，模块相互连接，以完成整体功能；最后，模块结构又与层次结构相结合，形成多层次多模块结构。显然，这种相互连接型的人工神经网络更接近于人脑神经网络的结构。

3.3 人工神经网络模型分类

1. 按学习方式分类

按学习方式分类，人工神经网络模型分为有导师学习（有监督训练）、强化学习和无导师学习（无监督训练）3 类。

（1）在有导师学习中，必须预先知道学习（教师信息）的期望结果，将依次按照某一学习规则来修正权值。

（2）强化学习是利用某一技术表示“奖/惩”的全局信号，衡量并强化与输入相关的局部决策（如权值、人工神经元状态等变量的变化）。强化学习只表示输出结果的“好”与“坏”，它需要的外部已知信息很少。当不知道给定的输入模式点相应的输出应是什么模式时，强化学习能根据“奖/惩”规则，得出一些有用的信息。

（3）无导师学习不需要教师信息或强化信号，只要给定输入信息，网络就能自组织、自调整、自学习并给出一定意义上的输出响应。

2. 按人工神经网络的活动方式分类

按人工神经网络的活动方式即人工神经网络的学习技术分类，人工神经网络模型可分为确定性活动方式的模型和随机性活动方式的模型。

（1）在确定性活动方式的模型中，人工神经网络由确定性输入，采用确定性权值修正方法的学习方法，经过确定性传递函数，产生确定性的输出。目前大部分人工神经网络模型均属于此类。

（2）在随机性活动方式的模型中，人工神经网络由随机性输入，采用随机性权值修正方法，经过随机性传递函数，产生遵循一定概率分布的随机输出。此类人工神经网络的学习结果要比确定性活动方式的模型好，但学习速度较慢。

3. 按人工神经网络的建立原理分类

按人工神经网络的建立原理，其可分为基于数学模型的和基于认知模型的人工神经网络模型。

（1）基于数学模型的人工神经网络模型在神经元生理特性的基础上，通过抽象并用数学表达式来描述，此类人工神经网络有多层感知机、前向多层神经网络、映射网络、线性联想器、反馈联想网络、双向联想记忆网络等。

（2）基于认知模型的人工神经网络模型，主要根据神经系统信息处理的过程建立模型，此类人工神经网络有自适应谐振理论（ART）网络、认知机、Kohenen 自组织网络及遗传神经网络。

4. 按人工神经网络的信息处理能力分类

按人工神经网络的信息处理能力分类，人工神经网络模型可分为模型识别、模式分类、组合优化问题求解、数据聚簇与组合、数学映射逼近和联想记忆等类型。

3.4　人工神经网络学习算法

人工神经网络的学习算法有很多，其中较有代表性的是 Hebb 学习、误差修正学习、随机学习、竞争学习、基于记忆的学习以及结构学习等算法。

3.4.1　Hebb 学习算法

Hebb 学习算法又称为 Hebb 学习规则，其思想描述如下。

（1）如果一个突触（连接）两边的两个神经元被同步激活，则该突触的能量就有选择性地增加。

（2）如果一个突触两边的两个神经元被异步激活，则该突触的能量就被有选择性地减弱或消除。

用数学描述则为

$$\Delta w_{ji}(n)=\eta(x_j(n)-\overline{x}_j)(x_i(n)-\overline{x}_i) \tag{3.5}$$

式中 $\Delta w_{ji}(n)$ 表示某一权值的修正量；η 是正的常数，又称学习因子，它取决于每次权值的修正量，决定了学习过程的学习率；$x_i(n)$、$x_j(n)$分别表示在 n 时刻第 i 个、第 j 个神经元的状态，$\overline{x}_i$、$\overline{x}_j$ 分别表示 n 时刻第 i、第 j 个神经元在一段时间内的平均值。

3.4.2　误差修正学习算法

误差修正学习算法是一种有监督的学习过程，它利用神经网络的期望输出与实际输出间的偏差作为调整连接权值的依据，并最终减小这种偏差到规定的误差范围内。设实际输出 $y_i(n)$与期望输出 $d(n)$间的误差 $e(n)$为 $e(n)=d(n)-y_i(n)$，性能函数为 $E(n)=e^2(n)/2$，则学习过程就是调整突触权值，经过反复迭代计算使性能函数 $E(n)$达到最小或使系统收敛到稳定状态，即使突触权值稳定。这个学习过程称为纠错学习，也称 Delta 规则。

设 w_{ij} 表示神经元 x_j 到 x_i 的突触值，在学习步骤为 n 时对突触权值的调整为

$$\Delta w_{ij}(n)=\eta e(n)x_j(n) \tag{3.6}$$

式中 η 为学习率（常数）。我们得到突触权值的校正值为

$$w_{ij}(n+1)=w_{ij}(n)+\Delta w_{ij}(n) \tag{3.7}$$

式中 $w_{ij}(n+1)$、$w_{ij}(n)$可看成突触权值的新值和旧值。

3.4.3　随机学习算法

随机学习算法也称为玻尔兹曼学习规则，其结合随机过程、概率和能量（函数）来调整人工神经网络的变量，从而使人工神经网络的目标函数达到最大（最小）。由该学习规则设计出的人工神经网络称为玻尔兹曼机。

玻尔兹曼机的变化应遵循以下准则。

（1）如果网络的能量变化后，能量函数有更小的值，那么接受这种变化。

（2）如果网络的能量变化后，能量函数没有更小的值，那么按预先选取的有概率分布接受这种变化。

用数学描述就是用 Metropolis 准则对应的概率 p 确定是否接受从当前状态到新状态的转移。p 的计算公式为

$$p_t(i \Rightarrow j) = \begin{cases} 1 & , f(j) \leqslant f(i) \\ \mathrm{e}^{\frac{f(i)-f(j)}{t}} & , f(j) > f(i), t \in \mathbf{R}^+ \end{cases} \tag{3.8}$$

随机学习算法不仅接受能量函数减小的变化，而且以某种概率分布接受能量增大（即性能变差）的变化，这相当于在人工神经网络的变量中引入“噪声”，使人工神经网络有可能跳出能量函数的局部极小点，而向全局极小点的方向发展。

3.4.4 竞争学习算法

竞争学习算法是指网络的某些群体中所有单元相互竞争对外界刺激模式进行响应的活动方式，竞争取胜单元的连接权向着对这一刺激模式竞争更有利的方向变化，而且竞争取胜的单元又可抑制竞争失败单元对模式的响应。因此，在任一时间只能有一个输出神经元是活性的。

竞争学习更一般的形式是不允许单个“胜利者”出现，学习发生在取胜者集合（称为取胜域）中各单元的连接权上，这种学习又被称为协同学习。

竞争学习的基本内容如下。

（1）一个神经元集合。除了某些随机分布的突触权值外，所有的神经元都相同，因此对给定的输入模式集合有不同的响应。

（2）能量限制。每个神经元的能量都要受到限制。

（3）一个机制。允许神经元通过竞争对各给定的输入子集做出响应，赢得竞争的神经元被称为全胜神经元。

如果一个特定的神经元在竞争中取胜，则这个神经元的每一个输入节点都放弃输入权值的一部分，并且放弃的权值平均分布在活性输入节点之中。根据竞争学习规则，突触权值的变化定义为

$$\Delta w_{ij} = \begin{cases} \eta(x_j - w_{ij}), & \text{神经元}i\text{在竞争中取胜} \\ 0 & , \text{神经元}i\text{在竞争中失败} \end{cases} \tag{3.9}$$

式中 η 是学习速率。这个规则能够使得取胜神经元 i 的突触权值向量 $\boldsymbol{w}_{ij}$ 向输入模式 x_j 转移。

竞争学习的自适应学习方式，使网络单元能够有选择地接受外界刺激模式的不同特性，从而能提供基于检测特性空间活动规律的性能描述。

竞争学习是一种典型的非监督学习策略。启用竞争学习时只需给定一个输入模式集作为训练集，网络会自行组织训练模式，并将其分成不同类型。

3.4.5 基于记忆的学习算法

在基于记忆的学习中，过去的学习结果被存储在一个大的存储器中；当输入一个新的测试向量 $\boldsymbol{x}_{\text{test}}$ 时，学习过程就会将 $\boldsymbol{x}_{\text{test}}$ 归到已存储的某个类中。基于记忆的学习算法包括两部分：用于定义 $\boldsymbol{x}_{\text{test}}$ 的局部邻域的标准；用于在 $\boldsymbol{x}_{\text{test}}$ 的局部邻域训练样本的学习规则。

一种简单而有效的基于记忆的学习算法就是最近邻规则。设存储器中所记忆的某一个类 l_1 含有向量 $\boldsymbol{x}_n' \in \{\boldsymbol{x}_1, \boldsymbol{x}_2, \cdots, \boldsymbol{x}_n\}$，如果式（3.10）成立则 $\boldsymbol{x}_{\text{test}}$ 属于 l_1 类，其中 $d(\boldsymbol{x}_i, \boldsymbol{x}_{\text{test}})$ 是向量 $\boldsymbol{x}_i$ 与 $\boldsymbol{x}_{\text{test}}$ 的欧氏距离。

$$\min d(\boldsymbol{x}_i, \boldsymbol{x}_{\text{test}}) = d(\boldsymbol{x}_n', \boldsymbol{x}_{\text{test}}) \tag{3.10}$$

3.4.6　结构学习算法

结构学习算法就是人工计算神经网络的结构参数。人工神经网络结构参数的设计（特别是隐含层神经元数量的确定）是影响其收敛及泛化性能的关键问题。目前对其尚无科学的理论指导，仅凭经验设定很难保证网络有好的收敛性、泛化能力及最小的冗余性。无法进行人工神经网络结构参数的计算使得现有的诸多学习算法受到多方面的限制，如学习速度慢、容错能力差等。另外利用现有的神经网络模型进行问题求解同样受到限制，如计算结果不精确。前馈神经网络学习算法并不具备结构学习能力，因学习收敛速度太慢而不能令人满意；联想记忆网络学习算法虽然是最简单的一种结构学习算法，但该算法使相应网络的容错能力和存储容量均显不足。

现在针对已有结构学习算法的研究，其思想是通过汲取样本数据所蕴含的知识，以保证收敛性为前提而自适应调整网络结构，从而实现网络的最小冗余性和优化泛化能力。其过程如下：预先设置合适的误差比 e_0、学习周期量 LT、网络最小隐单元数 MINH、最大隐单元数 MAXH，然后从 MINH 个隐单元网络开始，采用二分法调整网络实际隐单元数 FH，经过 LT 次后计算其总误差与上一个 LT 次学习后总误差绝对值的比值 c_e，若 $c_e \leqslant e_0$，则认为此时的结构虽可保证网络的收敛性，但有多余的隐单元，此时令 MAXH=FH，FH=(MINH+FH)/2；若 $c_e > e_0$，则认为该网络的隐节点数量太小，此时令 MINH=FH，FH=(MAXH+FH)/2，继续下一个 LT 周期的学习，这种过程直至对某隐单元数 FH 满足 $c_e \leqslant e_0$ 而减少隐单元时不能满足 $c_e \leqslant e_0$ 为止。这时的隐单元数 FH 即认为是网络的理想结构。实验表明，这种隐单元数量的自适应调整可很快确定较理想的网络结构，且有很好的稳定性，初始权值对其影响较小。

3.5　典型的人工神经网络

3.5.1　单层前向网络

单层前向网络是最简单的人工神经网络，网络中的神经元只有一层。最典型的单层前向网络是单层感知机。

1. 单层感知机

单层感知机包括一个线性累加器和一个二值阈值元件，同时还有一个外部偏差值。线性累加器的输出作为二值阈值元件的输入，这样当二值阈值元件的输入大于等于 0 时，神经元就输出+1，反之就输出−1，其数学表达式为

$$y = \operatorname{sgn}\left(\sum_{j=1}^{n} w_{ij} x_j + b\right) \tag{3.11}$$

$$y_i = f\left(\sum_{j=1}^{n} w_{ij} x_j + b\right) = \begin{cases} +1, & \sum_{j=1}^{n} w_{ij} x_j + b \geqslant 0 \\ -1, & \sum_{j=1}^{n} w_{ij} x_j + b < 0 \end{cases} \tag{3.12}$$

单层感知机的作用是对外部输入进行识别分类，将其分为 l_1 和 l_2 两类。在 n 维信号空间，单层感知机模式识别的判定超平面由式（3.13）决定。

$$\sum_{j=1}^{n} w_{ij}x_j + b = 0 \tag{3.13}$$

其中的权值 w_{ij} 可通过单层感知机的学习算法的训练而得到。

2. 单层感知机的学习算法

单层感知机对权值向量的学习是基于迭代的纠错学习规则的学习算法，其实现步骤如下。

第（1）步，设置变量和参数。

$\boldsymbol{x}(n)=[1,x_1(n),x_2(n),\cdots,x_m(n)]$ 为输入向量，即训练样本。

$\boldsymbol{w}(n)=[b(n),w_1(n),w_2(n),\cdots,w_m(n)]$ 为权值向量，$b(n)$为偏差。

n 为迭代次数，m 为神经元数；$y(n)$为实际输出；$d(n)$为期望输出；η 为学习速率。

第（2）步，初始化：赋给 $w_j(0)$一个较小的随机非零值，n=0。

第（3）步，指定期望输出：对于一组输入样本 $\boldsymbol{x}(n)=[1,x_1(n),x_2(n),\cdots,x_m(n)]$，指定它的期望输出为

$$d=\begin{cases}+1, & x\in l_1\\ -1, & x\in l_2\end{cases}$$

d 又称为导师信号。

第（4）步，计算实际输出：$y(n)=\mathrm{sgn}[\boldsymbol{w}^{\mathrm{T}}(n)\boldsymbol{x}(n)]$。

第（5）步，调整感知机的权值向量：$\boldsymbol{w}(n+1)=\boldsymbol{w}(n)+\eta[d(n)-y(n)]\boldsymbol{x}(n)$。

第（6）步，判断是否满足算法结束的条件：若满足则算法结束，反之则转到第（3）步进行循环。其中算法结束的条件可以是：（1）误差小于设定的值 ε；（2）权值的变化已很小；（3）最大的迭代数已达到预定的值。

单层感知机只能处理线性可分的两类模式，而无法正确区分线性不可分的两类模式。

3.5.2 多层前向网络及 BP 学习算法

为了解决非线性可分的问题，我们可以采用多层网络，即在输入层和输出层之间加上隐含层。这种由输入层、隐含层和输出层组成的网络就是多层前向网络。BP 网络就是一种单向的多层前向网络。

1. 多层感知机

多层感知机是单层感知机的扩展，由输入层、隐含层和输出层组成，其中隐含层可以有一层或多层，输入层神经元个数为输入信号的维数，隐含层个数以及隐含层节点的个数视具体情况而定，输出层神经元的个数为输出信号的维数。

与单层感知机相比，多层感知机有如下的优点。

（1）含有一层或多层隐单元，隐单元从输入模式中提取更多有用的信号，使网络可以完成更复杂的任务。

（2）每个神经元的传递函数是可微的 Sigmoid 函数，如

$$v_i=\frac{1}{1+\mathrm{e}^{(-u_i)}} \tag{3.14}$$

（3）多个突触使得网络更具备连通性，连接域的变化或连接权值的变化都会引起连通性的变化。

2. BP 学习算法

BP 学习算法是多层感知机的学习算法，其核心是通过一边向后传递误差、一边修正误差的方法

来不断调节网络参数（权值、阈值），以实现或逼近所希望的输入、输出映射关系。其学习过程可描述如下。

（1）工作信号正向传播。输入信号从输入层经隐含层，传向输出层，在输出端产生输出信号。在工作信号正向传播的过程中网络的权值是固定不变的，每一层神经元的状态只影响下一层神经元的状态，如果在输出层不能得到期望的输出，则转入误差信号反向传播。

（2）误差信号反向传播。误差信号由输出端开始逐层向前传播。在误差信号反向传播的过程中，网络的权值由误差反馈进行调节。我们可通过权值的不断修正来使网络的实际输出更接近期望输出。

BP 神经网络学习算法的实现包含以下 6 步。

（1）初始化。为了提高网络的学习效率，一般需对原始数据的输入、输出样本进行规范化处理，给输入层至隐含层连接权值 w、隐含层至输出层的连接权值 v 及阈值 θ 赋予$(-1,1)$区间的随机值。

（2）进入循环，计算网络的输出。

隐含层各节点的输入 s_j 及输出 b_j 分别为

$$s_j^k=\sum_{i=1}^{n}w_{ij}x_i-\theta_j,\qquad b_j^k=\frac{1}{1+\mathrm{e}^{-s_j}},\ j=1,2,\cdots,p\ （p\ 为隐含层单元数） \tag{3.15}$$

输出层各节点的输入 s_k、输出 y_k 分别为

$$s_k=\sum_{j=1}^{p}b_jv_{kj}^{-\theta},\qquad y_k=\frac{1}{1+\mathrm{e}^{-s_k}},\ k=1,2,\cdots,q\ （q\ 为输出神经元数） \tag{3.16}$$

（3）误差反向传播。各层连接权值及阈值的调整，按梯度下降法的原则进行。

计算输出层各节点的误差 d_k。

$$d_k=(o_k-y_k)y_k(1-y_k),\ k=1,2,\cdots,q \tag{3.17}$$

式中 o_k 为期望输出。

隐含层各节点的误差 e_j 为

$$e_j=\left(\sum_{k=1}^{q}v_{kj}d_k\right)b_j(1-b_j) \tag{3.18}$$

（4）修正权值、阈值。用输出层、隐含层各节点的误差修正各层的连接权值及阈值。

对于输出层至隐含层连接权值和输出层阈值的校正量为

$$\begin{aligned}\Delta v_{kj}&=\alpha d_kb_j\\ \Delta\theta_k&=\alpha d_k\end{aligned} \tag{3.19}$$

其中 α 为学习系数，$\alpha>0$。

隐含层至输入层的校正量为

$$\begin{aligned}\Delta w_{ji}&=\beta e_jx_i\\ \Delta\theta_j&=\beta e_j\end{aligned} \tag{3.20}$$

其中 β 为学习系数，$0<\beta<1$。

（5）若网络的全局误差 E 小于指定的值，则算法转入第（6）步，否则转入第（2）步。

$$E=\sum_{l=1}^{N}\sum_{k=1}^{q}\frac{(o_{lk}-y_{lk})^2}{2} \tag{3.21}$$

式中 N 为样本数。

（6）计算输出 y。

根据最终确定的网络各参数，按式（3.16）计算最终的输出 y。

3.5.3 径向基函数神经网络

径向基函数（Radial Basis Function，RBF）人工神经网络是于 20 世纪 80 年代提出的一种人工神经网络结构，是具有单隐含层的前向网络。它不仅可以用来进行函数逼近，也可以用来进行预测。

RBF 神经网络是三层前馈网络。第一层为输入层，由信号源节点构成，仅起到传递数据信息的作用，对输入信息不进行任何变换。第二层为隐含层，节点数视需要而定。隐含层神经元的核函数为高斯函数，对输入层进行空间映射变换。第三层为输出层，它对输入模式做出响应。输出层神经元的作用函数为线性函数，对隐含层神经元输出的信息进行线性加权后输出，作为整个神经网络的输出结果。其结构如图 3.6 所示。

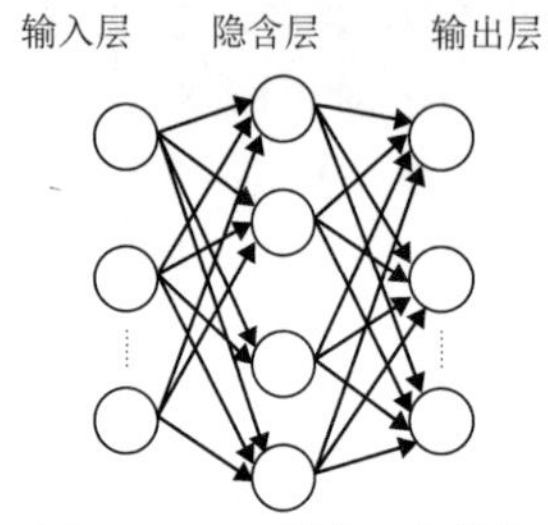

图 3.6 RBF 神经网络结构

径向基函数是径向对称的，最常用的是高斯函数

$$R_i(\boldsymbol{x})=\exp\left(-\frac{\|\boldsymbol{x}-\boldsymbol{c}_i\|^2}{2\sigma_i^2}\right),\ i=1,2,\cdots,p \tag{3.22}$$

其中，$\boldsymbol{x}$ 是 m 维输入向量，$\boldsymbol{c}_i$ 是第 i 个基函数的中心，σ_i 是第 i 个感知单元的变量，p 是感知单元的个数，$\|\boldsymbol{x}-\boldsymbol{c}_i\|^2$ 是向量 $\boldsymbol{x}-\boldsymbol{c}_i$ 的范数。

从图 3.6 中可看出，RBF 神经网络的隐含层实现从 $\boldsymbol{x}\to R_i(\boldsymbol{x})$ 的非线性映射，输出层实现从 $R_i(\boldsymbol{x})\to y_k$ 的线性映射，即

$$y_k=\sum_{i=1}^{p}w_{ij}R_i(\boldsymbol{x}),\ k=1,2,\cdots,q \tag{3.23}$$

其中，q 是输出节点数。

RBF 神经网络学习算法的实现包含以下几步。

（1）初始化。对连接权值 $\boldsymbol{w}$、各神经元的中心参数 $\boldsymbol{c}$、宽度向量 $\boldsymbol{\sigma}$ 等参数按一定的方式进行初始化，并给定 α 和 η 的取值。

（2）计算隐含层的输出。利用高斯函数计算隐含层的输出。

（3）计算输出层神经元的输出。利用式（3.24）求出输出层神经元的输出

$$y_k=\sum_{i=1}^{p}w_{ij}R_i(\boldsymbol{x}) \tag{3.24}$$

（4）误差调整。对各初始化值，根据下列式子进行迭代计算，以自适应调节到最佳值。

$$\begin{aligned}
w_{kj}(t)&=w_{kj}(t-1)-\eta\frac{\partial E}{\partial w_{kj}(t-1)}+\alpha[w_{kj}(t-1)-w_{kj}(t-2)]\\
c_{ji}(t)&=c_{ji}(t-1)-\eta\frac{\partial E}{\partial c_{ji}(t-1)}+\alpha[c_{ji}(t-1)-c_{ji}(t-2)]\\
\sigma_{ji}(t)&=\sigma_{ji}(t-1)-\eta\frac{\partial E}{\partial \sigma_{ji}(t-1)}+\alpha[\sigma_{ji}(t-1)-\sigma_{ji}(t-2)]
\end{aligned} \tag{3.25}$$

其中，$w_{kj}(t)$ 为第 k 个输出神经元与第 j 个隐含层神经元之间有第 t 次的迭代计算时的调节权值，$c_{ji}(t)$ 为第 j 个隐含层对应于第 i 个输入神经元在第 t 次迭代计算时的中心分量，$\sigma_{ji}(t)$ 为与中心 $c_{ji}(t)$ 对应的

宽度，η 为学习因子，α 为学习系数，$\alpha>0$，E 为 RBF 神经网络误差函数，由式（3.26）给出

$$E=\frac{1}{2}\sum_{l=1}^{N}\sum_{k=1}^{q}(y_{lk}-O_{lk})^2 \tag{3.26}$$

其中，O_{lk} 为第 k 个输出神经元在第 l 个输入样本时的期望输出值，y_{lk} 为第 k 个输出神经元在第 l 个输入样本时的网络输出值。

（5）当误差达到最小时，迭代结束，计算输出，否则转到第（2）步。

3.5.4　自组织竞争人工神经网络

在生物神经系统中，存在着一种“侧抑制”现象，即一个神经细胞兴奋后，通过它的分支会对周围其他神经细胞产生抑制。由于这种现象的作用，各个细胞之间会相互竞争，其最终的结果是兴奋作用最强的神经元所产生的抑制作用消除了周围其他细胞的作用。

自组织竞争人工神经网络（Kohonen 网络）就是模拟上述现象的一种人工神经网络。它以无导师学习方式进行网络训练，具有自组织能力。它能够对输入模式进行自组织训练和判断，并将其最终分为不同的类型。

在网络结构上，自组织竞争人工神经网络一般由输入层和竞争层两层构成，如图 3.7 所示。输入层与竞争层之间的神经元实现双向连接，同时竞争层各个神经元之间还存在着横向连接。

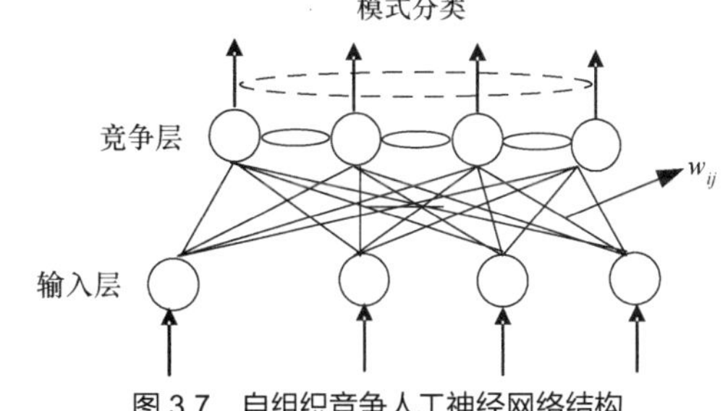

图 3.7　自组织竞争人工神经网络结构

从图 3.7 可看出，自组织竞争人工神经网络的输出不但能够判断输入模式所属的类别并使输出节点代表某一模式，还能够得到整个数据区域的大体分布情况，即从样本数据中找到所有数据的大体分布特征。

根据网络特点，自组织竞争人工神经网络在训练的初始阶段，不但会对获胜的节点进行调整，还会对其较大范围内的几何邻近节点权值做相应的调整，而训练过程的进行，与输出节点相连接的权值向量越来越接近其代表的模式，这时，对获胜节点的权值只做细微的调整，并对几何上较邻近的节点进行相应的调整。直至最后，只对获胜节点的权值进行调整。训练结束后，几何上邻近的输出节点所连接的权值向量既有联系又有区别，能保证对于某一类输入模式，获胜节点能做出最大响应，而相邻节点能做出较大响应。

自组织竞争人工神经网络的学习算法的实现步骤如下。

（1）连接权值初始化。对所有从输入节点到输出节点的连接权值进行随机的赋值。读数器 t=0。

（2）网络输入。对网络进行模式的输入。

（3）调整权值。计算输入与全部输出节点连接权值的距离。

$$d_i=\sum(x_{ik}-w_{ij})^2\ ,\ i=1,2,\cdots,n;\ j=1,2,\cdots,m \tag{3.27}$$

其中，x_{ik} 为网络的输入，w_{ij} 为各节点的权值，n 是样本的维数，m 是节点数。

（4）具有最小距离的节点 $\boldsymbol{N}_i^*$ 竞争获胜。

$$d_j^*=\min_{j\in\{1,2,\cdots,m\}}\{d_j\} \tag{3.28}$$

（5）调整输出节点 $\boldsymbol{N}_i^*$ 所连接的权值向量及 $\boldsymbol{N}_i^*$ 几何领域 $\mathrm{NE}_i^*(t)$ 内的节点连接权值

$$\Delta w_{ij}=\eta(t)(x_i^k-w_{ij})\ ,\ i=1,2,\cdots,n \tag{3.29}$$

其中，η 是可变学习速率，随时间推移而衰减，这意味着随着训练过程的进行，权值调整幅度越来越小，以使竞争获胜点所连接的权值向量能代表模式的本质属性。$NE_i^*(t)$ 也随时间而收缩，最后在 t 充分大时，$NE_i^*(t)=\{\boldsymbol{N}_j^*\}$，即只训练获胜节点本身得以实现权值的变化。

（6）若还有输入的样本数据，由 $t=t+1$，转入第（2）步。

3.5.5 对向传播神经网络

对向传播（Counter Propagation，CPN）神经网络是将自组织映射（Self-Organizing Map，SOM）网络与 Grossberg 基本竞争网络相结合，并发挥各自的特长的一种新型特征映射网络。这一网络是美国计算机专家罗伯特·郝克特-尼尔森（Robert Hecht-Nielsen）于 1987 年提出的。这种网络被广泛应用于模式分类、函数近似、统计分析和数据压缩等领域。

CPN 神经网络结构如图 3.8 所示。网络分为输入层、竞争层和输出层。输入层与竞争层构成 SOM 网络，竞争层与输出层构成基本竞争网络。从整体上看，CPN 神经网络属于有导师型网络，而由输入层和竞争层构成的 SOM 网络又是一种典型的无导师型神经网络。其基本思想是由输入层到竞争层，网络按照 SOM 网络学习规则产生竞争层的获胜神经元，并按照这一规则调整相应的输入层到竞争层的连接权。由竞争层到输出层，网络按照基本竞争网络学习规则，得到各输出神经元的实际输出值，并按照导师型训练的误差方法，修正由竞争层到输出层的连接权。经过这样的反复学习，可以将任意的输入映射为输出。

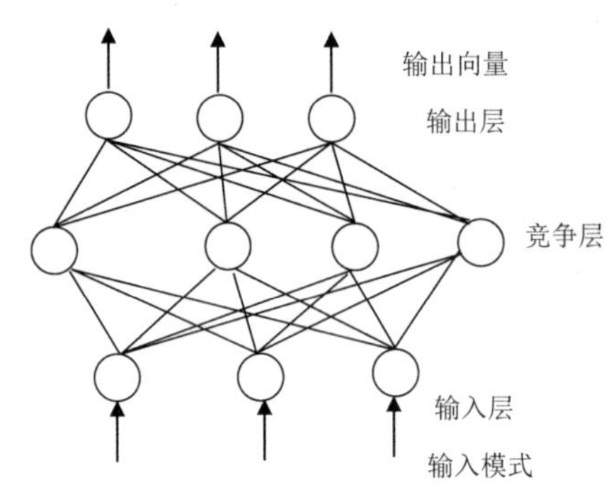

图 3.8 CPN 神经网络结构

CPN 神经网络的学习算法的实现步骤如下。

（1）初始化及确定参数。确定输入层神经元数 n，并对输入模式 $\boldsymbol{X}$ 进行归一化处理。确定竞争层神经元 p，对应的二值输出向量 $\boldsymbol{B}=[b_1,b_2,\cdots,b_p]^{\mathrm{T}}$，输出层输出向量 $\boldsymbol{Y}=[y_1,y_2,\cdots,y_q]^{\mathrm{T}}$，目标输出向量 $\boldsymbol{O}=[o_1,o_2,\cdots,o_q]^{\mathrm{T}}$，读数器 $t=0$。

初始化由输入层到竞争层的连接权值向量 $\boldsymbol{W}_j$ 和由竞争层到输出层的连接权值向量 $\boldsymbol{V}_k$，并对 $\boldsymbol{W}_j$ 进行归一化处理。

（2）计算竞争层的输入。按式（3.30）计算竞争层每个神经元的输入。

$$S_j=\sum_{i=1}^{n}x_i w_{ji} \tag{3.30}$$

（3）计算连接权值 $\boldsymbol{W}_j$ 与 $\boldsymbol{X}$ 距离最近的向量。其可按式（3.31）计算。

$$\boldsymbol{W}_g=\max_{j=1,2,\cdots,p}\sum_{i=1}^{n}x_i w_{ji} \tag{3.31}$$

（4）将神经元 g 的输出设置为 1，将其余神经元输出设置为 0，即

$$b_j=\begin{cases}1, & j=g\\ 0, & j\neq g\end{cases}$$

（5）修正连接权值 $\boldsymbol{W}_g$。按式（3.32）进行修正并进行归一化。

$$w_{gi}(t+1)=w_{gi}(t)+\alpha(x_i-w_{gi}(t))\text{，}i=1,2,\cdots,n\text{，}0<\alpha<1 \tag{3.32}$$

（6）计算输出。按式（3.33）计算输出神经元的实际输出值。

$$y_k = \sum_{j=1}^{p} v_{kj} b_j \text{ ，} k=1,2,\cdots,q \tag{3.33}$$

（7）修正连接权值 $\boldsymbol{V}_g$。按式（3.34）修正权值 $\boldsymbol{V}_g$。

$$v_{kg}(t+1) = v_{kg}(t) + \beta b_j (y_k - o_k) \text{，} k=1,2,\cdots,q \text{，} 0<\beta<1 \tag{3.34}$$

（8）返回第（2）步，直到将 n 个输入层神经元全部输入。

（9）设置 $t=t+1$，将输入模式 $\boldsymbol{X}$ 重新提供给网络学习，直到 $t=T$，其中 T 为预先设定的学习总次数，一般大于 500。

3.5.6　反馈型神经网络

霍普菲尔德神经网络是由相同的神经元构成，并且具有学习功能的自联想网络，可以实现制约优化和联想记忆等功能，是目前人们研究最多的网络之一。

霍普菲尔德神经网络结构如图 3.9 所示，其中第一层仅作为网络的输入，它不是实际的神经元，没有计算功能。第二层是实际神经元，执行对输入信息与系数相乘的积再求累加，并由神经元的作用函数 f 处理后产生输入信息。f 是一个简单的阈值函数，如果神经元的输出信息大于阈值 θ，那么神经元的输出就取值为 1，小于阈值 θ，则神经元的输出就取值为−1。

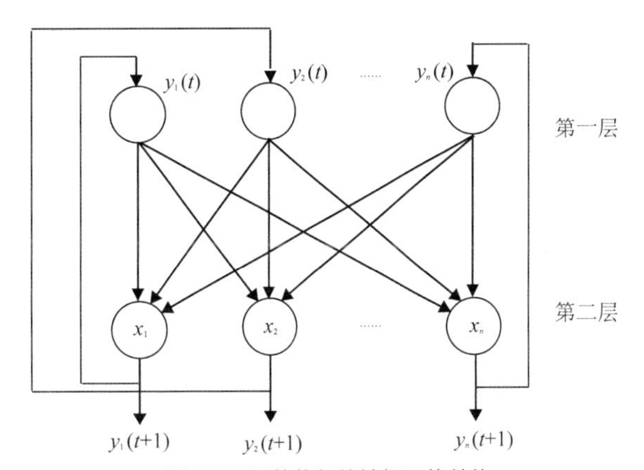

图 3.9　霍普菲尔德神经网络结构

从图 3.9 中可看出，霍普菲尔德神经网络是一种反馈型神经网络，从输出反馈到输入。霍普菲尔德神经网络在输入的激励下，会不断产生状态变化。根据输入，可以求得输出。这个输出会反馈到输入，从而产生新的输出，这个反馈过程会一直进行下去。如果霍普菲尔德神经网络是一个能收敛的稳定网络，则这个反馈和迭代的计算过程所产生的变化会越来越小。一旦达到了稳定平衡状态，那么霍普菲尔德神经网络就会输出一个稳定的恒值。

霍普菲尔德神经网络的训练和分类利用的是霍普菲尔德神经网络的联想记忆功能。当它做联想记忆时，首先通过一个学习训练过程确定网络中的权值，使所记忆的信息在网络的 n 维超立方体的某一个顶角的能量最小。当网络的权值被确定之后，只要网络给出输入向量，即使这个向量是不完全或部分不正确的数据，网络仍然会产生所记忆信息的完整输出。

霍普菲尔德神经网络的学习算法的实现步骤如下。

（1）确定参数。将输入向量 $\boldsymbol{X}=[x_{i1},x_{i2},\cdots,x_{in}]^{\mathrm{T}}$ 存入霍普菲尔德神经网络中，则在网络中第 i、j 两个节点间的权值系数 $w_{ij}(i,j=1,2,\cdots,n)$按下列公式计算。

$$w_{ij} = \begin{cases} \sum_{k=1}^{N} x_{ki} x_{kj}, & i \neq j \\ 0 \quad , & i = j \end{cases} \tag{3.35}$$

确定输出向量 $\boldsymbol{Y}=[y_1,y_2,\cdots,y_n]^{\mathrm{T}}$。

（2）对待测样本进行分类。通过对霍普菲尔德神经网络构成的联想存储器进行联想检索实现分类。

① 将 $\boldsymbol{X}$ 中各个分量的 $x_1,x_2,\cdots,x_n$ 分别作为第一层网络 n 个节点输入，则节点有相应的初始状态 $\boldsymbol{Y}(t=0)$，即 $y_i(0)=x_j$，$j=1,2,\cdots,n$。

② 对于二值神经元，计算当前霍普菲尔德神经网络输出。

$$U_j(t+1)=\sum_{i=1}^{n}w_{ij}y_i(t)+x_j-\theta_j\text{ , }j=1,2,\cdots,n \tag{3.36}$$

$$y_i(t+1)=f(U_j(t+1))\text{ , }j=1,2,\cdots,n \tag{3.37}$$

式中 x_j 为外部输入，f 是非线性函数，可以选择阶跃函数，θ_j 为阈值函数。

$$f(U_j(t+1))=\begin{cases}-1, & U_j(t+1)<0\\ 1, & U_j(t+1)\geqslant 0\end{cases} \tag{3.38}$$

③ 对于网络来说，稳定性是一个重要的性能指标。对于离散的霍普菲尔德神经网络，其状态为 $\boldsymbol{Y}(t)$。如果对于任何 $\Delta t>0$，当网络从 $t=0$ 开始，有初始状态 $\boldsymbol{Y}(0)$，经过有限时间 t，有 $\boldsymbol{Y}(t+\Delta t)=\boldsymbol{Y}(t)$，则称网络是稳定的，此时的状态称为稳定状态。网络状态会不断变化，最后状态会稳定下来，最终的状态是与待测样本向量 $\boldsymbol{X}$ 最接近的训练样本。所以霍普菲尔德神经网络的最终输出，也就是待测样本向量联想检索结果。

④ 利用最终输出与训练样本进行匹配，找出最相近的训练样本向量，其类别是待测样本类别。所以即使待测样本不完全或部分不正确，也能找到正确的结果。

3.6 人工神经网络的 MATLAB 实战

人工神经网络在故障诊断、特征的提取和预测、非线性系统的自适应控制、不能用现有规则或公式描述的大量原始数据的处理等方面，具有比经典计算方法更优越的性能，且有极强的灵活性和自适应性。

在实际应用中，面对一个实际问题，如要用人工神经网络求解，首先应根据问题的特点，确定网络模型，再通过网络仿真分析，分析确定网络是否适合实际问题的特点。

人工神经网络实现应用步骤如下。

1. 信息表示方法

各种应用领域的信息有不同的物理意义和表示方法，为此要将这些有不同物理意义和表示方法的信息转换为网络所能表达并能处理的形式。不同应用领域的各种信息形式一般有以下几种：

（1）已知数据样本；

（2）已知一些相互关系不明的数据样本；

（3）输入-输出模式为连续量、离散量；

（4）具有平移、旋转、伸缩等变化的模式。

2. 网络模型选择

网络模型选择也即确定激活函数、连接方式、各神经元的相互作用等，当然也可以针对问题的特点，对原始网络模型进行变形、扩充等处理。

3. 网络参数选择

确定输入和输出神经元的数量、多层网的层数和隐含层神经元的数量等。

4. 学习训练算法选择

确定网络学习时的学习规则及改进学习规则。在训练时，还要结合实际问题考虑网络的初始化。

5. 性能对比

将应用人工神经网络解决的领域问题与其他采用不同方法的仿真系统的效果进行比较，以检验方法的准确度和解决问题的精度。

例 3.1　新疆伊犁河雅玛渡 23 年实测年径流 y 与其相应的 4 个预测因子数据如表 3.2 所示，现对该站的年径流进行预测。表 3.2 中 a_1、a_2、a_3、a_4 是 4 个预测因子，分别为：前一年 11 月到当年 3 月伊犁气象站的月降雨量（单位为 mm）；前一年 8 月欧亚地区月平均纬向环流指数；前一年 5 月欧亚地区经向环流指数；前一年 6 月 2800MHz 的太阳射电流量[10^{-22} W/(m^2• Hz)] 。

表 3.2　新疆伊犁河雅玛渡实测年径流与其相应的 4 个预测因子数据

年份序号	a_1/mm	a_2/gpm	a_3/gpm	a_4/[10^{-22}W/(m^2·Hz)]	y/m^2
1	114.6	1.1	0.71	85.0	346
2	132.4	0.97	0.54	73.0	410
3	103.5	0.96	0.66	67.0	385
4	179.3	0.88	0.59	89.0	446
5	92.7	1.15	0.44	154.0	300
6	115.0	0.74	0.65	252.0	453
7	163.6	0.85	0.58	220.0	495
8	139.5	0.70	0.59	217.0	478
9	76.7	0.95	0.51	162.0	341
10	42.1	1.08	0.47	110.0	326
11	77.8	1.19	0.57	91.0	364
12	100.6	0.82	0.59	83.0	456
13	55.3	0.96	0.4	69.0	300
14	152.1	1.04	0.49	77.0	433
15	81.0	1.08	0.54	96.0	336
16	29.8	0.83	0.49	120.0	289
17	248.6	0.79	0.5	147.0	483
18	64.9	0.59	0.5	167.0	402
19	95.7	1.02	0.48	160.0	384
20	89.9	0.96	0.39	105.0	314
21	121.8	0.83	0.60	140.0	401
22	78.5	0.89	0.44	94.0	280
23	90.0	0.95	0.43	89.0	301

解：利用 BP 神经网络进行预测。在进行 BP 神经网络的设计时，应注意以下几点。

（1）网络的层数。一般 3 层网络结构就可以逼近几乎任何有理函数。增加网络层数虽然可以提高计算精度，降低误差，但同时也会使网络复杂化，增加网络的训练时间。如果实在想增加层数，也应优先增加隐含层的神经元数。

（2）隐含层的神经元数。网络训练精度的提高，可以通过采用一个隐含层增加神经元数的方法来实现。这在结构上比增加更多的隐含层简单得多。在具体设计上可以使隐含层数是输入层数的两倍，然后适当加一点余量。

（3）初始权值的选取。一般初始权值是(-1,1)中的随机数。

（4）学习率。学习率决定每一次循环训练所产生的权值变化量。高的学习率可能导致系统不稳定，但低的学习率可能导致训练时间变长，收敛变慢。一般学习率的取值范围为 0.01～0.8。我们可以通过比较不同的学习率所得误差选择合适的值。

（5）误差的选取。在网络的训练过程中，误差也应当通过对比训练后确定一个合适的值，也即相对于所需要的隐含层的节点数来确定。

```
>> load xy; x1=xy(:,1:4);y1=xy(:,5);r=size(x1,1);      %读入数据
>> a1=max(x1);b1=min(x1);a2=max(y1);b2=min(y1);
>> x1=0.002+0.996*(x1-b1(ones(r,1),:))./(a1(ones(r,1),:)-b1(ones(r,1),:)); %归一化
>> y1=0.002+0.996*(y1-b2(ones(r,1),:))./(a2(ones(r,1),:)-b2(ones(r,1),:));
>> m=randperm(r);        %产生 1～23 的随机自然数
>> x_train=x1(m(1),:);y_train=y1(m(1),:);
>> for i=1:r-5
     x_train=[x_train;x1(m(i),:)]; y_train=[y_train;y1(m(i),:)];%随机抽取 19 个样品作为训练集
   end
>> x_test=x1(m(r-6),:);y_test=y1(m(r-6),:);      %其余作为测试集
>> for i=r-5:r
     x_test=[x_test;x1(m(i),:)]; y_test=[y_test;y1(m(i),:)];
   end
>> net=newff(minmax(x_train'),[40 1],{'logsig','logsig'},'trainlm');
                                         %设置网络结构(newff 函数在较高版本的 MATLAB 中已被禁用)
>> net.trainparam.epochs=10000;net.trainparam.lr=0.2;net.trainparam.show=200;%网络训练参数
>> net.trainparam.goal=5e-3;
>> [net,tr]=train(net,x_train',y_train');  %对网络进行训练
>> y_test1=sim(net,x_test');               %仿真计算
>> y_error=y_test'-y_test1;                %计算预测误差
```

调节不同的参数，可以看看误差的大小。本次的预测结果如图 3.10 所示。

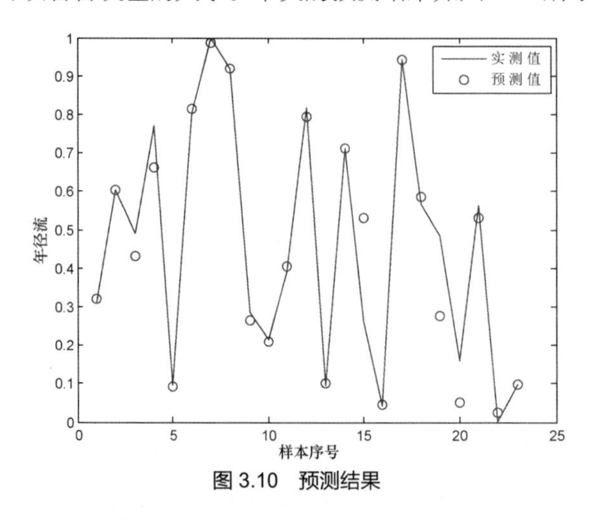

图 3.10 预测结果

因为在本例中只有一个输出，有 19 个训练样本，所以设隐含层数为 40，输出层数为 1。另外，要注意的是，数据矩阵是 $n \times m$ 格式的，其中 n 是特征值，m 是样本数。

例 3.2　测定 17 个芳香腈类化合物的生物活性测定值及某些理化参数，如表 3.3 所示。请根据结构性能关系，预测 3 个未知毒性化合物的类别。

解：可以用多种神经网络求解。

（1）利用 BP 神经网络

```
>> load p    %输入归一化后的化合物结构参数矩阵
>> t=[1 1 1 1 1 2 2 2 2 2 3 3 3 3 3];
>> net=newff(minmax(p(:,1:15)),[40 1],{'logsig' 'purelin'},'traingdm');
>> net.trainParam.epochs=8000;net.trainParam.goal=0.001;[net,tr]=train(net,p,t);
>> p1=[0.0512 0.0260;0.3909 0.2744;0.5826 0.4024;0.0020 0.0020;0.1595 0.0907;
0.9980 0.9980;0.6053 0.4747];
>> a=sim(net,p1)          %求未知毒性化合物的类别
a =0.5533    1.6301
```

毒性类别为 1、2 类。很明显 BP 神经网络的误差较大，这主要与训练样本的代表性有关。训练样本值分布越均匀、数量越多，预测精度越高。

（2）利用概率神经网络

```
>> t=[1 1 1 1 1 2 2 2 2 2 3 3 3 3 3];t=ind2vec(t);          %转变为矢量形式
>> net=newpnn(p,t);     %设计概率神经网络
>> a=sim(net,p1);
>> Yc=vec2ind(a)        %分类情况
Yc =1   2
```

限于篇幅，其他人工神经网络的计算就不再列出。

表 3.3　芳香腈类化合物的生物活性测定值与理化参数

编号	半致死量 $\lg(1/EC_{50})$	正辛醇/水分配系数 $\lg k_{ow}$	π 参数	共轭场效应 P	立体效应 E_S	克分子折射率 MR	Veeloop 参数 L	毒性分类
1	−2.397	1.77	4.279	−4.482	−1.63	19.83	8.36	1
2	−2.383	1.23	3.691	−4.796	−1.56	15.23	7.42	1
3	−2.330	1.49	3.289	−2.214	−0.55	7.87	3.98	1
4	−2.297	1.42	3.766	−4.428	−1.10	15.74	7.96	1
5	−2.179	0.91	3.687	−2.048	−2.68	11.14	3.20	1
6	−1.927	0.82	3.570	−4.889	−1.10	10.72	6.72	2
7	−1.812	2.42	3.791	−4.586	−1.16	8.88	3.83	2
8	−1.810	1.10	3.762	−1.680	−2.22	11.65	3.74	2
9	−1.702	1.17	2.893	0.534	−1.67	3.78	−0.24	2
10	−1.570	2.63	5.035	−2.048	−4.39	26.12	7.31	2
11	−1.052	2.06	4.354	−4.114	−0.55	7.87	3.98	3
12	−1.032	2.89	4.650	0.534	−3.38	18.78	3.87	3
13	−1.018	3.60	5.161	−1.583	−2.61	24.79	7.39	3
14	−1.008	2.35	4.268	−4.507	−1.71	16.75	7.81	3
15	−0.979	1.75	3.882	−4.967	−1.71	11.73	6.57	3
16	−2.091	1.30	3.214	−2.582	−1.01	7.36	3.44	
17	−1.554	2.03	3.877	−1.9	−0.62	12.47	4.92	

例 3.3　设计一个自适应线性网络，并对输入信号进行预测。输入为一线性调频信号，信号的采样时间为 2s，采样频率为 1000Hz，起始信号的瞬时频率为 0Hz，1s 时的瞬时频率为 150Hz。

解：

```
>> t=0:0.001:2;time=0:0.001:2;t=chirp(time,0,1,150);       %产生线性调频信号
>> plot(time,t);axis([0 0.5 -1 1]); hold on;xlabel('时间/s');ylabel('幅值')
>> T=con2seq([t]);                  %将矩阵转换为向量
>> P=T;                             %用延迟信号作为样本的输入
>> title('signal to be Predicted');
>> lr=0.1;                          %神经网络的学习率
>> delays=[1 2 3 4 5];              %将 5 个延迟信号作为输入
>> net=newlin(minmax(cat(2,P{:})),1,delays,lr);  %设计人工神经网络
>> [net,y,e]=adapt(net,P,T);                      %网络的自适应
>> plot(time,cat(2,y{:}),'r:',time,cat(2,T{:}),'g')  %显示预测结果，见图 3.11
```

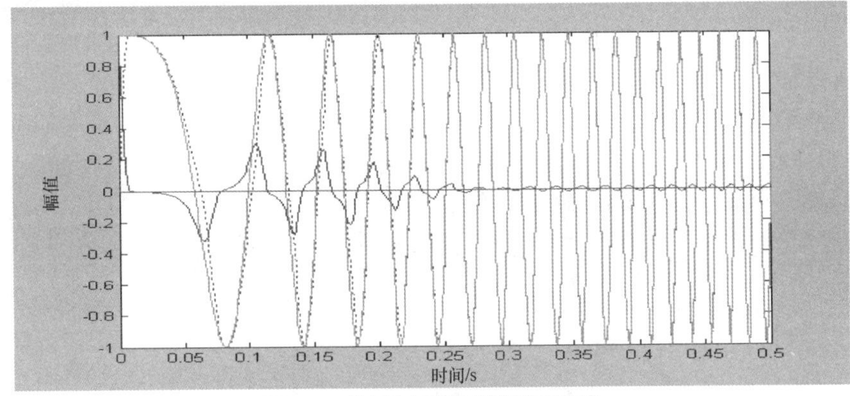

图 3.11　信号与网络预测结果及误差

由图 3.11 中的误差曲线可见，在预测的初始阶段，误差较大，但经过一段时间（5 个信号）后，误差几乎趋于 0。这是因为在初始阶段，网络的输入需 5 个延迟信号，输入不完整，不可避免会出现初始误差。

例 3.4　利用滴定法测定酸或碱的含量是一种常用的化学分析方法。但如果酸或碱的浓度太低，会导致滴定终点时指示剂的变化不明显，从而引起较大的误差。如某一产品由 3 种化合物混合而成，其质量检验操作规程采用酸碱滴定法。但由于指示剂在滴定终点附近的变化不明显，且各化合物的酸碱浓度相差不大，因此此法的测定误差较大。现拟采用 BP 神经网络测定。用精密的酸度计测定不同浓度的标准样品的酸碱滴定曲线，提取曲线的特征值和样品的标准浓度作为网络的输入。现有表 3.4 所示的实验结果，据此求未知样品的浓度。

表 3.4　不同浓度标准样品的滴定曲线

样品编号	浓度/%			滴定曲线（返滴定剂体积/mL）				
	A	B	C	pH=4	pH=6.3	pH=7	pH=8	pH=10
1	66.5	23.5	9.2	2.00	3.24	5.78	10.26	20.14
2	64.8	21.8	10.0	2.31	3.89	6.04	11.73	21.65
3	67.8	22.6	9.0	1.89	3.10	5.47	10.04	19.84
4	65.9	24.2	8.7	1.94	3.13	6.00	12.03	18.93
5	68.0	24.5	8.0	2.17	2.95	6.22	11.35	19.35
6	64.0	21.5	9.8	2.37	3.12	5.83	10.86	20.18
7	66.0	23.0	9.0	2.28	3.10	6.01	10.33	20.29
未知样品				2.15	2.93	6.13	10.92	20.34

解：用 BP 神经网络求解。

```
>> p =[2.0000  2.3100  1.8900  1.9400  2.1700  2.3700  2.2800;
       3.2400  3.8900  3.1000  3.1300  2.9500  3.1200  3.1000;
       5.7800  6.0400  5.4700  6.0000  6.2200  5.8300  6.0100;
       10.2600 11.7300 10.0400 12.0300 11.3500 10.8600 10.3300;
       20.1400 21.6500 19.8400 18.9300 19.3500 20.1800 20.2900];
>> t=[66.5000 64.8000 67.8000 65.9000 68.0000 64.0000 66.0000;
      23.5000 21.8000 22.6000 24.2000 24.5000 21.5000 23.0000;
      9.2000  10.0000 9.0000  8.7000  8.0000  9.8000  9.0000];
>> net=newff(minmax(p),[20 3],{'logsig' 'purelin'},'trainlm');
>> net.trainParam.epochs=8000;net.trainParam.goal=0.001;
>> [net,tr]=train(net,p,t);
>> a=sim(net,[2.15;2.93;6.13;10.92;20.34])      %求未知样品中 3 种物质的浓度
a=66.9509  22.5438  8.6249
```

例 3.5　对表 3.5 所示的某海洋冰情等级序列用 RBF 网络进行预测。

表 3.5　某海洋冰情等级序列实测值

年份	等级	年份	等级	年份	等级
1966	3.00	1976	4.50	1986	3.00
1967	4.50	1977	2.50	1987	2.00
1968	5.00	1978	2.50	1988	1.50
1969	3.00	1979	3.00	1989	3.00
1970	3.50	1980	2.50	1990	1.50
1971	3.00	1981	2.50	1991	1.50
1972	1.00	1982	2.00	1992	1.50
1973	3.00	1983	3.00	1993	1.50
1974	1.50	1984	3.50	—	—
1975	1.50	1985	3.00	—	—

解：首先用自相关分析技术确定 RBF 网络模型的输入、输出向量。设冰情等级序列$\{x^*(i)\}$延迟 k 步的自相关系数 $R(k)$为

$$R(k)=\frac{\sum_{i=k+1}^{n}(x^*(i)-h_x)(x^*(i-k)-h_x)}{\sum_{i=1}^{n}(x^*(i)-h_x)^2},\qquad h_x=\frac{\sum_{i=1}^{n}x^*(i)}{n}$$

式中 $h(x)$为冰情等级序列的平均值，n 为时间序列的容量，$k=1,2,\cdots,n_k<[n/10]$或$[n/4]$。$R(n_k)$的估计精度随 n_k 的增大而降低，因此 n_k 应取较小的数值。

当自相关系数 $R(k)\notin\left[\dfrac{(-1-u_{\alpha/2})(n-k-1)^{0.5}}{n-k},\dfrac{(-1+u_{\alpha/2})(n-k-1)^{0.5}}{n-k}\right]$时，则推断时序延迟 k 步相关性显著，否则不显著，其中分位值可从正态分布表中查得。

设最大相关性延迟步数为 m，则对于容量为 n 的时间序列，其 RBF 网络训练样本的输入、输出向量为以下 $n-m$ 组

$$\overline{x}=[x^{m+1},x^{m+2},\cdots,x^{n}],\overline{y}=[y^{m+1},y^{m+2},\cdots,y^{n}]$$

其中，$x^i=[x^*(i-m),\cdots,x^*(i-1)]^{\mathrm{T}},y^i=x^*(i)$。

然后用 newrb 函数设计一个满足一定精度要求的 RBF 网络。

$$net=newrb(\overline{x},\overline{y},g,s)$$

其中 g、s 分别为均方误差和 RBF 的分布。

为表 3.5 中数据计算各阶自相关系数，可得到如下数据。

$$R(1)=0.251 \quad R(2)=0.105 \quad R(3)=0.217 \quad R(4)=-0.278 \quad R(5)=-0.100 \quad R(6)=-0.110$$

即只有 $R(1)$、$R(3)$和 $R(4)$是显著的，所以取 $m=4$。据此可得出网络的输入向量及输出向量。

取 1996—1992 年的数据作为训练样本，预测 1993 年的冰情等级。

```
>> m=4;n=length(x);
>> for i=m+1:n;for j=1:m;x1(i,j)=x(i-(m-j+1));end;end;x1=x1(m+1:end,:); %输入向量
>> y=x(m+1:end);                          %输出向量
>> net=newrb(x1',y,1e-5,1);               %设计网络
>> y1=sim(net,x1');
>> for i=1:m;a(1,i)=x(n-m+i);end          %预测向量
>> b=sim(net,a');                         %预测结果
b =1.7566                                 %实际值为 1.5，能满足预测要求
```

例 3.6 为了解某河段 As、Pb 元素污染状况，设在甲、乙两地监测，采样测得这两个元素在水中和底泥中的浓度（见表 3.6）。依据表 3.6 中数据利用 CPN 网络判别下列未知样本是从哪个区域采得的。

表 3.6 样品原始数据

	样品号	水体		底泥	
		As/(mg·kg^{-1})	Pb/(mg·kg^{-1})	As/(mg·kg^{-1})	Pb/(mg·kg^{-1})
甲地	1	2.179	7.70	13.85	49.60
	2	4.67	12.31	22.31	47.80
	3	4.63	16.81	28.82	62.15
	4	3.54	7.58	15.29	43.20
	5	4.90	16.12	28.29	58.70
乙地	1	1.06	1.22	2.18	20.60
	2	0.80	4.06	3.85	27.10
	3	0.00	3.50	11.40	0.00
	4	2.42	2.14	3.66	15.00
	5	0.00	5.68	12.10	0.00
未知样本	1	3.40	14.30	20.90	53.20
	2	1.10	4.43	7.40	10.60

解：在 MATLAB 中，没有关于 CPN 网络的函数，需要自己编写。

```
>> load mydata;
>> x=guiyi(mydata);y=[0;0;0;0;0;1;1;1;1;1];%guiyi 为自编函数
>> y1=netcpn_sim(x1(1:10,:),y,x1(12,:))     %来自乙地
  y1 = 1
>> y1=netcpn_sim(x1(1:10,:),y,x1(11,:))     %来自甲地
  y1 = 0
```

例 3.7　在实际研究中，自变量的筛选是一个非常重要的问题。试用人工神经网络对表 3.7 中的自变量进行筛选，以便更好地进行结构-活性分析。

表 3.7　烷烃的色谱保留时间与结构参数的关系

序号	化 合 物	保留指数	Wiene指数	混合毒性指数	分子连接性指数					
					$^0\chi_p$	$^1\chi_p$	$^2\chi_p$	$^3\chi_p$	$^3\chi_c$	$^4\chi_p$
1	2,2,3,3,4-pentmethylpentane	953.4	108.00	390	8.5774	4.1934	5.1264	3.3764	2.366	0.866
2	2,2,3,3-tetramethylbutane	728.69	58	214	7	3.25	4.5	2.25	2.5	0
3	2,2,3,3-tetramethylhexane	928.8	115	416	8.4142	4.3107	4.8839	2.9053	2.2071	1
4	2,2,3,3-tetramethylpentane	855.13	82	298	7.7071	3.8107	4.4874	2.9142	2.2071	0.5303
5	2,2,3,4,4-pentmethylpentane	921.7	111	402	8.5774	4.1547	5.4537	2.5981	2.8764	1.299
6	2,2,3,4-tetramethylpentane	822.07	86	312	7.6547	3.8541	4.3987	2.366	1.866	1
7	2,2,3,5-tetramethylhexane	873.3	123	446	8.3618	4.3372	4.8966	2.3034	1.9784	1.0607
8	2,2,3-trimethyl-3-ethylpentane	965.7	110	396	8.4142	4.3713	4.5178	3.3713	1.9786	1.3107
9	2,2,3-trimethylbutane	641.46	42	156	6.0774	2.9434	3.5207	1.7321	1.6547	0
10	2,2,3-trimethylheptane	914.4	130	472	8.1987	4.4814	4.4093	2.4691	1.5701	0.9433
11	2,2,3-trimethylhexane	823.18	92	334	7.4916	3.9814	4.0557	2.2001	1.5701	0.866
12	2,2,3-trimethylpentane	738.98	63	230	6.7845	3.4814	3.6753	2.0908	1.5701	0.6124
13	2,2,4,4-tetramethylhexane	888.6	119	432	8.4142	4.2678	5.2552	1.966	2.7678	1.5607
14	2,2,4,4-tetramethylpentane	774.77	88	322	7.7071	3.7071	5.2981	1.0607	3.1213	1.591
15	2,2,4,5-tetramethylhexane	872.1	124	450	8.3618	4.3272	4.9861	2.0724	1.1297	1.2016
16	2,2,4-trimethyl-3-ethylpentane	903.9	115	414	8.3618	4.3921	4.6248	2.3569	1.8172	2.0838
17	2,2,4-trimethylheptane	875.7	131	476	8.1987	4.4545	4.6586	1.7423	1.8493	1.6402
18	2,2,4-trimethylhexane	790.6	94	342	7.4916	3.9545	4.2782	1.6578	1.8493	1.1897
19	2,2,4-trimethylpentane	691.55	66	242	6.7845	3.4165	4.1586	1.0206	1.9689	1.2247
20	2,2,5,5-tetramethylhexane	820.2	127	464	8.4142	4.3071	5.6213	1.625	3.1213	0.75

解：利用人工神经网络筛选自变量是通过平均影响值（Mean Impact Value，MIV）指标实现的。MIV 指标是用来衡量输入神经元对输出神经元影响大小的一个指标，其符号代表相关的方向，其绝对值大小代表影响的相对重要性。具体计算过程：在网络训练结束后，将训练样本 P 中的每一变量特征在其原值的基础上分别加 10%、减 10%构成两个新的训练样本 P_1 和 P_2，将 P_1 和 P_2 分别作为仿真样本利用已建成的网络进行仿真，得到两个仿真结果 A_1 和 A_2，它们的差值即变动该自变量后对输出产生的影响变化值（即 MIV）。最后将 MIV 按观察例数平均得出该自变量对应变量-网络输出的 MIV。按照相同的步骤，依次计算出各个自变量的 MIV，最后根据 MIV 绝对值的大小为各自变量排序，得到各自变量对网络输出影响相对重要的位次表，从而判断出输入特征对网络结果的影响程度，即实现自变量的筛选。

```
>> load mydata                          %输入数据
>> p=mydata(:,2:end);p=guiyi(p);        %自编的归一化函数
>> t=mydata(:,1)';
>> y=bpselect_num(p,t);                 %自变量筛选函数
y =30.7223    0.0005    28.7262    28.5135    -0.0006    -28.7257    0.0179    -76.7274
```

即可以筛选出第 1、第 3、第 4、第 6、第 8 个变量。

例 3.8 品种区域试验是作物育种过程中的一个重要环节，其评价结果是否准确、可靠，往往决定着育种工作的成败。因此，长期以来，为了寻求科学、合理的评价方法，人们提出了不少富有新意的好方法，例如方差分析法、联合方差分析法、稳定性分析法、品种分级分析法、非平衡资料的参数统计法、秩次分析法等。然而，由于它们均局限于对产量性状的分析，因此当时代发展对作物品种提出高产、优质、抗病、抗虫等多目标的需求时，上述方法便显得不足。试利用霍普菲尔德神经网络对作物品种进行分类。2001—2022 年河南省小麦高肥冬水组区域试验结果（安阳点）如表 3.8 所示。

表 3.8　2001—2002 年河南省小麦高肥冬水组区域试验结果（安阳点）

品种	产量	耐寒性	抗倒性	条锈	叶锈	白粉	叶枯	容重	粒质	饱满度	等级
科优 1 号	424.7	0.4	0.22	1.0	0.29	0.29	0.5	795	1.00	0.33	较差
原泛 3 号	521.5	0.4	0.33	1.0	0.29	0.33	0.5	792	1.00	0.33	较差
驻 4	506.3	0.4	0.33	1.0	0.22	0.33	0.5	817	0.20	0.50	较差
新 9408	509.3	0.4	0.29	1.0	1.00	0.50	0.5	810	0.33	0.33	较差
豫麦 9901	503.3	0.67	1.00	1.0	0.67	0.40	0.5	819	1.00	0.50	优良
安麦 5 号	571.2	0.40	1.00	0.2	0.20	0.40	0.5	812	1.00	0.33	优良
济麦 3 号	537.2	0.50	1.00	1.0	0.67	0.40	0.4	803	1.00	0.33	优良
00 中 13	513.3	0.40	0.50	1.0	0.67	0.67	0.5	790	0.33	0.25	较好
豫麦 47	521.0	0.40	1.00	1.0	0.67	0.40	0.4	777	1.00	0.25	优良
豫麦 49	498.3	0.40	1.00	1.0	0.33	0.29	0.4	798	0.33	0.50	较差

数据来源：郭瑞林,张进忠,张爱芹.作物品种多维物元分析法[J].数学的实践与认识, 2006,36(1):116-121.

解： 由于离散型霍普菲尔德神经网络神经元的状态只有 1 和−1 两种情况，因此将评价指标映射为神经元的状态时，需要对其进行编码。其规则是当大于或等于某个等级的指标值时，将对应的神经元状态设置为“1”，否则为“−1”。

在本例中，用前 9 个样品组成 3 个等级的评价标准集，将后一个样品作为测试样本。将前 9 个样品的指标进行平均，得到表 3.9 所示的 3 个等级评价指标。

表 3.9　等级评价指标

等级	产量	耐寒性	抗倒性	条锈	叶锈	白粉	叶枯	容重	粒质	饱满度
优良	533.2	0.49	1.00	0.8	0.55	0.40	0.45	803	1.00	0.35
较好	513.3	0.40	0.50	1.0	0.67	0.67	0.50	790	0.33	0.25
较差	490.4	0.40	0.29	1.0	0.45	0.36	0.50	804	0.63	0.3

```
>> x1=-ones(10,3);x1=[-1.*x1(:,1) x1(:,2) x1(:,3)];
>> x2=-ones(10,3);x2=[x2(:,1) -1.*x1(:,2) x2(:,3)];
>> x3=-ones(10,3);x3=[x3(:,1) x3(:,2) -1.*x3(:,3)];
>> T=[x1 x2 x3];net=newhop(T);         %设计霍普菲尔德神经网络
>> sim(net,3,[],x1)      %对优良标准样本进行仿真，符合实际
>> x4=[-1  -1   1;-1  -1   1; 1  -1  -1;-1  -1  1;-1  -1  -1;-1  -1  -1;
       -1  -1  -1;-1   1  -1;-1   1  -1;-1  -1  1];         %豫麦 49 样本值
>> sim(net,3,[],x4)      %豫麦 49 样本仿真
ans =
```

```
   -0.9741   -0.7864    0.0354
   -0.9741   -0.7864    0.0354
   -0.5278   -0.7864   -0.4109
   -0.9741   -0.7864    0.0354
   -0.9741   -0.7864   -0.4109
   -0.9741   -0.7864   -0.4109
   -0.9741   -0.7864   -0.4109
   -0.9741   -0.3401   -0.4109
   -0.9741   -0.3401   -0.4109
   -0.9741   -0.7864    0.0354
```

从结果来看，虽然没有稳定在“1”和“−1”这些点上，但也可以基本肯定网络稳定性较差。网络稳定性差，主要是因为标准样本太少，特别是较好的样本只有一个，测试样本的第 8、第 9 个指标值与较好的标准较为接近。

例 3.9 为了方便用户快速地利用人工神经网络解决各种实际问题，较高版本的 MATLAB 提供了一个神经网络图形用户界面（Graphical User Interface，GUI）。试利用 GUI 对表 3.10 所示的数据进行模式识别。

表 3.10 煤样各指标的实测数据

煤样样本分类	特性指标									
	碳	氢	硫	氧	镜质组分	丝质组分	块状微粒体	粒状微粒体	壳质树脂体	平均最大反射率
无烟煤	92.21	2.74	0.84	3.58	86.70	13.30	0.00	0.00	0.00	4.92
	92.58	2.80	1.00	2.98	90.01	9.70	0.20	0.00	0.00	3.98
	92.63	3.04	0.74	2.64	89.10	10.60	0.30	0.00	0.00	4.12
	93.01	1.98	0.55	3.46	89.00	9.40	0.80	0.00	0.00	6.05
	93.01	2.79	0.79	2.67	88.30	11.70	0.00	0.00	0.00	4.50
烟煤	84.62	5.61	0.76	7.30	69.10	13.10	1.40	4.10	12.50	0.90
	84.53	5.55	0.70	7.36	64.60	8.10	3.00	11.3	11.00	0.85
	83.82	5.78	0.90	7.80	84.10	2.70	1.20	7.40	4.50	0.93
	82.65	5.57	2.48	7.19	77.20	9.10	2.70	3.20	7.80	0.83
	82.43	5.77	1.61	8.53	84.90	3.80	2.30	5.00	4.10	0.84
	81.88	5.87	2.94	7.39	80.30	4.30	3.30	7.80	4.30	0.71
褐煤	72.19	5.31	2.11	20.23	85.72	7.90	3.54	3.12	3.73	0.30
	72.19	5.26	1.02	20.43	85.60	4.60	3.30	2.80	3.70	0.31
	71.39	5.33	1.07	21.03	84.70	5.90	2.80	3.00	3.60	0.32
	70.95	5.04	1.50	21.10	81.85	7.25	2.75	2.94	3.21	0.33
	71.85	5.17	1.14	20.95	85.10	7.21	3.54	2.77	3.54	0.32

解：基于人工神经网络的 GUI 有神经网络拟合工具图形界面（nftool）、人工神经网络模式识别工具箱图形界面（nprtool）和人工神经网络聚类工具箱图形界面（nctool）。本例先用 nctool 对数据进行聚类，然后利用 nprtool 进行分析。

① 打开人工神经网络聚类工具箱图形界面并执行以下命令。

```
>> nctool
```

随后，出现图 3.12 所示的界面。在此界面中，MATLAB 利用自组织映射（SOM）网络进行数据的聚类，它使用 batch 算法，该算法使用的是 trainubwb 和 learnsomb 函数。

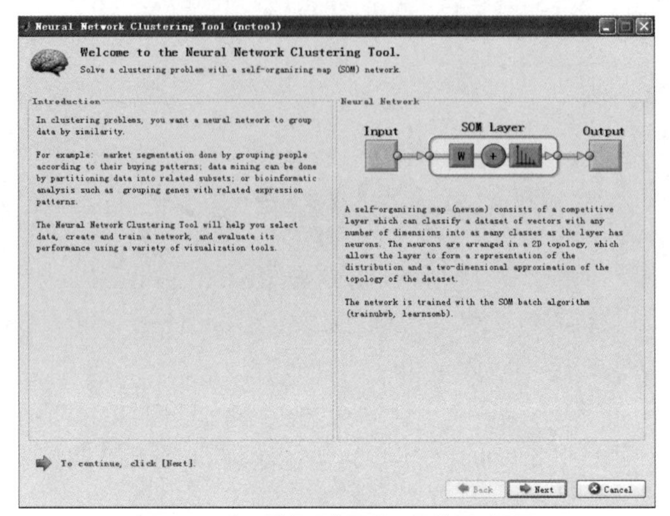

图 3.12　人工神经网络聚类工具箱图形界面

单击“Next”按钮，进入数据导入界面，在此可以从文件或命令窗口中导入所要分析的数据，注意数据导入格式要符合人工神经网络计算的要求。由于 SOM 网络是无导师、无监督的分类网络，不需要输入目标输出。单击数据导入界面中的“Next”按钮，进入网络选择界面。

需要选择竞争层相关参数，默认值为 10，说明竞争层有 10×10 个神经元。单击此界面中的“Next”按钮，进入网络训练界面。单击“Train”按钮便可对网络进行训练。

在网络训练完成后，进入网络再训练及查看结果界面，可以使用右侧的“Plot SOM Neighbor Distance/Plot SOM Weight Planes/Plot SOM Sample Hits/Plot SOM Weight Positions”按钮查看聚类的效果。由于每次训练次数固定为 200，因此有可能训练效果不佳，此时可以单击“Retrain”按钮对网络再进行训练。如果对结果满意，单击界面中的“Next”按钮，进入网络评估界面。通过单击此界面中相应的按钮，可以再进入网络训练或网络参数界面。

单击“Next”按钮，进入网络保存界面。在此可以保存计算结果，并将结果以相应的名称存入命令窗口中。

对于本例，竞争层采用 12 个神经元，训练 600 次，可以得到图 3.13 所示的结果。可以看出样品分成 6 类，比实际情况要分得细。

② 用来进行模式识别的是一个两层的前向神经网络，隐含层和输出层神经元使用的是 Sigmoid 函数，训练使用的是 trainscg 算法。

打开神经网络模式识别工具箱图形界面并执行以下命令。

```
>> nprtool
```

随后，出现图 3.14 所示的图形界面。

单击“Next”按钮，进入数据导入界面，导入输入数据及目标数据。注意目标数据应是二值类型的，对于本例为 y=[0 0 0 0 0 0 0 0 0 0 0 1 1 1 1 1;0 0 0 0 0 1 1 1 1 1 1 1 1 1 1 1]，分别代表 1（1~5 行）、2（6~11 行）和 3（12~16 行）类。并且只有当输入数据和目标数据的格式相同时，才能进行验证和测试样本。在此界面对输入的样本进行训练、验证和测试样本选择，可以选择不同的比例。然后单击“Next”按钮，进入网络选择界面，在此设置隐含层数量，默认值为 20。

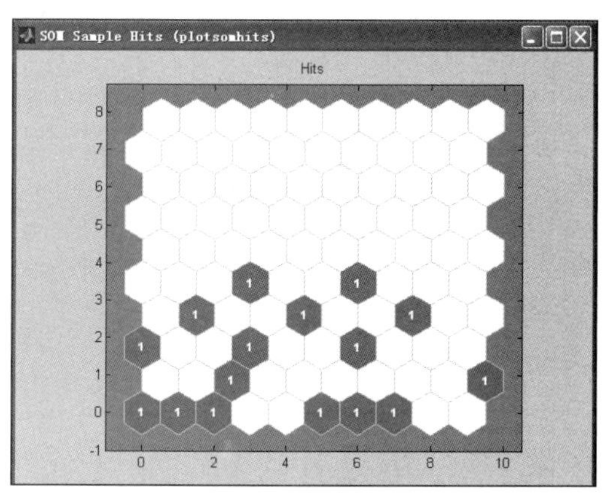

图 3.13　分类情况

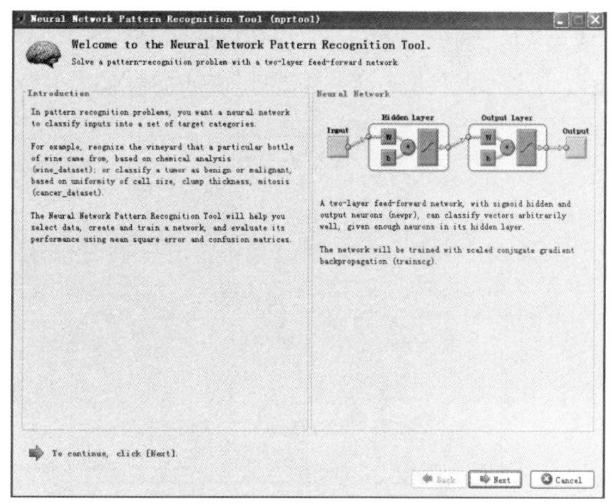

图 3.14　模式识别工具箱图形界面

单击“Next”按钮，进入网络训练界面。单击“Retrain”按钮，便可以对网络进行训练和查看训练结果。单击“Next”按钮，进入网络评估界面，在此可以再训练或进入下一界面进行网络保存。以相应名称将结果输入命令窗口，便可以查看分类结果及对未知样本进行预测。本例的结果如下。

第 1～9 个样本结果：

output =[0.0000　0.0000　0.0000　0.0000　0.0000　0.0001　0.0002　0.0001　0.0008
　　　0.0002　0.0005　0.0005　0.0000　0.0003　0.9995　0.9998　0.9994　1.0000

第 10～16 个样本结果：

output =[0.0003　0.0181　0.9998　0.9990　0.9991　0.9992　0.9996
　　　0.9999　1.0000　0.9999　0.9999　0.9999　0.9999　0.9999]

例 3.10　利用表 3.11 所示的交通事故十万人口死亡率数据预测后 5 年的交通事故死亡率。

表 3.11　交通事故死亡率

年　份	交通事故死亡率/‱	年　份	交通事故死亡率/‱
1970	1.16	1982	2.81
1971	1.33	1983	2.33
1972	1.36	1984	2.43
1973	1.48	1985	3.89
1974	1.72	1986	4.70
1975	1.82	1987	4.94
1976	2.07	1988	5.00
1977	2.15	1989	4.54
1978	1.98	1990	4.31
1979	2.24	1991	4.60
1980	2.21	1992	5.00
1981	2.25	—	—

解：

（1）对数据进行预处理，即判断该时间序列是否平稳。将 1970 年作为第 1 年对数据作图，如

图 3.15（a）所示。从图 3.15 中可以看出交通事故死亡率呈上升趋势，并且增长幅度不同，需要进行平稳化处理，即进行一阶对数差分转换，得图 3.15（b），此时已基本平稳。

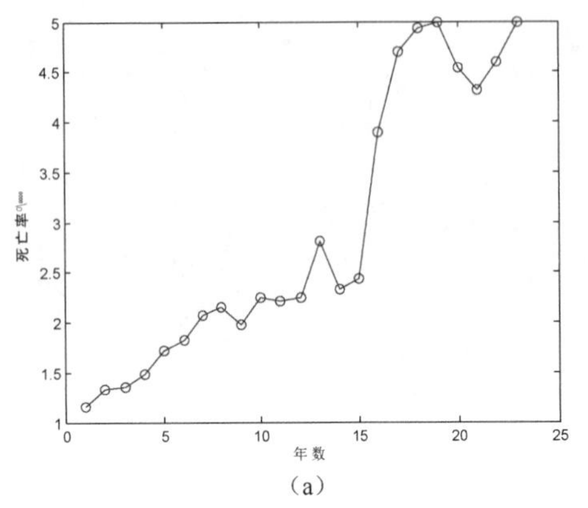

（a）

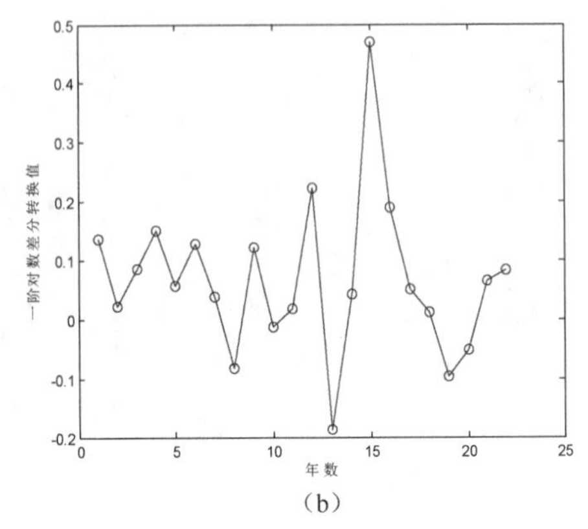

（b）

图 3.15　数据时序图

（2）利用人工神经网络预测时间序列，一般要首先确定延迟步数，设最大相关性延迟步数为 m，则对于容量为 n 的时间序列，其神经网络训练样本的输入向量、输出向量为

$$\overline{x}=[x^{m+1},x^{m+2},\cdots,x^{n}],\ \overline{y}=[y^{m+1},y^{m+2},\cdots,y^{n}]$$

其中，$x^{i}=[x^{*}(i-m),\cdots,x^{*}(i-1)]^{\mathrm{T}},y^{i}=x^{*}(i)$。

然后与一般的人工神经网络预测方法类似，可以得到图 3.16 及表 3.12 所示的结果，结果令人满意，其中 m=4，隐含层数为 6。

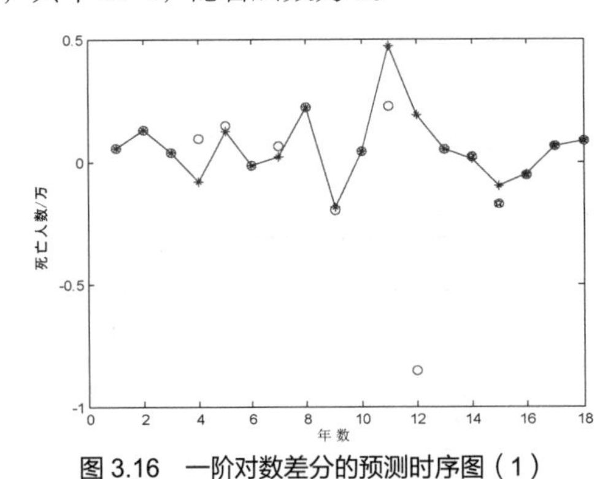

图 3.16　一阶对数差分的预测时序图（1）

表 3.12　预测结果

年份	实际值	预测值	相对误差/%
1993	0.0121	0.0184	0.5265
1994	−0.0965	−0.1724	0.7860
1995	−0.0520	−0.0535	0.0281
1996	0.0651	0.0646	−0.0079
1997	0.0834	0.0851	0.0208

在 MATLAB 的较高版本中已经有专门求解时间序列的神经网络函数。

```
>> x=[1.16 1.33 1.36 1.48 1.72 1.82 2.07 2.15 1.98 2.24 2.21 2.25 2.81 2.33 2.43 3.89
4.70… 4.94 5.00 4.54 4.31 4.60 5.00];
>> for i=2:length(x);y(i)=log(x(i))-log(x(i-1));end;y=y(2:end);
>> T=con2seq(y);
>> net=narnet(1:4,4);        %NAR 模型，输入只有一个时间序列
>> [Xs,Xi,Ai,Ts]=preparets(net,{},{},T);
>> net=train(net,Xs,Ts,Xi,Ai);
>> Y=net(Xs,Xi);
>> perf=perform(net,Ts,Y);
>> figure,
>> plot(1:length(Y),cell2mat(Ts),'*-',1:length(Y),cell2mat(Y),'o');
>> xlabel('年数'); ylabel('一阶对数差分转换值'); %绘制图 3.17 所示的一阶对数差分的预测时序图
```

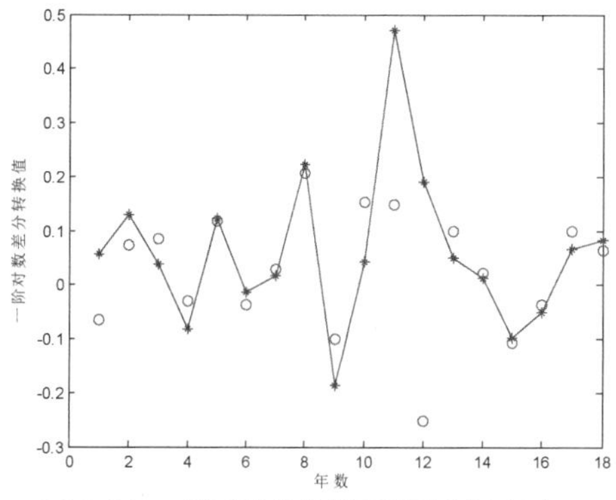

图 3.17　一阶对数差分的预测时序图（2）

例 3.11　假设由下列函数产生一系列的数据点，试对其产生的数据点进行 RBF 神经网络回归预测。

$$y = 20 + x_1^2 - 10\cos(2\pi x_1) + x_2^2 - 10\cos(2\pi x_2)$$

解：

```
>> x1=-1.5:0.01:1.5; x2=-1.5:0.01:1.5;                              %产生数据点
>> F=20+x1.^2-10*cos(2*pi*x1)+x2.^2-10*cos(2*pi*x2);       %函数值
>> net=newrbe([x1;x2],F);                                         %严格 RBF 神经网络
>> ty=sim(net,[x1;x2]);                                           %神经网络仿真结果
>> figure;plot3(x1,x2,F,'rd');hold on;plot3(x1,x2,ty,'b-');%查看神经网络预测结果，如图 3.18 所示
>> xlabel('x_1'); ylabel('x_2'); zlabel('x_3');grid on;
```

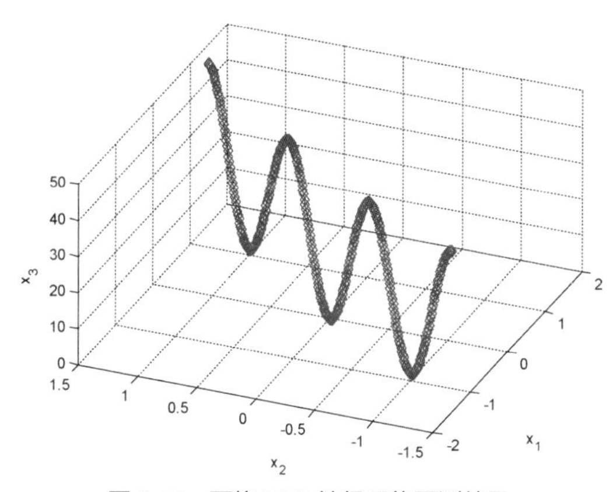

图 3.18　严格 RBF 神经网络预测结果

```
>> x=rand(400,2);x=guiyi_range(x,[-1.5 1.5]);x=x';      %随机产生数据点并归一化
>> x1=x(1,:);x2=x(2,:);F=20+x1.^2-10*cos(2*pi*x1)+x2.^2-10*cos(2*pi*x2);
>> net=newrb(x,F);              %近似 RBF 神经网络
>> [i,j]=meshgrid(-1.5:0.1:1.5);
>> row=size(i);tx1=i(:); tx1=tx1';tx2=j(:);tx2=tx2';tx=[tx1;tx2];     %测试样本
>> ty=sim(net,tx);
>> [x1,x2]=meshgrid(-1.5:0.1:1.5);F=20+x1.^2-10*cos(2*pi*x1)+x2.^2-10*cos(2*pi*x2);
>> subplot(1,3,1);mesh(x1,x2,F);zlim([0,60]); title('真实的函数图像');
>> v=reshape(ty,row);subplot(1,3,2);mesh(i,j,v); title('RBF 神经网络模拟结果');
>> subplot(1,3,3);mesh(i,j,F-v);zlim([0,60]);title('误差图像');
```

近似 RBF 神经网络预测结果如图 3.19 所示。从结果中可看出，RBF 神经网络的预测结果能较好

地逼近非线性函数 F；由误差图像也可以看出，RBF 神经网络的预测结果在数据边缘处的误差较大，在其他数值处的拟合效果很好。

例 3.12 模糊逻辑模仿人脑的逻辑思维，用于处理模型未知或不精确的控制问题。人工神经网络可模仿人脑的功能，可作为一般的函数估计器，映射输入输出关系。二者的结合实际是对人类大脑结构和功能的模拟。它们的结合方式为构造各类模糊神经元及模糊神经网络，作为模糊信息处理单元以实现模糊信息的自动化处理，主要体现在 4 个方面：模糊系统和神经网络的简单结合、用模糊理论增强的人工神经网络、用人工神经网络增强的模糊系统和借鉴模糊系统设计的人工神经网络结构。

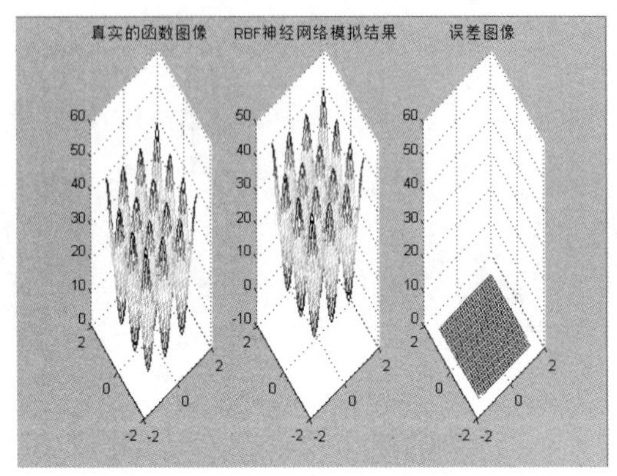

图 3.19 近似 RBF 神经网络预测结果

补偿模糊神经网络是一个结合补偿模糊逻辑和神经网络的混合系统。它由面向控制和面向决策的模糊神经元构成，这些模糊神经元被定义为执行模糊运算、模糊推理、补偿模糊运算和反模糊运算。补偿模糊逻辑和人工神经网络的结合，使得网络容错率更高，系统更稳定，性能更优越。

请用补偿模糊神经网络逼近一个非线性系统，其中输入为 $x_1^p(t)$ 、 $x_2^p(t)$ ，输出为 $y^p(t)$ 。

$$x_1^p(t) = -x_1(t)x_2^2(t) + 0.999 + 0.42\cos(1.75t)$$

$$x_2^p(t) = x_1(t)x_2^2(t) - x_2(t)$$

$$y^p(t) = \sin(x_1(t) + x_2(t))$$

解：根据补偿模糊神经网络的原理，可编写 MATLAB 函数进行计算，并得到图 3.20 所示的结果。

```
>> myy          %程序脚本
```

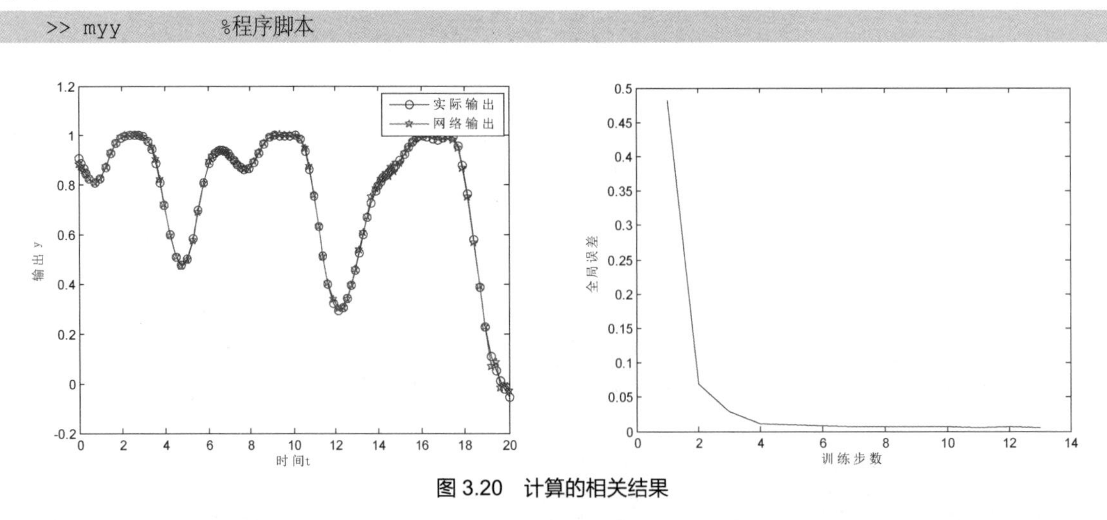

图 3.20 计算的相关结果

例 3.13 道路交通事故是人、车、路和社会环境等因素综合作用的结果。表 3.13 所示是人口数量、驾驶员人数、汽车保有量、公路里程、国内生产总值与交通事故死亡人数的数据。请建立人工神经网络的回归预测模型。

表 3.13 样本数据

年 份	死亡人数/人	人口数量/万人	驾驶员人数/万人	汽车保有量/万辆	公路里程/万公里	国内生产总值/亿元
1986	50063	107507	517.03	36195	96.28	10202.2
1987	53439	109300	556.82	408.07	98.22	11962.5
1988	54814	111026	654.49	464.39	99.96	14928.3
1989	50441	112704	722.32	511.32	101.43	16909.2
1990	49243	114333	790.96	551.36	102.83	18547.9
1991	53204	115823	859.44	606.11	104.11	21617.8
1992	58723	117171	969.55	691.74	105.67	26638.1
1993	63551	118517	1112.97	817.58	108.35	34634.4
1994	66362	119850	1269.20	941.95	111.78	46759.4
1995	71494	121121	1673.39	1040.00	115.70	58478.1
1996	73655	122389	2100.74	1100.08	118.58	67884.6
1997	73861	123626	2619.25	1219.09	122.64	74462.6
1998	78067	124761	2974.06	1319.30	127.85	78345.2
1999	83529	125786	3361.12	1452.94	135.17	82067.5
2000	93853	126743	3746.51	1608.91	140.27	89442.2
2001	105930	127627	4462.68	1802.04	169.80	95933.3
2002	109381	128453	4827.08	2053.17	176.52	102397.9
2003	104372	129227	5368.07	2421.16	180.98	116694.0
2004	99217	129988	7101.64	2800.00	187.07	136515.0

解：

（1）数据的处理。

将自变量变换到(-1,1)区间上，变换公式为

$$x^*(k)=2\frac{x(k)-x_{\min}}{x_{\max}-x_{\min}}-1$$

变换的目的一方面是使得数据能更好地适应激活函数，加快收敛速度，另一方面是统一各个因素的作用（即消除各自变量不同量纲的影响）。

（2）网络结构的确定。

采用 3 层人工神经网络结构，将输入层的节点设置为 5，分别代表人口数量、驾驶员人数、汽车保有量、公路里程、国内生产总值。输出层有 1 个神经元，代表交通事故死亡人数。

（3）利用交叉确认的方法确定网络结构，最终确定网络结构中的隐含层的节点数为 4，隐含层和输出的激活函数都为 S 型函数，其中隐含层为逻辑回归 S 函数，输出层为双曲正切 S 函数，训练算法采用 Levenberg-Marquardt 法。

当训练样本的数据不多，而网络中参数很多时，就很容易出现过拟合现象。这时就需要同时考虑估计样本和确认样本的误差，在模型出现过拟合前，停止网络训练。

（4）预测结果和误差分析。

根据以上步骤，进行人工神经网络预测计算。

第 1 种方法（较低版本的人工神经网络工具箱）：

```
>> load p t;        %p 为输入变量，t 为输出变量
>> [p1,ps]=mapminmax(p);[t1,ts]=mapminmax(t);                    %输入数据归一化
>> [trainsample,valsample,testsample]=mydivider(p1,t1);        %分配训练、测试及验证样本
>> net=newff(trainsample.p,trainsample.t,4);                    %BP 神经网络
>> net.trainparam.epochs=10000;net.trainparam.goal=1e-10;net.trainparam.lr=0.01;
>> net.trainparam.mc=0.9;net.trainparam.show=25;
>> [net,tr]=train(net,trainsample.p,trainsample.t);
>> pnew=mapminmax('apply',p,ps); tnew=sim(net,pnew);            %预测数据归一化及预测
>> tnew=mapminmax('reverse',tnew,ts);errors=t-tnew;y1=errors./t;perf=perform(net,t,y1);
>> figure,plotregression(t,tnew);
>> figure,plot(1:length(y1),t,'o',1:length(y1),tnew,'*-');xlabel('年份');ylabel('死亡人数/万')
>> figure,hist(errors);[muhat,sigmahat,sigmaci]=normfit(errors);
>> [h1,sig,ci]=ttest(errors,muhat);figure,ploterrcorr(errors);figure,parcorr(errors);
```

预测结果如图 3.21 所示，结果可以令人满意。

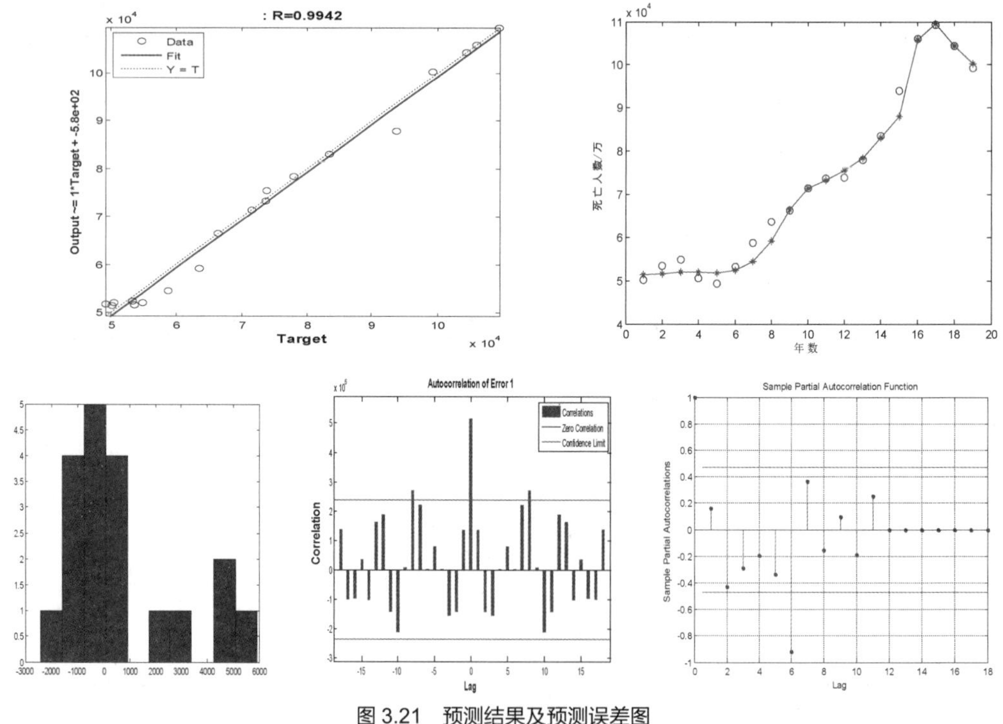

图 3.21　预测结果及预测误差图

如果对人工神经网络参数进行优化，预测结果的精度可能会有所提高。

因为人工神经网络的计算初始值是随机的，所以每次计算的结果不相同。如要结果保持一致，计算前可以加上 setdemorandstream(pi)语句。

第 2 种方法（在 MATLAB 的较高版本中，newff 等函数被 newfit、patternnet、feedforwardnet 等函数取代）：

```
>> load p t;
>> out=netcross(p,t);         %自编函数
```

可以得到图 3.22 所示的结果。同样地，我们可以对函数 netcross 进行修改以期得到更好的结果，如将网络结构设置为双层隐含层，此时采用语句 net=feedforwardnet([4 2])即可。

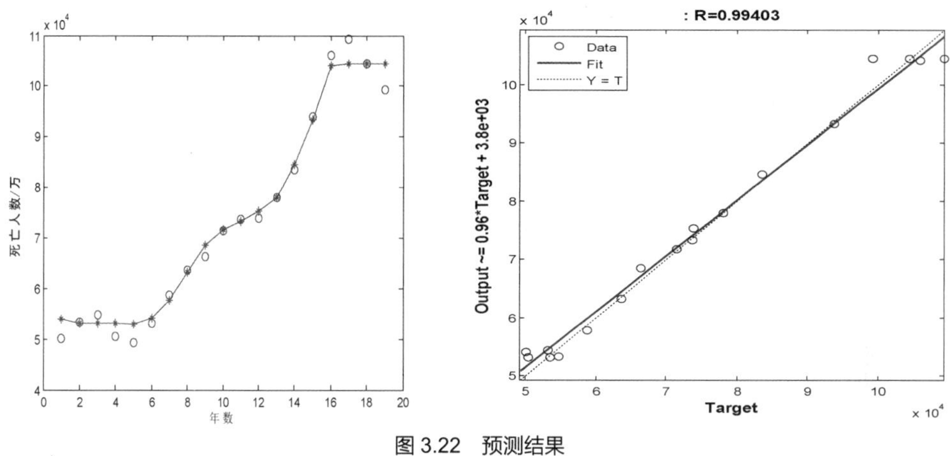

图 3.22　预测结果

例 3.14　利用霍普菲尔德神经网络求解下列旅行商问题（Traveling Salesman Problem，TSP）。

X=[0.4000　0.2439　0.1707　0.2293　0.5171　0.8732　0.6878　0.8488　0.6683　0.6195]

Y=[0.4439　0.1463　0.2293　0.7610　0.9414　0.6536　0.5219　0.3609　0.2536　0.2634]

解：根据霍普菲尔德神经网络求解 TSP 的原理，编写函数 hopfieldTSP 进行求解，可以得到图 3.23 和图 3.24 所示的结果。

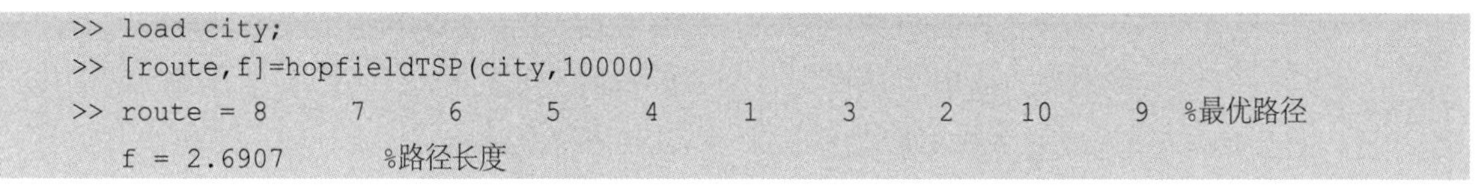

```
>> load city;
>> [route,f]=hopfieldTSP(city,10000)
>> route = 8     7     6     5     4     1     3     2    10     9  %最优路径
   f = 2.6907      %路径长度
```

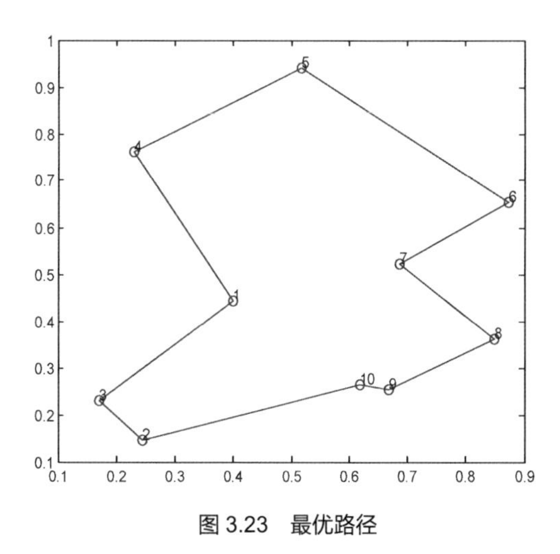

图 3.23　最优路径

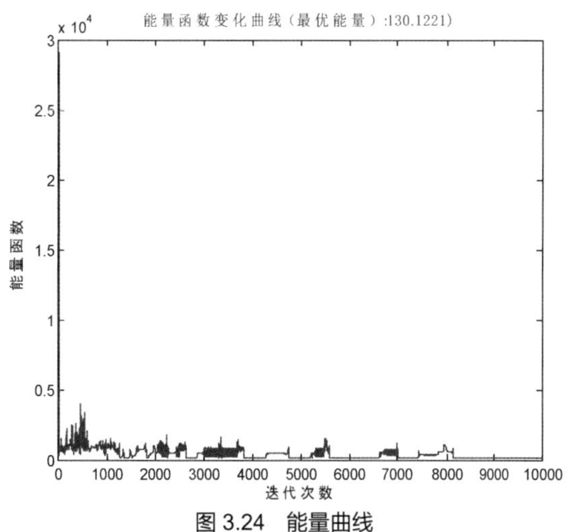

图 3.24　能量曲线

04 第4章　深度学习

深度学习作为一种实现人工智能的强大技术，已经在图像/视频处理、机器翻译、数据挖掘、自然语言处理等多个领域成功应用，产生了令人“眼花缭乱”的效果。诞生的一些很优秀的机器学习技术和神经网络，使机器能模仿视听和思考等人类活动，解决了很多复杂的模式识别问题，从而使得人工智能迈进了盛况空前、影响深远的新时代。

4.1　深度学习概述

深度学习是机器学习中一种基于对数据进行表征学习的方法，也是一种能够模拟人脑神经结构的机器学习方法。它的概念起源于人工神经网络，它本质上是一类对具有深层结构的神经网络进行有效训练的结构和方法。其深度是指不包括输入层的神经网络结构的层数。图 4.1 所示的含多个隐含层的多层感知机就是一种深度学习网络结构。在人工神经网络结构中，一个输入产生一个输出所涉及的计算可以通过一个流向图来表示。流向图中每一个节点表示一个基本的计算及一个计算的结果，计算的结果被应用到这个节点的子节点，输入节点没有父节点，输出节点没有子节点。这种流向图的一个特别属性是深度，即一个输入至一个输出最长路径的长度。只有超过一定深度的神经网络才是深度学习。

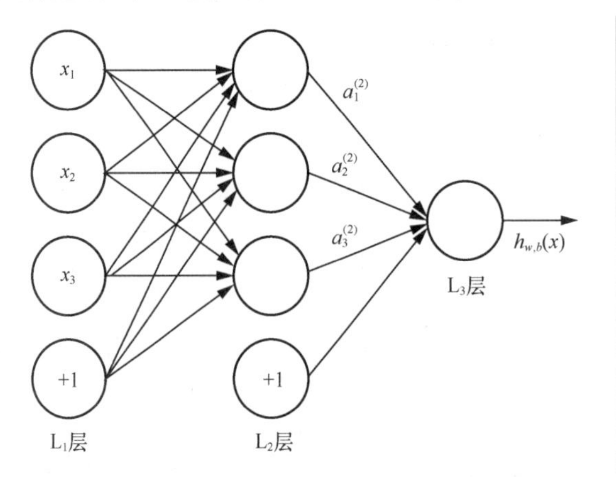

输出层

隐含层

输入层

含多个隐含层的深度学习模型

图 4.1　多层感知机

最早的神经网络模型是心理学家和数理逻辑学家在 1943 年建立的多层感知机模型，它只是单个神经元的形式化数学描述，具有逻辑运算的功能；它虽然不能进行学习，但开创了人工神经网络的时代。1944 年，赫布（Hebb）首先针对生物神经网络提出了有关学习的思想，1958 年出现了感知机模型及其学习算法。此后虽然人工神经网络的发展出现了一些波折和低潮，但仍然出现了许多新的神经网络模型，其中多层感知机是深度学习的雏形。多层感知机在隐含层数大于输入层数时常常被称为深层感知机，它实际上是一种由多层节点有向图构成的前馈神经网络，其中每一个非输入节点是具有非线性激活函数的神经元，每一层与其下一层是全连接的。更重要的是，多层感知机促进了卷积神经网络的诞生和发展，而后者作为一种判别模型，极大地推动了图像分类、识别和理解技术的发展。

在训练神经网络方面，反向传播无疑是常用、著名的算法，这是一种有监督的学习算法。然而直到 20 世纪 80 年代末期，此算法似乎还只对仅具有 1 个隐含层的浅层网络有效，尽管理论上也应该对深层网络有效。在早期神经网络应用中，都只用 1 个或很少的隐含层，一般认为只要神经网络结构中包含的神经元数足够多，就能够在闭区间上以任意精度逼近任何一个多变量连续函数。所以在传统的神经网络应用中，一般是增加神经元数，而不是增加隐含层数。因为随着神经网络层数的增加，优化函数容易陷入局部最优解，并且这个“陷阱”会越来越偏离全局最优解。利用有限数据训练的深层网络，其性能还不如较浅层网络。同时，另一个不可忽略的问题是，随着网络层数增加，“梯度消失”现象更加严重。如使用 Sigmoid 作为神经元的输入输出函数，对于幅度为 1 的信号，在 BP 反向传播梯度时，每传递一层，梯度衰减为原来的 25%。层数增多，梯度呈指数衰减后低层基本上接收不到有效的训练信号。这个问题直到 1991 年，才开始作为深度学习的一个基本问题，得到了完全理解。

1991 年，霍克赖特（S. Hochreiter）指出典型的深层网络存在梯度消失或“爆炸”问题，从而确立了深度学习的一个“里程碑”。该问题是指累积反向传播误差信号在神经网络的层数增加时会出现指数衰减或增长的现象，从而使数值计算快速收缩或越界，导致深层网络很难用反向传播算法训练。为了解决这个问题，霍克赖特提出了“深邃思想”，推动了若干新方法的探索，但除了卷积神经网络外，训练深层网络的问题直到 2006 年才开始得到重视。

普遍认为深度学习正式发端于 2006 年，以杰弗里・欣顿（Geoffrey Hinton）及其合作者发表的两篇重要论文——发表于 *Neural Computation* 的“A fast learning algorithm for deep belief nets”及发表于 *Science* 的“Reducing the dimensionality of data with neural networks”为标志。从那以后，大量的深度学习模型开始重新受到广泛关注，并如雨后春笋般迅速发展起来，如深度信念网络、深度自编码器、和积网络、卷积神经网络、循环神经网络、强化学习网络等。这些深度学习模型在解决手写数字识别、语音识别等大量实际问题时所表现出的性能超越了机器学习的其他替代方法，例如支持向量机等，很快在学术界掀起了神经网络的一次“新浪潮”。

在理论上，一个具有浅层结构或层数不够深的神经网络虽然在节点数足够多时也可能充分逼近地表达任意的多元非线性函数，但这种浅层表达在具体实现时往往由于需要太多的节点而无法实际应用。一般说来，对于给定数量的训练样本，如果缺乏其他先验知识，人们更期望使用少量的计算单元来建立目标函数的“紧表达”，以获得更好的泛化能力。而在网络深度不够时，这种紧表达可能根本无法建立起来，因为理论研究表明，深度为 k 的网络能够紧表达的函数，在用深度为 $k-1$ 的网络来表达时有时需要的计算单元会呈指数增长。这种函数表达的潜在能力说明，深层神经网络在一定的条件下可能具有非常重要的应用前景。随着深度学习的兴起，这种潜在能力开始逐步显现出来，特别是对卷积神经网络的全面推广应用，使得这种潜力几乎得到了淋漓尽致的发挥。

深度学习的方法有很多，就具体研究内容而言，主要涉及以下 3 类方法。

（1）基于卷积运算的神经网络系统，即卷积神经网络；

（2）基于多层神经元的自编码网络，包括自编码以及近年来受到广泛关注的稀疏编码两类；

（3）以多层自编码神经网络进行预训练，进而结合鉴别信息进一步优化神经网络权值的深度置信网络。

通过多层处理，深度学习逐渐将初始的“低层”特征表示转换为“高层”特征表示，即通过机器学习技术自身来产生“好”或更有用的特征后，用“简单模型”即可完成复杂的分类等学习任务。与人工规则构造特征的方法相比，利用大数据来学习特征，更能够刻画数据丰富的内在信息。由此可将深度学习理解为进行“特征学习”或“表示学习”。

深度学习提出了一种让计算机自动学习模式特征的方法，并将特征学习融合到了建立模型的过程中，摆脱了经验与专家，其学习能力强，减少了人为设计特征造成的不完备性。目前以深度学习为核心的某些机器学习应用，在满足特定条件的应用场景下，已经具备超越现有算法的识别性能或分类性能。但深度学习在有限数据量的应用场景下，不能够对数据的规律进行无偏差的估计。深度学习中模型的复杂程度的不断提高会导致算法的时间复杂度急剧提升；为了达到较高的精度，需要大数据支撑。为了保证算法的实时性，需要更高的并行编程技巧和更多更好的硬件支持。

4.2 深度学习模型

深度学习模型有很多，目前开发者最常用的深度学习模型包括卷积神经网络、循环神经网络、深度信念网络、深度神经网络等。

4.2.1 卷积神经网络

卷积神经网络（Convolutional Neural Network，CNN）是人工神经网络的一种，已成为当前语音分析和图像识别领域的研究热点。

1. 网络结构

CNN 是一种特殊的多层感知机或前馈神经网络，标准的 CNN 一般由输入层、交替的卷积层和池化层、全连接层和输出层构成，如图 4.2 所示。CNN 涉及卷积、池化、全连接和识别运算。

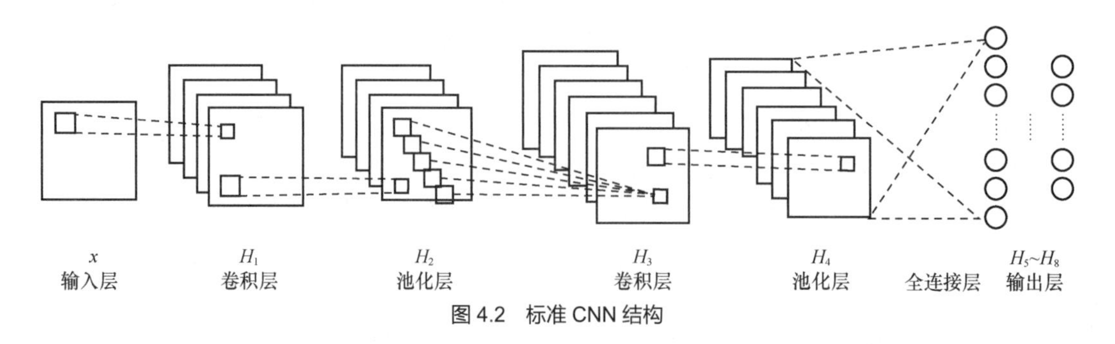

图 4.2 标准 CNN 结构

（1）卷积层及卷积运算。卷积层是 CNN 特有的，也称为“检测层”，可认为是特征的隐含层，它的激活函数是 ReLU=max(0,x)。它的主要作用是抽取特征，使网络具有一定的转移不变性，也有一定的降维作用。

CNN 中卷积运算与严格意义数学中的定义稍有不同，例如对于二维的卷积，相当于图像处理中

的滤波器运算，即卷积核以一定的间隔滑动，并对所覆盖的区域进行卷积运算得到值 z，直至遍历完整幅图像，其具体的定义为

$$s(i,j)=(\boldsymbol{X}\cdot\boldsymbol{W})(i,j)=\sum_{m}\sum_{n}\boldsymbol{X}(i+m,j+n)\boldsymbol{W}(m,n) \tag{4.1}$$

其中 $\boldsymbol{W}$ 为卷积核（卷积层的权值），$\boldsymbol{X}$ 为输入。

卷积层的作用是对输入进行卷积运算。如对图像卷积就是将输入图像的不同局部的矩阵和卷积核矩阵各个位置的元素相乘，然后相加。卷积的结果经过激活函数作用后的输出形成这一层的神经元，从而构成该层特征图，也称特征提取层。每个神经元的输入与前一层的局部感受野（感受野表示网络内部的不同神经元对原图像的感受范围的大小，即每一层输出的特征图上的像素点在原始图像上映射的区域大小）相连接，并提取该局部的特征，一旦该局部特征被提取，它与其他特征之间的位置关系就会被确定。

（2）池化层与池化运算。池化层的主要作用是降维。随着模型网络不断加深，卷积核越来越多，要训练的参数很多，而且用卷积核提取的特征直接训练容易出现过拟合的现象。CNN 使用的另一个有效的工具“池化”（Pooling）能解决上面这些问题。池化将输入图像缩小，减少像素信息，只保留重要信息，可以有效地减少计算量。池化虽然减少了数据，但特征的统计属性仍能够描述图像。由于降低了数据维度，因此池化可以有效地避免过拟合。

所谓池化就是对不同位置区域提取出有代表性的特征（例如最大值、平均值等）进行聚合统计，池化的过程通常也被称为特征映射的过程（特征降维）。它把输入信号分割成不重叠的区域，对每个区域通过池化（下采样）运算来降低网络的空间分辨率。在这个过程中需要一个池化标准，常见的池化标准有 Max 或 Average，即取对应区域的最大值或者平均值作为池化后的元素值。Max 能够抑制网络参数误差造成估计均值偏移的现象，特点是能更好地提取纹理信息；而 Average 能够抑制由于邻域大小受限造成估计值方差增大的现象，特点是对背景的保留效果更好。

（3）全连接层和全连接运算。全连接层为深度神经网络结构，只是输出层使用了 softmax 激活函数。输入信号经过多次卷积和池化运算后，输出为多组信号，经过全连接运算（也称为平展操作），将多组信号依次组合为一组信号。

（4）识别运算。上述的各个运算为特征学习运算，需在其基础上根据问题实际（分类或回归问题）增加一层网络用于分类或回归计算。

CNN 具有的优点：①局部连接，在 CNN 中，第 $n-1$ 层与第 n 层的部分神经元连接，只用来学习局部特征，其好处是需要训练的网络的权值和阈值成倍减少，加快了学习速度，也在一定程度上减少了过拟合的可能；②权值共享策略减少了需要训练的参数，每张自然图像（如人物、山水、建筑等）都有其固有特性，也就是说，图像中一部分统计特性与其他部分是接近的，这也意味着这一部分学习的特征也能用在另一部分上，因此，在局部连接中隐含层的每一个神经元连接的局部图像的权值参数（例如 5×5），将共享给其他剩下的神经元使用，那么此时不管隐含层有多少个神经元，需要训练的参数就是这个局部图像的权值参数（例如 5×5），也就是卷积核的大小，这样能大大减少训练参数，而且相同的权值可以让滤波器不受信号位置的影响来检测信号的特征，使得训练出来的模型的泛化能力更强；③池化运算可以降低网络的空间分辨率，消除信号的微小偏移和扭曲，从而对输入数据的平移不变性要求不高，但也存在容易出现梯度消散问题的缺点。

2. 网络训练

卷积网络在本质上是一种输入至输出的映射，它能够学习大量的输入与输出之间的映射关系，

而不需要任何输入与输出之间的精确的数学表达式，只要用已知的模型对卷积网络加以训练，网络就具有输入与输出之间的映射能力。卷积网络执行的是有监督训练。

CNN 同样可以使用反向传播算法进行训练，相较于其他网络模型，卷积操作的参数共享特性使需要优化的参数数量大大缩减，能提高模型的训练效率以及可扩展性。

采用严格的反向传播算法训练神经网络，需要同时考虑所有样本对梯度的贡献。如果样本的数量很大，那么梯度下降的每一次迭代都可能耗费很长时间，从而可能导致整个过程的收敛非常缓慢。此时可应用随机梯度下降（或称增量梯度下降）算法。该算法有两种基本模式：在线模式和“迷你块”（Mini-Batch）模式。在线模式先把所有样本随机“洗牌”，再逐一计算每个样本对梯度的贡献去更新权值，即

$$\boldsymbol{w}=\boldsymbol{w}-\eta\frac{\partial e_l}{\partial \boldsymbol{w}},l=1,2,\cdots,L \tag{4.2}$$

其中 e_l 表示网络计算样本 $\boldsymbol{x}_l$ 的实际输出与期望输出之间的误差。在线模式的缺点是梯度下降的过程不太稳定、波动较大。一种折中的方法是采用“迷你块”模式，实际上就是把所有样本随机洗牌后分为若干大小为 m 的块，再逐一计算每个块对梯度的贡献去更新权值，即

$$\boldsymbol{w}=\boldsymbol{w}-\eta\left[\frac{1}{m}\sum_{l=(i-1)m+1}^{i\cdot m}\frac{\partial e_l}{\partial \boldsymbol{w}}\right],i=1,2,\cdots,\lfloor L/m\rfloor \tag{4.3}$$

为了改善随机梯度下降的训练效果，还常常使用权值衰减系数 λ，可得到

$$\boldsymbol{w}=(1-\lambda)\boldsymbol{w}-\eta\left[\frac{1}{m}\sum_{l=(i-1)m+1}^{i\cdot m}\frac{\partial e_l}{\partial \boldsymbol{w}}\right],i=1,2,\cdots,\lfloor L/m\rfloor \tag{4.4}$$

为了进一步提高稳定性，可以再引入一个动量项 $\boldsymbol{d}$ 及其加权系数 υ，得到随机梯度下降基本动量模式。

$$\begin{aligned}\boldsymbol{d}_{t+1}&=\upsilon\boldsymbol{d}_t-\eta\left[\frac{1}{m}\sum_{l=(i-1)m+1}^{i\cdot m}\frac{\partial e_l}{\partial \boldsymbol{w}}\right],i=1,2,\cdots,\lfloor L/m\rfloor,\upsilon>0\\ \boldsymbol{w}_{t+1}&=(1-\lambda)\boldsymbol{w}_t+\boldsymbol{d}_t=(1-\lambda)\boldsymbol{w}_t+\upsilon\boldsymbol{d}_t-\eta\left[\frac{1}{m}\sum_{l=(i-1)m+1}^{i\cdot m}\frac{\partial e_l}{\partial \boldsymbol{w}}\right]\end{aligned} \tag{4.5}$$

4.2.2 循环神经网络

循环神经网络（Recurrent Neural Network，RNN）是一类具有短期记忆能力的神经网络，适合用于处理视频、语音、文本等与时序相关的问题。

CNN 和大部分神经网络普通算法都是输入与输出一一对应，即一个输入得到一个输出，不同的输入之间是没有联系的。CNN 接收输入，然后基于训练好的模型进行结果输出，如果运行了 100 个不同的输入，它们中的任何一个输出都不会受之前输出的影响。但在某些场景中，基于 CNN 输出的结果可能就不具有实用性。例如当输入具有依赖性且是序列模式的数据时，因为 CNN 的前一个输入和后一个输入之间没有任何关联，所有的输出都是独立的，所以由 CNN 得到的结果一般都不太好。而在 RNN 中，神经元不但可以接收其他神经元的信息，还可以接收自身的信息，形成具有环路的网络结构，即 RNN 对之前发生在数据序列中的事是有一定“记忆”的，这有助于系统获取“上下文”。理论上讲，RNN 有无限的记忆，通过回顾可以了解所有之前的输入，但从实际操作来看，它往往只能回顾最后几步。

1. 网络结构

一个典型的 RNN 组成包含一个输入层、一个输出层和一个隐含层，如图 4.3 所示。

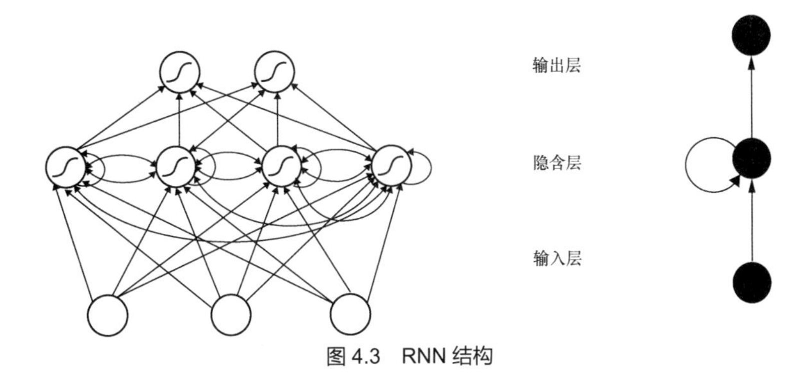

图 4.3　RNN 结构

与普通的神经网络不同的是，RNN 的神经网络单元不仅与输入和输出存在联系，其自身也存在一个回路，这种结构揭示了 RNN 的实质：上一个时刻的网络状态信息将会作用于下一个时刻的网络状态。如果将 RNN 的隐含层以时间序列展开将会是图 4.4 所示的形式。

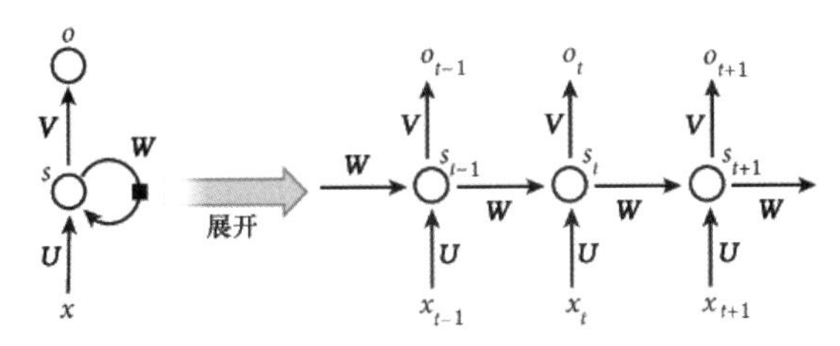

图 4.4　隐含层的层级展开图

其中 t 是时刻，x 是输入，s 是隐含层的值，o 是输出，矩阵 $\boldsymbol{W}$ 就是隐含层上一次的值作为这一次的输入的权值。s_t 表示样本在时间 t 处的记忆，其值为 $s_t = f(\boldsymbol{W} \cdot s_{t-1} + \boldsymbol{U} \cdot x_t)$。$\boldsymbol{W}$ 表示输入的权值，$\boldsymbol{U}$ 表示此刻输入的样本的权值，$\boldsymbol{V}$ 表示输出的样本权值。3 个矩阵共享，可以极大缩小参数空间。

在 RNN 中，x_{t-1}、x_t 和 x_{t+1} 是在时序上不一样的输入，而 $\boldsymbol{V}, \boldsymbol{U}, \boldsymbol{W}$ 同时在 RNN 中保存了自己的状态 S，S 随着输入变化而改变，不同的输入/不同时刻的输入或多或少会影响 RNN 的状态 S，而 S 则决定最后的输出。RNN 的隐含层的值 s 不仅取决于当前这次的输入 x，还取决于上一次隐含层的值。RNN 输出层是一个全连接层，它的每个节点都与隐含层的每个节点相连，隐含层是循环层。

2. 网络训练

RNN 可以按时间进行前向以及后向计算，从而将传统的 BP 算法应用于 RNN 模型的训练。由于训练是按照时间展开的 BP 算法，因此术语就叫作 BPTT（时序反向传播）。

BPTT 算法是针对循环层的训练算法，它的基本原理与 BP 算法是一样的，也包含同样的 3 个步骤：①前向计算每个神经元的输出值；②反向计算每个神经元的误差项值，它是误差函数 E 对神经元 j 的加权输入的偏导数；③计算每个权值的梯度。最后用随机梯度下降算法更新权值。

在 t=1 时进行初始化：置 s_0=0，随机初始化 $\boldsymbol{W}, \boldsymbol{U}, \boldsymbol{V}$，并进行式（4.6）的计算。

$$\begin{aligned} h_1 &= \boldsymbol{U}x_1 + \boldsymbol{W}s_0 \\ s_1 &= f(h_1) \\ o_1 &= g(\boldsymbol{V}s_1) \end{aligned} \tag{4.6}$$

其中 f 和 g 均为激活函数，f 可以是 tanh、ReLU、Sigmoid 等激活函数，g 通常是 softmax，也可以是其他函数。

时间推进一步，此时的状态 s_1 作为时刻 1 的记忆状态将参与下一个时刻的预测活动，即

$$h_2 = \boldsymbol{U}x_2 + \boldsymbol{W}s_1$$
$$s_2 = f(h_2) \tag{4.7}$$
$$o_2 = g(\boldsymbol{V}s_2)$$

依此类推，可以得到最终的输出值为

$$h_t = \boldsymbol{U}x_t + \boldsymbol{W}s_{t-1}$$
$$s_t = f(h_t) \tag{4.8}$$
$$o_t = g(\boldsymbol{V}s_t)$$

BPTT 算法处理时间序列问题的效果很好，但是仍然存在着一些问题，其中较为严重的是容易出现梯度消失或者梯度爆炸的问题。因此就出现了一系列改进的算法，主要有 LSTM 和 GRU 算法。LSTM 和 GRU 算法对于梯度消失或者梯度爆炸问题的处理方法主要是：①对于梯度消失，由于它们都有特殊的方式存储“记忆”，那么以前梯度比较大的“记忆”不会像简单的 RNN 一样马上被抹除，因此可以在一定程度上解决梯度消失问题；②对于梯度爆炸，可以用梯度截断克服，也就是当计算的梯度超过阈值 c 或者小于阈值 $-c$ 的时候，便把此时的梯度设置成 c 或 $-c$。

4.2.3 深度信念网络

2006 年，杰弗里·欣顿提出的深度信念网络（Deep Belief Network，DBN）及其高效的学习算法成为此后深度学习算法的主要框架。DBN 是一种生成模型，通过训练其神经元间的权值，可以让整个神经网络按照最大概率来生成训练数据。

1. 网络结构

DBN 由若干层受限玻耳兹曼机（Restricted Boltzmann Machine，RBM）堆叠而成，上一层 RBM 的隐含层作为下一层 RBM 的可见层。

一个普通的 RBM 结构如图 4.5 所示，它是一个双层模型，由 m 个可见层及 n 个隐含层单元组成。其中层内神经元无连接，层间神经元全连接，即在给定的可见层状态时，隐含层的激活状态条件独立；反之，当给定隐含层状态时，可见层的激活状态条件独立。这样能保证层内神经元之间的条件独立性，降低概率分布计算及训练的复杂度。

我们可将 RBM 视为一个无向图模型，可见层神经元与隐含层神经元之间的连接权值是双向的，即可见层到隐含层的连接权值矩阵为 $\boldsymbol{W}$，则隐含层到可见层的连接权值矩阵为 $\boldsymbol{W}'$。RBM 的参数还有可见层偏置 b 及隐含层偏置 c。RBM 可见层和隐含层单元所定义的分布可根据实际需要更换，包括二值单元、高斯单元、修正线性单元等，这些不同单元的主要区别在于其激活函数不同。

DBN 模型由若干层 RBM 堆叠而成，如图 4.6 所示。如果在训练集中有标签数据，那么最后一层 RBM 的可见层中既包含前一层 RBM 的隐含层单元，也包含标签层单元。假设顶层 RBM 的可见层有 500 个神经元，训练数据一共分成了 10 类，那么顶层 RBM 的可见层有 510 个显性神经元。对每一训练数据，相应的标签神经元被打开设置为 1，而其他的则被关闭设置为 0。

2. 网络训练

DBN 的训练包括预训练和微调两步，其中预训练过程相当于逐层训练每一个 RBM，经过预训练的 DBN 已经可用于模拟训练数据。而为了进一步提高网络的判别性能，微调过程利用标签数据通过 BP 算法对网络进行微调。

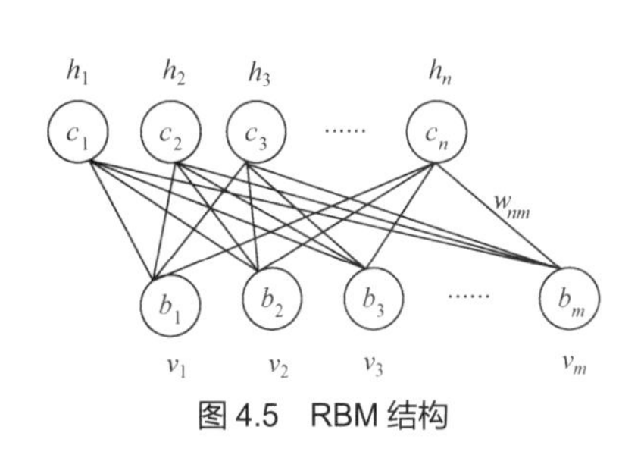

图 4.5　RBM 结构

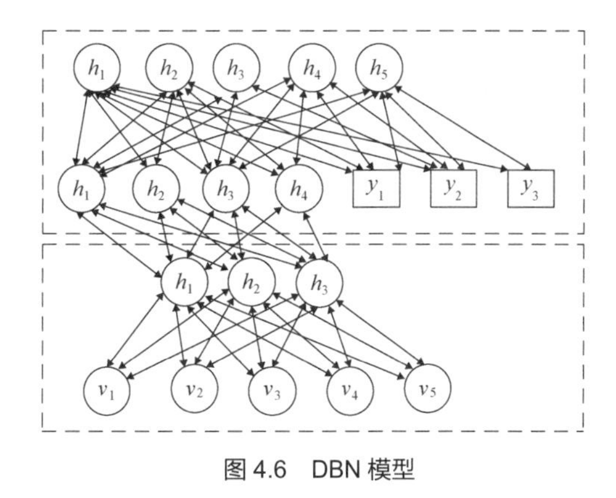

图 4.6　DBN 模型

3. 优缺点

DBN 模型具有的优点：①生成模型可以学习联合概率密度分布，可以从统计的角度表示数据的分布情况，能够反映同类数据本身的相似度；②生成模型可以还原出条件概率分布，此时相当于判别模型，而判别模型无法得到联合分布，所以不能当成生成模型使用。但它也存在缺点：①生成模型不关心不同类别之间的最优分类面在哪，所以用于分类问题时，分类精度可能没有判别模型的高；②由于生成模型学习的是数据的联合分布，因此在某种程度上学习问题的复杂度更高；③要求输入数据具有平移不变性。

4.2.4　深度神经网络

神经网络是基于感知机的扩展，而深度神经网络（Deep Neural Network，DNN）可以理解为有很多隐含层的神经网络。

1. 网络结构

DNN 其实与多层神经网络是一样的。DNN 有时也叫作多层感知机。从 DNN 不同层的位置划分，DNN 内部的神经网络层可以分为 3 类，即输入层、隐含层和输出层，如图 4.7 所示。一般来说，第一层是输入层，最后一层是输出层，而中间的层都是隐含层。

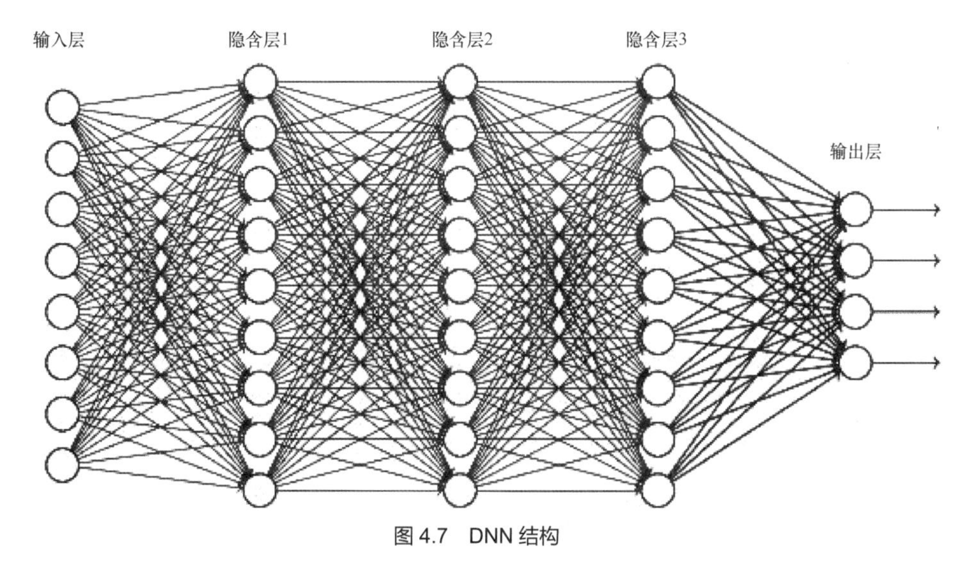

图 4.7　DNN 结构

DNN 中层与层之间是全连接的，即第 i 层的任意一个神经元一定与第 i+1 层的任意一个神经元相连。虽然 DNN 看起来很复杂，但是从小的局部模型来说，它还是与感知机一样，即一个线性关系 $z=\sum w_i x_i + \boldsymbol{b}$ 和一个激活函数 $\sigma(z)$。

2. 网络训练

DNN 的训练可以采用前向传播算法或后向传播算法。前向传播算法就是利用若干个权值系数矩阵 $\boldsymbol{w}$、偏倚向量 $\boldsymbol{b}$ 和输入向量 $\boldsymbol{x}$ 进行一系列线性运算和激活运算，从输入层开始，一层层地向后计算，一直运算到输出层，得到输出结果为止，其步骤如下。

（1）初始化 $\boldsymbol{a}^1=\boldsymbol{x}$。

（2）For l=2 to L

$$\boldsymbol{a}^l=\sigma(z^l)=\sigma(\boldsymbol{w}^l\boldsymbol{x}^{l-1}+\boldsymbol{b}^l)$$

其中 L 为网络的总层数。最后的结果即输出 a^L。

后向传播算法需选择一个损失函数来度量训练样本计算出的输出和真实的训练样本输出之间的损失。DNN 可选择不同的损失函数来度量损失，最常见的是用均方差。对于每个样本，期望最小化公式为

$$J(\boldsymbol{w},\boldsymbol{b},\boldsymbol{x},\boldsymbol{y})=\frac{1}{2}\|\boldsymbol{a}^l-\boldsymbol{y}\|_2^2 \tag{4.9}$$

其中 $\boldsymbol{y}$ 为真实输出。

输入包括总层数 L、各隐含层与输出层的神经元个数、激活函数、损失函数、迭代步长 α、最大迭代次数 MAX 与停止迭代阈值 ε。

输出包括各隐含层与输出层的线性关系系数矩阵 $\boldsymbol{w}$ 和偏倚向量 $\boldsymbol{b}$。

具体步骤如下。

（1）初始化各隐含层与输出层的线性关系系数矩阵 $\boldsymbol{w}$ 和偏倚向量 $\boldsymbol{b}$ 的值为一个随机值。

（2）计算如下。

```
For  iter=1 to MAX
```

① for i =1 to m。

a. 将 DNN 输入 $\boldsymbol{a}^1$ 设置为 $\boldsymbol{x}_i$。

b. for l=2 to L，进行前向传播算法计算。

c. 通过损失函数计算输出层的 $\delta^{i,l}$。

d. for l= L to 2，进行反向传播算法计算。

② for l = 2 to L，更新第 l 层的 $\boldsymbol{w}^l, \boldsymbol{b}^l$。

$$\begin{aligned}\boldsymbol{w}^l&=\boldsymbol{w}^l-\alpha\sum_{i=1}^{m}\delta^{i,l}(a^{i,l-1})^{\mathrm{T}}\\ \boldsymbol{b}^l&=\boldsymbol{b}^l-\alpha\sum_{i=1}^{m}\delta^{i,l}\end{aligned} \tag{4.10}$$

③ 如果所有 $\boldsymbol{w}, \boldsymbol{b}$ 的变化值都小于停止迭代阈值 ε，则跳出迭代循环到步骤（3）。

（3）输出各隐含层与输出层的线性关系系数矩阵 $\boldsymbol{w}$ 和偏倚向量 $\boldsymbol{b}$。

4.3 深度学习的学习与训练

深度学习的学习即深度学习神经网络的训练，一般可采用前向传播或反向传播算法。但实验结

果表明，对深度结构神经网络采用随机初始化的方法，由于采用基于梯度的优化易使训练结果陷入局部极值，而找不到全局最优解，并且随着网络结构层次的加深，更难以得到好的泛化性能，因此深度结构神经网络在随机初始化后得到的学习结果甚至不如只有一个或两个隐含层的浅度结构神经网络得到的学习结果好。2006 年后，通过研究发现，用无监督学习对深度结构神经网络进行逐层预训练，能够得到较好的学习结果。无监督预训练不仅可以使初始化网络得到好的初始参数值，而且可以提取关于输入分布的有用信息，有助于网络找到更好的全局最优解。

对深度学习来说，无监督学习和半监督学习是成功的学习算法的关键组成部分。其主要原因包括以下几个方面：

（1）深度学习中缺少有类标签的样例，并且样例大多无类标签；

（2）逐层的无监督学习利用结构层上的可用信息进行学习，可避免监督学习梯度传播的问题，减少对监督准则函数梯度给出的不可靠更新方向的依赖；

（3）无监督学习使得监督学习的参数进入一个合适的预置区域内，在此区域内进行梯度下降能够得到很好的解；

（4）在利用深度结构神经网络构造一个监督分类器时，无监督学习可看作学习先验信息，使得深度结构神经网络训练结果的参数在大多情况下都具有意义；

（5）在深度结构神经网络的每一层采用无监督学习将一个问题分解成若干与多重表示水平提取有关的子问题，是一种常用的可行方法，可提取输入分布较高水平表示的重要特征信息。

基础的无监督学习算法在 2006 年被杰弗里·欣顿等人提出用于训练深度结构神经网络，该算法的学习步骤如下。

① 令 $h_0(\boldsymbol{x})=\boldsymbol{x}$ 为可观察的原始输入 $\boldsymbol{x}$ 的最低阶表示。

② 对 $l=1,\cdots,L$，训练无监督学习模型，将可观察数据看作 $l-1$ 阶上表示的训练样例 $h_{l-1}(\boldsymbol{x})$，训练后产生下一阶的表示为 $h_l(\boldsymbol{x})=R_l(h_{l-1}(\boldsymbol{x}))$。

深度学习的训练过程如下。

① 自下向上的非监督学习：采用无标签数据分层训练各层参数，这是一个无监督训练的过程（也是一个特征学习过程），是与传统神经网络区别最大的部分。具体是：用无标签数据去训练第一层，这样就可以学习到第一层的参数；在学习得到第 $n-1$ 层后，再将第 $n-1$ 层的输出作为第 n 层的输入，训练第 n 层，进而分别得到各层的参数。这称为网络的预训练。

② 自顶向下的监督学习：在预训练后，采用有标签的数据来对网络进行区分训练，此时误差自顶向下传输。预训练类似传统神经网络的随机初始化，但由于深度学习的第一步不是随机初始化，而是通过学习无标签数据得到的，因此它的初值比较接近全局最优，深度学习的效果好，很大程度上归功于第一步的特征学习过程。

4.3.1 反向传播

反向传播是一种计算函数偏导数（或梯度）的简单方法，它的形式是函数组合（如神经网络）。在使用基于梯度的方法求解最优化问题时，需要在每次迭代中计算函数梯度。

对于一个神经网络，其目标函数是组合形式的。求梯度可以采用以下两种常规方法。

（1）微分解析法。在函数形式已知的情况下，只需要用链式法则（基础微积分）计算导数。

（2）有限差分法近似微分。这种方法的运算量很大，因为函数评估的数量级是 $O(N)$，其中 N 是参数的个数。与微分解析法相比，这种方法运算量更大，但是在调试时，通常会使用有限差分验证反向传播的效果。

4.3.2 随机梯度下降

梯度下降算法又称为最速下降算法，是在无约束条件下计算连续可微函数极小值的基本方法，这种方法的核心是用负梯度方向作为下降方向。它的一个直观理解就是想象一条源自山顶的河流，这条河流会沿着山势的方向流向山麓的最低点，而这也正是梯度下降法的目标，最理想的情况就是河流在到达最终目的地（最低点）之前不会停下。在机器学习中，这等价于已经找到了从初始点（山顶）开始行走的全局最小值（或最优值）。然而，可能由于地形原因，河流的路径中会出现很多坑洼，而这会影响河流前进。在机器学习中，这种“坑洼”称为局部最优解。所以由于“地形”（即函数性质）的限制，梯度下降算法很容易停留在局部最小值。但是，如果能够找到一个特殊的“山地形状”（例如碗状，数学术语中称作凸函数），那么算法总是能够找到最优解。在进行最优化时，遇到这些特殊的“地形”（凸函数）自然是最好的。另外，“山顶”初始位置（即函数的初始值）不同，最终到达“山底”的路径也完全不同。同样，不同的“流速”（即梯度下降算法的学习速度或步长）也会导致到达目的地的方式有差异。是否会陷入或避开一个“坑洼”（局部最小值），都会受到这两个因素的影响。

虽然梯度下降算法是非常受欢迎的优化方法，但其学习过程有时会很慢且易陷入局部极值。随机梯度下降算法可以克服这个缺点，它通过每个样本迭代更新一次来减小计算量。

4.3.3 学习率衰减

学习率是控制模型学习进度的参数。调整随机梯度下降优化算法的学习速度可以提升性能并减少训练时间，这被称作学习率退火或自适应学习率。训练中最简单、也最常用的学习率自适应方法就是逐渐降低学习率。在训练初期使用较大的学习率，可以对学习率进行大幅调整；在训练后期，降低学习率，以较小的速度更新权值。这种方法可以在早期快速学习，获得较好的权值，并在后期对权值进行微调。

在模型优化中，常用的学习率衰减方法有分段常数衰减、多项式衰减、指数衰减、自然数衰减、余弦衰减、线性余弦衰减、噪声线性余弦衰减等。

4.3.4 节点丢弃

拥有大量参数的深度神经网络是非常强大的机器学习系统。然而，在这样的网络中，过拟合是一个很严重的问题。而且大型神经网络的运行速度很慢，这就使得在测试阶段通过结合多个不同的大型神经网络来解决过拟合问题是很困难的。节点丢弃（Dropout）方法可以解决这个问题，其主要思想是：神经网络只训练那些随机挑选的节点，而不是全部节点。在训练过程中随机地从神经网络中删除单元（以及相应的连接），这样可以防止单元间的过度适应。训练过程中，在指数级不同“稀疏度”的网络中剔除样本。在测试阶段，很容易通过使用具有较小权值的单解开网络（Single Untwined Network）对这些稀疏网络的预测结果求平均来进行近似计算。这样能有效地避免过拟合，并且相对于其他正则化方法能得到更大的性能提升。对于隐含层和输入层节点来说，较为合适的节点丢弃百分比分别约为 50%和 25%。

节点丢弃技术已经被证明在机器视觉、语音识别、文本分类和计算生物学等领域的有监督学习任务中能提升神经网络的性能，并在多个基准数据集中达到最优秀的效果。

4.3.5　最大池

最大池是一种基于样本的离散化方法。其目标是对输入表征（图像、隐含层输出矩阵等）进行下采样，降低维度并且允许对子区域中的特征进行假设。

通过提供表征的抽象形式，这种方法可以在某种程度上解决过拟合问题。同样，它也可以通过减少学习参数的数量以及提供基本的内部表征转换不变性来减少计算量。

4.3.6　批量标准化

包括深度神经网络在内的神经网络需要仔细调整权值初始值和学习参数，批量标准化能够使这个过程更加简单。

（1）权值问题。无论怎么设置权值初始值，例如随机或按经验选择，初始权值和学习后的权值差别都很大。考虑一小批权值，在最初时，对于所需的特征激活可能会有很多异常值。深度神经网络本身具有病态性，即初始层的微小变化会导致后一层的巨大变化。在反向传播过程中，这些现象会导致梯度的偏移，这就意味着在学习权值以产生所需要的输出之前，梯度必须补偿异常值。而这将需要额外的时间才能收敛。

批量标准化将这些梯度从异常值调整为正常值，并在小批量范围内（通过标准化）使其向共同的目标收敛。

（2）学习率问题。通常来说，学习率都比较小，这样只有一小部分梯度用来校正权值，异常激活的梯度不应该影响已经学习好的权值。通过批量标准化，异常激活的可能性被降低，神经网络就可以使用更大的学习率加速学习过程。

4.3.7　Skip-gram

Skip-gram 是一种学习词嵌入算法的模型，常用于自然语言处理，它的基本理念是构造一个假的学习任务，但并不关注这个任务的输出结果如何，而是关注它的中间产物。例如打乒乓球，模型并不关注谁输谁赢（假的学习目标），而是通过这个过程是否能够锻炼身体（实际学习目标）。

该模型的实际学习目标是获得词分量，那么该如何构造假的学习任务以完成实际学习任务呢？假设有一个句子“I would like a glass of orange juice.”，以这个句子中的某个词作为训练输入（例如 orange，称为中心词），以这个词周围的词（例如 juice，称上下文词）作为训练标签，通过输入和标签训练模型，训练一个输入中心词预测上下文词的模型。

基于以上假设，可以考虑包含 k 个连续项的一个上下文窗口，然后跳过其中一个词，试着学习一个可以得到除了跳过的这个词以外所有词项的词，并且可以预测跳过的词的神经网络。因此，如果两个词在一个大语料库中多次具有相似的上下文，那么这些词的嵌入向量将会是相似的。

4.3.8　连续词袋模型

在自然语言处理中，希望将文档中的每一个单词表示为一个数值向量，使得出现在相似上下文中的单词具有相似或相近的向量表示。在连续词袋模型中，其目标是利用一个特定单词的上下文预测该词。

首先在一个大语料库中抽取大量的句子，每看到一个单词，抽取它的上下文。然后将上下文词输入一个神经网络，并预测中心词。当有成千上万个这样的上下文词和中心词时，模型就可得到一个神经网络数据集的实例。然后训练这个神经网络，在经过编码的隐含层的最终输出中，便可得到特定单词的嵌入式表达。在对大量的句子进行训练时也能发现，类似上下文中的单词都可以得到相似的向量表示。

4.3.9 迁移学习

迁移学习是指采用一个已经学会如何很好地完成一项任务的模型，将部分知识迁移到相关任务的过程。

迁移学习的基础是某些事之间具有内存相关性，做好其中一件事的能力自然会转换为做好另一件事的能力，即模式之间也有相似性。这样可以借鉴（迁移）过去学到的模式（技能），以便更快地学习新的模式（技能）。例如一个已经学会扔棒球的人不需要通过重新学习扔球来学习如何扔足球。

迁移学习在机器学习中是一个非常有用的工具。例如在进行机器的视觉识别时，一开始从一个预训练模型开始，这个模型通过对一般图像特征，如边缘、形状、文本和面孔进行检测，知道如何分类简单的物体，如猫、狗和雨伞。通过利用预训练模型具有的这些基本技能，经过在新数据集上添加层或重新训练，如果稍微修改预训练模型，就可将这些“昂贵”的基本技能迁移到新的专门化任务对其他物体进行分类判别。

迁移学习具有以下的优点。

（1）需要的训练数据更少，预训练模型已具备一定的“智慧”，可以帮助训练新的任务。

（2）迁移学习的模型泛化能力更好，迁移学习提高了泛化能力，或者提高了模型在未经训练的数据上表现良好的能力。这是因为预训练模型是有目的地训练任务，这些任务迫使模型学习在相关上下文中具有有用的通用特性。当将模型迁移到一个新的任务时，很难对新的训练数据进行过度拟合，因为模型只能从一个非常一般的知识库中增量地学习。

（3）迁移学习训练过程并不那么脆弱，从一个预训练模型开始有助于训练一个复杂的、令人沮丧的、脆弱的和混乱的模型，迁移学习不需要训练参数，使训练更稳定，更容易调试。

（4）迁移学习使深度学习更容易，可以通过借助机器而不需要自己成为专家来获得专家级别的结果。

4.4 深度学习框架

随着深度学习技术在学术界和工业界得到广泛认可，越来越多的人开始参与到深度学习的相关研究和实践中。然而，快速入手深度学习的研究并不是一件容易的事情。其中的一个重要原因是，深度学习中的许多问题非常依赖于实践。长期以来，学术界和工业界缺少一款专门为深度学习而设计的，融效能、灵活性和扩展性等诸多优势于一身的开源框架。这使得无论是快速实现算法还是复现他人的结论，都存在着实践上的困难。研究人员和工程师们迫切需要一套通用且高效的深度学习开源框架。为了在解决各种实际问题的过程中有效地利用深度学习模型，现已有很多开发平台和工具可以选择。比较常用的有 Caff、TensorFlow、DeepLearning4J 和 Keras 等。

4.4.1 Caffe

Caffe 创建于 2013 年年底，可能是第一个主流的行业级深度学习工具包，它由主持 Facebook AI 平台工程的贾扬清负责设计和实现，在 BSD2-Clause 获得开源许可后发布。Caffe 以 “Layer”（层）为单位对深度神经网络的结构进行了高度的抽象，通过一些精巧的设计显著优化了执行效率，并且在保持高效实现的基础上不失灵活性。无论是在结构、性能上，还是在代码质量上，Caffe 都十分出色。更重要的是，它将深度学习的每一个细节都原原本本地展现了出来，供人们学习和实践。

作为在机器视觉界最受欢迎的工具包之一，Caffe 具有优良的卷积神经网络模型结构，在 2014 年 ImageNet 挑战赛中脱颖而出。Caffe 的运行速度快，学习速度为 1 张图消耗 4ms，推理速度为 1 张图消耗 1ms，其可在单个 NVIDIA K40 GPU 上每天处理超过 6000 万张图片，它是研究实验和商业部署的完美选择。Caffe 是基于 C++的，可以在各种跨平台设备上编译，包括 Windows 端口，支持 C++、MATLAB 和 Python 等编程接口，而且拥有一个庞大的用户社区为其深层网络存储库做贡献，包括 AlexNet 和 GoogLeNet 两种流行的用户网络。Caffe 的缺点是不支持细粒度网络层，在构建复合层类型的网络时必须通过低级语言实现，对常规网络和语言建模的支持总体上很差。

Caffe 的升级版 Caffe2，于 2017 年由 Facebook 根据 BSD 许可协议开源，仍然强力支持视觉类型问题，并增加了用于自然语言处理、手写识别和时间序列预测的循环神经网络和长短期记忆网络。Caffe2 可以把 Caffe 模型轻松转换为实用程序脚本，但它更侧重于模块化、卓越的移动和大规模部署，能够像 TensorFlow 一样使用 C++ Eigen 库来支持 ARM 构架，并能在移动设备上部署深度学习模型。Caffe2 在深度学习社区中为大众所热捧，可能超越 Caffe 成为主要的深度学习工具包。

4.4.2 TensorFlow

TensorFlow 来自早期的 Google 库和 DistBelief V2，是作为 Google Brain 项目的一部分开发的专有深度网络库。由于 TensorFlow 具有众多的功能，如图像识别、手写字符识别、语音识别、预测以及自然语言处理，因此在 2015 年 Apache 2.0 许可开源后，TensorFlow 立即获得了大量的关注，有些人评价 TensorFlow 是对 Theano 重新设计而成的。TensorFlow 在 2017 年发布了 1.0 版本，它是 8 个先前版本的累积，解决了很多不完整的核心功能和性能问题。TensorFlow 的编程接口包括 Python 和 C++，并支持 Java、Go、R 和 Haskell API 的 alpha 版本接口，另外 TensorFlow 支持细粒度网络层，允许用户构建新的复合层类型的网络，允许模型的不同部分在不同的设备上并行训练，还可以使用 C++ Eigen 库在 ARM 架构上编译和优化。经过训练的 TensorFlow 模型可以部署在各种服务器或移动设备上，无须实现单独的解码器或加载 Python 解释器。TensorFlow 的缺点是运算速度慢，内存占用较大，而且支持的层没有 Torch 和 Theano 丰富，特别是没有时间序列的卷积，且卷积也不支持动态输入尺寸。

4.4.3 DeepLearning4J

DeepLearning4J 简称 DL4J，是用 Java 和 Scala 编写的、由 Apache 2.0 授权的开放源码，支持常用的机器学习向量化工具，以及丰富的深度学习模型，包括 RBM、深度神经网络、卷积神经网络、循环神经网络和长短期记忆网络等。DL4J 是 Skymind 的 Adam Gibson 的创意，是唯一与 Hadoop 和 Spark 集成的商业级深度学习框架，内置有多 GPU 支持，可协调多个主机线程，可使用 Map-Reduce

来训练网络，同时依靠其他库来执行大型矩阵操作。DL4J 在 Java 中开源，本质上运行速度比 Python 的快，与 Caffe 的相当，可以实现多个 GPU 的图像识别、欺诈检测和自然语言处理等功能。

4.4.4 Keras

Keras 是一个高层神经网络的应用程序接口（Application Program Interface，API），由纯 Python 语言编写而成，并且使用 TensorFlow、Theano 或者 CNTK 作为后端。Keras 的设计遵循 4 个原则：用户友好、模块性、易扩展性和与 Python 协作。用户友好是指 Keras 提供一致而简洁的 API，以及清晰且有用的 bug 反馈，能极大地减少用户工作量。模块性是指 Keras 将网络层、损失函数、优化器、激活函数等方法都表示为独立的模块，将其作为构建各种模型的基础。易扩展性是指在 Keras 中仿照现有的模块编写新的类或函数即可添加新的模块，非常方便。与 Python 协作是指没有单独的模型配置文件，模型完全由 Python 代码描述，具有更紧凑和更易调试的优点。

4.5 深度学习的应用及面临的问题与挑战

4.5.1 深度学习的应用

深度学习能够用于解决分类、回归和信息检索等特定问题，已广泛应用于图像分类及识别、人脸识别、视频分类、行为识别、手写体字符识别、图像检索、人体运动行为识别等领域。

深度学习与浅度学习相比具有如下许多优点。

（1）在网络表达复杂目标函数的能力方面，浅度结构神经网络有时无法很好地实现高变函数等复杂高维函数的表达，而深度结构神经网络理论上可以映射到任意函数，所以能够较好地表征很复杂的问题。

（2）在网络结构的计算复杂度方面，用深度为 k 的网络结构能够紧凑地表达某一函数，采用深度小于 k 的网络结构表达该函数则可能需要增加指数级规模数量的计算因子，这大大增加了计算的复杂度。另外，需要利用训练样本对计算因子中的参数值进行调整。当一个网络结构的训练样本数量有限而计算因子数量增加时，其泛化能力会变得很差。

（3）在仿生学方面，深度学习网络结构是对人类大脑的最好模拟。与大脑一样，深度学习对输入数据的处理是分层进行的，用每一层神经网络提取原始数据不同水平的特征。

（4）在信息共享方面，深度学习具有迁移学习的能力，获得的多重水平的提取特征可以在类似的不同任务中重复使用，相当于对任务求解提供一些无监督的数据，可以获得更多的有用信息。

（5）深度学习比浅度学习具有更强的表示能力。2006 年，杰弗里·欣顿等人提出的用于深度信任网络的无监督学习算法，可解决深度学习模型优化困难的问题。

深度学习也存在如下一些缺点。

（1）计算量大，便携性差。深度学习需要大量的数据与强大的算力，成本很高，很多应用不适合在移动设备上使用。

（2）硬件设计复杂。对算力要求很高，普通的 CPU 已经无法满足深度学习的要求。

（3）模型设计复杂。深度学习的模型设计非常复杂，需要投入大量的人力、物力和时间来开发新的算法和模型，大部分人只能使用现成的模型。

深度学习已在如下许多领域得到了广泛应用。

1. 语音识别、合成及机器翻译领域中的应用

微软使用深度信任网络提出了第一个成功应用于大词汇量语音识别系统的深度神经网络——隐马尔可夫混合模型（CD-DNN-HMM），比之前基于常规 CD-GMM-HMM 的大词汇量语音识别系统相对误差率减少 16%以上。曾（H. Zen）等人提出了一种基于多层感知机的语音合成模型。该模型的训练数据包含由一名专业演讲者以美式英语录制的 3.3 万段语音素材，其合成结果的主观评价和客观评价均优于基于 HMM 方法的模型。仇（K. Cho）等人提出了一种基于循环神经网络的向量化定长表示模型——RNNenc 模型，该模型主要应用于机器翻译。在该模型的基础上，德兹米特里·巴丹诺（D. Bahdanau）等人克服了固定长度的缺点，提出了 RNNsearch 模型。该模型在翻译每个单词时，会根据该单词在源文本中最相关信息的位置以及已翻译出的其他单词，预测对应于该单词的目标单词。采用 BLEU 评价指标，RNNsearch 模型在 ACL2014 机器翻译研讨会提供的英/法双语并行语料库上的翻译结果较为理想，略低于传统的基于短语的翻译系统 Moses。另外，在剔除包含未知词汇语句的测试语料库上，RNNsearch 的评分超过了 Moses 的。

2. 图像分类及识别领域中的应用

（1）大规模图像数据集中的应用。

阿莱克斯·克里兹维斯基（A. Krizhevsky）等人首次将卷积神经网络应用于 ImageNet 大规模视觉识别挑战赛（ImageNet Large Scale Visual Recognition Challenge, ILSVRC）中，所训练的深度卷积神经网络在 ILSVRC-2012 中，取得了图像分类和目标定位任务的第一名。其在图像分类任务中，前 5 项错误率为 15.3%，远低于第 2 名的 26.2%；在目标定位任务中，前 5 项错误率为 34%，也远低于第 2 名的 50%。在 ILSVRC-2013 中，马修·塞勒（M. Zeiler）等人采用卷积神经网络的方法，对克里兹维斯基的方法进行了改进，并在每个卷积层上附加一个反卷积层用于中间层特征的可视化，取得了图像分类任务的第一名。其前 5 项错误率为 11.7%，如果采用 ILSVRC-2011 的数据进行预训练，错误率则降低到 11.2%。在目标定位任务中，塞曼内特（P. Sermanet）等人采用卷积神经网络结合多尺度滑动窗口的方法，可同时进行图像分类、定位和检测，他们是比赛中唯一一个同时参加所有任务的队伍。在 ILSVRC-2014 中，几乎所有的参赛队伍都采用了卷积神经网络及其变形方法。其中 GoogLeNet 小组采用卷积神经网络结合 Hebbian 理论提出的多尺度模型，以 6.7%的分类错误率，取得了图形分类"指定数据"组的第一名；CASIAWS 小组采用弱监督定位和卷积神经网络结合的方法，取得了图形分类"额外数据"组的第一名，其分类错误率为 11%。

在目标定位任务中，VGG 小组在 Caffe 的基础上，采用 3 个结构不同的卷积神经网络进行平均评估，以 26%的定位错误率取得了"指定数据"组的第一名；Adobe 小组选用额外的 2000 类 ImageNet 数据训练分类器，采用卷积神经网络架构进行分类和定位，以 30%的错误率，取得了"额外数据"组的第一名。在多目标检测任务中，NUS 小组采用改进的卷积神经网络——网中网（Network In Network，NIN）与多种其他方法融合的模型，以 37%的平均准确率（Mean Average Precision，MAP）取得了"提供数据"组的第一名；GoogLeNet 以 44%的平均准确率取得了"额外数据"组的第一名。

从深度学习首次应用于 ILSVRC 并取得突出的成绩，到 2014 年挑战赛中几乎所有参赛队伍都采用深度学习方法，并将分类错误率降低到了 6.7%，可看出深度学习方法相比于传统的手动提取特征的方法在图像识别领域具有巨大优势。

（2）人脸识别领域中的应用。

基于卷积神经网络的学习方法，香港中文大学的 DeepID 项目以及 Facebook 的 DeepFace 项目在户外人脸识别（Labeled Faces in the Wild，LFW）数据库上的人脸识别准确率分别达到 97.45%和 97.35%，只比人类识别 97.5%的准确率略低。DeepID 项目采用 4 层卷积神经网络结构，DeepFace 采用 5 层（不含输入层和输出层，其中后 3 层没有采用权值共享以获得不同的局部统计特征）卷积神经网络结构，之后，采用基于卷积神经网络的学习方法。香港中文大学的 DeepID2 项目将识别准确率提高到了 99.15%，超过目前所有领先的深度学习和非深度学习算法在 LFW 数据库上的识别准确率以及人类在该数据库的识别准确率。DeepID2 项目采用与 DeepID 项目类似的深度结构，包含 4 个卷积层，其中第 3 层采用 2×2 邻域的局部权值共享，第 4 层没有采用权值共享，且输出层与第 3、第 4 层都采用全连接。

（3）手写体字符识别领域中的应用。

本吉奥（Yoshua Bengio）等人运用统计学习理论和通过大量的实验工作证明了深度学习算法在手写体字符识别领域的应用非常具有潜力，说明数据中间层表示可以被来自不同分布且相关的任务和样例共享，以产生更好的学习效果。他们在有 62 个类别的大规模手写体字符识别场景上进行了实验，用多任务场景和扰动样例来得到分布外样例，并得到了非常好的实验结果。李（H. Lee）等人对 RBM 进行了拓展，学习模型使其具有稀疏性，模型可有效地学习数字字符和自然图像特征。杰弗里·欣顿等人关于深度学习的研究说明了如何训练深度 S 型神经网络来产生对手写体数字文本有用的表示。

3. 行人检测领域中的应用

将卷积神经网络应用到行人检测而提出的联合深度神经网络（Unified Deep Network，UDN）模型的实验结果表明，此模型的输入方式较灰色像素输入方式的准确率高 8%。该模型的第一层卷积采用 64 个不同卷积核，初始化采用 Gabor 滤波器，第二层卷积采用不同尺度的卷积核，用于提取人体的不同部位的具体特征，训练过程采用联合训练方法。最终实验结果在 Caltech 及 ETH 数据集上错失率较传统的人体检测 HOG-SVM 算法均有明显下降，在 Caltech 库上较目前最好的算法错失率低 9%。

4. 视频分类及行为识别领域中的应用

卡尔帕森（A. Karpathy）等人基于卷积神经网络提出了一种应用于大规模视频分类的经验评估模型，将 Sports-1M 数据集的 100 万段 YouTube 视频数据分为 487 类。该模型将 4 种时空信息融合方法用于卷积神经网络的训练，融合方法包括单帧融合（Single Frame Fusion）、不相邻两帧融合（Late Fusion）、相邻多帧融合（Early Fusion）以及多阶段相邻多帧融合（Slow Fusion）。此外，提出的多分辨率网络结构大大提升了神经网络应用于大规模数据时的训练速度。该模型在 Sports-1M 上的分类准确率达 63.9%，相比于基于人工特征方法的 55.3%，有很大提升。此外，该模型表现出较好的泛化能力，单独使用多阶段相邻多帧融合方法所得模型在 UCF-101 动作识别数据集上的识别准确率为 65.4%，而该数据集的基准识别准确率为 43.9%。

纪（S. Ji）等人提出了一个三维卷积神经网络模型用于行为识别。该模型通过在空间和时序上运用三维卷积提取特征，从而获得多个相邻帧间的运动信息。该三维卷积神经网络模型在 TRECVID 数据上的表现优于其他方法，表明该模型对于真实环境数据有较好的识别效果；该模型在 KTH 数据上的表现逊色于其他方法，其原因是为了简化计算而减小了输入数据的分辨率。

巴库什（M. Baccouche）等人提出的一种时序的深度学习模型，可在没有任何先验知识的前提下学习分类人体行为。构建模型的第一步，是将卷积神经网络拓展到三维，自动学习时空特征。第二步使用循环神经网络训练分类每个序列。该模型在 KTH 上的测试结果优于其他已知深度模型，其在 KTH1 和 KTH2 上的精度分别为 94.39%和 92.17%。

在深度学习的应用中，AlphaGo 是卷积神经网络的顶尖成就。AlphaGo 是第一款击败人类世界冠军的人工智能围棋程序。其主要工作原理是深度学习，特别是深层卷积神经网络与强化学习结合训练产生的估值网络和策略网络，以及蒙特卡洛探索树带来的性能提升。围棋界公认 AlphaGo 的棋力已经超过人类围棋顶尖棋手水平，但其前 3 个版本 AlphaGo Fan、AlphaGo Lee 和 AlphaGo Master 都需要用大量人类棋谱进行训练，而新版本 AlphaGo Zero 只需要采用基本规则进行自我强化学习，不再需要人类棋谱进行训练，这样就大幅超越了之前 AlphaGo 版本的围棋水平。

4.5.2　深度学习面临的问题与挑战

深度学习虽然已取得了很大的成就，但也面临一些问题及挑战。

1. 深度学习目前面临的问题

（1）理论问题。深度学习训练的计算复杂度较大，较难估计需要多大参数规模和深度的神经网络模型去解决相应的问题；在对构建好的网络进行训练时，较难估计需要多少训练样本才能使网络解决拟合状态等问题；另外，网络模型训练所需要消耗的计算资源很难预估，网络的优化技术仍有待提高。由于深度学习模型的代价函数都是非凸的，这也造成了理论研究方面的困难。

（2）建模问题。在解决深度学习理论和计算困难的同时，构建新的分层网络模型，使其既能够像传统深度学习模型一样有效地抽取数据的潜在特征，又能够像支持向量机一样便于进行理论分析。另外，针对不同的应用问题构建合适的深度学习模型同样是一个挑战性的问题。现在用于图像和语言方面的深度学习模型都拥有相似卷积和下采样的功能模块，研究人员在声学模型方面也在进行相应的探索，也希望找到一个统一的深度学习模型适用于图像、语音和自然语言的处理。

（3）工程应用问题。在深度学习的工程应用问题上，如何利用现有的大规模并行处理计算平台进行大规模样本数据训练是各个深度学习研发公司首要解决的难题。由于像 Hadoop 这样的传统大数据处理平台的延迟过高，因此不适用于深度学习的频繁迭代训练过程。现在采用最多的深度网络训练技术是随机梯度下降算法。这种算法不适合在多台计算机间并行运算，即使采用 GPU 加速技术对深度神经网络模型进行训练也需要耗费大量的时间。随着互联网行业的高速发展，特别是数据挖掘的需要，往往面对的是海量需要处理的数据。深度学习网络训练速度缓慢，已无法满足互联网应用的需求。

2. 深度学习面临的挑战

深度学习算法在机器视觉（图像识别、视频识别等）和语音识别中的应用，尤其是在大规模数据集下的应用取得了突破性的进展，但仍有以下问题值得进一步研究。

（1）无标记数据的特征学习。目前，标记数据的特征学习仍然占据主导地位，而真实世界存在着海量的无标记数据，为这些无标记数据逐一添加人工标签，显然是不现实的。所以随着数据集和存储技术的发展，无标记数据的特征学习，以及对无标记数据进行自动添加标签技术的研究越来越重要。

（2）模型规模与训练速度。一般地，相同数据集下，模型规模越大，训练精度越高，训练速度越慢。例如一些模型方法采用 ReLU 非线性变换、GPU 运算，在保证精度的前提下，往往需要训练

5～7 天。虽然离线训练并不影响训练之后模型的应用，但是对于模型优化，诸如模型规模调整、超参数设置、训练时调试等，训练时间会严重影响其效率。故而，如何在保证一定的训练精度的前提下，提高训练速度，依然是深度学习研究的课题之一。

（3）理论分析。需要更好地理解深度学习及其模型，进行更加深入的理论研究。深度学习模型的训练一般都比较困难，其原因究竟是用于深度学习模型的监督训练准则大量存在不好的局部极值，还是训练准则对优化算法来说过于复杂，这是值得探讨的问题。此外，对堆栈自编码网络学习中的模型是否有合适的概率解释，能否得到深度学习模型中似然函数梯度的最小方差和低偏差估计，能否同时训练所有的深度结构神经网络层，除了重构误差外，是否还存在其他更合适的可供选择的误差指标来控制深度结构神经网络的训练过程，是否存在容易求解的 RBM 分配函数的近似函数，这些问题还有待研究。

（4）数据表示与模型。数据的表示方式对学习性能具有很大的影响，除了局部表示、分布表示和稀疏分布表示外，可以充分利用表示理论研究成果。是否还存在其他形式的数据表示方式；是否可以通过在学习的表示上施加一些形式的稀疏惩罚函数，从而对 RBM 和自编码模型的训练性能起到改进作用；是否可以用提取好的表示方式且包含更简单优化问题的凸模型代替 RBM 和自编码模型；是否可以不增加隐单元的数量，用非参数形式的能量函数提高 RBM 的容量；等等：未来还需要进一步探讨这些问题。此外，除了卷积神经网络、深度信念网络和堆栈自编码网络之外，是否存在其他可以用于有效训练的深度学习模型，有没有可能改变所用的概率模型使训练变得更容易，以及是否存在其他有效的或者理论上有效的方法学习深度学习模型，这些也是未来需要进一步研究的问题。

（5）特征提取。除了高斯-伯努利模型之外，还有哪些模型能用来从特征中提取重要的判别信息，未来需要提出有效的理论指导在每层搜索合适的特征提取模型。自编码模型保持了输入的信息，这些信息在后续的训练过程中可能会起到重要作用，未来需要研究用 CD 训练的 RBM 是否能保持输入的信息，在没有保持输入信息的情况下如何进行修正。树和图等结构的数据由于大小和结构可变而不容易用向量表示其中包含的信息，如何泛化深度学习模型来表示这些信息，这些也是未来需要研究的问题。

（6）训练与优化求解。探究随机初始化的深度结构神经网络采用基于梯度的算法训练总是不能成功，而产生式预训练方法有效的原因；研究训练深度结构神经网络的贪婪逐层预训练算法在最小化训练数据的似然函数方面表现如何；研究除了贪婪逐层预训练的变形和半监督嵌入算法之外，还有哪些其他形式的算法能得到深度结构神经网络的局部训练信息。此外，无监督逐层训练过程对训练深度学习模型起到帮助作用，但有实验表明训练仍会陷入局部极值且无法有效利用数据集中的所有信息，能否提出用于深度学习的更有效的优化策略来突破这种限制，基于连续优化的策略能否用于有效改进深度学习的训练过程，这些问题还需要继续研究。二阶梯度算法和自然梯度算法在理论研究中可证明对训练求解深度学习模型有效，但是这些算法还不是深度结构神经网络优化的标准算法，未来还需要进一步验证和改进这些算法，研究其能否代替微批次随机梯度下降类算法。

（7）与其他方法的融合。从现有的深度学习应用实例中可发现，单一的深度学习方法往往并不能带来最好的效果，通常融合其他方法或多种方法进行平均打分，会带来更高的精确率。因此，深度学习方法与其他方法的融合，具有一定的研究意义。

（8）研究拓展。当深度学习模型没有有效的自适应技术，在测试数据集分布不同于训练集分布时，它们很难得到比常用模型更好的性能，因此未来有必要提出用于深度学习模型的自适应技术以及对高维数据具有更强健壮性的更先进算法。目前的深度学习模型训练包含许多阶段，而在在线学习场景中一旦进入微调阶段就有可能陷入局部极值，因此目前的算法对于在线学习环境是不可行的。未来需要研究是否存在训练深度学习的完全在线学习过程能够一直具有无监督学习成分。DBN 模型很适合半监督学习场景和自教学习场景，当前的深度学习算法如何应用于这些场景且在性能上优于现有的半监督学习算法，如何结合有监督和无监督准则来学习输入的模型表示，是否存在一个深度使得深度学习模型的计算足够接近人类在人工智能任务中表现出的水平，这些也是未来需要进一步研究的问题。

4.6 深度学习的 MATLAB 实战

从 2019 版本开始，MATLAB 添加了深度学习的工具箱。程序员可以依据此工具箱进行深度学习的应用开发。

例 4.1 为了更好地了解并掌握深度学习网络的学习训练，试对多层神经网络的训练采用随机梯度下降法、动量法、交叉熵函数等方法进行编程分析。

解：

1. 随机梯度下降法

随机梯度下降法的实现步骤如下。

（1）随机初始化各层各节点的权值。

（2）在训练数据中输入“输入”，从神经网络模型获得模型输出，并计算实际输出与模型输出之间的误差向量 $\boldsymbol{e}$，然后计算输出节点的增量 $\boldsymbol{\delta}$，即

$$\boldsymbol{e} = \boldsymbol{d} - \boldsymbol{y}$$
$$\boldsymbol{\delta} = \varphi'(\boldsymbol{V})\boldsymbol{e}$$

其中 $\boldsymbol{d}$ 为实际输出，$\boldsymbol{y}$ 为模型输出，$\varphi'(\boldsymbol{V})$ 为激活函数的导数。

（3）计算反向传播输出节点的增量，并计算下一层节点的增量，即

$$\boldsymbol{e}^{(k)} = \boldsymbol{W}^{\mathrm{T}}\boldsymbol{\delta}$$
$$\boldsymbol{\delta}^{(k)} = \varphi'(\boldsymbol{V}^{(k)})\boldsymbol{e}^{(k)}$$

（4）重复第（3）步，直至计算到输入层的第 1 层为止。

（5）根据下式调整权值，即

$$\Delta w_{ij} = \alpha \delta_i x_j$$
$$w_{ij} \leftarrow w_{ij} + \Delta w_{ij}$$

（6）对所有训练样本节点重复第（2）～（5）步。

（7）重复第（2）～（6）步，直至神经网络得到合适的训练。

根据以上步骤，编程计算如下：

```
>> input=[0 0 1;0 1 1;1 0 1;1 1 1];output=[0;1;1;0]; iter=10000;
>> y=backprop(1,input,output,iter,'s')        %随机梯度下降法，第 1 个参数为隐含层数
  y = 0.0061    0.9900    0.9890    0.0125    %输出
```

2. 动量法

动量法与随机梯度下降法不同的是权值调整的计算公式，在此方法中权值调整公式为

$$\Delta \boldsymbol{w} = \alpha \boldsymbol{\delta} \boldsymbol{x}$$
$$\boldsymbol{m} = \Delta \boldsymbol{w} + \beta \boldsymbol{m}^-$$
$$\boldsymbol{w} = \boldsymbol{w} + \boldsymbol{m}$$
$$\boldsymbol{m}^- = \boldsymbol{m}$$

其中 $\boldsymbol{m}^-$是前一个已计算出来的动量，β 是小于 1 的正常量。

```
>> y=backprop(1,input,output,iter,'m')        %动量法
  y =0.0039    0.9942    0.9933    0.0101
```

3. 交叉熵函数

交叉熵函数与网络训练时的代价函数（或损失函数）有关。

对于神经网络的监督学习，有两种主要的代价函数，即

$$J = \sum_{i=1}^{M} \frac{1}{2}(d_i - y_i)^2$$
$$J = \sum_{i=1}^{M} [-d_i \ln(y_i) - (1-d_i)\ln(1-y_i)]$$

其中 y_i 是输出节点的输出，d_i 是来自训练数据的实际输出，M 是输出节点的个数。

而交叉熵函数是指

$$E = -d\ln(y) - (1-d)\ln(1-y)$$

此函数常与 Sigmoid 和 softmax 激活函数联合使用。该函数对误差更敏感，由它推导的神经网络学习规则能产生更好的性能。

此函数还可以解决过拟合的问题。解决过拟合问题的重要方法是正则化。正则化的关键在于它将权值之和引入代价函数，即

$$J = \sum_{i=1}^{M} \frac{1}{2}(d_i - y_i)^2 + \lambda \frac{1}{2} \| w \|^2$$
$$J = \sum_{i=1}^{M} [-d_i \ln(y_i) - (1-d_i)\ln(1-y_i)] + \lambda \frac{1}{2} \| w \|^2$$

其中 λ 是一个系数。

当输出误差保持较大时，代价函数将保持一个很大的值。因此，仅把输出误差变为 0 也不足以减小代价函数的值。为了减小代价函数的值，误差和权值都应当尽可能小，然而如果一个权值变得足够小，那么相关的节点实际上将被断开连接，结果就是不必要的连接被消除，神经网络因此也变得更加简单。为此，通过将权值之和引入代价函数，可以改善神经网络的过拟合程度，如此就能减少过拟合。

```
>> y=backprop(1,input,output,iter,'e')        %交叉熵
  y = 0.0000    0.9997    0.9998    0.0004
```

例 4.2 考虑一个深度神经网络，分别用 ReLU 函数、节点丢弃函数采用反向传播算法训练这个给定的深度神经网络。它有 3 个隐含层，每个隐含层包含 20 个节点。输入数据为 5×5 的矩阵，并且要分为 5 个类别。

解：根据网络输出数据的特点，设计深度学习网络的输入节点和输出节点分别为 25 与 5。输出节点采用 softmax 激活函数。

此例中输入矩阵是一个二维矩阵，它是数字 1、2、3、4、5 的二值矩阵（白色像素编码为 0，黑色像素编码为 1），输出表示 5 个分类，分别表示数字 1、2、3、4、5。

（1）采用 ReLU 函数。

```
>> X=zeros(5,5,5);
>> X(:,:,1)=[0 1 1 0 0;0 0 1 0 0;0 0 1 0 0;0 0 1 0 0;0 1 1 1 0];
>> X(:,:,2)=[1 1 1 1 0;0 0 0 0 1;0 1 1 1 0;1 0 0 0 0;1 1 1 1 1];
>> X(:,:,3)=[1 1 1 1 0;0 0 0 0 1;0 1 1 1 0;0 0 0 0 1;1 1 1 1 0];
>> X(:,:,4)=[0 0 0 1 0;0 0 1 1 0;0 1 0 1 0;1 1 1 1 1;0 0 0 1 0];
>> X(:,:,5)=[1 1 1 1 1;1 0 0 0 0;1 1 1 1 0;0 0 0 0 1;1 1 1 1 0];
>> D=[1 0 0 0 0;0 1 0 0 0;0 0 1 0 0;0 0 0 1 0;0 0 0 0 1];
>> w1=2*rand(20,25)-1;w2=2*rand(20,20)-1;w3=2*rand(20,20)-1;w4=2*rand(5,20)-1;
>> for epoch=1:10000; [w1,w2,w3,w4]=deepreLU(w1,w2,w3,w4,X,D);end  %训练网络
>> N=5;
>> for k=1:N
       x=reshape(X(:,:,k),25,1);v1=w1*x;y1=relu(v1);v2=w2*y1;y2=relu(v2);
       v3=w3*y2;y3=relu(v3);v=w4*y3;y(:,k)=soft(v);
   end
>> y      %网络输出，与实际输入相符
  y =1.0000   0.0000   0.0000   0.0000   0.0000
     0.0000   1.0000   0.0000   0.0000   0.0000
     0.0000   0.0000   0.9999   0.0000   0.0000
     0.0000   0.0000   0.0000   1.0000   0.0000
     0.0000   0.0000   0.0000   0.0000   1.0000
```

（2）采用节点丢弃函数。

通过类似的编程进行计算，可得到如下结果。

```
>> y   %与实际输出基本相符
y = 0.9996   0.0001   0.0000   0.0003   0.0012
    0.0001   0.9980   0.0038   0.0003   0.0000
    0.0000   0.0007   0.9931   0.0000   0.0026
    0.0001   0.0012   0.0003   0.9994   0.0000
    0.0002   0.0000   0.0027   0.0000   0.9962
```

例 4.3　卷积神经网络是深度学习的基本工具，尤其适用于图像识别。试利用 MATLAB 中的实例创建和训练简单的卷积神经网络进行深度学习分类。

解：根据应用提示，进行计算。

```
>> digitDatasetPath = fullfile(matlabroot,'toolbox','nnet','nndemos',…
                         'nndatasets','DigitDataset');        %加载数据路径
>> imds = imageDatastore(digitDatasetPath, 'IncludeSubfolders',true,…
   'LabelSource','foldernames');                              %自动为图像加标签
```

将数据划分为训练集和验证集，以使训练集中的每个类别包含 750 个图像，并且验证集包含对应每个标签的其余图像。

```
>> numTrainFiles = 750;
>> [imdsTrain,imdsValidation] = splitEachLabel(imds,numTrainFiles,'randomize');
%splitEachLabel 将图像数据存储拆分为两个新的数据存储以用于训练和验证
```

定义卷积神经网络架构，指定网络输入层中图像的大小以及分类层前面的全连接层中类的数量，每个图像大小为 28×28×1 像素，有 10 个类。

```
>> inputSize = [28 28 1];numClasses = 10;
>> layers = [imageInputLayer(inputSize)
             convolution2dLayer(5,20)
             batchNormalizationLayer
             reluLayer
             fullyConnectedLayer(numClasses)
```

```
                 softmaxLayer
                 classificationLayer];
>> options = trainingOptions('sgdm','MaxEpochs',4,…
             'ValidationData',imdsValidation,…
             'ValidationFrequency',30,'Verbose',false,'Plots','training-progress');
>> net = trainNetwork(imdsTrain,layers,options);   %指定训练选项并训练网络
```

得到图 4.8 所示的训练曲线。

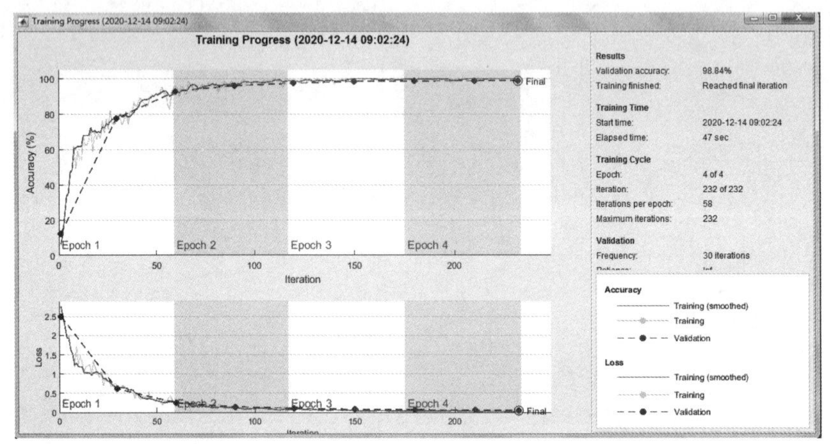

图 4.8　网络训练曲线

对验证数据进行分类，并计算分类准确率。

```
>> YPred = classify(net,imdsValidation);YValidation = imdsValidation.Labels;
>> accuracy = mean(YPred == YValidation)        %准确率
accuracy =0.9884
```

例 4.4　创建和训练卷积神经网络对数字图像进行深度学习分类。

解：

（1）加载数字样本数据作为图像数据存储。通过图像数据存储可以存储大图像数据，包括无法放入内存的数据，并在卷积神经网络的训练过程中高效分批读取图像。

```
>> digitDatasetPath = fullfile(matlabroot,'toolbox','nnet','nndemos', …
                      'nndatasets','DigitDataset');
>> imds = imageDatastore(digitDatasetPath, …
                  'IncludeSubfolders',true,'LabelSource','foldernames');
```

（2）显示训练集中的部分图像，如图 4.9 所示。

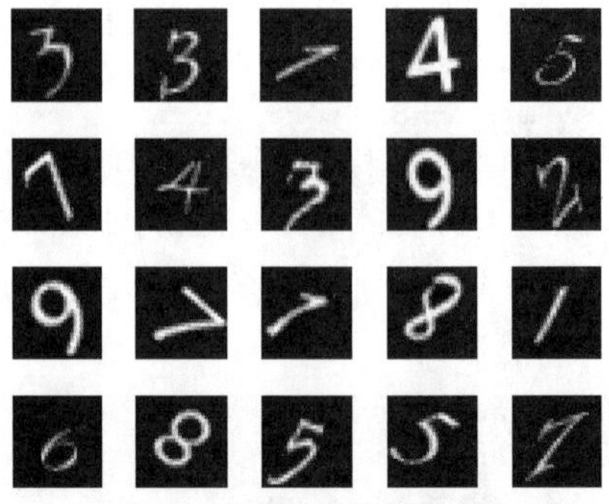
图 4.9　训练集中的部分图像

```
>> figure;perm = randperm(10000,20);
>> for i = 1:20;subplot(4,5,i); imshow(imds.Files{perm(i)});end
```

（3）计算每个类别中的图像数量。labelCount 是一个表，其中列出了标签，以及每个标签对应的图像数量。数据存储包含数字 0～9 的总共 10000 个图像，每个数字对应 1000 个图像。我们可以在网络的最后一个全连接层中指定类数作为 OutputSize 参数。

```
>> labelCount = countEachLabel(imds);
>> img = readimage(imds,1);size(img);
```

（4）将数据划分为训练集和验证集，以使训练集中的每个类别包含 750 个图像，并且验证集包含对应每个标签的其余图像。splitEachLabel 将数据存储 digitData 拆分为两个新的数据存储 trainDigitData 和 valDigitData。

```
>> numTrainFiles = 750;
>> [imdsTrain,imdsValidation] = splitEachLabel(imds,numTrainFiles,'randomize');
```

（5）定义卷积神经网络架构。图像输入层 imageInputLayer 用于指定图像大小，在本例中图像大小为 28×28×1 像素。这些数字分别对应于高度、宽度和通道大小。数字数据由灰度图像组成，因此通道大小（颜色通道）为 1。对于彩色图像，其通道大小为 3，对应于 RGB 值。不需要打乱数据，因为 trainNetwork 默认会在训练开始时打乱数据。

① 卷积层。在卷积层中，第一个参数是 filterSize，它表示训练函数在沿图像扫描时使用的过滤器的高度和宽度。在此示例中，数字 3 表示过滤器大小为 3×3，我们可以为过滤器的高度和宽度指定不同大小。第二个参数是过滤器数量 numFilters，它表示连接到同一输入区域的神经元数量，此参数决定了特征图的数量。使用'Padding'名称-值对组对输入特征图进行填充。对于默认步幅为 1 的卷积层，'same'填充可确保空间输出大小与输入大小相同。我们也可以使用 convolution2dLayer 名称-值对组参数定义该层的步幅和学习率。

② 批量归一化层。批量归一化层对网络中的激活值和梯度传播进行归一化，使网络训练成为更简单的优化问题。在卷积层和非线性部分（例如 ReLU 层）之间使用批量归一化层，来加速网络训练并降低对网络初始化的敏感度。使用 batchNormalizationLayer 创建批量归一化层。

③ ReLU 层。批量归一化层后接一个非线性激活函数。最常见的激活函数是修正线性单元（ReLU），使用 reluLayer 可创建 ReLU 层。

④ 最大池化层。卷积层（带激活函数）有时会后跟下采样操作，以减小特征图的空间大小并删除冗余空间信息。通过下采样可以增加更深卷积层中的过滤器数量，而不会增加每层所需的计算量。下采样的一种方法是使用最大池化层，可使用 maxPooling2dLayer 创建。最大池化层返回由第一个参数 poolSize 指定的矩形输入区域的最大值。在此示例中，该矩形区域的大小是 [2,2]。'Stride'名称-值对组参数可指定训练函数在沿输入扫描时所采用的步长。

⑤ 全连接层。卷积层和下采样层后跟一个或多个全连接层。顾名思义，全连接层中的神经元将连接到前一层中的所有神经元。该层将先前层在图像中学习的所有特征组合在一起，以识别较大的模式。最后一个全连接层将特征组合在一起来对图像进行分类。因此，最后一个全连接层中的 OutputSize 参数的值等于目标数据中的类数。在此示例中，输出大小为 10，对应于 10 个类。使用 fullyConnectedLayer 创建全连接层。

⑥ softmax 层。使用 softmax 激活函数对全连接层的输出进行归一化。softmax 层的输出由总和为 1 的多个正数组成，这些数字随后可被分类层用作分类概率。使用 softmaxLayer 函数在最后一个全连接层后创建一个 softmax 层。

⑦ 分类层。最终层是分类层，该层使用 softmax 激活函数针对每个输入返回的概率，将输入分配到其中一个互斥类并计算损失。如要创建分类层，可使用 classificationLayer。

```
>> layers = [imageInputLayer([28 28 1])
        convolution2dLayer(3,8,'Padding','same')
        batchNormalizationLayer
        reluLayer
        maxPooling2dLayer(2,'Stride',2)
        convolution2dLayer(3,16,'Padding','same')
        batchNormalizationLayer
        reluLayer
        maxPooling2dLayer(2,'Stride',2)
        convolution2dLayer(3,32,'Padding','same')
        batchNormalizationLayer
        reluLayer
        fullyConnectedLayer(10)
        softmaxLayer
        classificationLayer];
```

（6）指定训练选项。定义网络结构体后，指定训练选项。使用具有动量的随机梯度下降训练网络，初始学习率为 0.01。将最大训练轮数设置为 4。一轮训练是对整个训练集的一个完整训练周期。我们可通过指定验证数据和验证频率，监控训练过程中的网络准确率。每轮训练都会打乱数据。程序基于训练数据训练网络，并在训练过程中按固定时间间隔计算基于验证数据的准确率。验证数据不用于更新网络权值。

```
>> options = trainingOptions('sgdm', …
                        'InitialLearnRate',0.01, …
                        'MaxEpochs',4, …
                        'Shuffle','every-epoch', …
                        'ValidationData',imdsValidation, …
                        'ValidationFrequency',30, …
                        'Verbose',false, …
                        'Plots','training-progress');
```

（7）使用训练数据训练网络。使用 layers 定义的架构、训练数据和训练选项训练网络。默认情况下，如果有 GPU 可用，trainNetwork 就会使用 GPU（需要 Parallel Computing Toolbox™ 和具有 3.0 或更高计算能力的支持 CUDA®的 GPU），否则，将使用 CPU。此外，还可以使用 trainingOptions 的'ExecutionEnvironment'名称-值对组参数指定执行环境。

```
>> net = trainNetwork(imdsTrain,layers,options);
```

图 4.10 所示的训练进度图显示了小批量损失和准确度以及验证损失和准确率。有关训练进度图的详细信息，请参见监控深度学习训练进度。损失是交叉熵损失；准确率是网络分类正确的图像的百分比。

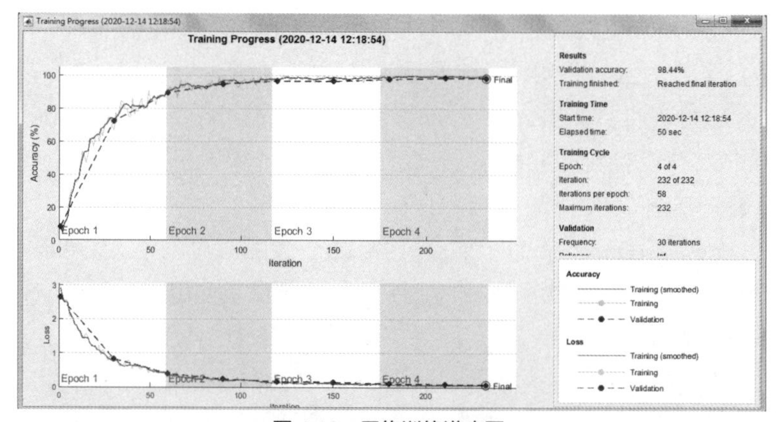

图 4.10　网络训练进度图

（8）对验证图像进行分类并计算准确率。使用经过训练的网络预测验证数据的标签，并计算最终验证准确率。在本例中，有大约99%的预测标签与验证集的真实标签相匹配。

```
>> YPred = classify(net,imdsValidation);
>> YValidation = imdsValidation.Labels;
>> accuracy = sum(YPred == YValidation)/numel(YValidation)
accuracy = 0.9844
```

例 4.5　使用长短期记忆（Long Short Term Memory，LSTM）网络对序列数据进行分类。

解：要训练深度神经网络以对序列数据进行分类，可以使用 LSTM 网络。

本例训练一个 LSTM 网络，旨在根据表示连续说出的两个日语元音的时序数据来识别说话者。训练数据包含 9 个说话者的时序数据。每个序列有 12 个特征，且长度不同。该数据集包含 270 个训练观测值和 370 个测试观测值。

① 加载序列数据。加载日语元音训练数据。XTrain 是包含 270 个不同长度的 12 维序列的元胞数组。YTrain 是对应于 9 个说话者的标签"1","2",⋯,"9" 的分类向量。XTrain 中的条目是具有 12 行（每个特征占一行）和不同列数（每个时间步占一列）的矩阵。

```
>> [XTrain,YTrain] = japaneseVowelsTrainData;XTrain(1:5);
>> figure;plot(XTrain{1}');xlabel("Time Step");title("Training Observation 1")
                                                        %查看训练数据集，如图 4.11 所示
>> numFeatures = size(XTrain{1},1);
>> legend("Feature " + string(1:numFeatures),'Location','northeastoutside')
```

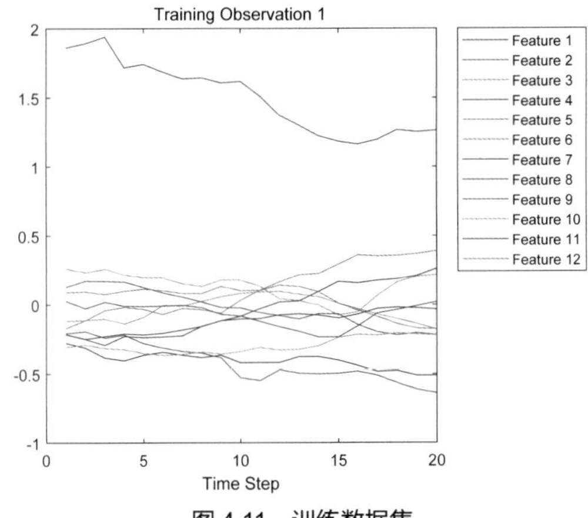

图 4.11　训练数据集

② 准备要填充的数据。在训练过程中，默认情况下，程序将训练数据拆分成小批量并填充序列，使它们具有相同的长度。过多填充会对网络性能产生负面影响。为了防止在训练过程中过多填充，我们可以按序列长度对训练数据进行排序，并选择合适的小批量大小，以使同一小批量中的序列长度相近。图 4.12 所示为数据排序之后填充序列的效果。

获取每个观测值的序列长度。

```
>> numObservations = numel(XTrain);
>> for i=1:numObservations;
       sequence = XTrain{i};sequenceLengths(i) = size(sequence,2);
   end
```

按序列长度对数据进行排序。

```
>> [sequenceLengths,idx] = sort(sequenceLengths);
>> XTrain = XTrain(idx);YTrain =YTrain(idx);
```

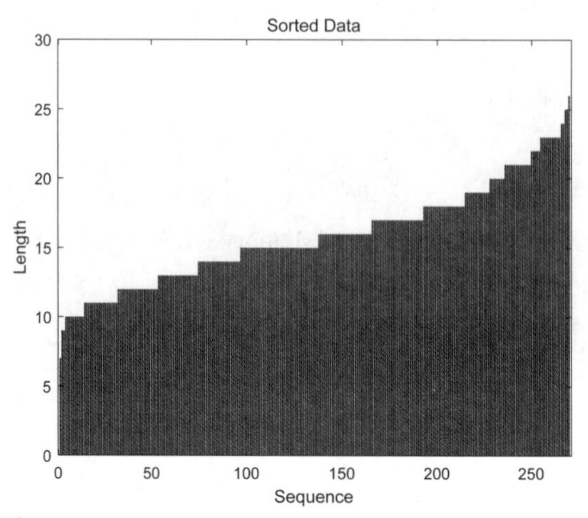

图 4.12　数据排序之后填充序列的效果

在条形图中查看排序的序列长度。

```
>> figure;bar(sequenceLengths);ylim([0 30]);xlabel("Sequence")
>> ylabel("Length");title("Sorted Data")
```

选择小批量大小为 27 以均匀划分训练数据，并减少小批量中的填充量。图 4.12 说明了添加到序列中的填充。

```
>> miniBatchSize = 27;
```

③ 定义 LSTM 网络架构。将输入大小指定为序列大小 12（输入数据的维度）。指定具有 100 个隐含单元的双向 LSTM 层，并输出序列的最后一个元素。最后，通过包含大小为 9 的全连接层（其后跟 softmax 层和分类层），来指定 9 个类。

如果可以在预测时访问完整序列，则可以在网络中使用双向 LSTM 层。双向 LSTM 层在每个时间步学习完整序列。如果不能在预测时访问完整序列，则改用 LSTM 层。

```
>> inputSize = 12;numHiddenUnits = 100;numClasses = 9;
>> layers = […
    sequenceInputLayer(inputSize)
    bilstmLayer(numHiddenUnits,'OutputMode','last')
    fullyConnectedLayer(numClasses)
    softmaxLayer
    classificationLayer]
```

④ 指定训练选项。指定求解器为'adam'，梯度阈值为 1，最大轮数为 100。要减少小批量中的填充量，请选择 27 作为小批量大小。要填充数据以使长度与最长序列相同，应将序列长度指定为'longest'。要确保数据保持按序列长度排序的状态，应指定“从不打乱数据”。由于小批量数据存储单位较小且序列较短，因此更适合在 CPU 上训练，将'ExecutionEnvironment'指定为'cpu'。要在 GPU（如果可用）上进行训练，应将'ExecutionEnvironment'设置为'auto'（这是默认值）。

```
>> maxEpochs = 100;miniBatchSize = 27;
>> options = trainingOptions('adam', …
        'ExecutionEnvironment','cpu', …
        'GradientThreshold',1, …
        'MaxEpochs',maxEpochs, …
        'MiniBatchSize',miniBatchSize, …
        'SequenceLength','longest', …
        'Shuffle','never', …
```

```
            'Verbose',0, …
            'Plots','training-progress');
```

⑤ 训练 LSTM 网络。使用 trainNetwork 以指定的训练选项训练 LSTM 网络，得到图 4.13 所示的训练进度图。

```
>> net = trainNetwork(XTrain,YTrain,layers,options);
```

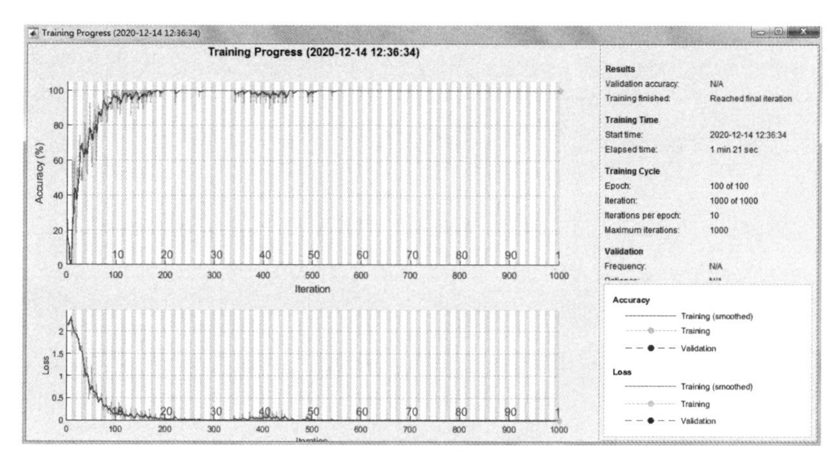

图 4.13　网络训练进度图

⑥ 测试 LSTM 网络。加载测试集并将序列分类到不同的说话者。XTest 是包含 370 个不同长度的 12 维序列的元胞数组，YTest 是由对应于 9 个说话者的标签 "1","2",⋯,"9" 组成的分类向量。

```
>> [XTest,YTest] = japaneseVowelsTestData;XTest(1:3);
```

LSTM 网络 net 已使用相似长度的小批量序列进行训练。接下来，确保以相同的方式组织测试数据，并按序列长度对测试数据进行排序。

```
>> numObservationsTest = numel(XTest);
>> for i=1:numObservationsTest
       sequence = XTest{i};sequenceLengthsTest(i) = size(sequence,2);
   end
>> [sequenceLengthsTest,idx] = sort(sequenceLengthsTest);
>> XTest = XTest(idx);YTest = YTest(idx);
```

⑦ 对测试数据进行分类。要减少分类过程中引入的填充量，应将小批量大小设置为 27。要应用与训练数据相同的填充，应将序列长度指定为'longest'。

```
>> miniBatchSize = 27;
>> YPred = classify(net,XTest,'MiniBatchSize',miniBatchSize, 'SequenceLength','longest');
```

⑧ 计算预测值的分类准确率。

```
>> acc = sum(YPred == YTest)./numel(YTest)
acc =0.9676
```

例 4.6　使用长短期记忆（LSTM）网络预测时序数据。

解：要想预测序列在将来时间步的值，我们可以训练“序列到序列”回归 LSTM 网络，其中响应是将值移位了一个时间步的训练序列。也就是说，在输入序列的每个时间步，LSTM 网络都会学习预测下一个时间步的值。

要预测将来多个时间步的值，可使用 predictAndUpdateState 函数一次预测一个时间步，并在每次预测时更新网络状态。

① 加载序列数据。chickenpox_dataset 包含一个时序，其时间步对应于月份（Month），值对应于

病例数（Cases），网络训练序列数据图如图 4.14 所示。输出是一个元胞数组，其中每个元素均为单一时间步。将数据重构为行向量。

```
>> data = chickenpox_dataset;data = [data{:}];
>> figure;plot(data);xlabel("Month");ylabel("Cases");title("Monthly Cases of Chickenpox")
```

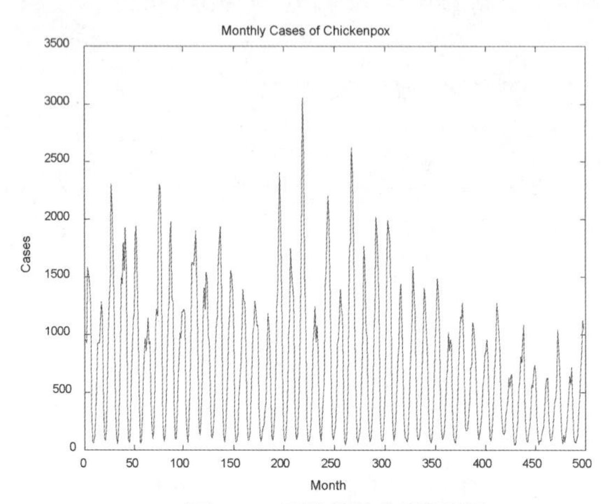

图 4.14　网络训练序列数据图

对训练数据和测试数据进行分区。序列的前 90%用于训练，后 10%用于测试。

```
>> numTimeStepsTrain = floor(0.9*numel(data));dataTrain = data(1:numTimeStepsTrain+1);
>> dataTest = data(numTimeStepsTrain+1:end);
```

② 标准化数据。为了获得较好的拟合并防止训练发散，将训练数据标准化为具有零均值和单位方差的数据。在预测时，必须使用与训练数据相同的参数来标准化测试数据。

```
>> mu = mean(dataTrain);sig = std(dataTrain);dataTrainStandardized = (dataTrain - mu) / sig;
```

③ 准备预测变量和响应。要预测序列在将来时间步的值，应将响应指定为将值移位了一个时间步的训练序列。也就是说，在输入序列的每个时间步，LSTM 网络都会学习预测下一个时间步的值。预测变量是没有最终时间步的训练序列。

```
>> XTrain = dataTrainStandardized(1:end-1);YTrain = dataTrainStandardized(2:end);
```

④ 定义 LSTM 网络架构。指定 LSTM 层有 200 个隐含单元。

```
>> numFeatures = 1;numResponses = 1;numHiddenUnits = 200;
>> layers = [ …
     sequenceInputLayer(numFeatures)
     lstmLayer(numHiddenUnits)
     fullyConnectedLayer(numResponses)
     regressionLayer];
```

⑤ 指定训练选项。将求解器设置为'adam'并进行 250 轮训练。要防止梯度爆炸，应将梯度阈值设置为 1。指定初始学习率为 0.005，在 125 轮训练后通过乘因子 0.2 来降低学习率。

```
>> options = trainingOptions('adam', …
     'MaxEpochs',250, …
     'GradientThreshold',1, …
     'InitialLearnRate',0.005, …
     'LearnRateSchedule','piecewise', …
     'LearnRateDropPeriod',125, …
     'LearnRateDropFactor',0.2, …
     'Verbose',0, …
     'Plots','training-progress');
```

⑥ 训练 LSTM 网络。使用 trainNetwork 以指定的训练选项训练 LSTM 网络，得到图 4.15 所示的网络训练进度图。

```
>> net = trainNetwork(XTrain,YTrain,layers,options);
```

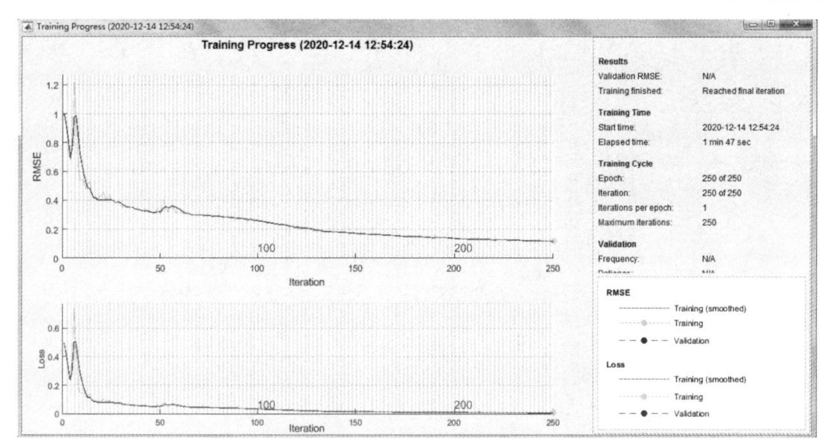

图 4.15　网络训练进度图

⑦ 预测将来时间步。要预测将来多个时间步的值，可使用 predictAndUpdateState 函数一次预测一个时间步，并在每次预测时更新网络状态。对于每次预测，使用前一次预测作为函数的输入。

使用与训练数据相同的参数来标准化测试数据。

```
>> dataTestStandardized = (dataTest - mu) / sig;
>> XTest = dataTestStandardized(1:end-1);
```

初始化网络状态，先对训练数据 XTrain 进行预测。使用训练响应的最后一个时间步 YTrain(end) 进行第一次预测，循环其余预测并将前一次预测输入 predictAndUpdateState。

对于大型数据集、长序列或大型网络，在 GPU 上进行预测计算通常比在 CPU 上快。其他情况下，在 CPU 上进行预测计算通常更快。对于单时间步预测，建议使用 CPU。使用 CPU 进行预测，应将 predictAndUpdateState 的'ExecutionEnvironment'选项设置为'cpu'。

```
>> net = predictAndUpdateState(net,XTrain);
>> [net,YPred] = predictAndUpdateState(net,YTrain(end));
>> numTimeStepsTest = numel(XTest);
>> for i = 2:numTimeStepsTest
           [net,YPred(:,i)] =
           predictAndUpdateState(net,YPred(:,i-1),'ExecutionEnvironment','cpu');
   end
```

使用先前计算的参数对预测值去标准化。

```
>> YPred = sig*YPred + mu;
```

训练进度图会报告根据标准化数据计算出的均方根误差（Root Mean Square Error，RMSE）。根据去标准化的预测值计算 RMSE。

```
>> YTest = dataTest(2:end);rmse = sqrt(mean((YPred-YTest).^2))
```

使用预测值绘制训练时序图，如图 4.16 所示。

```
>> figure;plot(dataTrain(1:end-1));hold on
>> idx = numTimeStepsTrain:(numTimeStepsTrain+numTimeStepsTest);
>> plot(idx,[data(numTimeStepsTrain) YPred],'.-');hold off;xlabel("Month");ylabel("Cases")
>> title("Forecast");legend(["Observed" "Forecast"])
```

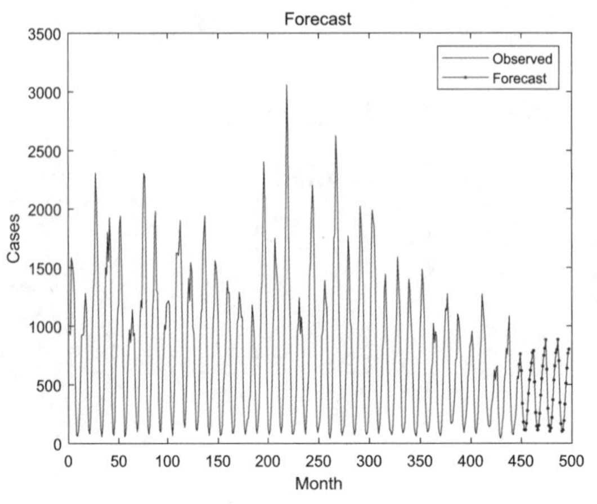

图 4.16　网络训练时序图

⑧ 将预测值与测试数据进行比较，如图 4.17 所示。

```
>> figure;subplot(2,1,1);plot(YTest);hold on;plot(YPred,'.-');hold off
>> legend(["Observed" "Forecast"]);ylabel("Cases");title("Forecast")
>> subplot(2,1,2);stem(YPred - YTest);xlabel("Month");ylabel("Error")
>> title("RMSE = " + rmse)
```

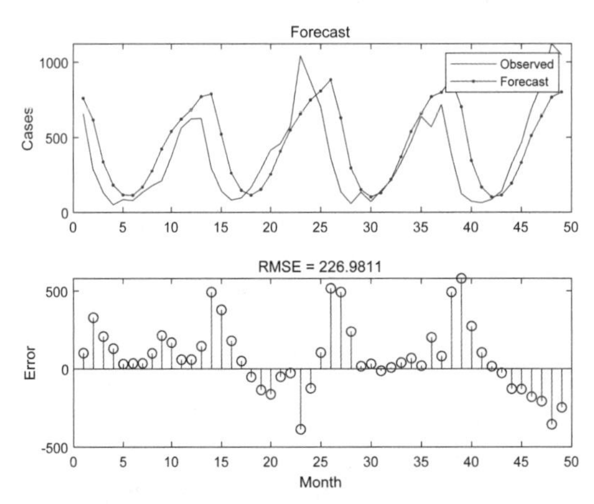

图 4.17　预测值与测试数据的比较及 RMSE

⑨ 使用观测值更新网络状态。如果可以访问预测之间的时间步的实际值，则可以使用观测值而不是使用预测值更新网络状态。

初始化网络状态。要对新序列进行预测，使用 resetState 重置网络状态。重置网络状态可防止先前的预测影响新数据的预测。重置网络状态，然后通过对训练数据进行预测来初始化网络状态。

```
>> net = resetState(net);net = predictAndUpdateState(net,XTrain);
```

对每个时间步进行预测。对于每次预测，使用前一时间步的观测值预测下一个时间步。将 predictAndUpdateState 的'ExecutionEnvironment'选项设置为'cpu'。

```
>> YPred = [];numTimeStepsTest = numel(XTest);
>> for i = 1:numTimeStepsTest
     [net,YPred(:,i)] = predictAndUpdateState(net,XTest(:,i),'ExecutionEnvironment','cpu');
   end
```

使用先前计算的参数对预测值去标准化。

```
>> YPred = sig*YPred + mu;
```

计算 RMSE。

```
>> rmse = sqrt(mean((YPred-YTest).^2));
```

将预测值与测试数据进行比较，如图 4.18 所示。

```
>> figure;subplot(2,1,1);plot(YTest);hold on;plot(YPred,'.-');hold off
>> legend(["Observed" "Predicted"]);ylabel("Cases");title("Forecast with Updates")
>> subplot(2,1,2);stem(YPred - YTest);xlabel("Month");ylabel("Error")
>> title("RMSE = " + rmse);
```

这里，当使用观测值而不是使用预测值更新网络状态时，预测更准确。

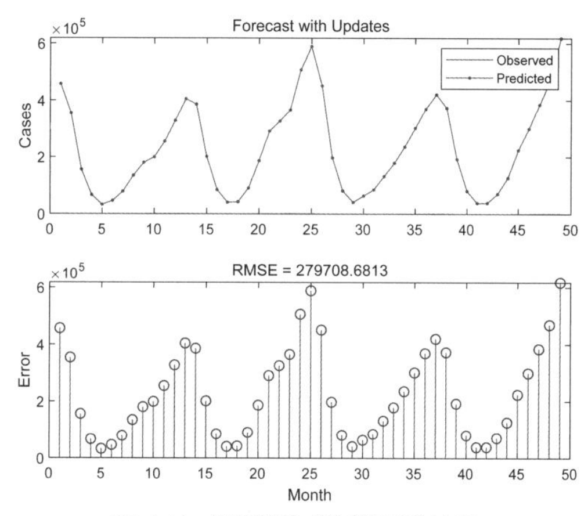

图 4.18　预测值与测试数据的比较

例 4.7　使用卷积神经网络对文本数据进行分类。

解：要使用卷积神经网络对文本数据进行分类，必须将文本数据转换为图像。为此，请填充或截断观测值，使其具有恒定长度 *S*，并使用单词嵌入将文档转换成长度为 *C* 的单词向量数组。然后，将文档表示为 1×*S*×*C* 的图像（高度为 1、宽度为 *S* 且具有 *C* 个通道的图像）。

要将 CSV 文件中的文本数据转换为图像，可通过创建一个 tabularTextDatastore 对象实现。通过使用自定义转换函数调用 transform，将从 tabularTextDatastore 对象读取的数据转换为图像以便进行深度学习。transformTextData 函数接收从数据存储中读取的数据和一个预训练的单词嵌入，并将每个观测值转换为单词向量数组。

本例训练具有不同宽度的一维卷积过滤器的网络。每个过滤器的宽度对应于过滤器可以检测到的单词数（*n* 元分词长度）。网络有多个卷积层分支，因此它可以使用不同 *n* 元分词长度。

（1）加载预训练的 fastText 单词嵌入。此函数需要 Text Analytics Toolbox™ Model for fastText English 16 Billion Token Word Embedding 支持包。如果未安装此支持包，则函数会提供下载链接（即提示中的“the Add-On Explorer”超链接）。

```
>> emb = fastTextWordEmbedding;
```

根据 factoryReports.csv 中的数据创建一个表格文本数据存储。仅读取“Description”和“Category”列中的数据，并预览数据存储。

```
>> filenameTrain = "factoryReports.csv";textName = "Description";
>> labelName = "Category";
>> ttdsTrain = tabularTextDatastore(filenameTrain,'SelectedVariableNames',[textName labelName]);
>> ttdsTrain.ReadSize = 8;preview(ttdsTrain);     %预览数据存储
```

（2）利用转换函数 transformTextData 将从数据存储中读取的数据转换为包含预测变量和响应的表。预测变量是由单词嵌入 emb 给出的 $1×S×C$ 单词向量数组，其中 C 是嵌入维度。这些响应是 classNames 中的类的分类标签。

① 使用 readLabels 函数从训练数据中读取标签，并找出具有唯一性的类名。

```
>> labels = readLabels(ttdsTrain,labelName);
>> classNames = unique(labels);numObservations = numel(labels);
```

② 使用 transformTextData 函数变换数据存储，并将序列长度指定为 14。

```
>> sequenceLength = 14;
>> tdsTrain = transform(ttdsTrain, @(data)
        transformTextData(data,sequenceLength,emb,classNames))
```

③ 预览转换后的数据存储。预测变量是 $1×S×C$ 数组，其中 S 是序列长度，C 是特征数（嵌入维度）。响应是分类标签。

```
>> preview(tdsTrain)
```

（3）为分类任务定义网络架构。

- 指定 $1×S×C$ 的输入大小，其中 S 是序列长度，C 是特征数（嵌入维度）。
- 对于 n 元分词长度 2、3、4 和 5，创建包含卷积层、批量归一化层、ReLU 层、丢弃层和最大池化层的块。
- 对于每个块，指定 200 个大小为 $1×N$ 的卷积过滤器和大小为 $1×S$ 的池化区域，其中 N 是 n 元分词长度。
- 将输入层连接到每个块，并使用深度串联层串联各块的输出。
- 对输出进行分类，包括一个输出大小为 K 的全连接层、一个 softmax 层和一个分类层，其中 K 是类的数量。

具体实现步骤如下。

① 在一个层数组中，指定输入层、首个一元分词块、深度串联层、全连接层、softmax 层和分类层。

```
>> numFeatures = emb.Dimension;
>> inputSize = [1 sequenceLength numFeatures];
>> numFilters = 200;
>> ngramLengths = [2 3 4 5];
>> numBlocks = numel(ngramLengths);
>> numClasses = numel(classNames);
```

② 创建一个包含输入层的层次图。将归一化选项设置为'none'，将层名称设置为'input'。

```
>> layer = imageInputLayer(inputSize,'Normalization','none','Name','input');
>> lgraph = layerGraph(layer);
```

③ 对于每个 n 元分词长度，创建一个由卷积层、批量归一化层、ReLU 层、丢弃层和最大池化层构成的块。将每个块连接到输入层。

```
>> for j = 1:numBlocks
       N = ngramLengths(j);
       block = [
           convolution2dLayer([1 N],numFilters,'Name',"conv"+N,'Padding','same')
           batchNormalizationLayer('Name',"bn"+N)
           reluLayer('Name',"relu"+N)
           dropoutLayer(0.2,'Name',"drop"+N)
           maxPooling2dLayer([1 sequenceLength],'Name',"max"+N)];
```

```
        lgraph = addLayers(lgraph,block);
        lgraph = connectLayers(lgraph,'input',"conv"+N);
    end
```

④ 查看网络架构，如图 4.19 所示。

```
>> figure;plot(lgraph);title("Network Architecture")
```

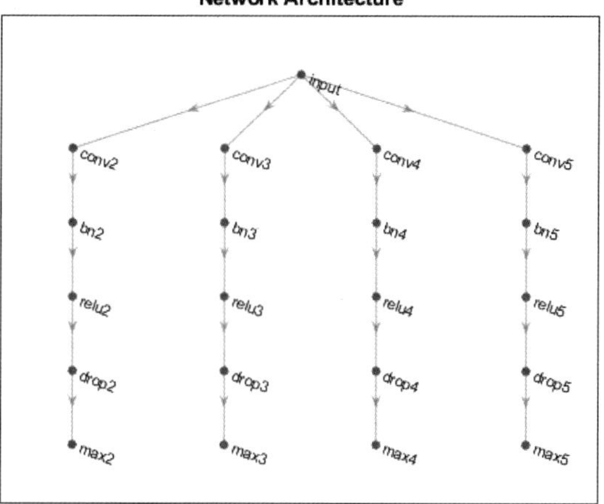

图 4.19　网络架构

⑤ 添加深度串联层、全连接层、softmax 层和分类层。

```
>> layers = [depthConcatenationLayer(numBlocks,'Name','depth')
     fullyConnectedLayer(numClasses,'Name','fc')
     softmaxLayer('Name','soft')
     classificationLayer('Name','classification')];
>> lgraph = addLayers(lgraph,layers);
>> figure;plot(lgraph);title("Network Architecture") %查看添加层后的网络架构，如图 4.20 所示
```

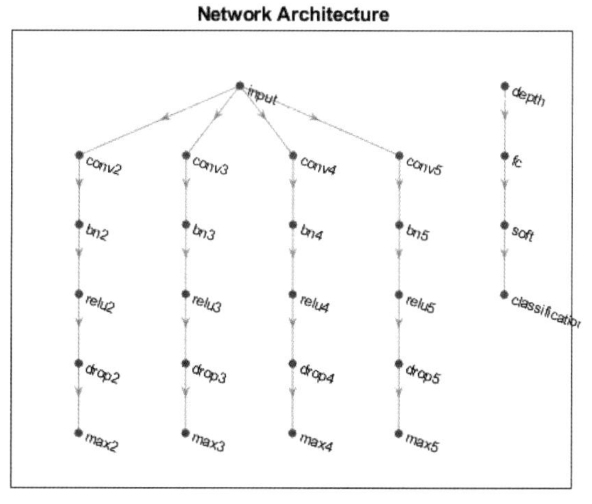

图 4.20　添加层后的网络架构

⑥ 将最大池化层连接到深度串联层，并查看最终网络架构。

```
>> for j = 1:numBlocks
       N = ngramLengths(j);lgraph = connectLayers(lgraph,"max"+N,"depth/in"+j);
   end
>> figure;plot(lgraph);title("Network Architecture")      %查看最终网络架构，如图 4.21 所示
```

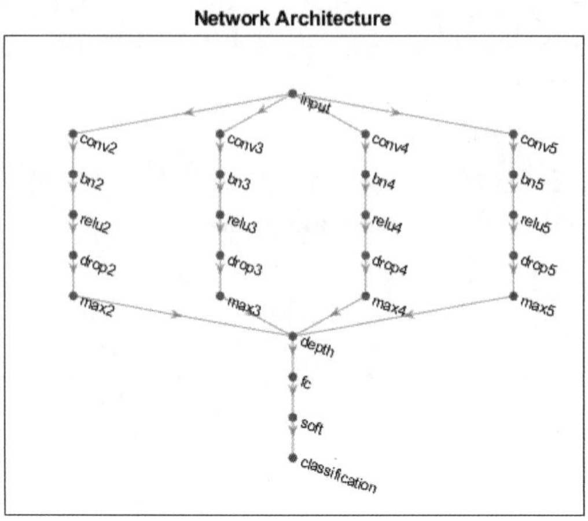

Network Architecture

图 4.21　最终网络架构

（4）训练网络。

① 指定训练选项。使用大小为 128 的小批量进行训练。不要打乱数据，因为数据存储不可乱序。显示训练进度图并隐藏详细输出。

```
>> miniBatchSize = 128;
>> numIterationsPerEpoch = floor(numObservations/miniBatchSize);
>> options = trainingOptions('adam', …
     'MiniBatchSize',miniBatchSize, …
     'Shuffle','never', …
     'Plots','training-progress', …
     'Verbose',false);
```

② 使用 trainNetwork 函数训练网络。

```
>> net = trainNetwork(tdsTrain,lgraph,options);
```

（5）使用新数据进行预测。

① 对 3 个新报告的事件类型进行分类。创建包含新报告的字符串数组。

```
>> reportsNew = ["Coolant is pooling underneath sorter."
                 "Sorter blows fuses at start up."
                 "There are some very loud rattling sounds coming from the assembler."];
```

② 使用与预处理训练文档相同的步骤来预处理文本数据。

```
>> XNew = preprocessText(reportsNew,sequenceLength,emb);
```

③ 使用经过训练的 LSTM 网络对新序列进行分类。

```
>> labelsNew = classify(net,XNew)
   labelsNew = 3×1 categorical
   Leak
  Electronic Failure
  Mechanical Failure
```

05

第5章　计算智能

现代科学技术发展的一个显著特点是信息科学与生命科学的相互交叉、相互渗透和相互促进。计算智能是一个明显的示例。计算智能涉及神经计算、模糊计算、进化计算、免疫计算、群智能计算等领域。

在科学技术的发展过程中，人类一直努力试图通过人工方法模拟生物智能。例如，利用生物现象研究计算问题，现在已有很多源于生物现象的计算技术。人工神经网络是简化的大脑模型；遗传算法可模拟基因进化过程，提高计算和优化效益。此外，还有模拟社会生物系统功能的群智能优化算法。这些计算技术有很高的适应性及接近人的计算速度和误差率，为多种复杂问题的解决提供了全新的选择。

5.1　进化算法

一直以来，人类从大自然中不断得到启迪，通过发现自然界中的一些规律或模仿其他生物的行为模式，获得灵感来解决各种问题。进化算法（Evolutionary Algorithm，EA）即其中的一种，它是通过模仿自然界生物基因遗传与种群进化的过程和机制，而产生的一种群体导向随机搜索技术和方法。

进化算法的基本思想基于达尔文（Darwin）的生物进化学说，即认为生物进化的主要原因是基因的遗传与突变，以及“优胜劣汰”“适者生存”的竞争机制。进化算法能在搜索过程中自动获取搜索空间的知识，并积累搜索空间的有效知识，缩小搜索空间范围，自适应地控制搜索过程，动态有效地降低问题的复杂度，从而求得原问题的最优解。另外，由于进化算法具有高度并行性、自组织、自适应、自学习等特征，效率高、易于操作，简单、通用，有效地克服了传统方法解决复杂问题时的困难，因此被广泛应用于不同的领域。

进化算法包括遗传算法、遗传规划、进化策略和进化规划等。在此只介绍遗传算法和进化策略。

5.1.1　遗传算法

遗传算法（Genetic Algorithm，GA）的基本思想基于达尔文的进化论和孟德尔（Mendel）的遗传学说。20 世纪 70 年代初，美国密歇根大学的约翰·霍兰德（John Holland）教授受到达尔文进化论的启发，按照类似生物界自然选择（Selection）、变异（Mutation）和杂交（Crossover）等自然进化方式，用数码串来类比生物中的染色个体，通过选择、交叉、变异等遗传算子来仿真生物的基本进化过程，利用适应度函数来表示染色体所蕴含问题解的质量优劣，通过种群的不断“更新换代”，提高种群的平均适应度，通过适应度函数引导种群的进化方向，并在此基础上，使最优个体所代表的问题解逼近问题的全局最优解。

遗传算法是对自然界中遗传现象的有效类比，它是从自然现象中抽象出来的，所以它的生物学概念与相应的生物学概念并不等同，而只是生物学概念的简单“代用”。

5.1.1.1 遗传算法的基本原理

1. 编码与解码

许多应用问题的结构很复杂，但可以用简单的位串形式的编码表示。将问题变换为位串形式编码表示的过程称为编码；相反，将位串形式编码变换为原问题结构的过程称为解码或码。位串形式的编码也称为染色体或个体。

编码是应用遗传算法时要解决的首要问题，也是关键问题。它既决定了个体的染色体中基因的排列次序，也决定了遗传空间到解空间的变换解码方法。编码的方法也会影响遗传算子的计算方法。好的编码方法能够大大提高遗传算法的效率。遗传算法的工作对象是字符串，因此对字符串的编码有两点要求：一是字符串要反映所研究问题的性质；二是字符串的表达要便于计算机处理。

常用的编码方法有以下几种。

（1）二进制编码。它是遗传算法编码中最常用的方法。它用固定长度的二进制符号{0,1}串来表示群体中的个体，个体中的每一位二进制字符称为基因。例如长度为 10 的二进制编码可以表示 0～1023 共 1024 个不同的数。再如一个待优化变量的区间$[a,b]=[0,100]$，则变量的取值范围可以被离散成$(2^l)p$ 个点，其中 l 为编码长度，p 为变量数量。从离散点 0 到离散点 100，依次对应于从 0000000000 到 0001100100。

二进制编码中符号串的长度与问题的求解精度有关。如变量的变化范围为$[a,b]$，编码长度为 l，则编码精度为$\dfrac{b-a}{2^l-1}$。

二进制数与自变量之间的转换公式为

$$a=a_{\min}+\frac{b}{2^m-1}(a_{\max}-a_{\min}) \tag{5.1}$$

其中 a 是$[a_{\min},a_{\max}]$中的自变量，b 是 m 位二进制数。

二进制编码操作较简单，杂交和变异等遗传操作便于实现，符合最小字符集编码原则，具有一定的全局搜索能力和并行处理能力。二进制编码的缺点是长度较大，对一些特殊问题的表示可能不利。

（2）符号编码。符号编码是指个体染色体编码串中的基因值取自一个无数值含义而只有代码含义的符号集。这个符号集可以是一个字母表，如$\{A,B,C,D,\cdots\}$；也可以是一个数字序列，如$\{1,2,3,4,\cdots\}$；还可以是一个代码表，如$\{A_1,A_2,A_3,A_4,\cdots\}$；等等。

（3）浮点数编码。浮点数编码是指个体的每个基因用某一范围内的一个浮点数来表示。因为这种编码方法使用的是变量的真实值，所以也称为真值编码方法。

浮点数编码方法适合在遗传算法中表示范围较大的数，适用于精度要求较高的遗传算法，以便于在较大空间进行遗传搜索。

浮点数编码更接近实际，并且可以根据实际问题来设计更有意义和与实际问题相关的交叉算子和变异算子。

（4）格雷码编码。格雷码编码是指连续的两个整数所对应的编码值之间只有一个码位是不同的，其余的则完全相同。例如 31 和 32 的格雷码为 010000 和 110000。格雷码与二进制编码之间有一定的对应关系。

设一个二进制编码为 $B=b_m b_{m-1}\cdots b_2 b_1$，对应的格雷码为 $G=g_m g_{m-1}\cdots g_2 g_1$。由二进制编码向格雷码转换的公式为

$$g_i = b_{i+1} \oplus b_i, \quad i = m-1, m-2, \cdots, 1 \tag{5.2}$$

由格雷码向二进制编码转换的公式为

$$b_i = b_{i+1} \oplus g_i, \quad i = m-1, m-2, \cdots, 1 \tag{5.3}$$

其中 $\oplus$ 表示异或算子，即运算时两数相同时取 0，不同时取 1。如 $0 \oplus 0 = 1 \oplus 1 = 0, 0 \oplus 1 = 1 \oplus 0 = 1$。

使用格雷码对个体进行编码时，编码串之间的一位差异，对应的参数值也只是微小的差异，这样与普通的二进制编码相比，格雷码编码方法就相当于增强了遗传算法的局部搜索能力，便于对连续函数进行局部空间搜索。

2. 适应度函数

为了体现个体的适应能力，引入对问题中的每一个个体都能进行度量的函数，即适应度函数。适应度函数可以决定个体的优劣程度，充分体现了自然界适者生存的自然选择规律。

与数学中的优化问题不同的是，适应度函数求取的是极大值，而不是极小值，并且适应度函数具有非负性。

对整个遗传算法影响最大的是编码和适应度函数的设计。好的适应度函数能够指导算法从非最优的个体进化到最优个体，并且能够用来解决一些遗传算法中的问题，如过早收敛与过慢结束。

过早收敛是指算法在没有得到全局最优解之前，就已稳定在某个局部最优解。其原因是某些个体的适应度值远大于个体适应度的均值，在得到全局最优解之前，它们就有可能被大量复制而成为群体的大多数，从而使算法过早收敛到局部最优解，失去了找到全局最优解的机会。解决的方法是压缩适应度函数的范围，防止过于适应的个体过早地在整个群体中占据统治地位。

过慢结束是指在迭代许多代后，整个种群已经大部分收敛，但是还没有得到稳定的全局最优解。其原因是整个种群的平均适应度值较大，而且最优个体的适应度值与全体适应度均值间的差异不大，使得种群进化的动力不足。解决的方法是扩大适应度函数的范围，拉大最优个体适应度值与群体适应度均值的距离。

在对简单问题进行优化时，通常可以直接将目标函数变换成适应度函数，而在对复杂问题进行优化时，往往需要构造合适的适应度函数。通常适应度函数是费用、盈利、方差等目标的表达式。在实际问题中，有时希望适应度值越大越好，有时要求适应度值越小越好。但在遗传算法中，一般按最大值处理，而且不允许适应度值小于 0。

为了使遗传算法能正常进行，同时保持种群内染色体的多样性，改善染色体适应度值的分散程度，使之既要有差距，又不要差距过大，以利于染色体之间的竞争，保证遗传算法的良好性能，需要对所选择的适应度函数进行某些数学变换。常见的几种变换方法如下。

（1）线性变换。把优化目标函数变换为适应度函数的线性函数

$$f(Z)=aZ+b \tag{5.4}$$

式中，$f(Z)$为适应度函数，$Z=Z(x)$为优化目标函数，a、b 为系数，可根据具体问题的特点和期望的适应度分散程度，在算法开始时确定或在每一代生成过程中重新计算。

（2）幂变换。把优化目标函数变换成适应度函数的幂函数

$$f(Z)=Z^a \tag{5.5}$$

式中 a 为常数，据经验确定。

（3）指数变换。把优化目标函数变换为适应度函数的指数函数

$$f(Z)=\exp(-\beta Z) \tag{5.6}$$

式中 β 为常数。

对于有约束条件的极值，其适应度可用惩罚函数处理。

例如原来的极值问题为

$$\begin{aligned} &\max \quad g(x) \\ &\text{s.t.} \quad h_i(x) \leqslant 0, i=1,2,\cdots,n \end{aligned} \tag{5.7}$$

可转换为

$$\max \quad g(x)-\gamma\sum_{i=1}^{n}\varPhi[h_i(x)] \tag{5.8}$$

式中 γ 为惩罚系数；$\varPhi$ 为惩罚函数。通常可采用平方形式，即

$$\varPhi[h_i(x)]=h_i^2(x)$$

3. **遗传算子**

遗传算子就是遗传算法中进化的规则。基本遗传算法的遗传算子主要有选择算子、交叉算子和变异算子。

（1）选择算子。选择算子也称复制算子，可根据个体的适应度值所度量的优劣程度决定它在下一代是被淘汰还是被遗传。一般地，选择将使适应度值较大（优良）的个体有较大的存在机会，而适应度值较小（低劣）的个体继续存在的机会也较小。选择算子是遗传算法的关键，体现了自然界中适者生存的思想。

常用选择算子的操作方法有以下几种。

① 赌轮选择方法。此方法的基本思想是个体被选择的概率与其适应度值成正比。为此，首先要构造与适应度函数成正比的概率函数 $p_s(i)$。

$$p_s(i)=\frac{f(i)}{\sum_{i=1}^{n}f(i)} \tag{5.9}$$

其中 $f(i)$为第 i 个个体适应度函数值，n 为种群规模。然后将每个个体按其概率函数 $p_s(i)$组成面积为 1 的一个赌轮。每转动一次赌轮，指针落入串 i 所占区域的概率即被选择复制的概率为 $p_s(i)$。当 $p_s(i)$较大时，串 i 被选中的概率大，但适应度值小的个体也有机会被选中，这样有利于保持群体的多样性。

② 排序选择法。排序选择法是指在计算每个个体的适应度值之后，根据适应度值大小顺序对群体中的个体进行排序，然后按照事先设计好的概率表按序分配给个体，作为各自的选择概率。所有个体按适应度值大小排序，选择概率和适应度无直接关系而仅与序号有关。

③ 最优保存策略。此方法的基本思想是希望适应度最大的个体尽可能保留到下一代群体中。其实现步骤如下：

a. 找出当前群体中适应度最大的个体和适应度最小的个体；

b. 若当前群体中最优个体的适应度比总的迄今为止的最优个体的适应度还要大，则以当前群体中的最优个体作为新的迄今为止的最优个体；

c. 用迄今为止的最优个体替换当前群体中的最差个体。

该策略的实施可保证迄今为止得到的最优个体不会被交叉、变异等遗传算子破坏。

（2）交叉算子。交叉算子体现了自然界信息交换的思想，其作用是将原有群体的优良基因遗传给下一代，并生成包含更复杂结构的新个体。交叉算子有一点交叉、二点交叉、多点交叉和一致交叉等。

① 一点交叉。首先在染色体中随机选择一个点作为交叉点，然后将第一个父代的交叉点前的串和第二个父代交叉点后的串组合形成一个新的染色体，第二个父代交叉点前的串和第一个父代交叉点后的串组合形成另外一个新染色体。在交叉过程的开始，先产生随机数与交叉概率 p_c 进行比较，若随机数比 p_c 小，则进行交叉运算，否则不进行交叉运算，直接返回父代。例如下面两个串从第 5 位开始交叉运算，生成的新染色体将替代它们的父代进入中间群体。

1010⊗xyxyyx
xyxy⊗xxxyxy
→
1010xxxyxy
xyxyxyxyyx

② 二点交叉。在父代中选择好两个染色体后，在染色体中选择两个点作为交叉点。然后将这两个交叉点之间的字符串互换就可以得到两个子代的染色体。例如下面两个串选择第 5 位和第 7 位为交叉点，然后交换两个交叉点间的串就可形成两个新的染色体。

1010⊗xy⊗xyyx
xyxy⊗xx⊗xyxy
→
1010xxxyyx
xyxyxyxyxy

③ 多点交叉。多点交叉与二点交叉类似。

④ 一致交叉。在一致交叉中，子代染色体的每一位都是从父代相应位置随机复制而来的，而其位置则由一个随机生成的交叉掩码决定。如果交叉掩码的某一位是 1，则表示子代的这一位从第一个父代中的相应位置复制，否则从第二个父代中相应位置复制。例如下面父代按相应的交叉掩码进行一致交叉。

父代 1 1010xyxyyx
父代 2 xyxyxxxyxy
交叉掩码 1001011100
→ 1yx0xyxyxy

（3）变异算子。变异算子是遗传算法中保持物种多样性的一个重要途径，它能模拟生物进化过程中的偶然基因突变现象。其先以一定概率从群体中选择若干个体。然后对于选中的个体，随机选取某一位进行反运算，即由 1 变为 0，由 0 变为 1。

而对于实数编码的基因串，基因变异的方法可以采用与二进制串表示时相同的方法，也可以采用不同的方法。例如数值交叉法采用两个个体的线性组合来产生子代个体，即个体 p 和个体 q 的基因交换结果为

$$p' = kp + (1-k)q$$
$$q' = kq + (1-k)p$$

式中，k 为 0～1 的控制参数，可以采用随机数，也可以采用与进化过程有关的参数。

同自然界一样，每一位发生变异的概率是很小的，范围一般为 0.001～0.1。如果过大，会破坏许多优良个体，也可能导致无法得到最优解。

遗传算法的搜索能力主要是由选择和交叉赋予的。变异因子可保证算法能搜索到问题解空间的每一点，从而使算法具有全局最优解，可进一步增强遗传算法的能力。

对产生的新一代群体进行重新评价、选择、交叉和变异，如此循环往复，使群体中最优个体的适应度和平均适应度不断增大，直到最优个体的适应度达到某一限值或最优个体的适应度和群体的平均适应度不再增大，则迭代过程收敛，算法结束。

5.1.1.2　遗传算法的求解步骤

遗传算法把问题的解表示成“染色体”，也是以二进制或浮点数编码表示的串。然后给出一群“染色体”即初始种群，也即假设解集，把这些假设解置于问题的“环境”中，并按“优胜劣汰”“适者生存”的原则，从中选择出较适应环境的“染色体”进行复制、交叉、变异等操作产生更适应环境的新一代“染色体”。这样，一代代地进化，最后收敛到最适应环境的一个“染色体”上，经过解码，就可得到问题的近似最优解。

遗传算法的具体求解步骤如下。

① 确定实际问题的参数集并对参数进行编码。

② 定义适应度函数后，生成初始化群体。

③ 对得到的群体进行选择、交叉、变异等遗传操作，生成新一代群体。

④ 判断算法是否满足停止准则，若不满足，则从步骤③起重复。

⑤ 算法结束，获得最优解。

整个流程如图5.1所示。

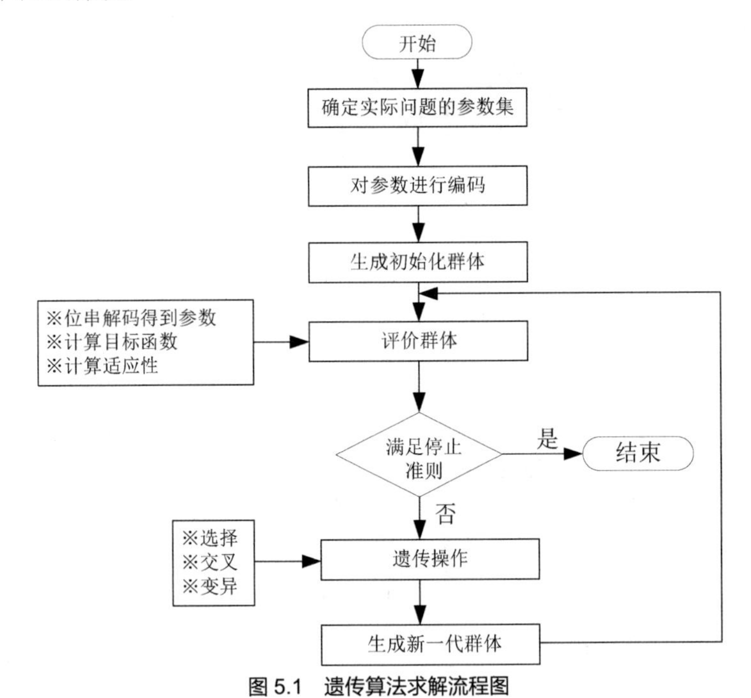

图5.1　遗传算法求解流程图

5.1.1.3　算法控制参数的选择

遗传算法中需要选择的参数主要有串长 l、群体大小 n、交叉概率 p_c 以及变异概率 p_m 等。这些参数对遗传算法的性能影响较大，要从中确定最优参数是极其复杂的优化问题，现阶段为止要从理论上严格解决这个问题是十分困难的，它依赖于遗传算法本身理论研究的进展。

1. 串长 l

串长的选择取决于特定问题解的精度，如设精度为 p，变量的变化区间为$[a,b]$，则串长为

$$l=\log_2\left(\frac{b-a}{p}+1\right) \tag{5.10}$$

精度越高，串长需越长，但需要更多的计算时间。为了提高运行效率，可采用变长度串的编码方式。

2. 群体大小 n

群体大小的选择与所求问题的非线性程度相关，非线性越大，n 越大。n 越大，则可以含有越多的模式，为遗传算法提供足够的模式采样容量，改善遗传算法的搜索质量，防止成熟前收敛，但也会增加计算量。一般建议 n 的取值范围为 20～200。

3. 交叉概率 p_c

交叉概率控制着交叉算子的使用频率。在每一代新群体中，需要对 $p_c \times n$ 个个体的染色体结构进行交叉操作。交叉概率越大，群体中新结构的引入就越快，同时，已是优良基因的丢失率也相应提高了；交叉概率太小则可能导致搜索阻滞。一般 p_c 的取值范围为 0.6～1.0。

4. 变异概率 p_m

变异是群体保持多样性的保障。变异概率太小，可能使某些基因位过早地丢失信息而无法恢复，而太大则遗传算法将变成随机搜索。一般 p_m 的取值范围为 0.005～0.05。

在简单遗传算法或标准遗传算法中，这些参数是不变的。但事实上这些参数的选择取决于问题的类型，并且需要随着遗传进程而自适应变化。只有这种有自组织性能的遗传算法才能具有更高的鲁棒性、全局最优性和效率。例如对于实数编码的个体 $p=(p_1,\cdots,p_k,\cdots,p_n)$可以采用如下的变异方式。

$$p_k' = \begin{cases} p_k + \Delta(t, \mathrm{UB} - p_k), & r \leqslant 0.5 \\ p_k - \Delta(t, p_k - \mathrm{LB}), & r > 0.5 \end{cases} \tag{5.11}$$

式中，UB, LB 分别为 p_k 的上、下边界值；r 为随机数；t 为进化代数；$\Delta(t,y)$的定义为

$$\Delta(t, y) = y[1 - r^{(1-t/T)^b}] \tag{5.12}$$

式中 T 为最大进化代数；b 为控制非一致性参数（一般取 0.8 左右）。这样 $\Delta(t,y)$为 0～y 的数，随着 t 的增加逐步趋于 0。

5.1.1.4　遗传算法的特点

遗传算法从数学角度讲是一种概率性搜索算法，从工程角度讲是一种自适应的迭代寻优过程。需要指出的是，遗传算法并不能保证所得到的解是最优的解，但通过一定的方法，可以将误差控制在容许的范围内。

与其他方法相比，遗传算法具有以下的优点。

① 编码性：遗传算法处理的对象不是参数本身，而是对参数集进行了编码的个体，遗传信息存储在其中。通过在编码集上的操作，遗传算法不受函数条件的约束，使得其具有广泛的应用领域，适用于处理各类非线性问题，并能有效地解决传统方法不能解决的某些复杂问题。

② 多解性和全局优化性：遗传算法是多点、多路径搜索寻优算法，且各路径之间有信息交换，因此能以很大的概率找到全局最优解或近似全局最优解，并且每次能得到多个近似解。

③ 自适应性：遗传算法具有潜在的学习能力，利用适应度函数，能把搜索空间集中于解空间中期望值最高的部分，自动挖掘出较好的目标区域，适用于具有自组织、自适应和自学习的系统。

④ 不确定性：遗传算法在进行选择、交叉和变异操作时，采用概率规则而不是确定性规则来指导搜索过程向适应度函数值逐步改善的搜索区域发展，消除了随机优化方法的盲目性，只需较少的计算量就能找到问题的近似全局最优解。

⑤ 隐含并行性：对于 n 个群体的遗传算法来说，每迭代一次实际上隐含能处理 $O(n^3)$个群体，这使遗传算法能利用较少的群体来搜索可行域中较大的区域，从而只需要较小的代价就能找到问题的近似全局最优解。

⑥ 智能性：遗传算法在确定了编码方案、适应度函数及遗传算子之后，可利用进化过程中获得的信息自行组织搜索。这种自组织和自适应的特征赋予了它能根据环境的变化自动发现环境的特征和规律，消除传统算法设计过程中的一个最大障碍，即需要事先描述问题的全部特点，并说明针对问题的不同算法应采取的措施。于是利用遗传算法可以解决那些结构尚无人能理解的复杂问题。

5.1.2 进化策略

20 世纪 60 年代，德国柏林大学的因戈・雷切伯格（I. Rechenberg）和施韦费尔（H. P. Schwefel）等人在进行风洞试验时，由于设计中描述物体形状的参数难以用传统的方法进行优化，因而利用生物变异的思想来随机改变参数值，获得了较好的结果。随后，他们对这种方法进行了深入的研究和发展，形成了一种新的进化计算方法——进化策略（Evolution Strategy，ES）。

在进化策略算法中，采用重组算子、高斯变异算子实现个体更新。1981 年，施韦费尔在早期研究的基础上，使用多个亲本和子代，后来分别构成$(\mu+\lambda)$-ES 和(μ,λ)-ES 两种进化策略算法。在$(\mu+\lambda)$-ES 中，由 μ 个父代通过重组和变异，生成 λ 个子代，并且父代与子代个体均参加生存竞争，选出最好的 μ 个个体作为下一代种群。在(μ,λ)-ES 中，由 μ 个父代生成各子代后，只有 λ（$\lambda>\mu$）个子代参加生存竞争，选择最好的 μ 个个体作为下一代种群，代替原来的 μ 个父代个体。

进化策略是专门为求解参数优化问题而设计的，而且在进化策略算法中引入了自适应机制。进化策略是一种自适应能力很好的优化算法，因此多被应用于实数搜索空间。进化策略在确定了编码方案、适应度函数及遗传算法以后，算法将根据“适者生存，不适者淘汰”的策略，利用进化中获得的信息自行组织搜索，从而不断地向最佳方向逼近该算法隐含并行性和群体全局搜索性这两个特征，而且具有较强的鲁棒性，对于一些复杂的非线性系统求解具有独特的优越性能。

进化策略算法的流程如图 5.2 所示。

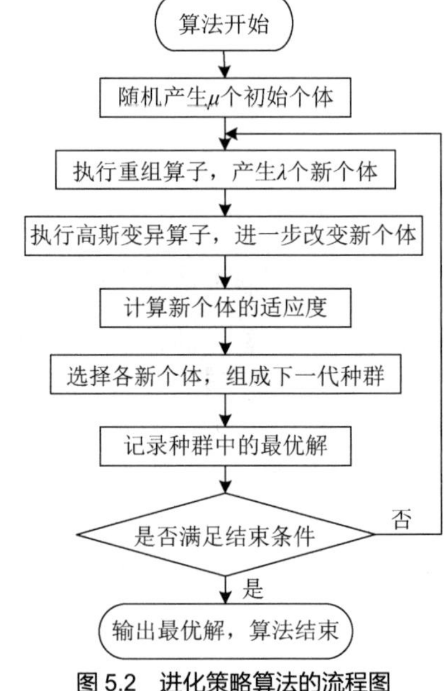

图 5.2 进化策略算法的流程图

进化策略算法的构成要素如下所示。

1. 染色体构造

在进化策略算法中，常采用传统的十进制实数表达问题，并且为了配合算法中高斯变异算子的使用，染色体一般用以下二元表达方式

$$(\boldsymbol{X},\boldsymbol{\sigma})=((x_1,x_2,\cdots,x_L),(\sigma_1,\sigma_2,\cdots,\sigma_L))$$

式中，$\boldsymbol{X}$ 为染色体个体的目标变量，$\boldsymbol{\sigma}$ 为高斯变异的标准差，每个 $\boldsymbol{X}$ 有 L 个分量，即染色体的 L 个基因位。每个 $\boldsymbol{\sigma}$ 有对应的 L 个分量，即染色体每个基因位的方差。

2. 进化策略算法的算子

（1）重组算子。重组是将参与重组的父代染色体上的基因进行交换，形成下一代的染色体的过程。目前常见的有离散重组、中间重组、混杂重组等重组算子。

① 离散重组。离散重组是指随机选择两个父代个体来进行重组产生新的子代个体，子代上的基因是随机从其中一个父代个体上复制来的。

两个父代

$$(\boldsymbol{X}^i,\boldsymbol{\sigma}^i)=((x_1^i,x_2^i,\cdots,x_L^i),(\sigma_1^i,\sigma_2^i,\cdots,\sigma_L^i))$$
$$(\boldsymbol{X}^j,\boldsymbol{\sigma}^j)=((x_1^j,x_2^j,\cdots,x_L^j),(\sigma_1^j,\sigma_2^j,\cdots,\sigma_L^j))$$

然后将其分量进行随机交换，构成子代新个体的各个分量，从而得到以下的新个体。

$$(\boldsymbol{X},\boldsymbol{\sigma})=((x_1^{iorj},x_2^{iorj},\cdots,x_L^{iorj}),(\sigma_1^{iorj},\sigma_2^{iorj},\cdots,\sigma_L^{iorj}))$$

很明显，新个体只含有某一个父代个体的基因。

② 中间重组。中间重组通过对随机两个父代对应的基因求平均值，从而得到子代对应基因，然后进行重组产生子代个体。

两个父代

$$(\boldsymbol{X}^i,\boldsymbol{\sigma}^i)=((x_1^i,x_2^i,\cdots,x_L^i),(\sigma_1^i,\sigma_2^i,\cdots,\sigma_L^i))$$
$$(\boldsymbol{X}^j,\boldsymbol{\sigma}^j)=((x_1^j,x_2^j,\cdots,x_L^j),(\sigma_1^j,\sigma_2^j,\cdots,\sigma_L^j))$$

新个体 $(\boldsymbol{X},\boldsymbol{\sigma})=(((x_1^i+x_1^j)/2,(x_2^i+x_2^j)/2,\cdots,(x_L^i+x_L^j)/2),((\sigma_1^i+\sigma_1^j)/2,(\sigma_2^i+\sigma_2^j)/2,\cdots,(\sigma_L^i+\sigma_L^j)/2))$。这时，新个体的各个分量兼容两个父代个体信息。

③ 混杂重组。混杂重组的特点表现在父代个体的选择上。混杂重组时先随机选择一个固定的父代个体，然后针对子代个体每个分量从父代群体中随机选择第二个父代个体，也即第二个父代个体是经常变化的。至于父代个体的组合方式，既可以采用离散方式，也可以采用中值方式，甚至可以把中值重组中的 1/2 改为[0,1]中的任一权值。

（2）变异算子。变异算子的作用是在搜索空间中随机搜索，从而找到可能存在于搜索空间中的优良解。但若变异概率过大，则会使搜索个体在搜索空间内大范围跃迁，使得算法的启发性和定向性作用不明显，随机性增强，此时算法接近于完全的随机搜索；而若变异概率过小，则搜索个体仅在很小的邻域范围内变动，发现新基因的可能性下降，优化效率很难提高。

进化策略的变异是在旧个体的基础上增加一个服从正态分布的随机数，从而产生新个体。

设 $\boldsymbol{X}$ 为染色体个体解的目标变量，有 L 个分量（即基因位），$\boldsymbol{\sigma}$ 为高斯变异的标准差，在 t+1 时有

$$\begin{aligned}\sigma_i(t+1)&=\sigma_i(t)\cdot\exp(N(0,\tau')+N_i(0,\tau))\\x_i(t+1)&=x_i(t)+N(0,\sigma_i(t+1))\end{aligned}\tag{5.13}$$

式中$(x_i(t),\sigma_i(t))$为父代个体第 i 个分量，$(x_i(t+1),\sigma_i(t+1))$为子代个体的第 i 个分量，$N(0,1)$是服从标准正态分布的随机数，$N_i(0,1)$是针对第 i 个分量产生的一次符合标准正态分布的随机数，τ'、τ 是全局系数和局部系数，通常设置为$(\sqrt{2\sqrt{L}})^{-1}$和$(\sqrt{2L})^{-1}$，常取 1。

（3）选择算子。选择算子可为进化规定方向，只有具有高适应度的个体才有机会进行进化繁殖。在进化策略中，选择过程具有确定性。

在不同的进化策略中，选择机制也有所不同。

在$(\mu+\lambda)$-ES 中，在原有 μ 个父代个体及新产生的 λ 个新子代个体中，再择优选择 μ 个个体作为下一代群体，这种选择机制即精英机制。在这种机制中，上一代的父代和子代都可以加至下一代父代的选择中，$\mu>\lambda$ 和 $\mu=\lambda$ 都是可能的，对子代数量没有限制，这样就能最大限度地保留那些具有最大适应度的个体，但是这可能会增加计算量，降低收敛速度。

在(μ,λ)-ES 中，因为选择机制依赖于“出生过剩”，因此要求 $\lambda>\mu$。在新产生的 λ 个子代个体中择优选择 μ 个个体作为下一代父代群体。无论父代的适应度和子代相比是好是坏，在下一次迭代时

都将被遗弃。在这种机制中，只有最新产生的子代才能加入选择机制，从 λ 个子代个体中选择出适应度较高的 μ 个个体，作为下一代的父代，而适应度较小的 $\lambda-\mu$ 个个体被放弃。

5.2 模糊计算

在现实世界中存在许多模糊事物和概念，这些模糊事物和概念在微小的量变之中已经蕴含着质的差别，但是这种差别绝对不能仅用“是”与“非”等确定的词语来刻画。1965 年，美国控制论专家拉特飞·扎德（L. A. Zadeh）把模糊性和数学统一起来，提出了模糊集合理论与模糊逻辑，它采用精确的方法、公式、模型来度量和处理模糊、信息不完整或不太正确的现象与规律。随着数学界和工程界的广泛和深入研究，模糊集合的理论和应用成果不断出现，并形成了一门新学科——模糊数学。模糊理论是对一类客观事物和性质更合理的抽象和描述，是传统集合理论的必然推广。经过多年的快速发展，模糊理论在诸多学科与工程技术领域得到了很好的应用。

5.2.1 模糊系统理论基础

模糊系统是建立在自然语言基础上的。在自然语言中常采用一些模糊概念如“大约”“左右”“温度偏高”等来表示一些量化指标，如何对这些模糊概念进行分析、推理是模糊集合与模糊逻辑所要解决的问题。

5.2.1.1 模糊集合

模糊集合是一种边界不分明的集合。对于模糊集合，一个元素可以既属于该集合又可以不属于该集合，亦此亦彼，边界不分明。建立在模糊集合基础上的模糊逻辑，任何陈述或命题的真实性只是一定程度的真实性。

如果集合 X 包含了所有的事件 x，A 是其中的一个子集，那么元素 x 与集合 X 的关系可用一个特征函数来描述，这个函数称为隶属度函数 $\mu(x)$。对于模糊集合而言，允许隶属度函数取[0,1]上的任何值。隶属度越大表示 x 隶属 A 的程度越高。模糊集合常被归一化到区间[0,1]上，模糊集合的隶属度函数既可以离散表示，又可以借助函数式来表示。

1. 隶属度函数

隶属度函数的表示方法大致有 3 种。

如 $\underline{A}$ 为模糊集，一般情况下可表示为

$$\underline{A}=\{(u,\mu_{\underline{A}}(u))\mid u\in U\} \qquad (5.14)$$

如果 U 是有限集或可数集，可表示为

$$\underline{A}=\sum_{i}\mu_{\underline{A}}(u_i)/u_i \qquad (5.15)$$

此时式子等号的右端并非代表分式求和，它仅仅是一种符号，分母的位置放的是论域中的元素，分子位置放的是相应元素的隶属度。当某一元素的隶属度为 0 时，这一项可以省略。

或表示为向量形式

$$\underline{A}=(\mu_{\underline{A}}(u_1),\mu_{\underline{A}}(u_2),\cdots,\mu_{\underline{A}}(u_n)) \qquad (5.16)$$

但要注意，在此形式中，要求集合中各元素的顺序已确定。

如果 U 是无限集，则可以表示为

$$\underset{\sim}{A}=\int\mu_{\underset{\sim}{A}}(u)/u\mathrm{d}u \tag{5.17}$$

隶属度函数可以是任意形状的曲线，取什么形状主要取决于使用是否方便、简单、快速和有效，唯一的约束条件是隶属度的值域为[0,1]。当 $\mu_{\underset{\sim}{A}}(u)$ 的值域为{0,1}时，$\mu_{\underset{\sim}{A}}(u)$ 就退化为一个普通子集的特征函数，$\underset{\sim}{A}$ 便退化成一个普通子集。因此普通子集是模糊子集的特殊形态。

模糊系统中常用的隶属度函数有11种，例如高斯形、钟形等隶属度函数。每种隶属度函数均有相应的数学表达式。

隶属度函数是模糊集合赖以建立的“基石”，要建立恰当的隶属度函数并不容易，迄今为止仍无统一的标准。对实际问题建立一个隶属度函数需要充分了解描述的概念，并掌握一定的数学技巧。

2. **模糊集合运算**

与经典的集合理论一样，模糊集合也可以通过一定的规则进行运算。实际上模糊集合的运算源于经典的集合理论。

（1）交集（逻辑与）。两模糊集合的交集 $\underset{\sim}{A}\cap\underset{\sim}{B}$ 为两隶属度 $\mu_{\underset{\sim}{A}}(x)$ 和 $\mu_{\underset{\sim}{B}}(x)$ 的最小者。

$$f_{\underset{\sim}{A}\cap\underset{\sim}{B}}(x)=\mu_{\underset{\sim}{A}}(x)\wedge\mu_{\underset{\sim}{B}}(x)=\min(\mu_{\underset{\sim}{A}}(x),\mu_{\underset{\sim}{B}}(x)) \tag{5.18}$$

（2）合集（逻辑或）。两模糊集合的合集 $\underset{\sim}{A}\cup\underset{\sim}{B}$ 为两隶属度 $\mu_{\underset{\sim}{A}}(x)$ 和 $\mu_{\underset{\sim}{B}}(x)$ 的最大者。

$$f_{\underset{\sim}{A}\cup\underset{\sim}{B}}(x)=\mu_{\underset{\sim}{A}}(x)\vee\mu_{\underset{\sim}{B}}(x)=\max(\mu_{\underset{\sim}{A}}(x),\mu_{\underset{\sim}{B}}(x)) \tag{5.19}$$

（3）逻辑非（余）。其定义为

$$\mu_{A^C}(x)=1-\mu_{\underset{\sim}{A}}(x) \tag{5.20}$$

（4）模糊集合的基。模糊集合的基为隶属度函数的积分或求和。

$$\begin{aligned}\mathrm{card}A&=\sum_i\mu_{\underset{\sim}{A}}(x)\\\mathrm{card}A&=\int_x\mu_{\underset{\sim}{A}}(x)\mathrm{d}x\end{aligned} \tag{5.21}$$

3. **λ 截集**

截集可描述模糊集合与普通集合之间的转换关系。

设 $\underset{\sim}{A}\in F(U)$，对任意 $\lambda\in[0,1]$，集合

$$A_\lambda=\{u\mid u\in\boldsymbol{U},\mu_{\underset{\sim}{A}}(u)\geqslant\lambda\} \tag{5.22}$$

称为集合 $\underset{\sim}{A}$ 的 λ 截集，λ 称为阈值或置信水平。其中，$\underset{\sim}{A}$ 为模糊集合，A_λ 为普通集合，通过阈值实现了模糊集合到普通集合的转换。

4. **模糊支集、交叉点及模糊单点**

如果模糊集合是论域 U 中所有满足 $\mu_{\underset{\sim}{A}}(u)>0$ 的元素构成的集合，则称该集合为模糊集合 $\underset{\sim}{A}$ 的支集。当 u 满足 $\mu_{\underset{\sim}{A}}(u)=0.5$ 时，则称此模糊集合为交叉点。当模糊支集为 U 中一个单独点，且 u 满足 $\mu_{\underset{\sim}{A}}(u)=1.0$ 时，则称此模糊集合为模糊单点。

5.2.1.2　模糊关系

1. **模糊关系的定义和表示**

设 X、Y 是两个论域，笛卡儿积 $X\times Y$ 上的一个模糊子集 $\underset{\sim}{R}$ 称为从 X 到 Y 的一个模糊关系，记为

$X \xrightarrow{\underset{\sim}{R}} Y$。$\underset{\sim}{R}$ 的隶属关系表示了 X 中元素 x 与 Y 中元素 y 具有的关系的程度。

$X×Y$ 上的全体模糊关系记为 $F(X×Y)$。

当论域 $X=\{x_1,x_2,\cdots,x_n\}$，$Y=\{y_1,y_2,\cdots,y_n\}$ 都是有限离散论域时，模糊关系可用矩阵 $\boldsymbol{R}=(r_{ij})_{m\times n}$ 表示，其中 $r_{ij}=\mu_{\underset{\sim}{R}}(x_i,x_j),0\leqslant r_{ij}\leqslant 1(1\leqslant i\leqslant m,1\leqslant j\leqslant n)$，矩阵 $\boldsymbol{R}$ 称为模糊矩阵。

特别地，当 $r_{ij}\in\{0,1\}(1\leqslant i,j\leqslant n)$ 时，模糊矩阵转换为布尔矩阵。

2. 模糊关系的合成

若已知 X 到 Y 的模糊关系 $\underset{\sim}{R}$，Y 到 Z 的模糊关系 $\underset{\sim}{S}$，欲求 X 到 Z 的模糊关系，可以运用关系合成来解决。

设 X、Y、Z 是 3 个论域，有模糊关系 $\underset{\sim}{R}\in F(X\times Y)$，$\underset{\sim}{S}\in F(Y\times Z)$，则 X 与 Z 形成新的模糊关系 $\underset{\sim}{R}\circ\underset{\sim}{S}\in F(X\times Z)$，它的隶属度函数为

$$\mu_{\underset{\sim}{R}\circ\underset{\sim}{S}}(x,z)=\underset{y\in Y}{\vee}(\mu_{\underset{\sim}{R}}(x,y)\wedge\mu_{\underset{\sim}{S}}(y,z)) \tag{5.23}$$

模糊关系与自身的运算又称为幂运算，即

$$\begin{aligned}\underset{\sim}{R}^2&=\underset{\sim}{R}\circ\underset{\sim}{R}\\ \underset{\sim}{R}^n&=\underset{\sim}{R}^{n-1}\circ\underset{\sim}{R}\end{aligned} \tag{5.24}$$

如果 X、Y、Z 均为有限论域，$\underset{\sim}{R}$ 和 $\underset{\sim}{S}$ 对应的模糊矩阵分别为 $\boldsymbol{R}=(r_{ij})_{m\times n}$ 和 $\boldsymbol{S}=(s_{ij})_{n\times l}$，则 $\underset{\sim}{R}$ 对 $\underset{\sim}{S}$ 的模糊关系的合成 $\underset{\sim}{Q}=\underset{\sim}{R}\circ\underset{\sim}{S}$，其模糊矩阵 $\boldsymbol{Q}=(q_{ij})_{m\times l}$，其中 $q_{ij}=\overset{n}{\underset{k=1}{\vee}}(r_{ik}\wedge s_{kj})$，即模糊关系的合成对应模糊矩阵的乘积。

模糊矩阵的合成运算不满足交换律，即 $\boldsymbol{R}\circ\boldsymbol{S}\neq\boldsymbol{S}\circ\boldsymbol{R}$。

3. 模糊等价关系和模糊相似关系

如果 $\underset{\sim}{R}$ 满足以下条件，则称 $\underset{\sim}{R}$ 为论域 $\boldsymbol{U}$ 上的一个模糊等价关系。

（1）自反性，即 $\boldsymbol{R}\subset\boldsymbol{I}$。

（2）对称性，即 $\boldsymbol{R}^{\mathrm{T}}=\boldsymbol{R}$。

（3）传递性，即 $\boldsymbol{R}\circ\boldsymbol{R}\subseteq\boldsymbol{R}$。

如果 $\underset{\sim}{R}$ 满足以下条件，则称 $\underset{\sim}{R}$ 为 U 上的模糊相似关系。

（1）自反性，即 $\boldsymbol{R}\subset\boldsymbol{I}$。

（2）对称性，即 $\boldsymbol{R}^{\mathrm{T}}=\boldsymbol{R}$。

从以上的定义可看出，为了由模糊相似关系得到模糊等价关系，可将模糊相似矩阵自乘，即 $\boldsymbol{R}\circ\boldsymbol{R}\triangleq\boldsymbol{R}^2,\boldsymbol{R}^2\circ\boldsymbol{R}^2\triangleq\boldsymbol{R}^4$，直到 $\boldsymbol{R}^{2k}=\boldsymbol{R}^k$。至此，$\boldsymbol{R}^k$ 便是模糊等价矩阵，它所对应的模糊关系便为模糊等价关系。

模糊等价关系的目的是将集合划分成若干等价类。

5.2.1.3 模糊集合的度量

1. 模糊度定义

设论域 U 上任一个模糊子集 $\underset{\sim}{A}$，为度量其模糊性大小，定义

$$D:\underset{\sim}{A}\to[0,1]$$

为 $\underset{\sim}{A}$ 的模糊度，记作 $D(\underset{\sim}{A})$，它应满足以下几点要求。

（1）当且仅当 $\mu_{\underset{\sim}{A}}(x_i)$ 只取 0 或 1 时，$D(\underset{\sim}{A})=0$，即当 $\mu_{\underset{\sim}{A}}(x_i)$ 等于 1 或 0 时，模糊子集为普通子

集，此时模糊度为 0，没有模糊性。

（2）当 $\mu_{\underset{\sim}{A}}(x_i)=0.5$ 时，$D(\underset{\sim}{A})$ 应取最大值，即 $D(\underset{\sim}{A})=1$。也就是说，$\mu_{\underset{\sim}{A}}(x_i)$ 越靠近 1 或 0，模糊性就越小；$\mu_{\underset{\sim}{A}}(x_i)$ 越远离 1 或 0，模糊性就越大，最大模糊性发生在 $\mu_{\underset{\sim}{A}}(x_i)=0.5$ 处。

（3）对任意 $x_i \in U$，设 U 上有两个模糊子集 $\underset{\sim}{A}$ 和 $\underset{\sim}{B}$，若 $\mu_{\underset{\sim}{A}}(x_i) \geqslant \mu_{\underset{\sim}{B}}(x_i) \geqslant 0.5$ 或 $\mu_{\underset{\sim}{A}}(x_i) \leqslant \mu_{\underset{\sim}{B}}(x_i) \leqslant 0.5$，则 $D(\underset{\sim}{B}) \geqslant D(\underset{\sim}{A})$，即越靠近 0.5 就越模糊。

（4）$D(\underset{\sim}{A})=D(\underset{\sim}{A}^{\mathrm{C}})$，其中 $\underset{\sim}{A}^{\mathrm{C}}$ 是 $\underset{\sim}{A}$ 的补集，说明 $\underset{\sim}{A}$ 和它的补集具有相同的模糊性。

2. 模糊度的计算

设 $U=\{x_1,x_2,\cdots,x_n\}$，下面为几个模糊度的计算公式。

（1）距离模糊度。设 $A_{0.5}$ 是 $\underset{\sim}{A}$ 的 λ=0.5 截集，有

$$d_p(\underset{\sim}{A})=\frac{2}{n^{1/p}}\left(\sum_{i=1}^{n}|\mu_{\underset{\sim}{A}}(x_i)-\mu_{A_{0.5}}(x_i)|^{1/p}\right)^{1/p} \tag{5.25}$$

则 $d_p(\underset{\sim}{A})$ 是 $\underset{\sim}{A}$ 的模糊度，又称为闵可夫斯基（Minkowski）模糊度。

当 p=1 时，d_1 称为海明（Hamming）模糊度；当 p=2 时，d_2 称为欧几里得（Euclidean）模糊度。

（2）熵模糊度。如果令 $H(\underset{\sim}{A})=-\sum_{i=1}^{n}\mu_{\underset{\sim}{A}}(x_i)\ln\mu_{\underset{\sim}{A}}(x_i)$，则熵模糊度的定义为

$$\begin{aligned} d_E(\underset{\sim}{A})&=\frac{1}{n\ln 2}[H(\underset{\sim}{A})+H(\underset{\sim}{A}^{\mathrm{C}})] \\ &=\frac{1}{n\ln 2}\sum_{i=1}^{n}\{-\mu_{\underset{\sim}{A}}(x_i)\ln\mu_{\underset{\sim}{A}}(x_i)-[1-\mu_{\underset{\sim}{A}}(x_i)]\ln[1-\mu_{\underset{\sim}{A}}(x_i)]\} \end{aligned} \tag{5.26}$$

显然，各元素的隶属度越接近 0.5，$d_E(\underset{\sim}{A})$ 越大。如果每个 x_i 的隶属度均为 0.5，则 $d_E(\underset{\sim}{A})$ 为最大值 1。

（3）贴近度。用距离刻画模糊集合的模糊度效果不是很理想，可以用贴近度来衡量两个模糊集合之间的相近程度，贴近度越大，则表明两者越接近。

设 $\underset{\sim}{A}$、$\underset{\sim}{B}$、$\underset{\sim}{C}$ 为论域 U 中的模糊集合，若映射

$$N: U \times U \to [0,1] \tag{5.27}$$

满足条件：

① $N(\underset{\sim}{A},\underset{\sim}{B})=N(\underset{\sim}{B},\underset{\sim}{A})$；

② $N(\underset{\sim}{A},\underset{\sim}{A})=1, N(U,\varnothing)=0$；

③ 若 $\underset{\sim}{A}\subseteq\underset{\sim}{B}\subseteq\underset{\sim}{C}$，则 $N(\underset{\sim}{A},\underset{\sim}{C}) \leqslant N(\underset{\sim}{A},\underset{\sim}{B}) \wedge N(\underset{\sim}{B},\underset{\sim}{C})$。

则称 $N(\underset{\sim}{A},\underset{\sim}{B})$ 为在 U 上的 $\underset{\sim}{A}$ 与 $\underset{\sim}{B}$ 的贴近度，N 称为在 U 上的贴近函数。

以上的贴近度定义是一个原则性的概念，其具体规则视实际需要而定。下面是几种常见的贴近度计算方法。

若论域 U 为有限集，即 $U=\{u_1,u_2,\cdots,u_n\}$。

① 格贴近度。定义式为

$$N(\underset{\sim}{A},\underset{\sim}{B})=(\underset{\sim}{A}\cdot\underset{\sim}{B})\wedge(1-\underset{\sim}{A}\Theta\underset{\sim}{B}) \tag{5.28}$$

其中 $\underset{\sim}{A}\cdot\underset{\sim}{B}=\bigvee_{i=1}^{n}(\underset{\sim}{A}(u_i)\wedge\underset{\sim}{B}(u_i))$，$\underset{\sim}{A}\Theta\underset{\sim}{B}=\bigwedge_{i=1}^{n}(\underset{\sim}{A}(u_i)\vee\underset{\sim}{B}(u_i))$。

② 海明贴近度。定义式为

$$N(\underline{A},\underline{B}) = 1 - \frac{1}{n}\sum_{i=1}^{n} | \underline{A}(u_i) - \underline{B}(u_i) | \tag{5.29}$$

当 $U=[a,b]$时，有

$$N(\underline{A},\underline{B}) = 1 - \frac{1}{b-a}\int_a^b | \underline{A}(u) - \underline{B}(u) | \mathrm{d}u \tag{5.30}$$

③ 欧几里得贴近度。定义式为

$$N(\underline{A},\underline{B}) = 1 - \frac{1}{\sqrt{n}}\{\sum_{i=1}^{n} [\underline{A}(u_i) - \underline{B}(u_i)]^2\}^{\frac{1}{2}} \tag{5.31}$$

当 $U=[a,b]$时，有

$$N(\underline{A},\underline{B}) = 1 - \frac{1}{\sqrt{b-a}}\sqrt{\int_a^b [\underline{A}(u) - \underline{B}(u)]^2 \mathrm{d}u} \tag{5.32}$$

5.2.2 模糊规则和推理

在模糊逻辑中，模糊规则实质上指的是模糊蕴含关系，即在“如果 x 是 A（前件），则 y 是 B”条件下，“若 x 是 A'，则 y 是 B'（后件）”。其中 A、A'、B、B' 均代表模糊语言，并用 $A\to B$ 表示该提出条件，即 A 与 B 之间的模糊关系。

模糊推理是采用模糊逻辑由给定的输入至输入出的映射过程。模糊推理包括以下 5 个方面。

1. 输入变量模糊化

输入变量是输入变量论域内的某一个确定的数，输入变量模糊化后，变换为由隶属度表示的 0 和 1 之间的某个数。此数可由隶属度函数或查表求得。

2. 应用模糊算子

输入变量模糊化后，就可以知道每个规则前提中的每个命题被满足的程度。如果前件不是一个，则需用模糊算子获得该规则前提被满足的程度。

3. 模糊蕴含

模糊蕴含可以看作一种模糊算子，其输入是规则的前件满足的程度，输出是一个模糊集合。

4. 模糊合成

模糊合成也是一种模糊算子。该算子的输入是每一个规则输出的模糊集合，输出是这些模糊集合经合成后得到的一个综合输出模糊集。

5. 反模糊化

反模糊化把输出的模糊集合化为确定数值的输出，常用的反模糊化方法如下。

（1）中心法。取输出模糊集合的隶属度函数曲线与横坐标轴围成区域的中心或对应的论域元素值为输出值。

（2）二分法。取输出模糊集合的隶属度函数曲线与横坐标轴围成区域的面积均分点对应的元素值为输出值。

（3）输出模糊集合极大值的平均值。

（4）输出模糊集合极大值的最大值。

（5）输出模糊集合极小值的最小值。

5.2.3 模糊聚类分析

物以类聚，将相似、相像的事物归为一类，这就是聚类分析。模糊聚类分析是利用模糊等价关系来实现的。

基于模糊等价关系的聚类分析可分为如下 3 步。

第 1 步：建立模糊相似矩阵。

建立模糊相似矩阵是实现模糊聚类的关键。设 $S=\{\boldsymbol{X}^1,\boldsymbol{X}^2,\cdots,\boldsymbol{X}^N\}$ 是待聚类的全部样本，每一个样本都由 n 个特征表示：$\boldsymbol{X}^i=(x_{i1}, x_{i2},\cdots, x_{in})$。

第 1 步是求样本集中任意两个样本 $\boldsymbol{X}^i$ 与 $\boldsymbol{X}^j$ 之间的相似系数 r_{ij}，进而构造模糊相似矩阵 $\underline{\boldsymbol{R}}=(r_{ij})_{n\times n}$。求相似系数的方法很多，我们可以根据需要选择其中的一种。

（1）数量积法。

$$r_{ij}=\begin{cases}1 & ,i=j\\ \dfrac{1}{M}\sum_{k=1}^{n}x_{ik}, & i\neq j\end{cases}\tag{5.33}$$

其中，M 为一适当的正数，满足 $M\geqslant\max\limits_{i,j}(\sum\limits_{i=1}^{n}x_{ik}x_{jk})$。

（2）相关系数法。

$$r_{ij}=\frac{\sum_{k=1}^{n}(|x_{ik}-\overline{x_k}|\cdot|x_{jk}-\overline{x_k}|)}{\sqrt{\sum_{k=1}^{n}(x_{ik}-\overline{x_k})^2}\cdot\sqrt{\sum_{k=1}^{n}(x_{jk}-\overline{x_k})^2}}\tag{5.34}$$

式中 $\overline{x_k}=\dfrac{1}{n}\sum\limits_{p=1}^{n}x_{pk}$。

（3）绝对值减数法。

$$r_{ij}=1-\alpha\sum_{k=1}^{n}|x_{ik}-x_{jk}|\tag{5.35}$$

其中 α 为适当选取的常数，使 r_{ij} 在[0,1]中且分散。

（4）夹角余弦法。

$$r_{ij}=\frac{(x_j)^{\mathrm{T}}x_j}{\|x_i\|\cdot\|x_j\|}\tag{5.36}$$

如果 r_{ij} 出现负值，则需要进行调整：$r'_{ij}=\dfrac{r_{ij}+1}{2}$。

（5）最大最小法。

$$r_{ij}=\frac{\sum_{k=1}^{n}\min(x_{ik},x_{jk})}{\sum_{k=1}^{n}\max(x_{ik},x_{jk})}\tag{5.37}$$

（6）算术平均法。

$$r_{ij}=\frac{\sum_{k=1}^{n}\min(x_{ik},x_{jk})}{\frac{1}{2}\sum_{k=1}^{n}(x_{ik}+x_{jk})} \tag{5.38}$$

第 2 步：改造模糊相似关系为模糊等价关系。

由第 1 步建立的模糊矩阵，一般情况下是模糊相似矩阵，即只满足对称性和自反性，不满足传递性，可通过传递闭包 $t(\boldsymbol{R})=\boldsymbol{R}^k$ 将其改造成模糊等价矩阵。

第 3 步：聚类。

对求得的模糊等价矩阵求 λ 截集 $\boldsymbol{R}_\lambda$，再将 $\boldsymbol{R}_\lambda$ 中为 1 的元素对应行和列的对象归并为一类，将 $\boldsymbol{R}_\lambda$ 的分类由细变粗，形成一个动态的分类图。

5.3 搜索算法

搜索是指利用计算机强大的计算功能来解决凭人自身的智能难以解决的问题，它的实质是根据初始条件和扩展规则构造一个解答空间，并在这个空间中寻找符合目标的过程。

5.3.1 搜索过程的三大要素

搜索过程有三大要素：搜索对象、搜索的扩展规则和搜索的目标测试。搜索对象是指在什么之上进行搜索；搜索的扩展规则是指如何控制从一种状态变化为另一种状态，使得搜索得以前进；搜索的目标测试是指搜索在什么条件下终止。

5.3.1.1 搜索对象

1. 状态

状态就是在对问题求解时某一时刻进展情况的数学描述，也即一个可能解的表示。一般地，状态是为描述某些不同事物间的差别而引入的一组最小变量的有序组合

$$\boldsymbol{Q}=(\boldsymbol{q}_0,\boldsymbol{q}_1,\cdots,\boldsymbol{q}_n)$$

式中每个元素 $\boldsymbol{q}_i$ 称为状态变量。给定每个分量的一组值，就可得到一个具体的状态。

我们可以根据具体的应用确定表示状态的数据结构，如二维数组、树状结构等。状态的数据结构可直接影响操作的时间效率和存储的空间。

2. 状态空间

状态空间是一个表示该问题全部可能状态及其关系的集合。状态空间有连续、离散之分，连续空间不易在计算机中表达，一般将其转换成离散空间。

状态空间通常以图的形式出现，图上的节点对应问题的状态，节点之间的边对应的是状态转移的可行性，边上的权对应转移所需的代价。而问题的解可能是图中的一个状态或者是从开始状态到某个状态的一条路径，抑或是达到目标所需付出的代价。

5.3.1.2 扩展规则

扩展规则由控制策略、生成系统组成。控制策略包括节点的扩展顺序选择、算子的选择、数据的维护、搜索中回路的判断、目标测试等；生成系统由约束条件和算子组成。

1. 状态转移算子

状态转移算子是指使问题从一种状态变化为另一种状态的手段，又称操作符。它可能是某种动作、过程、规则、数学算子、运算符号或逻辑运算符等。

2. 扩展节点的策略

如何提高搜索效益是搜索算法必须考虑的问题。没有目的随机地扩展虽然较容易实现，但一般很难得到一个解或精确解。所以要根据问题的不同，设计合理的算子扩展策略以提高搜索的速度。

3. 搜索中回路的判断

搜索时要时刻注意避免陷入死循环，也即在扩展节点时，不要扩展已经是父节点的节点，此时可以简单地构造一个数组或散列表来维护已经经过的节点，每当扩展到新的节点时进行判断。

4. 数据维护

数据维护是指以相对少的时间对数据进行处理，使数据可以更快地被获取。例如当状态存储在一些表中，则可以由散列表、优先排列等数据结构来对节点数据进行维护。

5.3.1.3　目标测试

目标测试包含两层含义：是否满足所有限制条件（宽条件，与目标非常接近）；是不是目标（紧目标，与目标完全相符）。

宽条件是指在目标状态未知，而求解只需要接近目标即可的情况下设置的条件。它主要由两个部分组成：一个是问题本身的限制条件；另一个是人为设置的限制条件，如各种迭代算法中的迭代次数等，这些人为确定的参数起着控制流程的作用，它们通常出现在目标测试函数中。紧目标是指在目标状态已知的条件下，直接判定是否达到这些状态。

5.3.2　搜索算法的基本思想和基本步骤

通过搜索求解问题的基本思想如下。

（1）将问题中的已知条件看成状态空间中的初始状态；将问题中要求达到的目标看成状态空间中的目标状态；将问题中其他可能发生的情况看成状态空间中的任一状态。

（2）设法在状态空间寻找一条路径，从初始状态出发，沿着这条路径能够到达目标状态。

通过搜索求解问题的基本步骤如下。

（1）根据问题定义相应的状态空间，确定状态的一般表示，它含有相关对象各种可能的排列。

（2）规定一组操作（算子），能够作用于一个状态后过渡到另一个状态。

（3）决定一种搜索策略，使得能够从初始状态出发，沿某个路径到达目标状态。

问题求解的过程是应用规则和相应的控制策略遍历或搜索问题空间，直到找到从初始状态到目标状态的某个路径。

5.3.3　典型的搜索算法

5.3.3.1　随机搜索算法之模拟退火算法

在搜索算法中，搜索策略有多种选择，随机搜索就是其中的一种。采取随机搜索的目的是增加算法灵活性和搜索过程扩展方式的多样性，避免算法过早收敛。这样的算法常常给启发式函数加入一些带有随机性的调控参数，如 rand()函数或其他随机控制手段。这些算法有模拟退火算法、遗传算法、粒子群算法、蚁群算法等，限于篇幅，在此只介绍模拟退火算法。

模拟退火（Simulated Annealing，SA）算法是一种适合解决大规模组合优化问题，特别是 NP 完全类问题的通用、有效近似算法。它是基于蒙特卡洛迭代求解策略的一种随机寻优算法，其出发点是基于物理中固体物质的退火过程与一般组合优化问题之间的相似性，在某一初温下，伴随温度的不断下降，结合概率突跳特性在解空间中随机寻找目标函数的全局最优解，即局部最优解能概率性地跳出并最终趋于全局最优。

1983 年柯克帕特里克（Kirkpatrick）等人意识到组合优化与固体退火的相似性，并受到 Metropolis 准则的启迪，提出了模拟退火算法，实现该算法的一般步骤如下。

（1）初始化。给定初温 $T=T_0$，随机产生初始状态，$s=s_0$，令 $k=0$，每个 T 值的迭代次数为 L。

（2）迭代。对 $k=1,2,\cdots,L$ 做第（3）至第（6）步。

（3）产生新解 s_j=Generate(s)。我们可以用不同的策略产生新解，一般采用的方法是在当前解的基础上产生新解，即

$$s_j=s_i+\Delta s，\Delta s=y(\mathrm{UB}-\mathrm{LB}) \tag{5.39}$$

式中 y 为 0 两侧对称分布的随机数，随机数的分布由概率密度决定，UB 和 LB 为各参数区间的上界、下界。

（4）计算增量 $\Delta t-C(s_j)-C(s)$，其中 $C(s)$为评价函数。

（5）若 $\Delta t<0$，则接受 s_j 作为新的当前解，否则按 Metropolis 准则，以概率 $\mathrm{e}^{-\frac{\Delta T}{kT}}$ 接受 s_j 作为新的当前解，其中 k 为常数。

（6）如果满足终止条件则输出当前解作为最优解，结束计算。终止条件通常为连续若干个新解都没有被接受。

（7）T 逐渐减小且 $T\to 0$，然后转第（2）步。

标准模拟退火算法的流程图如图 5.3 所示。从算法结构可知，新状态产生函数、新状态接受函数、退温函数、抽样稳定准则和退火结束准则以及初温是直接影响算法优化结果的主要因素。

5.3.3.2 演化搜索算法之人工免疫算法

1. 人工免疫算法的基本思想

20 世纪 80 年代中期，美国密歇根大学的约翰·霍兰德教授提出了遗传算法。该算法虽然具有使用方便、鲁棒性强、便于并行处理等特点，但在对算法的实施过程中不难发现两个主要遗传算子都是在一定发生概率的条件下，随机地、没有指导地迭代搜索，因此它们在为群体中的个体提供进化机会的同时，也会不可避免地产生退化的可能，在某些情况下，这种退化现象还相当明显。另外，每一个待解决的实际问题都会有自身一些基本的、明显的特征信息或知识，然而，遗传算法的交叉算子和变异算子却相对固定，在求解问题时，可变的灵活程度较小，这无疑对算法的通用性是有益的。但这样却忽视了问题的特征信息对求解问题时的辅助作用，特别是在求解一些复杂问题时，这种忽视所带来的损失往往是比较明显的。实践也表明，仅仅使用遗传算法或者以其为代表的进化算法，在模仿人类智能处理事物的能力方面还远远不足，必须更加深层次地挖掘与利用人类的智能资源。所以研究者力图将生命科学中的免疫概念引至工程实践领域，借助其中的有关知识与理论将其

与已有的一些智能算法有机地结合起来，以建立新的进化理论与算法，提高算法的整体性能。基于这个思想，将免疫概念及其理论应用于遗传算法，在保留原算法优良特性的前提下，力图有选择、有目的地利用待求解问题中的一些特征信息或知识来抑制其优化过程出现的退化现象，这种算法称为人工免疫算法。

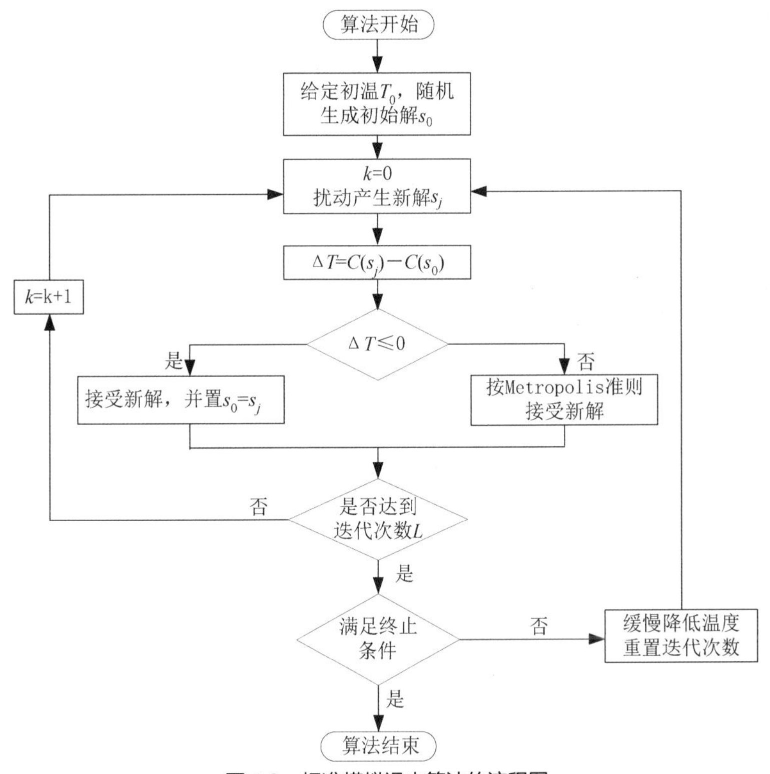

图 5.3 标准模拟退火算法的流程图

2. 人工免疫算法实现的基本步骤

（1）识别抗原。根据给定问题进行分析，一般应确定目标函数和各种约束为抗原，根据相关信息而得出的一类解为抗体。

（2）对问题进行编码，并产生初始抗体种群。设置算法参数，如种群规模、变异概率、交叉概率等。

（3）提取疫苗。将问题的特征信息转换成解决问题的某种方案（疫苗）。

（4）终止判断。计算抗体的适应度，并判断抗体的适应度是否满足终止条件。如果满足，则算法结束，输出最优解结果，否则，进行下一步。

（5）个体进化操作，即进行遗传算法中的交叉算子、变异算子、重组算子等个体的进化。

（6）进行免疫算子的操作，即进行接种疫苗算子、免疫检测算子、免疫平衡算子、免疫选择算子等操作，得到下一代新的抗体。

（7）转第（4）步，对新的个体进行适应度计算，并进行终止判断。

人工免疫算法的流程图如图 5.4 所示。

3. 免疫算子

免疫算法通常包括多种免疫算子：提取疫苗算子、接种疫苗算子、免疫检测算子、免疫平衡算子、免疫选择算子、克隆算子等。增加免疫算子可以提高进化算法的整体性能并使其有选择、有目的地利用特征信息来抑制优化过程中的退化现象。

（1）提取疫苗算子。“疫苗”是指人们对待求解问题所具备的或多或少的先验知识，它所包含的信息量及其准确性对算法的运行效率和整体性能起着重要的作用。

首先对所求解的问题进行具体分析，从中提取出最基本的特征信息，然后对特征信息进行处理，以将其转换为求解问题的一种方案，最后将此方案以适当的形式转换为免疫算子，以实施具体的操作。例如在求解 TSP 时，可以将不同城市之间的距离作为疫苗；在应用于模式识别的分类与聚类时，可以将样品与模板之间或样品与样品之间的特征值距离作为疫苗。由于每一个疫苗都是利用局部信息来探求全局最优解的，即估计在某一分量上的模式，因此没有必要对每个疫苗做到精确无误。如果要做到精确，则可以尽量将原问题局域化处理得更彻底，这样局部条件下的求解规律就会更明显。但是这使得寻找这种疫苗的计算量会显著增加。此外，还可以将每一代的最优解作为疫苗，动态地建立疫苗库，当前的最优解比疫苗库中的最差疫苗的亲和度高时，则用其取代最差疫苗。

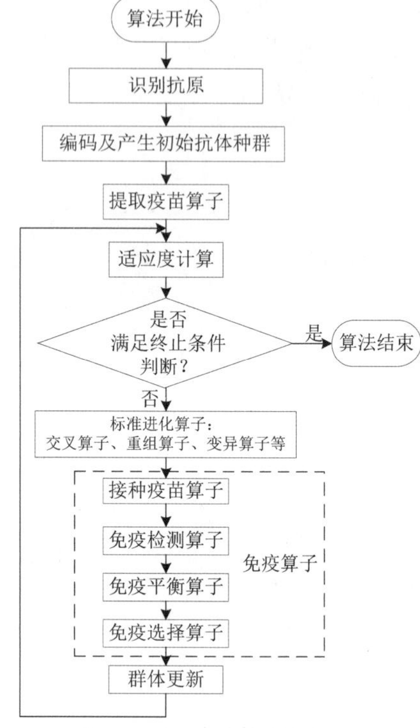

图 5.4　人工免疫算法的流程图

值得提出的是，由于待求解问题的特征信息往往不止一个，因此疫苗也可能不止一个。在接种过程中可以随机地选取一个疫苗进行接种，也可以将多个疫苗按照一定的逻辑关系进行组合后再予以接种。

（2）接种疫苗算子。接种疫苗主要是为了增大适应度，利用疫苗所蕴含的指导问题求解的启发式信息，对问题的解进行局部调整，使得候选解的质量得到明显改善。接种疫苗有助于克服个体的退化现象和有效地处理约束条件，从而可以加快优化解的搜索速度，进一步提高优化计算效率。

（3）免疫检测算子。免疫检测是指对接种了疫苗的个体进行检测，若其适应度仍不如父代，说明在交叉、变异的过程中出现了严重的退化现象，这时该个体将被父代中对应的个体所取代，否则原来的个体将直接成为下一代的父代。

（4）免疫平衡算子。免疫平衡是对抗体中浓度过高的抗体进行抑制，而对浓度相对较低的抗体进行促进产生的操作。在群体更新中，由于适应度大的抗体的选择概率大，因此浓度逐渐提高，这样会使种群中的多样性降低。因此某抗体的浓度达到一定值时，就抑制这种抗体的产生；反之，则相应促进浓度低的抗体的产生和增大选择概率。这种算子能保证抗体群体更新中的抗体多样性，在一定程度上避免早熟收敛。

抗体中的浓度按式（5.40）计算。对于每一个抗体，统计种群中适应度值与其相近的抗体的数量，则浓度为

$$c_i=\frac{\text{与抗体}i\text{具有最大亲和度的抗体数}}{\text{抗体总数}} \tag{5.40}$$

浓度概率则按式（5.41）及式（5.42）计算。设定一个浓度阈值 T，统计浓度高于该阈值的抗体，

记数量为 n_H 记抗体参数为 N。规定这 n_H 个浓度较高的抗体浓度概率为

$$P_{density}=\frac{1}{N}\left(1-\frac{n_H}{N}\right) \tag{5.41}$$

其余浓度较低的抗体浓度概率为

$$P_{density}=\frac{1}{N}\left(1+\frac{n_H}{N}\cdot\frac{n_H}{N-n_H}\right) \tag{5.42}$$

（5）免疫选择算子。免疫选择是指对经过免疫检测后的抗体种群，依据适应度和抗体浓度确定的选择概率选择出个体，组成下一代种群。概率计算公式为

$$P_{choose}=\alpha\cdot P_{fitness}+(1-\alpha)\cdot P_{density} \tag{5.43}$$

式中，$P_{fitness}$ 为抗体的适应度概率，定义为抗体的适应度值与适应度值和之比；$P_{density}$ 为抗体的浓度概率，抗体的浓度越高则抗体会受到抑制，浓度越低则抗体会得到促进；α 为比例系数，决定了适应度与浓度的作用大小。

然后利用赌轮盘选择方式，依据计算出的选择概率对抗体进行选择，选出适应度较大的抗体作为下一代的种群抗体。

（6）克隆算子。克隆源于对生物具有的免疫克隆选择机制的模仿和借鉴。在抗体克隆选择学说中，当抗体侵入机体，克隆选择机制在机体内识别和消灭相应抗原的免疫细胞，使之激活、分化和增殖，进行免疫应答以最终消除抗原。免疫克隆的实质是在一代种群进化中，在候选解的附近，根据亲和度的大小，产生一个变异解的群体，这样能扩大搜索范围，避免遗传算法对初始种群敏感、容易出现早熟和搜索限于局部极小值的现象，具有较强的全局搜索能力。该算子在保证收敛速度的同时又能维持抗体的多样性。

通过不同的免疫算子和进化算子（交叉算子、重组算子、变异算子和选择算子）的重组融合，可形成不同的免疫进化算法。其中免疫算子可以优化其他智能算法，不仅能保留原来智能算法的优点，同时也能弥补原算法的一些不足。

5.3.3.3　记忆型搜索算法

1. 禁忌算法

禁忌算法（Tabu Search 或 Taboo Search，TS）的思想最早由弗雷德·格洛夫（Fred Glover）于 1986 年提出，它是局部邻域搜索的一种扩展，是一种全局逐步寻优算法，是对人类智力运用过程的一种模拟。禁忌算法通过引入一个灵活的存储结构和相应的禁忌准则来避免迂回搜索，并通过“藐视”准则来赦免一些被禁忌的优良状态，进而保证多样化的有效搜索以最终实现全局优化。

简单禁忌算法的实现步骤如下。

（1）给定算法参数，随机产生初始解 x，置禁忌表为空。

（2）判断算法是否满足终止条件。若是，则结束算法并输出最优结果，否则，继续以下步骤。

（3）利用当前解 x 的邻域函数产生其所有（或若干）邻域解，并从中确定若干个候选解。

（4）判断候选解是否满足“藐视”准则。若是，则用满足“藐视”准则的最佳状态 y 替换 x 为新的当前解，并用与 y 对应的禁忌对象替换最早进入禁忌表的禁忌对象，同时替换“best so far”（当前最好）状态，然后转至步骤（6），否则，继续以下步骤。

（5）判断候选解对应的各对象的禁忌属性，选择候选解集中非禁忌对象对应的最佳状态作为新

的当前解，同时用与其对应的禁忌对象替换最早进入禁忌表的禁忌对象。

（6）转至步骤（2）。

禁忌算法的基本流程图如图 5.5 所示。

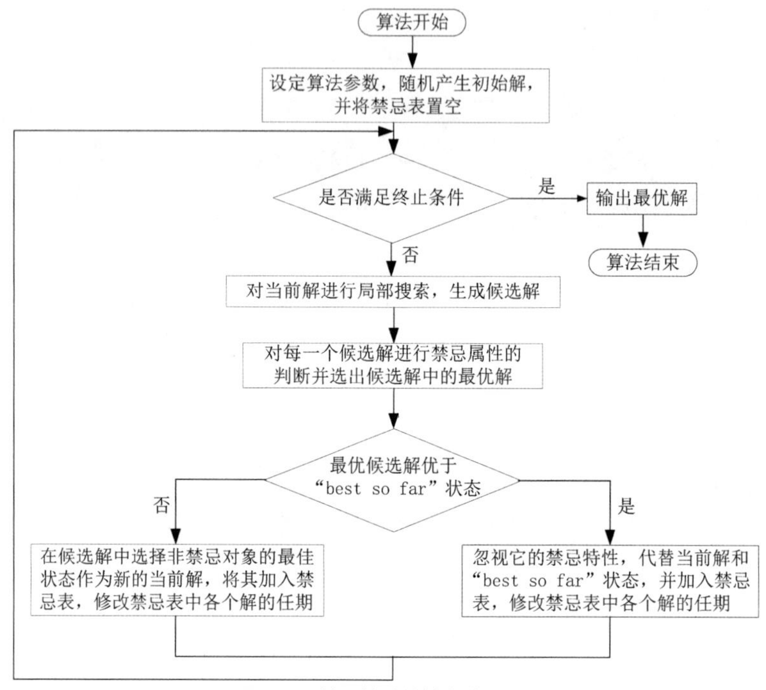

图 5.5　禁忌算法的基本流程图

算法中的邻域函数、禁忌对象、禁忌表和“藐视”准则是关键，其中，邻域函数沿用局部邻域搜索的思想，用于实现邻域搜索；禁忌对象和禁忌表的设置，体现了算法避免迂回搜索的特点；“藐视”准则是对优良状态的奖励，它是对禁忌策略的一种“放松”。

禁忌算法是一种由多种策略组成的混合式启发式算法。每种策略均是一个启发式过程，它们对整个禁忌搜索起着关键的作用。禁忌算法一般由以下几个策略组成。

第 1 个策略是邻域移动。邻域移动是由一个解产生另一个解的途径。通过移动，目标函数值将产生变化，移动前后的目标函数值之差，称为移动值。如果移动值是非负的，则此移动为改进移动，否则为非改进移动。一个好的移动不一定是改进移动，也可能是非改进移动，这一点就可保证禁忌算法能自动跳出局部最优。

第 2 个策略是禁忌表。禁忌表的作用是阻止搜索过程中出现死循环和避免出现局部最优，它通常记录前若干次的移动，禁止这些移动在禁忌时期内加入候选解的行列。一般，在迭代固定次数后，禁忌表将释放这些移动，重新参加候选。因此它是一个循环表，每迭代一次，将最近的一次移动放在禁忌表的末端，而它的最早的一次移动就会从禁忌表中释放出来。为了节省时间，禁忌表并不记录所有的移动，只记录那些有特殊性质的移动，如能引起目标函数值发生变化的移动。

禁忌表是禁忌算法的核心，表的大小在很大程度上影响着搜索速度和解的质量。实验表明，如果禁忌表过小，搜索过程就可能进入死循环；如果禁忌表过大，则会在相当大的程度上限制搜索区域，好的解就有可能被跳过，同时不会改进解的效果，反而会增加算法的运行时间。因此一个好的禁忌表应该尽可能小且又能避免算法陷入死循环。

禁忌表的另一个作用是通过调整禁忌表的大小控制搜索的发散或收敛。通常初始搜索时，为提高解的分散性，扩大搜索区域，使搜索路径多样化，经常希望禁忌表比较小，而当搜索过程接近最优解时，为提高解的集中性，减少分散，缩小搜索区域，这时通常希望禁忌表比较大。因此可以设计动态的禁忌表，使其大小和结构随搜索过程发生改变。

第 3 个策略是“藐视”准则。在禁忌算法中，可能会出现候选解全部被禁忌，或者存在一个优于“best so far”状态的禁忌候选解，此时“藐视”准则将使某些状态解禁，以实现更高效的优化性能。

“藐视”准则的几种常用形式如下。

① 基于适配值的准则。若某个禁忌候选解的适配值优于“best so far”状态，则解禁此候选解作为当前状态和新的“best so far”状态；将搜索空间分成若干个子区域，若某个禁忌候选解的适配值优于它所在区域的“best so far”状态，则解禁此候选解作为当前状态和相应区域的新“best so far”状态。

② 基于搜索方向的准则。若禁忌对象在上次被禁忌时适配值有所改善，并且目前该禁忌对象对应的候选解的适配值优于当前解，则解禁该禁忌对象。

③ 基于最小错误的准则。若候选解均被禁忌，且不存在优于“best so far”状态的候选解，则对候选解中最佳的候选解进行解禁，以继续搜索。

④ 基于影响力的准则。在搜索过程中不同对象的变化对适配值的影响力有所不同，而这种影响力可作为一种属性与禁忌表长度和适配值来共同构造“藐视”准则。此时应注意的是影响力仅是一种标量指标，可以表征适配值的减小，也可以表征适配值的增大。

第 4 个策略是候选集合的确定。候选解通常在当前状态中的邻域中择优选择，但选取过多将造成较大的计算量，而选取过少则易造成早熟收敛。然而，要做到整个邻域的择优往往需要大量的计算，因此可以确定或随机地在部分邻域解中选取候选解，具体数据大小可以视问题特性和对算法的要求而定。

择优规则可以采用多种策略，不同的策略对算法的性能影响不同。当前最广泛采用的有两类策略：最优解优先策略和优先改进解策略。

最优解优先策略是将当前邻域中选择移动值最好的移动产生的解，作为下一次迭代的开始。这相当于最速下降，效果较好，但计算时间长。优先改进解策略是指搜索邻域移动时选择第一个改进当前解的邻域移动产生的解作为下一次迭代的开始，这相当于最直接的下降，计算时间较短，适合比较大的邻域。

第 5 个策略是禁忌频率。记忆禁忌频率（或次数）是对禁忌属性的一种补充，可放宽选择决策对象的范围。例如某个适配值频繁出现，则可以推测算法陷入某种循环或某个极小点，或者现有算法参数不利于发掘更好的状态，此时应当对算法结构或参数进行修改。在实际求解时，可以根据问题和算法的需要，记忆某个状态出现的频率，也可以是某些对换对象或适配值等出现的信息，而这些信息可以是静态的，或者是动态的。

静态的频率信息主要包括状态、适配值或对换对象在优化过程中出现的频率，其计算相对比较简单；动态的频率信息主要记录从某些状态、适配值或对换对象转移到另一些状态、适配值或对换对象的变化趋势。记忆禁忌频率常用的方法有如下几种。

① 记录某个序列的长度，即序列中的元素个数，而在记录某些关键点的序列中，可以按这些关键点的序列长度的变化来进行计算。

② 记录由序列中的某个元素出发后再回到该元素的迭代次数。

③ 记录某个序列的平均适配值，或者是相应各元素的适配值的变化。

④ 记录某个序列出现的频率等。

频率信息有助于加强禁忌搜索的能力和提高效率，并且有助于对禁忌算法参数的控制，或者可基于此对相应的对象实施惩罚。若某个对象频繁出现，则可以增加禁忌表长度来避免循环；若某个序列的适配值变化较小，则可以增加该序列所有对象的禁忌表长度，反之则减小禁忌表长度。

第 6 个策略是终止准则。禁忌算法的终止准则通常采用近似的收敛准则。该策略常用的方法如下。

① 给定最大迭代步数。此方法简单，但难以保证优化质量。

② 设置某个对象的最大禁忌频率。如若某个状态、适配值或对换对象的禁忌频率超过某一阈值，则终止算法，其中也包括最佳适配值连续若干步保持不变的情况。

③ 设置适配值的偏离幅度。首先用估界算法估计问题的下界，一旦算法中最佳适配值与下界的偏离值小于某规定的阈值，则终止算法。

2. 和声搜索算法

2001 年，吉姆（Geem Z. W.）等人根据音乐演奏时乐师们调节各种乐器的音调使得演奏的音乐达到美妙的和声状态，提出了一种新型的优化算法，即和声搜索（Harmony Search，HS）算法。

在音乐演奏中，每个演奏者发出一个音调，所有的音调构成一个和声向量，如果这个和声比较好，就把它记录下来，以便下次产生更好的和声。每个乐器的音调类比于优化问题中的一个决策变量，各乐器声调的和声类比于解向量，美学评价类比于目标函数，音乐家要找到由美学评价定义的优美的和声，优化问题则是要找到由目标函数定义的全局最优解。

和声搜索算法包括一系列的优化因素，例如和声记忆库（Harmony Memory，HM）、和声记忆库的大小（Harmony Memory Size，HMS）、记忆库参数取值概率（Harmony Memory Considering Rate，HMCR）、音调调节概率（Pitch Adjusting Rate，PAR）等。在和声搜索算法中，和声记忆库存储可行解，和声记忆库的大小决定着存储可行解的数量，记忆库参数取值概率就是从和声记忆库中选择新产生的解的概率，音调调节概率是对产生的新解进行扰动的概率。

在和声搜索算法中，和声记忆库中存储着 M 个 N 维向量解。设定一个 HMCR，它是一个介于 0 和 1 之间的实数。当随机数 rand＜HMCR 时，从和声记忆库中每一维随机取出一个值，组成一个新的解向量，否则，解向量从解空间中取任意值。如果产生的新解向量的目标函数值比和声记忆库中最差的目标函数值要好，就用新的解向量代替和声记忆库中目标函数值最差的解向量。

例如，设和声记忆库中解向量为 $\boldsymbol{X}^k=(x_1^k,x_2^k,\cdots,x_n^k)$，其中 $\boldsymbol{X}^k\in\mathbf{R}^n,k\in[1,m]$，和声记忆库初始化为

$$\mathbf{HM}=\begin{bmatrix} x_1^1 & x_2^1 & \cdots & x_n^1 \\ x_1^2 & x_2^2 & \cdots & x_n^2 \\ \vdots & \vdots & & \vdots \\ x_1^m & x_2^m & \cdots & x_n^m \end{bmatrix}$$

当 rand＜HCMR 时，产生新的解向量 $\boldsymbol{X}'=(x_1',x_2',\cdots,x_n')$，其中 x_1' 是从和声记忆库的第一个列向量中随机取的值，其余向量的取值同理。

设和声记忆库中原有的解向量的适应度值分别为 $\text{fitness}_1,\text{fitness}_2,\cdots,\text{fitness}_m$，其中最差的适应度值为 fitness_p。如果新的解向量 $\boldsymbol{X}$ 的适应度值 $\text{fitness}_{\boldsymbol{X}}$ 优于 fitness_p，就用新的解向量 $\boldsymbol{X}$ 代替最差的解向量 $\boldsymbol{p}$ 存进和声记忆库中。

另外，为了使目标适应度值跳出局部最优解，和声搜索算法中设定了另一个比较重要的参数——PAR，PAR 也是一个介于 0 和 1 之间的实数。当随机数 rand<PAR 时，解向量在音调调节区间内微调扰动，产生一个新的解向量。

和声搜索算法的实现流程如下。

（1）设置和声搜索的基本参数。其包括变量的个数 nvar、各变量的取值范围、HMS、HMCR、PAR、最大迭代次数 iter_max 等。

（2）初始化参数及和声记忆库。

（3）产生新解。每次可以通过 3 种机理产生一个新解：①保留和声记忆库中的分量；②随机选择产生；③对①、②中某些分量进行微调扰动产生。

（4）更新和声记忆库。若新解优于和声记忆库中最差解，则用新解替换最差解，得到新的和声记忆库。

（5）判断是否满足终止条件，若满足，停止迭代，输出最优解，否则，重复步骤（3）、步骤（4）。

和声搜索算法包括现有的启发式算法结构，而且像遗传算法一样可以同步处理多个解向量。与遗传算法不同的是，和声搜索算法可以从整个解集合里合成一个新的解向量，而遗传算法只能通过两个解向量杂交生成新的解向量。因此，和声搜索算法具有更好的全局搜索性能。

和声搜索算法的流程图如图 5.6 所示。

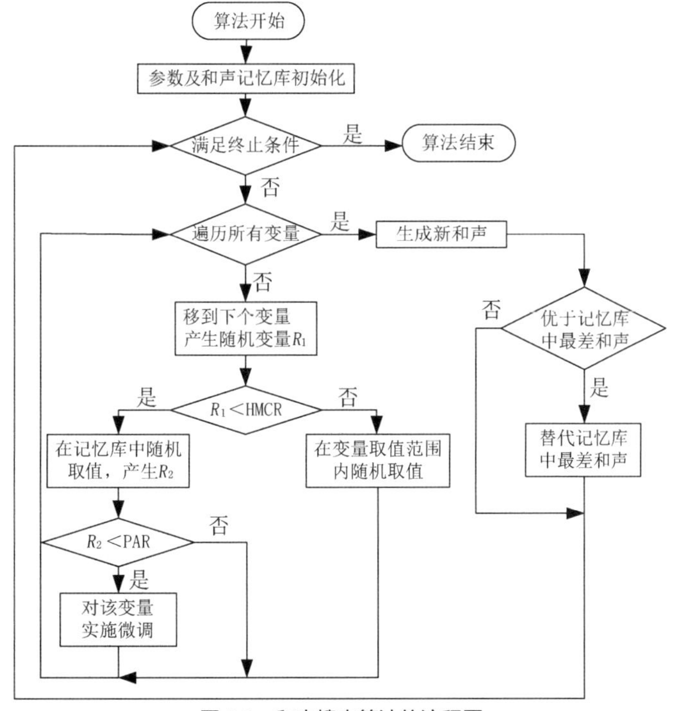

图 5.6　和声搜索算法的流程图

5.4　群智能算法

群智能（Swarm Intelligence，SI）的概念最早由贝尼（Beni）、哈克伍德（Hackwood）和王（Wang）

等人在分子自动机系统中提出，指的是“无智能的主体通过合作表现出宏观智能行为的特性”。1999 年，埃里克·博纳博（Eric Bonabeau）、马尔科·多里戈（Marco Dorigo）和盖伊·特洛拉兹（Guy Theraulaz）在“Swarm Intelligence from Nature to Artificial Systems”中对群智能进行了详细的论述和分析。

群智能起源于对人工生命的研究，人工生命的研究包含两个方面的研究，即研究如何利用计算技术研究生物现象以及研究如何利用生物技术研究计算问题。群智能关注的是第二个方面，形成了群智能优化算法，它通过模拟由简单个体组成的群落与环境以及个体之间的互动行为，模拟生物群体的运动现象及规律，从而实现求解复杂问题的数学优化问题。

经过多年的研究，多种群智能算法，如粒子群算法、人工鱼群算法、蚁群算法、人工蜂群算法等被提出，这些算法大大丰富了现代优化技术，并已经成功运用在很多的优化问题中，为传统优化技术难以处理的组合优化问题提供了切实可行的解决方案。

群智能算法有很多种，本章将介绍其中的一些群智能算法。

5.4.1 群智能算法概述

最优化问题是一个古老的课题，早在 17 世纪欧洲就有人提出了求解最大值、最小值的问题，并给出了一些求解法则，且随着科学的发展，提出了许多优化算法，由此形成了系统的优化理论和算法，如无约束优化和约束优化、线性规划和非线性规划、整数规划和动态规划等。受算法原理的限制，这些传统的优化算法一般只适用于求解小规模问题，在计算速度、收敛性、初值敏感性等方面远远达不到实际问题的优化要求，不适合求解复杂的优化问题，弱化了其在实际工程中的应用。20 世纪 80 年代以来，一些新颖的优化算法，如遗传算法、进化规划算法、模拟退火算法、禁忌搜索算法、混沌算法、粒子群算法、蚁群算法等通过模拟或揭示某些自然现象或过程而得到发展与应用。这些算法的思想和内容涉及数学、物理学、生物进化、人工智能和统计力学等学科，其独特的优点和机制，引起了国内外学者的广泛重视并掀起了研究热潮，且在诸多领域得到了成功应用。在这些算法中，模拟自然界中社会性生物种群的生物行为的群体智能算法尤其令人们感兴趣。

生物的群智能是指群居住性生物通过协作表现出的宏观智能行为特征，不同的种群有着不同的组织形式、个体智能及个体间的交互形式。自然界中具有群智能的群体因个体智能的表现而使群智能行为复杂多变，在面临多变环境中有着各自的解决方案。这些群智能种群的组织方式、机制为群智能算法的建立提供了丰富的成功模板和范例，因此模拟自然界中群智能种群的个体及群体行为，抽象出一些共性的规律，就可构建群智能算法。

5.4.2 群智能算法的一般框架

在构建群智能算法时，应遵循以下 5 条基本的原则。

（1）邻近原则（Proximity Principle），即群内个体具有能执行简单的时间或空间上的评估和计算的能力。这里的计算是指个体根据环境刺激所做出的行为反应。

（2）品质原则（Quality Principle），即群内个体能对环境（包括群内其他个体）的关键因素的变化做出响应，例如对食物的质量和居所的安全变化做出响应。

（3）多样性原则（Principle of Diverse Response），即群内不同个体对环境中的某一变化所表现出的响应行为具有多样性。

（4）稳定性原则（Stability Principle），即并不是每次环境的变化都会导致整个群体的行为模式的改变。

（5）适应性原则（Adaptability Principle），即环境所发生的变化中，若出现群体值得付出代价的改变机遇，群体必须能够改变其行为模式，最好的响应是在有序和混沌之间取得平衡。

通过模拟群智能群体中个体的相互作用，群智能算法能搜索到解空间中合适的解。在这个过程中个体的行为可以归纳成社会协作、自我适应和竞争 3 个部分。社会协作是指个体在寻优过程中的信息交换和相互学习的行为；自我适应是指个体本身对环境的自我调节适应，而不依赖于其他个体的信息；竞争则是指较好的个体将在种群中获得较大的生存机会，其数学描述为

$$\mathrm{PIO}=(\mathrm{Pop},S,A,C,\alpha,\beta,\gamma,t)$$

式中 $\mathrm{Pop}=(\mathrm{Pop}_1,\mathrm{Pop}_2,\cdots,\mathrm{Pop}_\mu)$代表种群，$\mu$ 表示群体规模；S 表示社会协作部分；α 表示社会协作所需的信息；A 表示自我适应部分；β 表示自我适应中所需的信息；C 表示竞争部分；γ 表示竞争中所需的信息；t 表示时间或进化代数。群智能算法一般框架如图 5.7 所示。

```
初始化种群
While(终止规则不满足) do
     社会协作
     自我适应
     竞争
end do
```

图 5.7 群智能算法一般框架

5.4.3 群智能的共性要素

不同个体的群智能种群的表现形式是多种多样的，其中一些共性要素及其在群智能中发挥的作用是在构建群智能算法时需要考虑的。

1. 确定时空环境

时空环境的确定就是确定问题的求解域、个体的抽象以及个体的生存期等。问题的求解域即最优化问题的搜索空间；个体的抽象是指选择何种尺度抽象的、何种类型的模型/算法，群体的发展或群智能的体现取决于个体的类型和对外部的响应；个体的生存期是指个体的存在期限，可以让其一直生存直到建模或搜索结束，也可以根据其适应性决定它是否消失，是否用新的个体代替。

2. 确定组织结构

群体的组织结构主要是指类群规模和结构关系。一般在群智能算法中种群规模是事先指定的，但最好应该随着问题的不同以及建模优化的不同阶段而自适应地调节，这样才能更好地减小计算量。

结构关系包含结构形式、连接关系以及个体的地位分工等。表 5.1 所示是群智能的系统结构分析。

表 5.1 群智能的系统结构分析

分析类型	高格高群（集体主义）	高格低群（宿命论）	低格高群（平均主义）	低格低群（个人主义）
组织形式	分层等级	分层等级	无等级	无等级
连接强度	强	弱	强	弱
个体能力	差异较大	差异较大	差异较小	差异较小
个体地位	不同	不同	相近	相近
个体发展	局限于角色	局限于角色	角色可变	角色可变
个体行为	易趋同	独立发展	易趋同	独立发展
交互性	强	弱	弱	强
合作性	强	弱	弱	强

不同的群体结构中，个体所发挥的作用也不一样，个体与环境、个体之间的通信效率和通信范围也随之不同，最终形成的群体效果也不同。群智能算法一般开始是将个体分散在搜索空间的不同

位置，通过交互及时找到较优区域，并通过信息交换使更多的个体在此区域进行细粒度搜索。所以在搜索初期可以采用高格高群模式，而在搜索后期可采用高格低群模式以加大个体的差异性。

3. 确定通信与语言形式

群智能群体内交互的基础是通信，每一种生物都有其通信方式，每种通信信号中所含有的信息量、准确度、传播效率、持续时间都有所不同，这将影响群体行为。在设计群智能优化算法时要根据目标信息的类型、信息量、传递难度等决定采用何种通信方式。例如在求解连续优化问题时，可在寻优初期采用较快的类似听觉通信的直接告知的方式，而在精细搜索时采用施加信息素的方式。

另外，信息传播的范围和速度除了与通信介质有关，也与群体组织结构有关。在高群结构中，信息传播速度快，范围覆盖群体的所有个体，但对群间的信息封闭性较强；而在低群中，信息传播的速度和范围都会减小，但对群间的信息开放性增强。

4. 确定竞争与合作等个体关系

在有限的资源下，群智能群体中个体间的竞争是普遍存在的。一般来说只有那些占据较高地位或适应性强的个体才能更易存活下来，但有时根据其他标准衡量其他个体反而更易存活，如大角的雄性角马虽然易获得繁殖机会，但在追捕过程中因大角的缘故更易摔倒而被捕食，反而对生存不利。所以群智能算法在进行决策或新一轮迭代时，虽然优秀的个体应获得更高的重视程度，但也需考虑评价标准的多元化，避免陷入某个局部极点。

在群智能群体中，个体间除了竞争外，还存在着大量的合作。只有通过合作才能体现群体的智能，才能完成仅靠个体无法完成的任务。因此，在构建群智能算法时也应考虑合作因子，通过个体间的相互协调找到更优的解。

5. 确定记忆与学习能力

记忆普遍存在于群智能群体当中，以个体或群体的方式存在和表现。记忆的作用是当生物体遇到与以前类似的情况时，可以快速反应，而且随着记忆能力的增强，个体会逐渐发展出学习能力，从而更能适应复杂多变的环境，发挥更多的社会作用。因此构建群智能算法时应该根据个体的复杂度，设计相应的记忆能力和学习能力以增大自身的适应度。

6. 确定综合决策

决策普遍存在于生物体中，起着决定生物体发展与退化甚至消失的重要作用。在群智能群体中，个体处于社会中，在与其他个体交流的过程中不断进化，而社会也随着个体的进化而不断发展。在构建群智能算法时可以根据个体的复杂程度，赋予个体不同程度的决策功能，并且提供更复杂的决策平台来协调个体的决策结果。

5.4.4 构建有效的群智能算法

群智能算法是通过模拟群智能群体中个体与群体的行为而抽象出来的一种数学求解过程。群体智能用随机分布在搜索优化空间的点来模拟自然界中的个体，将个体的进化过程作为随机搜索最优解的过程，用求解问题的目标函数来判断个体对环境的适应能力，根据适应能力而择优汰劣，使整个群体逐步向最优解靠近。

在构建群智能算法时，首先需要界定在哪一个抽象层次或者规模上研究智能体。例如细菌觅食算法中个体是细菌，蚁群算法中个体则指蚂蚁，而个体细胞是可以忽略的细节。算法中一般将个体视为优化的解或解的一部分。经过与环境交互中的自我发展以及与其他个体的信息交互，个体达到由若干局部交互规则而体现出来的某种功能的目的，如蚁群寻找到达食物源的最短路径。局部交互规则是群体智能形成的关键，虽然个体规则简单，但局部交互规则可以产生全局行为模式，它具有更强的自适应性、鲁棒性和可扩展性，群智能算法中寻优的一个重要途径就是寻找可以产生全局行为模式的局部交互规则。

指定个体后，就可以对问题进行识别和编码，确定个体的结构，即将每个个体表示为解空间中的一个可行解。确定个体后就可以进入学习阶段。学习可分成自学习及互学习。在自学习中，个体根据自身性能及群体性能的评价结果，既可以随机搜索（即在解空间中随机移动或者变异），也可以依据历史经验（即自身）搜索到的最好位置或者最差位置决定移动的方向。在互学习中，个体通过与种群中其他个体的交叉、向其他个体靠拢、从与其他个体之间的差异中学习、向子种群中的聚类中心或者均值学习等过程模拟对方或群体的部分行为获得自身的进化。在互学习过程中，学习结果的评价尤为重要，它决定了个体是继续之前的行为，还是需要调整。评价包括个体对环境的适应性及群体中个体的多样性、相关性等个体相互关系的判断。为了更好、更快地获得最优结果，依据评价结果还可以通过对环境的识别经验，使群体体现出更好的自适应性，形成记忆、条件反射、竞争、合作、共同决策等行为或对环境施加影响以干涉个体的行为模式，增加群体在有限的时间内找到更优空间的可能性。

1. 环境与个体

环境是指个体寻优的空间，个体是问题解的编码。其常采用的编码方式有二进制编码、格雷编码、实数编码、符号编码、排列编码、二倍体编码、DNA 编码、混合编码、二维染色体编码、多参数编码、树结构编码、可变长编码、Agent 编码等，也可以根据问题的特殊性，采用其他的编码方式。一般可根据问题解与个体结构的特点采用不同的编码方式。一般每一类问题都有一些常用的编码方式，这些编码往往与问题的契合度较高，就如同在不同环境中都存在结构更合适的个体。例如，函数优化问题可采用实数编码和二进制编码，背包问题可以采用下标子集的二进制编码，旅行商问题可以采用排列编码或边组合编码，机器人路径规划问题可以采用运动路径栅格离散化坐标序号或二进制数连接表示等。不同的编码方式决定了其解决问题的能力。

2. 群体结构与通信

群智能算法中个体间、个体与群体、群体间的通信是必需的。通过通信，群智能获得学习而进化。通信的效率与群体结构及规模密切相关。群体结构可以采用环形、星形、全互联、金字塔、小世界网络、BA 无标度网络、生长树等形式，还可以引入共生结构、小生境等概念。而群体规模在考虑计算时间和资源消耗的情况下应能动态可调，这样更有利于寻优。

3. 评价与记忆

记忆是对寻优过程中各种信息（例如个体历史中的最优值、群体历史中的最优值等信息）的存储。通过对记忆中的信息进行评价可以获得个体的适应性、群体的适应性和多样性等评价结果。这些结果可影响个体及群体的行为，帮助个体与群体实现自适应调节。例如当种群多样性急速下降时，可以采用随机化、混沌等方法或重新引入一些新的个体加以改进。

4. 学习与交互

学习是个体进化的必要过程。个体提高适应性的过程中所采取的各种行为大多可以通过学习获得。学习有多种方式，具体如下。

① 自学习。自学习包括个体自身对环境的随机搜索，即在原有解的基础上随机变异、加入随机

量以及一定策略等的学习，如爬山法、模拟退火方法等。

② 经验学习。经验学习依据自身历史经验，向最好位置、移动趋势学习。

③ 模仿学习。模仿学习在可达范围内跟随其他个体，如萤火虫的亮度跟随、鸟的飞行跟随、与其他个体的信息互换重组等学习。

④ 社会学习。社会学习向种群的聚类中心、均值学习。

⑤ 差异学习。差异学习是学习与其他个体间的差异，如差分学习。

⑥ 集成学习。该学习方式是一种典型的互助合作，即融合现有的解以获得更好的解。

⑦ 推理学习。该学习方式是根据个体的特点，通过分布估计算法对环境的推理，估计环境的形状，以找到全局最优点。

5. 群体策略

群体策略包括过程中的行为策略和最终的结论策略。行为策略包括选择、淘汰、更新个体和施加扰动或改变采样概率对环境施加影响等。结论策略则由于绝大多数个体会收敛到当前最优个体上，因此要优先筛选出最优个体。如果群体被分为若干子群体，除了选最优的方式外，也可以采用合作融合的方式。此时，每个子群体就是一个小生境，每个子群体的最优值可能不一样，此时可以采用加权平均、交叉重组等方式对其进行融合。

自然界中有许多社会性生物种群，它们都符合群智能算法的要求。这些社会性生物种群的个体行为简单，能力非常有限，但当它们一起协同工作时，则能体现出非常复杂的智能行为特征，而不是简单的个体能力的叠加。例如蜂群能够协同工作，完成诸如采蜜、御敌等任务；个体能力有限的蚂蚁组成蚁群时，能够完成觅食、筑巢等复杂的行为；鸟群在没有集中控制的情况下能够很好地协同飞行，等等，这都是这类群智能的表现。通过模拟社会性生物种群体现出来的社会分工、协同机制及行为，便可以开发出各种群智能算法。

5.4.5 群智能算法的特点

与传统的优化方法相比，群智能算法具有以下特点。

1. 简单的迭代式寻优

从随机产生的初始可行解出发，群智能算法通过迭代计算，逐渐搜索到最优的结果，这是一个逐渐寻优过程。同时由于系统中个体的能力比较简单，因此个体的执行时间比较短，实现起来比较方便、简洁，可以很快地找出全局最优解。

2. 环境自适应性和系统自调节性

群智能算法在寻优过程中，借助选择、交叉、变异等简单的算子，就能使适应环境的个体的品质不断得到进化，使其具有自动适应环境的能力，群体对搜索空间的自适应性强，寻优过程始终向着全局的最优目标。

3. 有指导的随机并行式全局搜索

群智能算法在适应度函数（即目标函数）驱动下，利用概率指导各群体的搜索方向，寻优过程始终朝着更宽广的优化区域移动，逐步接近目标值。同时各种群分别独立进化，搜索可行解空间的多个区域，并通过相互交流信息，利用个体的局部信息与群体的全局信息，使算法不容易陷入局部最优解而得到全局最优解。

4. 系统通用性和鲁棒性强

群智能算法不过分依赖问题本身的严格数学性质（如连续性、可导性）以及目标函数和约束条件的精确描述，只有一些简单的原则要求。因此利用群智能算法求解不同问题时，只需要设计相应的目标评价函数，基本上无须修改算法的其他部分，其通用性强。算法对初值、参数选择不敏感，没有中心控制的机制与数据，容错能力极强，不会由于个别个体的错误或误差而影响群体对整个问题的求解，具有较强的鲁棒性。

5. 智能性

群智能算法能提供噪声忍耐、无导师学习、自组织学习等进化学习机理，能够明晰地表达所学习的知识和结构，适用于解决多种类型的优化问题，并且在大多数情况下都能得到比较有效的解，具有明显的智能性。

6. 易于与其他算法结合

群智能算法对问题定义的连续性等无特殊要求，实现简单，易于与其他优化算法结合，既可以方便地利用其他算法特有的一些操作算子，也可以产生新的优化算法。

5.4.6 常用群智能算法

5.4.6.1 蚁群算法

蚁群算法（Ant Colony Optimization Algorithm）是一种基于种群寻优的启发式搜索算法。该算法受到自然界中真实蚁群通过个体间的信息传递、搜索从蚁穴到食物间的最短距离的集体寻优特征的启发，常用来解决一些离散系统中较难处理的优化问题。目前，该算法已被应用于求解旅行商问题、指派问题以及调度问题等，取得了较好的结果。

在自然界中，像蚂蚁、蜜蜂、飞蛾等群居昆虫，虽然单个个体的行为极为简单，但由单个个体组成的群体却能表现出极其复杂的行为。这些昆虫之所以有这样的行为，是因为它们个体之间能通过一种称为信息素的物质进行信息传递。蚂蚁在运动过程中，能够在它所经过的路径上留下该种物质，而且蚂蚁在运动过程中能够感知这种物质，并以此指导自己的运动方向。所以大量蚂蚁组成的蚁群的集体行为便表现出一种信息正反馈现象，某路径上走过的蚂蚁越多，则后来者选择该路径的概率就越大，蚂蚁个体之间通过这种信息的交流达到搜索食物的目的。

蚁群算法就是根据真实蚁群的这种群体行为而提出的一种随机搜索算法。与其他随机算法相似，它通过由初始解（候选解）组成的群体来寻求最优解。各候选解通过个体释放的信息不断地调整自身结构，并且与其他候选解进行交流，以产生更好的解。

作为一种随机优化算法，蚁群算法不需要任何先验知识，最初只是随机地选择搜索路径，随着对解空间的了解，搜索更加具有规律性，并逐步得到全局最优解。

1. 蚁群算法的常用符号

蚁群算法的常用符号如下。

$q_i(t)$：t 时刻位于节点 i 的蚂蚁个数。

m：蚁群中的全部蚂蚁个数，$m=\sum_{i=1}^{n} q_i(t)$。

τ_{ij}：边(i,j)上的信息素强度。

η_{ij}：边(i,j)上的能见度。

d_{ij}：节点 i,j 间的距离。

P_{ij}^k：蚂蚁 k 由节点 i 向节点 j 转移的概率。

2. 每只蚂蚁具有的特征

每只蚂蚁具有的特征如下。

（1）蚂蚁根据节点间距离和连接边上信息素强度作为变量概率函数选择下一个将要访问的节点。

（2）规定蚂蚁在完成一次循环以前，不允许转到已访问过的节点。

（3）蚂蚁在完成一次循环时，在每一条访问的边上释放信息素。

3. 蚁群算法流程

基本蚁群算法的流程图如图 5.8 所示。

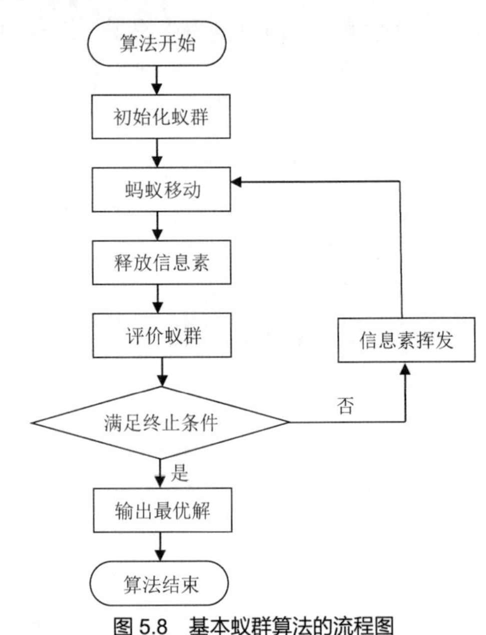

图 5.8 基本蚁群算法的流程图

（1）初始化蚁群。设置蚂蚁数量，将蚂蚁置于各节点上，初始化路径信息素。

（2）蚂蚁移动。蚂蚁根据前面蚂蚁留下的信息素强度和自己的判断选择路径，完成一次循环。

（3）释放信息素。蚂蚁在所经过的路径按一定的比例释放信息素。

（4）评价蚁群。根据目标函数对每只蚂蚁的适应度进行评价。

（5）若满足终止条件，则解即最优解，输出最优解，否则，算法继续，执行步骤（2）～步骤（4）。

（6）信息素挥发。信息素会随着时间延续而不断挥发。

初始时刻，各条路径上的信息素相等，即 $\tau_{ij}(0)=C$（常数）。蚂蚁 k（$k=1,2,\cdots,m$）在运动过程中根据各条路径上的信息素决定移动方向，在 t 时刻，蚂蚁 k 在节点 i 选择节点 j 的转移概率 P_{ij}^k 为

$$P_{ij}^k(t)=\begin{cases}\dfrac{\tau_{ij}^{\alpha}(t)\eta_{ij}^{\beta}(t)}{\sum\limits_{s\in \text{allowed}_k}\tau_{is}^{\alpha}(t)\eta_{is}^{\beta}(t)}, & j\in \text{allowed}_k\\ 0 & \text{，否则}\end{cases} \tag{5.44}$$

其中，$\text{allowed}_k=[1,2,\cdots,n-1]$表示蚂蚁 k 下一步允许选择的节点。η_{ij} 为能见度因数，可用某种启发式算法得到，一般取 $\eta_{ij}=1/d_{ij}$。α 和 β 为两个参数，反映了蚂蚁在运动过程中信息素轨迹和能见度在蚂蚁选择路径中的相对重要性。与真实蚁群不同，人工蚁群系统具有记忆功能。为了满足蚂蚁必须经过 n 个所有不同的节点这个约束条件，为每只蚂蚁都设计了一个数据结构，称为禁忌表；它记录了在 t 时刻蚂蚁已经经过的节点，不允许该蚂蚁在本次循环中再经过这些节点。当本次循环结束后，禁忌表被用来计算该蚂蚁当前所建立的解决方案（即蚂蚁所经过的路径长度）。之后，禁忌表被清空，该蚂蚁又可以自由地进行选择。

经过 n 个时刻，蚂蚁完成了一次循环，对各路径上信息素根据式（5.45）进行调整。

$$\tau_{ij}(t+1)=1-\rho\tau_{ij}(t)+\Delta\tau_{ij}(t,t+1) \tag{5.45}$$

$$\Delta\tau_{ij}(t,t+1)=\sum_{k=1}^{m}\Delta\tau_{ij}^k(t,t+1)$$

其中，$\Delta\tau_{ij}^{k}(t,t+1)$ 表示第 k 只蚂蚁在时刻$(t,t+1)$留在路径(i,j)上的信息素，其值视蚂蚁的优劣程度而定。路径越短，信息素释放的就越多。$\Delta\tau_{ij}(t,t+1)$表示本次循环中路径(i,j)上信息素的增量，ρ 为信息素挥发因子，通常设置$\rho<1$来避免路径上信息素的无限累积。

根据具体算法的不同，$\Delta\tau_{ij}$、$\Delta\tau_{ij}^{k}$和P_{ij}^{k}的表达形式可以不同，要根据具体问题而定。算法主要有以下3种模型。

① Ant-Circle System 模型。计算公式为

$$\Delta\tau_{ij}^{k}(t,t+n)=\begin{cases}\dfrac{Q}{L_k}, & \text{蚂蚁}k\text{在本次循环中经过路径}(i,j)\\ 0, & \text{否则}\end{cases} \tag{5.46}$$

其中Q为常量，L_k为第k只蚂蚁在本次循环中所走的路径长度。

② Ant-Quantity System 模型。其计算公式为

$$\Delta\tau_{ij}^{k}=\begin{cases}\dfrac{Q}{d_{ij}}, & \text{第}k\text{只蚂蚁在本次循环中经过路径}(i,j)\\ 0, & \text{否则}\end{cases} \tag{5.47}$$

③ Ant-Density System 模型。其计算公式为

$$\Delta\tau_{ij}^{k}=\begin{cases}Q, & \text{第}k\text{只蚂蚁在本次循环中经过路径}(i,j)\\ 0, & \text{否则}\end{cases} \tag{5.48}$$

4. 蚁群算法的参数分析

各种形式的蚁群算法中，蚂蚁数量m、信息启发式因子α、期望值启发式因子β和信息素挥发因子ρ都是影响算法性能的重要参数。

（1）蚂蚁数量m。蚂蚁数量m是蚁群算法的重要参数之一。蚂蚁数量多，可以提高蚁群算法的全局搜索能力以及算法的稳定性，但数量过多会减弱信息正反馈的作用，使搜索的随机性增强；反之，蚂蚁数量少，特别是当要处理的问题规模比较大时，会使搜索的随机性减弱，虽然收敛速度加快，但会使算法的全局寻优性能降低，稳定性变差，容易出现停滞现象。

（2）信息启发式因子α。信息启发式因子α的大小反映了信息素作用的强度。其值越大，蚂蚁选择以前走过路径的可能性越大，搜索的随机性减弱。当α值过大时，会使蚁群的搜索过早陷于局部最优；当α值较小时，搜索的随机性增强，算法收敛速度减慢。

（3）期望值启发式因子β。期望值启发式因子β的大小可反映先验性、确定性因素作用的强度。其值越大，蚂蚁在某个局部点上选择局部最短路径的可能性越大，算法的随机性减弱，易于陷入局部最优；而β过小，将导致蚂蚁群体陷入纯粹的随机搜索，很难找到最优解。

（4）信息素挥发因子ρ。信息素挥发因子ρ的大小直接关系到蚁群算法的全局搜索能力及收敛速度。当其值较大时，由于信息正反馈的作用占主导地位，以前搜索过的路径被再次选择的可能性过大，搜索的随机性减弱；反之，当其值很小时，信息正反馈的作用较弱，搜索的随机性增强，蚁群算法收敛速度很慢。

5. 蚁群算法的优缺点

蚁群算法具有以下优点。

（1）它本质上是一种模拟进化算法，结合了分布式计算、正反馈机制和贪婪式搜索算法，在搜

索的过程中不容易陷入局部最优，即在所定义的适应度函数是不连续、非规划或有噪声的情况下，也能以较大的概率发现最优解，同时贪婪式搜索有利于快速找出可行解，缩短搜索时间。

（2）蚁群算法采用自然进化机制来表现复杂的现象，通过信息素合作而不是个体之间的通信机制，使算法具有较好的可扩充性，能够快速、可靠地解决难的问题。

（3）蚁群算法具有很高的并行性，非常适合处理“巨量”并行问题。

但它存在如下缺点。

（1）通常该算法需要较长的搜索时间。由于蚁群中个体的运动是随机的，因此当群体规模较大时，要找出一条较好的路径就需要较长的搜索时间。

（2）蚁群算法在搜索过程中容易出现停滞现象，表现为搜索到一定阶段后，所有解趋于一致，无法对解空间进行进一步搜索，不利于发现更好的解。

因此，在实际工作中，要针对不同优化问题的特点，设计不同的蚁群算法，选择合适的目标函数、信息更新和群体协调机制，尽量避免算法缺陷。

5.4.6.2 粒子群优化算法

粒子群优化算法（Particle Swarm Optimization Algorithm）简称粒子群算法，是一种有效的全局寻优算法，最初由美国学者肯尼迪（Kennedy）和埃伯哈特（Eberhart）于 1951 年提出。它是基于群体智能理论的优化算法，通过群体中粒子间的合作与竞争产生的群体智能指导优化搜索。与传统的进化算法相比，粒子群算法保留了基于种群的全局搜索策略，但是采用的速度-位移模型，操作简单，避免了复杂的遗传操作；它特有的记忆可以动态跟踪当前的搜索情况以相应调整搜索策略。由于每代种群中的解具有“自我”学习提高和向“他人”学习的双重优点，因而能在较少的迭代次数内找到最优解。目前该算法已广泛应用于函数优化、数据挖掘、神经网络训练等领域。

1. 粒子群算法原理

粒子群算法把每个优化问题的潜在解看作 n 维搜索空间上的一个点，称为“粒子”或“微粒”，并假定它是没有体积和重量的。所有粒子都有一个被目标函数所决定的适应度值和一个决定它们位置和飞行方向的速度，然后粒子就以该速度追随当前的最优粒子在解空间中进行搜索，其中，粒子的飞行速度可根据个体的飞行经验和群体的飞行经验进行动态的调整。

算法开始时，首先生成初始解，即在可行解空间中随机初始化由 m 个粒子组成的种群 $Z=\{Z_1, Z_2,\cdots,Z_m\}$，其中每个粒子所处的位置 $Z_i=\{z_{i1},z_{i2},\cdots,z_{in}\}$ 都表示问题的一个解，并且根据目标函数计算每个粒子的适应度值。然后每个粒子都将在解空间中迭代搜索，通过不断调整自己的位置来搜索新解。在每一次迭代中，粒子将跟踪两个“极值”来更新自己，一个是粒子本身搜索到的最优解 p_{id}，另一个是整个种群目前搜索到的最优解 p_{gd}，这个极值即全局极值。此外每个粒子都有一个速度 $V_i=\{v_{i1},v_{i2},\cdots,v_{in}\}$，当两个最优解都找到后，每个粒子根据下式来更新自己的速度。

$$\begin{aligned} v_{id}(t+1) &= wv_{id}(t)+c_1\text{rand}()(p_{id}-z_{id}(t))+c_2\text{rand}()(p_{gd}-z_{id}(t)) \\ z_{id}(t+1) &= z_{id}(t)+v_{id}(t+1) \end{aligned} \tag{5.49}$$

其中，$v_{id}(t+1)$表示第 i 个粒子在 $t+1$ 次迭代中第 d 维上的速度，w 为惯性权值，它具有维护全局和局部搜索能力平衡的作用，可以使粒子保持运动惯性，使其有扩展空间搜索的趋势，有能力搜索到新的区域。c_1、c_2 为学习因子，分别称为认知学习因子和社会学习因子，c_1 主要用于调节粒子向自身的最优位置飞行的步长，c_2 用于调节粒子向全局最优位置飞行的步长，rand()为 0～1 的随机数。

在基本粒子群算法中，如果不对粒子的速度进行限制，则算法会出现“群爆炸”现象，即粒子将不收敛。此时，可设置速度上限和选择合适的学习因子（η_1 和 η_2）。限制最大速度即定义一个最大速度，如果 $v_{id}(t+1)>v_{max}$，则令 $v_{id}(t+1)=v_{max}$；如果 $v_{id}(t+1)<-v_{max}$，则令 $v_{id}(t+1)=-v_{max}$。大多数情况下，v_{max} 由经验进行设定，太大不能起到限制速度的作用，太小容易使粒子移动缓慢而找不到最优点。

如果令 $c=c_1+c_2$，研究发现，当 $c>4.0$ 时，粒子将不收敛，建议采用 $c_1=c_2=2$。

从粒子的更新进化方程即式（5.49）可看出，粒子的移动方向由 3 个部分决定，自己原有的速度 v_{id}；自己经历的最佳距离 $p_{id}-z_{id}(t)$，即“认知”部分，表示粒子本身的思考；群体经历的最佳距离 $p_{gd}-z_{gd}(t)$，即“社会”部分，表示粒子间的信息共享，并分别由权值系数 w、c_1 和 c_2 决定其相对重要性。如果更新进化方程只有“认知”部分，即只考虑粒子自身的飞行经验，那么不同的粒子间就会缺少信息和交流，得到最优解的概率就非常小；如果进化方程中只有“社会”部分，那么粒子就会失去自身的认知能力，虽然收敛速度比较快，但是对于复杂问题，却容易陷入局部最优解。

当满足算法的结束条件，即找到足够好的最优解或达到最大迭代次数时，则算法结束。

粒子群算法的流程图如图 5.9 所示。算法中参数的选择对算法的性能和效率有较大的影响。粒子群算法的参数包括群体规模 m、惯性权值 w、速度调节参数 c_1 和 c_2、最大速度 v_{max} 和最大代数 G_{max}。惯性权值 w 使粒子保持运动惯性，使其有扩展搜索空间趋势，有能力探索新的区域。速度调节参数 c_1 和 c_2 表示粒子向 p_{id} 和 p_{gd} 位置的加速项权值。如果 $w=0$，则粒子速度没有记忆性，粒子群将收缩到当前的全局最优位置，失去搜索更优解的能力。如果 $c_1=0$，则粒子会失去“认知”能力，只具有“社会”性，粒子群收敛速度会更快，但是容易陷入局部最优解。如果 $c_2=0$，则粒子只具有“认知”能力，而不具有“社会”性，等价于多个粒子独立搜索，因此很难得到最优解。

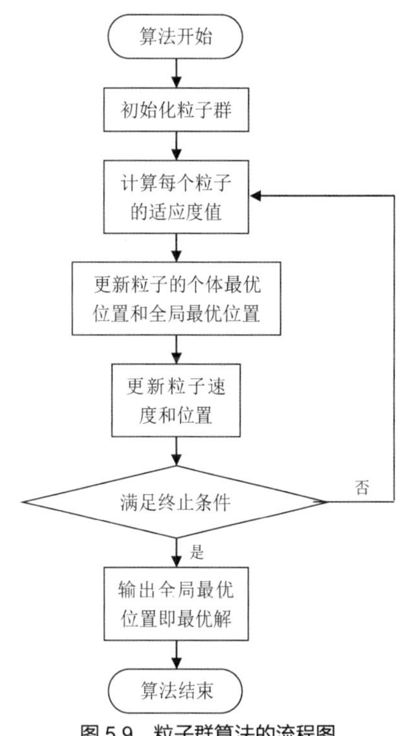

图 5.9 粒子群算法的流程图

实践证明没有绝对最优的参数，针对不同的问题选取合适的参数才能获得更好的收敛速度和鲁棒性。群体规模一般取 20～40。实际上，对于大部分的问题，10 个粒子已经足够取得好的结果。不过对于比较难的问题或者特别的问题，粒子数可以取 100 或 200。最大速度决定粒子在一个循环中最大的移动距离，通常设置为粒子的范围宽度；w 取 0～1 的随机数；c_1 和 c_2 分别选取 2，且范围为 0～4。

根据计算仿真结果分析，粒子群算法中的惯性权值 w 的大小应该随着粒子群的进化速度和粒子的逐渐聚集程度而改变，即 w 可表示为进化速度因子和聚集度因子的函数。如果粒子群进化速度较快，算法可以在较大的搜索空间内持续搜索，粒子就可以保持大范围的寻优。当粒子群进化速度减慢时，可以减小 w 的值，使得粒子群在小空间内搜索，以便更快地找到最优解。若粒子较分散，粒子群就不容易陷入局部最优解。随着粒子群的聚集度的提高，算法容易陷入局部最优解，此时应增大粒子群的搜索空间，提高粒子群的全局寻优能力。

综上分析，w 可表示为

$$w = 1.0 - \mathrm{P}_{\text{speed}} \times w_h + \mathrm{P}_{\text{together}} \times w_s \tag{5.50}$$

其中 w_h 为常数，取值范围一般为 0.4～0.6；w_s 也为常数，取值范围一般为 0.05～0.20。针对不同的问题，可以有所改变。$\mathrm{P}_{\text{speed}}$ 为速度因子，其定义如下：

$$\mathrm{P}_{\text{speed}} = \frac{1}{\exp(\min((\text{PBEST} - \text{prepbest}), (\text{prepbest} - \text{PBEST}))) + 1.0} \tag{5.51}$$

式中 PBEST 表示当前代粒子群的最大适应度值；prepbest 表示前一次粒子群的全局最大适应度值。$\mathrm{P}_{\text{together}}$ 表示聚集度因子，其定义如下：

$$\mathrm{P}_{\text{together}} = \frac{1}{\exp(\min((\text{PBEST} \times \text{popsize} - \text{paccount}), (\text{paccount} - \text{PBEST} \times \text{popsize}))) + 1.0} \tag{5.52}$$

式中 popsize 表示粒子群的粒子数，paccount 表示当前代所有粒子的适应度值之和。

仿真实验表明 c_1 和 c_2 为常数时可以得到较好的结果，但不一定必须为 2。为了保证收敛性，我们可以引入收缩因子 K，即

$$v_{id} = K[v_{id} + \phi_1 \text{rand}()(p_{id} - x_{id}) + \phi_2 \text{rand}()(p_{gd} - x_{id})] \tag{5.53}$$

式中 $K = \dfrac{2}{|2 - \phi - \sqrt{\phi^2 - 4\phi}}$，$\phi = \phi_1 + \phi_2$，$\phi > 4$。

实际上 K 是一种受 ϕ_1 和 ϕ_2 限制的 w，而 $c_1 = K\phi_1$，$c_2 = K\phi_2$。

2. 全局模式和局部模式

肯尼迪等人在对鸟群觅食的观察中发现，每只鸟并不总是能看到鸟群中其他所有鸟的位置和运动方向，而往往只能看到相邻的鸟的位置和运动方向。由此提出了两种粒子群算法模式，即全局模式（Global Version）和局部模式（Local Version）。

全局模式是指每个粒子的运动轨迹受粒子群中所有粒子的状态影响，粒子追寻两个极值，即自身极值和种群全局极值。前述算法的粒子更新进化方程就是全局模式。而在局部模式中，粒子的轨迹只受自身的认知和邻近的粒子状态的影响，而不是被所有粒子的状态所影响，粒子除了追寻自身极值 p_{id} 外，不追随全局极值 p_{gd}，而且追随邻近粒子当中的局部极值 p_{nd}。在该模式中，每个粒子需记录自己及其“邻居”的最优解，而不需要追寻粒子当中的局部极值，此时，速度更新过程可用下式表示。

$$\begin{aligned} v_{id}(t+1) &= wv_{id}(t) + \eta_1 \text{rand}()(p_{id} - z_{id}(t)) + \eta_2 \text{rand}()(p_{nd} - z_{id}(t)) \\ z_{id}(t+1) &= z_{id}(t) + v_{id}(t+1) \end{aligned} \tag{5.54}$$

全局模式具有较快的收敛速度，但是鲁棒性较差。相反，局部模式具有较强的鲁棒性而收敛速度相对较慢。因而在运用粒子群算法解决不同的优化问题时，应针对具体情况采用相应模式。

3. 粒子群算法的特点

粒子群算法的特点如下。

（1）粒子群算法和其他进化算法都基于“种群”概念，用于表示一组解空间中的个体集合。粒子群算法采用随机初始化种群方法，使用适应度值来评价个体，并且据此进行一定的随机搜索，因此不能保证一定能找到最优解。

（2）具有一定的选择性。粒子群算法通过不同代种群间的竞争实现种群的进化。若子代具有更大的适应度值，则子代将替换父代，因而具有一定的选择机制。

（3）算法具有并行性，即搜索过程是从一个解集合开始的，而不是从单个个体开始的，不容易

陷入局部极小值，并且这种并行性易于在并行计算机上实现，能提高算法的性能和效率。

（4）收敛速度更快。粒子群算法在进化过程中同时记忆位置和速度信息，并且其信息通信机制与其他进化算法不同。在遗传算法中染色体互相通过交叉、变异等操作进行通信，蚁群算法中每只蚂蚁以蚁群全体构成的信息轨迹作为通信机制，因此整个种群能比较均匀地向最优区域移动。而在全局模式的粒子群算法中，只有全局最优粒子提供信息给其他的粒子，整个搜索更新过程是跟随当前最优解的过程，因此所有的粒子很可能更快地收敛于最优解。

5.4.6.3 人工鱼群算法

人工鱼群算法（Artificial Fish School Algorithm，AFSA）由李晓磊博士于 2002 年首次提出。通过研究鱼群的行为，李晓磊总结并提取了适用于鱼群算法的几种典型行为——鱼的觅食行为、聚群行为和追尾行为等，并用于寻优过程，进而形成了鱼群优化算法。

1. 基本人工鱼群算法

人工鱼是真实鱼的虚拟，就是一个封装了自身数据和一系列行为的实体，可以通过感官来接收环境的刺激信息，并做出相应的应激活动。图 5.10 所示是人工鱼视觉概念示意图。

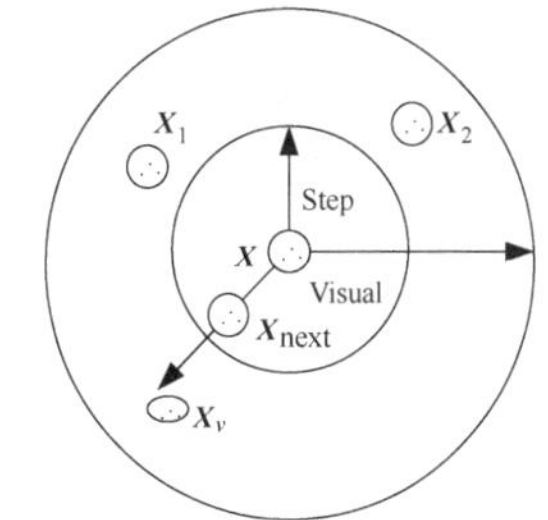

图 5.10 人工鱼视觉概念示意图

一条人工鱼的当前状态为 $\boldsymbol{X}$，Visual 为其视野范围，状态 $\boldsymbol{X}_v$ 为其某时该视点所在的位置，若该位置的状态优于当前状态，则考虑向该位置方向前进一步，即到达状态 $\boldsymbol{X}_{\text{next}}$；若状态 $\boldsymbol{X}_v$ 不比当前状态更优，则继续巡视视野内的其他位置。巡视的次数越多，对视野的状态了解得越全面，从而对周围的环境有一个全方位的认识，这样有助于做出相应的判断和决策。

以上过程可表示为

$$\boldsymbol{X}_v=\boldsymbol{X}+\text{Visual}\cdot\mathbf{Rand}() \tag{5.55}$$

$$\boldsymbol{X}_{\text{next}}=\boldsymbol{X}+\frac{\boldsymbol{X}_v-\boldsymbol{X}}{\|\boldsymbol{X}_v-\boldsymbol{X}\|}\cdot\text{Step}\cdot\mathbf{Rand}() \tag{5.56}$$

式中状态 $\boldsymbol{X}=(x_1,x_2,\cdots,x_n)$，状态 $\boldsymbol{X}_v=(x_{1v},x_{2v},\cdots,x_{nv})$，$\mathbf{Rand}()$为 n 个 0~1 的随机数组成的 n 维向量，Step 为移动步长。

由于环境中同伴的数量是有限的，因此人工鱼在视野中感知同伴的状态，并相应地调整自身状态。

通过模拟鱼类的 4 种行为，即觅食行为、聚群行为、追尾行为和随机行为，使鱼类活动在周围的环境中。这些行为在不同的条件下会相互转换。鱼类通过对行为进行评价，选择一种当前最优的行为执行，以到达食物浓度更高的位置。

2. 人工鱼群的 4 种基本行为算法描述

（1）觅食行为。

觅食行为是人工鱼的一种基本行为，也就是趋向食物的一种活动。设人工鱼 i 当前状态为 $\boldsymbol{X}_i$，适应度值为 Y_i，在其感知范围内随机选择一个状态 $\boldsymbol{X}_j$，适应度值为 Y_j，则

$$\boldsymbol{X}_j=\boldsymbol{X}_i+\text{Visual}\cdot\mathbf{Rand}() \tag{5.57}$$

式中，$\mathbf{Rand}()$是 n 个 0～1 的随机数组成的 n 维向量，Visual 为视野范围。

如果在求极大值问题中，$Y_i<Y_j$（在求极小值时为 $Y_i>Y_j$，它们之间可以转换），则向该方向前进一步。

$$\boldsymbol{X}_i^{t+1} = \boldsymbol{X}_i^t + \frac{\boldsymbol{X}_j - \boldsymbol{X}_i^t}{\|\boldsymbol{X}_j - \boldsymbol{X}_i^t\|} \cdot \text{Step} \cdot \textbf{Rand}() \quad (5.58)$$

式中，Step 为移动步长。

反之，再重新随机选择状态 $\boldsymbol{X}_j$，判断是否满足前进条件，反复尝试 Try_number 次后，若仍不满足前进条件，则随机行动一步。

$$\boldsymbol{X}_i^{t+1} = \boldsymbol{X}_i^t + \text{Visual} \cdot \textbf{Rand}() \quad (5.59)$$

（2）聚群行为。

鱼在游动过程中会自然地聚集成群，这也是为了保证群体的生成和躲避危险而形成的一种生活习性。在人工鱼群算法中对每条人工鱼规定：尽量邻近伙伴的中心移动；避免过分拥挤。

设人工鱼量 i 的当前位置为 $\boldsymbol{X}_i$，适应度值为 Y_i，以自身位置为中心，其感知范围（$d_{ij}<\text{Visual}$）内人工鱼的数量为 n_f，这些人工鱼形成集合 S_i，$S_i = \{\boldsymbol{X}_j \,\|\, \boldsymbol{X}_j - \boldsymbol{X}_i \| \leqslant \text{Visual}\}$。

若集合 $S_i \neq \varnothing$（即不为空集），表明第 i 条人工鱼的感知范围内存在其他伙伴，即 $n_f \geqslant 1$，则该集合的中心位置（伙伴中心）为

$$\boldsymbol{X}_{\text{center}} = \frac{\sum_{j=1}^{n_f} \boldsymbol{X}_j}{n_f} \quad (5.60)$$

计算该中心位置的适应度值 Y_{center}，如果满足 $Y_{\text{center}} > Y_i$ 且 $Y_{\text{center}}/n_f < \delta Y_i$（$\delta$ 为拥挤因子），表明伙伴中心有很多食物且不大拥挤，则向该中心位置方向前进一步，否则执行觅食算子。即

$$\boldsymbol{X}_i^{t+1} = \boldsymbol{X}_i^t + \frac{\boldsymbol{X}_{\text{center}} - \boldsymbol{X}_i^t}{\|\boldsymbol{X}_{\text{center}} - \boldsymbol{X}_i^t\|} \cdot \text{Step} \cdot \textbf{Rand}() \quad (5.61)$$

（3）追尾行为。

当某一条人工鱼或几条人工鱼发现食物较多且周围环境不太拥挤的区域时，附近的人工鱼会尾随其后快速游到食物处。在人工鱼的感知范围内，找到处于最优位置的伙伴，然后向其方向移动一步；如果没有相应伙伴，则执行觅食算子。追尾算子能加快人工鱼的游动，同时也能促使人工鱼向更优位置移动。

设人工鱼 i 的当前位置为 $\boldsymbol{X}_i$，适应度值为 Y_i，探索当前邻域内的伙伴中 Y_j 为最大值的伙伴 $\boldsymbol{X}_j$，若 $Y_{\text{center}}/n_f > \delta Y_i$，表明伙伴 $\boldsymbol{X}_j$ 的状态具有较高的食物浓度且其周围不太拥挤，则向 $\boldsymbol{X}_j$ 的方向前进一步。

$$\boldsymbol{X}_i^{t+1} = \boldsymbol{X}_i^t + \frac{\boldsymbol{X}_j - \boldsymbol{X}_i^t}{\|\boldsymbol{X}_j - \boldsymbol{X}_i^t\|} \cdot \text{Step} \cdot \textbf{Rand}() \quad (5.62)$$

否则执行觅食行为。

（4）随机行为。

平时会看到鱼在水中自由地游来游去，从表面上看这种行为是随机的，其实它们是为了在更大范围内寻觅食物或同伴。

随机行为的描述比较简单，就是在视野中随机选择一个状态，然后向该方向移动，其实它是觅食行为的一种默认行为。

这 4 种行为在不同的条件下会相互转换，鱼类通过对行为进行评价选择当前最优的行为执行，以到达食物浓度更高的位置，这是鱼类的生存习惯。

对行为进行评价是用来反映鱼自主行为的一种方式。在解决优化问题时，可选用两种简单的评

价方式：一种是选择最优行为执行，也就是在当前状态下，哪一种行为向最优的方向前进步长最大，就选择哪一种行为；另一种是选择较优方向前进，也就是任选一种行为，能向优的方向前进即可。

3. 人工鱼群算法的实现步骤及流程图

对以上这 4 种鱼群行为进行模拟，便可以得到相应的数学模型，其计算公式即为鱼群的行为算子，即觅食算子、聚群算子、追尾算子和随机算子。这些算子中，觅食算子奠定了算法收敛的基础；聚群算子增强了算法收敛的稳定性；追尾算子增强了算法收敛的快速性和全局性；随机算子增加了算法的随机性，避免算法陷入局部最优。

假设在一个 D 维的目标搜索空间中，由 N 条人工鱼组成一个群体，其中第 i 条人工鱼的位置向量为 $\boldsymbol{X}_i$，i=1,2,…。人工鱼当前所在位置的食物浓度（即目标函数适应度值）表示为 $Y=f(\boldsymbol{X})$，其中人工鱼个体状态为欲寻优变量，即每条人工鱼的位置就是一个潜在的解。根据适应度值的大小衡量 $\boldsymbol{X}_i$ 的优劣，两条人工鱼个体之间的距离表示为 $\|\boldsymbol{X}_i-\boldsymbol{X}_j\|$。$\delta$ 为拥挤度因子，代表某个位置附近的拥挤程度，以避免与邻域伙伴过于拥挤。Visual 表示人工鱼的感知范围，人工鱼每次移动都要观察感知范围内其他鱼的运动情况及适应度值，从而决定自己的运动方向。Step 表示人工鱼每次移动的最大步长，为了防止运动速度过快而错过最优解，步长不能设置得过大，当然，太小的步长也不利于算法的收敛。Try_number 表示人工鱼在觅食算子中最大的试探次数。

人工鱼群算法的实现步骤如下。

（1）进行初始化设置，包括人工鱼群的个体数 N、每条人工鱼的初始位置、人工鱼移动的最大步长 Step、人工鱼的视野 Visual、试探次数 Try_number 和拥挤度因子 δ。

（2）计算每条人工鱼的适应度值，并记录全局最优的人工鱼的状态。

（3）对每条鱼进行评价，对其要执行的算子进行选择，包括觅食算子、聚群算子、追尾算子和随机算子。

（4）执行人工鱼选择的算子，更新每条鱼的位置信息。

（5）更新全局最优人工鱼的状态。

（6）若满足循环结束条件，则输出结果，否则跳转到步骤（2）。

基本人工鱼群算法的流程图如图 5.11 所示。

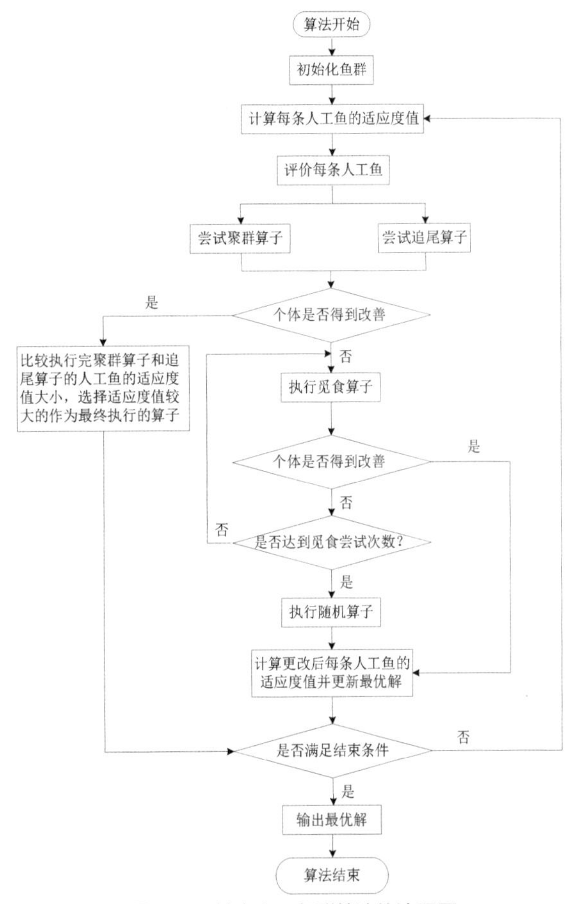

图 5.11　基本人工鱼群算法的流程图

人工鱼群算法对初始条件要求不高，算法的终止条件可以根据实际情况设定，如连续多次所得值的均方差小于允许的误差，聚集于某个区域的人工鱼的数量达到某个比率，连续多次所获得的值均不超过已寻找的极值或最大迭代次数等。为了记录最优人工鱼的状态，在算法中引入一个“公告牌”。人工鱼在寻优过程中，每次迭代完成后就对自身的状态与公告牌的状态进行比较，如果自身状态优于公告牌状态，就将自身状态写入公告牌并更新，这样公告牌就能记录下历史最优的状态。最终公告牌记录的值就是系统的最优值，公告牌状态就是系统的最优解。

人工鱼在决定执行行为时需要进行评价。在解决优化问题时，可以采用简单的评价方式，也就是在当前状态下，哪种行为向最优方向前进步长最大，就选择哪种行为。根据所要解决问题的性质，对人工鱼所处的环境进行评价，从而选择一种行为。对于求解极大值问题，最简单的评估方法是试探法：模拟执行聚群、追尾等行为，然后评价行动后的值，选择最优行为来实际执行，默认行为为觅食行为。

人工鱼群算法寻优过程中，人工鱼可能会集结在几个局部极值域的周围。使人工鱼跳出局部极值域，实现全局寻优要注意几点：（1）觅食行为中重试次数较少时，人工鱼有随机活动的机会，从而能跳出局部极值的邻域；（2）随机步长的采用使得人工鱼在前往局部极值的途中，有可能转而游向全局极值；（3）算法中拥挤度因子限制了聚群的规模，只有较优的地方才能聚集更多的人工鱼，使得人工鱼能够更广泛地寻优；（4）聚群行为能够促使少数陷入局部极值的人工鱼向多数趋向全局极值的人工鱼方向聚集，从而“逃离”局部极值；（5）追尾行为能加快人工鱼向更优状态游动，同时也能促使陷入局部极值的人工鱼向处于更优的全局极值的人工鱼方向聚集并“逃离”局部极值。

4. 各种参数对算法收敛性能的影响

人工鱼群算法有 5 个基本参数，即视野（Visual）、步长（Step）、人工鱼总数（N）、尝试次数（Try_number）及拥挤度因子（δ），它们都对算法性能有影响。

（1）视野。人工鱼的各个行为都是在视野范围内进行的，因此视野的选取对算法收敛性的影响比较大。一般来讲，当视野范围较小时，人工鱼的追尾行为和聚群行为受到了很大的局限，而其在邻近区域内的搜索能力则得到了加强，此时觅食行为和随机行为比较突出；而当视野范围较大时，追尾行为和聚群行为变得比较突出，而人工鱼在较大的区域内执行觅食行为和随机行为，不利于全局极值附近的人工鱼发现邻近范围内的全局极值点。总体来看，视野越大，越容易使人工鱼发现全局极值点并收敛。

（2）步长。选择大步长，有利于人工鱼快速向极值点收敛，收敛的速度能得到一定的提高。随着步长的增大，越过一定范围之后，收敛速度会减缓，有时会出现振荡现象而大大影响收敛速度。在收敛后期，会造成人工鱼在全局极值点来回振荡而影响收敛的精度。选择小步长，易造成人工鱼收敛速度慢，但精度会有所提高。

采用随机步长的方式会一定程度削弱振荡现象对优化精度的影响，并使得该参数的敏感度大大降低，但其收敛速度也同样会降低。所以对于特定的优化问题，可以考虑采用合适的固定步长或变步长方法来提高收敛速度和精度。

（3）人工鱼总数。人工鱼的数量越多，鱼群的群体智能越突出，收敛的速度越快，精度越高，跳出局部极值的能力也越强，但是，算法每次迭代的计算量也越大。因此，在具体优化应用中，应在满足稳定收敛的前提下，尽可能地减少人工鱼个体的数量。

（4）尝试次数。尝试次数越多，人工鱼执行觅食行为的能力越强，收敛的效率也越高，但在局部极值突出的情况下，人工鱼易在局部极值点聚集而错过全局极值点。所以对于一般的优化问题，可以适当地增加尝试次数，以加快收敛速度；在局部极值突出的情况下，应减少尝试次数以增大人工鱼随机游动的概率，克服局部极值的影响。尝试次数越多，人工鱼摆脱局部极值的能力就越弱；对于局部极值不是很突出的问题，增加尝试次数可以减小人工鱼随机游动的概率而提高收敛的效率。

（5）拥挤度因子。拥挤度因子用来限制人工鱼聚集规模，使在较优状态的邻域内聚集较多的人工鱼，而在次优状态的邻域内聚集较少的人工鱼或不聚集人工鱼。

在求极大值问题中，一般拥挤度因子可定义为 $\delta = \dfrac{1}{\alpha n_{\max}}$，而在求极小值问题中，一般设 $\delta = \alpha n_{\max}, \alpha \in (0,1]$。其中 α 为极值接近水平，$n_{\max}$ 为该邻域内聚集的最大人工鱼数量。这样若 $Y_c/(Y_i n_f) < \delta$，则算法认为 Y_c 状态过于拥挤，其中 Y_i 为人工鱼自身状态的值，Y_c 为人工鱼所感知的某状态的值，n_f 为人工鱼邻域内伙伴的数量。

以求极大值的情况为例，拥挤度因子对算法的影响可以分以下 3 种情况。

① 当 $\delta n_f > 1$ 时，拥挤度因子越大，算法执行追尾行为和聚群行为的机会越小，鱼群的聚集能力越弱，致使收敛速度和精度明显下降，克服局部极值的能力也有所降低。但同时由于觅食行为的增强，又使得算法的收敛能力和克服局部极值的能力得到了一定的补偿。

② 当 $0 < \delta n_f < 1$ 时，拥挤度因子的变化对追尾行为不会产生影响，从而保证算法能快速收敛。而拥挤度因子越小，聚群行为越强，越来越多的比中心值位置更优的人工鱼向中心移动，会使收敛速度逐渐下降。同时，由于觅食行为被削弱，会抵消因聚群行为增强所带来的克服局部极值的优势，甚至使克服局部极值的能力有所下降。

③ 当忽略拥挤的因素，即令 $\delta n_f = 1$ 时，人工鱼主要比较两种行为的值：一是执行追尾行为（最优人工鱼执行觅食行为）后的值；二是比中心食物浓度低的人工鱼执行聚群行为的值，比中心食物浓度值高的人工鱼执行默认的觅食行为的值。与 $0 < \delta n_f < 1$ 时相比，第一种行为的效果是相同的，而在第二种行为中执行聚群行为的人工鱼的个数比 $0 < \delta n_f < 1$ 时的少。此时，算法由于聚群行为减少所导致的克服局部极值能力的减弱因为觅食行为的增强而得到了补偿。因此忽略拥挤的因素，算法的算法复杂度、收敛速度、优化精度和克服局部极值的能力都是比较理想的。

这 5 个参数，特别是前 4 个对算法收敛度的影响是较大的。在实际应用过程中，需要根据不同的寻优函数和寻优精度来合理地配置人工鱼的各个参数，而不能一成不变。

5.4.6.4　人工蜂群算法

人工蜂群算法（Artificial Bee Colony Algorithm，ABC）是由卡拉伯卡（Karaboga）于 2005 年提出的基于蜜蜂群体的觅食行为的一种新的启发式仿生算法，它建立在蜜蜂群体生活习性模型的基础上，模拟蜂群依据各自分工不同协作采蜜、交换蜜源信息以找到最优蜜源这一群体行为。人工蜂群算法具有良好的优化能力，可以用来解决数值优化问题，且优化性能优于基本的差分进化算法、粒子群算法等，在生产调度、路径规划等方面也取得了良好的应用效果。

蜜蜂是一种社会性昆虫。蜂群中通常存在 3 种类型的蜜蜂：蜂王、工蜂和雄蜂。此 3 种蜜蜂分工协作，各司其职，互相依存，彼此交互，最终实现复杂的蜜蜂群体的行为。通过不同蜜蜂间的相互协作，几乎在任何环境下蜜蜂种群都能够以极高的效率从食物源（花粉）中采集花蜜，同时，它们能根据环境的变化而改变自己的生活习性，能够非常好地适应环境。

蜂群采蜜过程中会产生非常高的群体智慧，采蜜过程中寻找的食物源（搜索模型）包含 3 个基本要素：食物源、雇用蜂（Employed Foragers）和未被雇用的蜜蜂（Unemployed Foragers）。涉及两种最基本的行为模型：为食物源招募（Recruit）蜜蜂和放弃（Abandon）某个食物源。

在人工蜂群算法中，主要通过模拟引领蜂、跟随蜂和侦察蜂 3 类蜜蜂的两种最为基本的蜂群行为实现群体智能。引领蜂、跟随蜂主要负责对食物源进行开采，侦察蜂则主要负责侦察食物源，尽量找到多个食物源。两种最为基本的蜂群行为：一种是当某一只蜜蜂找到一处食物丰富的食物源时，会引导其他蜜蜂也跟随它到达此处；另一种是当觉得某处食物源食物不够丰富时，放弃这一食物源，继续找寻另一处食物源来代替。其中食物源可以从食物源的丰富程度、距离蜂巢的远近、取得食物的困难程度等几个方面来评价，算法中用食物源的收益率（Profitability）来综合体现这些因素。

引领蜂的数量一般是与食物源相对应的，它能够记录自己已经搜索到的食物源的有关信息（如食物源的方向、距离蜂巢的远近、食物丰富程度等），选择比较好的食物源作为初始食物源并标记，再释放与标记的食物源成正比的路径信息，以招募其他的跟随蜂。而侦察蜂通常在蜂巢周围搜索食物源，在算法的初始化和搜索过程中，始终伴随着侦察蜂对食物源的“探索”行为，依据经验，蜂群中的侦察蜂数量大约占整个种群数量的5%～20%。跟随蜂是在蜂巢附近等待引领蜂共享食物源信息的蜜蜂，它们通过观察引领蜂的“舞蹈”，选择自己认为合适的蜜蜂进行跟随，同时在其附近搜索新的食物源，与初始引领蜂标记食物源进行比较，选取其中较好的、收益率较大的食物源，更改本次循环的初始标记食物源。假如在采蜜过程中，食物源经过一段时间后侦察蜂的食物源搜索方式不变，则相应的引领蜂就变成侦察蜂，随机搜索去寻找新食物源，来代替初始标记食物源中的相应位置，确定最终食物源位置地点。

在群体智能中，信息交换扮演着重要角色，正是个体之间的信息交换才使得群体的整体智慧得以提高，从而表现出群体智能现象。蜂群中蜜蜂进行信息交换的主要场所就是蜂巢附近的“舞蹈区”，同时在这里也频繁发生着各种蜂的角色转换。蜜蜂是通过舞蹈来共享相关信息，进行信息交互的。侦察蜂寻找到食物源并飞回蜂巢，在舞蹈区通过“摇摆舞”的形式将食物源的信息传递给其他蜜蜂，周围的蜜蜂通过观察进行选择，选定自己要成为的角色并进行转换。食物源的收益率越大，被选择的可能性就越大。蜜蜂被吸引到某一食物源的概率与这一食物源处的食物丰富程度成正比，食物越丰富的食物源，吸引到的蜜蜂越多。在自然界的生物模型中，引领蜂、跟随蜂、侦察蜂这 3 种蜜蜂的角色是可以互换的。

1. 人工蜂群算法的基本原理

人工蜂群算法中，食物源位置代表优化问题的解。蜂群具有 3 种类型的工蜂：引领蜂、跟随蜂和侦察蜂。引领蜂专门进行采集，跟随蜂等待在蜂巢中观看同伴表演的摇摆舞，侦察蜂进行随机搜索。其中，引领蜂和跟随蜂的数量（BN）相等，且都等于食物源的数量 SN。这样，解的群体由 SN 个 D 维向量表示，其中第 i 个解可表示为 $\boldsymbol{x}_i=\{x_{i1},x_{i2},\cdots,x_{iD}\}$，$i=1,2,\cdots,\mathrm{SN}$，食物源花粉量对应解的质量（适应度值）。

在人工蜂群算法中，蜜蜂对食物源的寻找过程分以下 3 步：①引领蜂搜索到一处食物源，并将此处花蜜的数量记录下来；②跟随蜂根据引领蜂所共享的花蜜信息，来决定跟随哪只引领蜂去采蜜；③当放弃某个食物源时，引领蜂变成侦察蜂，随机找寻新的食物源。

算法开始时，首先随机产生初始解的群体 $P(G=0)$，并评估其适应度值。初始化后，开始一个由引领蜂、跟随蜂和侦察蜂进行的、对位置（解）进行改进的循环搜索过程。

先是引领蜂对相应食物源的邻域进行一次搜索，如果搜索到的食物源（解）的花蜜质量（适应度值）比之前的更优，就用新的食物源的位置替代之前的食物源位置，否则保持旧的食物源位置不变。所有的引领蜂完成搜索之后，回到舞蹈区把食物源花蜜质量的信息通过跳摇摆舞传递给跟随蜂。跟随蜂依据得到的信息按照一定的概率选择食物源。花蜜越多的食物源，被跟随蜂选择的概率也就越大。跟随蜂选中食物源后，与引领蜂采蜜过程一样，也进行一次邻域搜索，用较优的解代替较差的解。通过不断重复上述过程来实现整个算法的寻优，从而找到问题的全局最优解。

跟随蜂对食物源的选择通过观察完引领蜂的摇摆舞来判断食物源的收益率，然后根据收益率大小，按照赌轮选择策略来选择到哪个食物源采蜜。收益率是通过函数适应度值来表示的，而选择概率 p_i 根据式（5.63）确定

$$p_i = \frac{\text{fit}_i}{\sum_{i=1}^{\text{SN}} \text{fit}_i} \tag{5.63}$$

其中，fit_i 是第 i 个解的适应度值，SN 是解的个数。

为在记忆中产生一个旧的竞争食物位置，人工蜂群算法使用式（5.64）。

$$v_{ij} = x_{ij} + \varphi_{ij}(x_{ij} - x_{kj}) \tag{5.64}$$

式中 v_{ij} 是新的食物源的位置，φ_{ij} 是一个$[-1,1]$内的随机数，$k \in \{1,2,\cdots,\text{SN}\}$，并且 $k \neq i, j \in \{1,2,\cdots,d\}$。尽管 k 被随机决定，但它必须与 i 不同。φ_{ij} 可控制 x 位置邻近食物源的产生，这一修正代表蜜蜂视觉上对邻近食物源的比较，也即邻域搜索过程。

被蜜蜂放弃的食物源将会由侦察蜂找到的新食物源所取代。人工蜂群算法中，如果一个位置不能被预先设定的称为“limit”的循环数进一步改进，表明此位置（解）已陷入局部最优，那么这个位置就要被放弃，与这个解相对应的引领蜂转变为侦察蜂。假设被放弃的解是 $\boldsymbol{x}_i$，且 $j \in \{1,2,\cdots,d\}$，那么由侦察蜂通过式（5.65）随机产生一个新的解来代替 $\boldsymbol{x}_i$。

$$x_i^j = x_{\min}^j + \text{rand} \times (x_{\max}^j - x_{\min}^j) \tag{5.65}$$

式中，rand 是 0～1 的随机数。

人工蜂群算法将全局搜索和局部搜索的方法相结合，从而使得蜜蜂在食物源的开采和探索这两方面取得了很好的平衡。算法的每一次循环迭代中，跟随蜂和引领蜂的数量都相等，它们负责执行开采过程；而侦察蜂的个数为 1，负责执行探索过程。

如上所述，人工蜂群算法的寻优过程由下面 4 个选择过程构成：①局部选择过程，引领蜂和跟随蜂按照食物源更新计算公式进行食物源的邻域搜索；②全局选择过程，跟随蜂按照选择概率的计算公式发现较好的食物源；③贪婪选择过程，所有工蜂对新旧食物源进行比较判断，保留较优解，淘汰较差解；④随机选择过程，侦察蜂按照随机更新解的方法发现新的食物源。

2. 人工蜂群算法的流程

人工蜂群算法的流程图如图 5.12 所示。其具体流程如下。

（1）算法初始化。算法初始化包括初始化种群规模、控制参数“limit”、最大迭代次数。随机产生初始解 $\boldsymbol{x}_i (i = 1,2,\cdots,\text{SN})$，并计算每个解的适应度函数值。

（2）引领蜂根据下式对邻域进行搜索产生新解 $\boldsymbol{V}_i$，并且计算其适应度值。

$$V_{ij} = x_{ij} + \varphi_{ij}(x_{ij} - x_{kj})$$

如果 $\boldsymbol{V}_i$ 的适应度值优于 $\boldsymbol{x}_i$，则用 $\boldsymbol{V}_i$ 代替 $\boldsymbol{x}_i$，将 $\boldsymbol{V}_i$ 作为当前最优解，否则保留 $\boldsymbol{x}_i$ 不变。

（3）计算所有 $\boldsymbol{x}_i$ 的适应度值，并按式（5.66）计算与 $\boldsymbol{x}_i$ 相关的概率值 p_i。

$$p_i = \frac{\text{fit}_i}{\sum_{i=1}^{\text{SN}} \text{fit}_i} \tag{5.66}$$

（4）跟随蜂根据 p_i 选择食物源，并根据位置更新计算公式对邻域进行搜索，产生新解 $\boldsymbol{V}_i$，并计算其适应度值。如果 $\boldsymbol{V}_i$ 的适应度值优于 $\boldsymbol{x}_i$，则用 $\boldsymbol{V}_i$ 代替 $\boldsymbol{x}_i$，将 $\boldsymbol{V}_i$ 作为当前最好解，否则保留 $\boldsymbol{x}_i$ 不变。

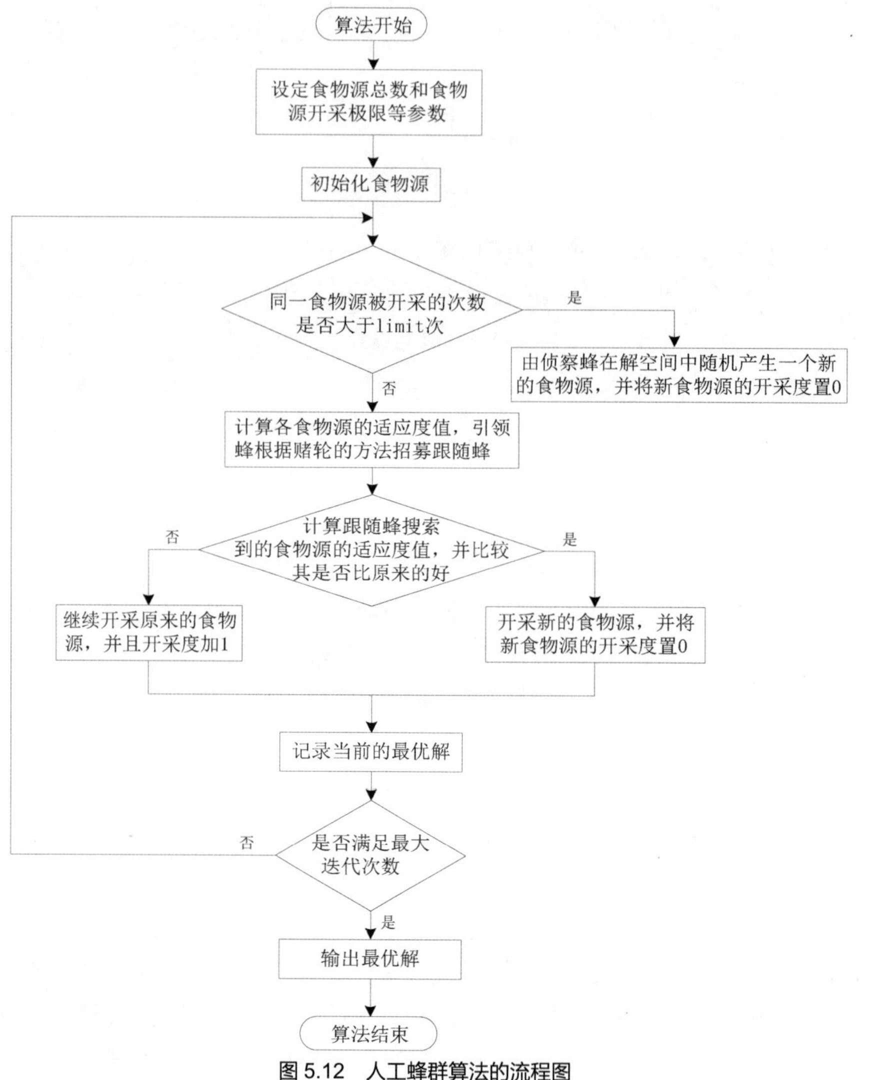

图 5.12　人工蜂群算法的流程图

（5）判断是否有要放弃的解，即如果某个解连续经过 limit 次循环之后没有得到改善，那么侦察蜂根据式（5.67）产生一个新解 $\boldsymbol{x}_i$ 来替换它。

$$x_i^j = x_{\min}^j + \text{rand} \times (x_{\max}^j - x_{\min}^j) \tag{5.67}$$

（6）一次迭代完成之后，记录到目前为止最好的解。

（7）判断是否满足循环终止条件，如满足则输出最优结果，否则返回步骤（2）。

3. 算法控制参数

人工蜂群算法的主要参数有群体规模、同一食物源被限定的采蜜次数、最大进化次数等。这些参数都是在算法开始之前就设定好的，对算法性能有很大影响。人工蜂群算法参数的设置与问题本身的性质有很大关系，常用的方法是根据经验设置控制参数值。由于人工蜂群算法的实现是一个动态寻优过程，故参数也应随着蜂群迭代过程进行自适应调节。

（1）群体规模。不同的问题适用于不同的群体规模。群体规模过大，虽然可以增大搜索空间，使所求得的解更逼近最优解，但是这也同样会增加求解的计算量；群体规模过小，虽然可以较快地收敛到最优，但是这样所求得的解很容易陷于局部最优，不能很好地得出全局最优解。

（2）同一食物源被限定的采蜜次数。对于食物源的开采次数，要进行适当的设定。开采次数过少，不能很好地进行局部搜索；开采次数过多，不但会增加算法的时间复杂度，而且对于局部最优解没有很好的改进作用。

（3）最大进化次数。最大进化次数的选取是根据某一具体问题的实验得出的。进化次数过少，会使得算法无法取得最优解；进化次数过多，可能导致算法过早收敛到最优解，之后进行的迭代对于最优解的改进几乎没有什么效果，增加了算法的运算时间。

5.5　混合算法

随着科技的发展和工程问题范围的拓宽，问题的规模越来越大和复杂程度越来越高，传统算法的优化结果往往不够理想，同时算法理论研究的落后也导致单一算法性能改进程度具有局限性，而基于自然机理提出新的优化算法虽然具有较强的通用性，无须利用问题的特殊信息，但每种方法各有优缺点。所以如何合理结合两者来构造新算法，对于实时性和优化性同样重要的工程领域，具有很强的吸引力。基于这种现状，算法混合（组合）的思想已发展成为提高算法优化性能的一个重要且有效的途径，其出发点就是使各种单一算法相互取长补短，产生更好的优化效果。

5.5.1　混合优化策略的关键问题

1. 问题分解与综合的处理

空间的分解策略有利于利用空间资源克服问题求解的复杂性，是提高优化效率的有效、次优化求解手段。分解的层次数与问题的规模和所采纳的算法有关。由于不同算法在适用域上存在差异，实际求解时要求子问题的规模适合所采纳的子算法进行高效优化，同时应考虑到各子问题的分布能保证逆向综合时取得较好的优化度。例如，对平面大规模 TSP，若以模拟退火算法为子算法，研究表明，将子问题的规模设置在 50 点之内，并采用平面邻近分割或聚类的分解方法是比较有效的。

2. 子算法和邻域函数的选择

子算法和邻域函数的选择与问题的分解具有关联性。为提高整体优化能力，在对问题进行合理分解后，在进程层次上要求采用的各种子算法和邻域函数在机制和结构上具有互补性，使算法整体同时具有高效的全空间搜索能力和局部趋化能力。例如并行搜索和串行搜索机制相结合，全局遍历与局部贪婪搜索相结合，大范围迁移和小范围摄动的邻域结构相结合等。

3. 进程层次上算法转换接口的处理

算法的接口问题，即在子算法确定后如何将它们在优化结构上融合，是提高优化效率和能力的主要环节。为此，首先要对各算法的机制和特点有所了解，对算法的优化行为和搜索效率进行深入的定性分析，并对问题的特性有一定的先验知识。当一种算法或邻域函数无助于明显改善整个算法的优化性能时，如优化质量长时间得不到显著提高，则可考虑切换到另一种搜索策略。例如，神经网络的 BP 训练进入平坦区或多峰区时，可切换到模拟退火搜索。但是，用严格的定量指标来准确衡量算法的动态优化能力和趋势具有一定的难度。并且完全定量且一成不变的接口处理，将难以适应优化过程的动态演变。合理的处理手段应是基于规则自适应动态变化的。为了研究混合算法的整体性能，如收敛性等，在理论上将涉及切换系统的研究内容，实际应用时也需要做广泛和深入的研究。

4. 优化过程中的数据处理

优化信息和控制参数在各算法间需要进行合理的切换，以适应优化进程的切换。特别是要处理好不同搜索方式的算法间当前状态的转换和各子问题的优化信息交换与同步处理。原则上，这些问题属于技术层面上的问题，应视所用算法、编程技术和计算机类型做出具体的设计。

总之，通过对上述关键问题进行合理和多样化处理，可以构造出各种复合化结构的高效混合优化策略。

5.5.2 混合算法的统一优化结构

由于各种算法的搜索机制、特点和适用域存在一定的差异，“No Free Lunch”定理说明，没有一种方法对任何问题都是最有效的，实际应用时为选取适合问题的具有全面优良性能的算法，往往依赖于足够的经验和大量的实验结论。造成这种现象的根本原因是优化算法的研究缺乏系统化。特别是，目前不同算法各自孤立的研究现状，不利于开发新型混合机制的优化算法，也不利于算法应用领域的拓宽。因此建立统一的算法结构和研究体系，就成为一件很有必要的事情。

基于并行技术和分布式计算机技术，为了使优化算法适合求解大规模复杂的优化问题，可以对优化过程做两方面分解处理。

（1）基于优化空间的分层。把原优化问题逐层分解成若干个子问题，利用有效算法首先对各子问题进行并行化求解，最后逆向逐层综合成原问题的解。

（2）基于优化进程的分层。把优化过程在进程层次上分成若干个阶段，各阶段分别采用不同的搜索算法或邻域函数进行优化。

针对上述思想，目前混合算法的结构类型主要可归结为串行、镶嵌、并行及混合结构。

串行结构是一种最简单的混合算法结构，如图 5.13 所示。采用串行结构的混合算法吸收不同算法的优点，将一种算法的搜索结果作为另一种算法的起点依次对问题进行优化，其目的主要是保证在一定优化质量的前提下提高优化效率。设计串行结构的混合算法需要解决的问题主要是确定各种算法的转换时机。

混合算法的镶嵌结构如图 5.14 所示，它表示为一种算法作为另一种算法的一个优化操作或用操作搜索性能的评价器。前者混合的思想主要鉴于各种算法优化机制的差异，尤其是互补性，克服单一算法早熟和陷入局部极值。设计镶嵌结构的混合算法需要解决的问题主要是子算法与嵌入点的选择。

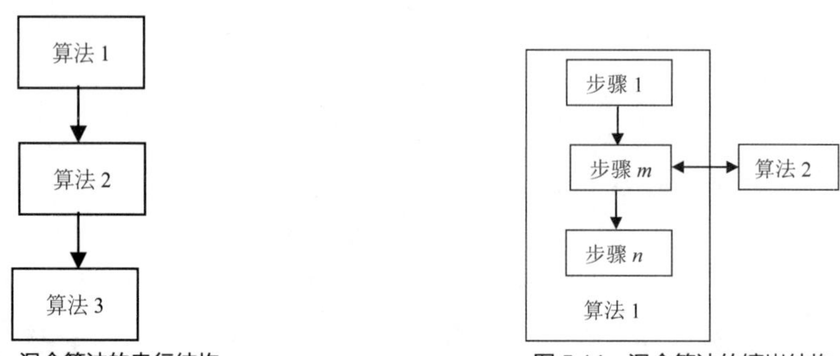

图 5.13 混合算法的串行结构　　图 5.14 混合算法的镶嵌结构

混合算法的并行结构如图 5.15 所示，它包括同步式并行、异步式并行和网络式结构。前两种并行方式有一个算法（算法 A）作为主算法，其他算法作为子算法，子算法间一般不发生通信。同步式并行中主算法与子算法是一种主仆关系，各子算法的搜索过程相对独立，而且可以采纳不同的搜索机制，但与主算法的通信必须保持同步。异步式并行中各子算法通过共享存储器彼此无关地进行优化，与主算法的通信不受其他子算法的限制，其可靠性有所提高。网络式结构中各算法分别在独立的存储器上执行独立的搜索，算法间的通信是通过网络相互传递的，由于网络式结构纯粹是一种并行实现方式，一般不将其纳入混合算法框架。问题分解与综合以及算法间的通信问题是设计并行结构的混合算法需解决的主要问题。

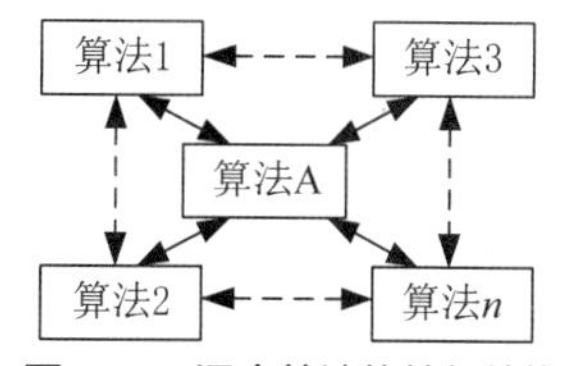

图 5.15　混合算法的并行结构

基于以上分析，可以得到图 5.16 所示的混合算法的统一优化结构。这种优化结构的统一性主要体现在以下几个方面。

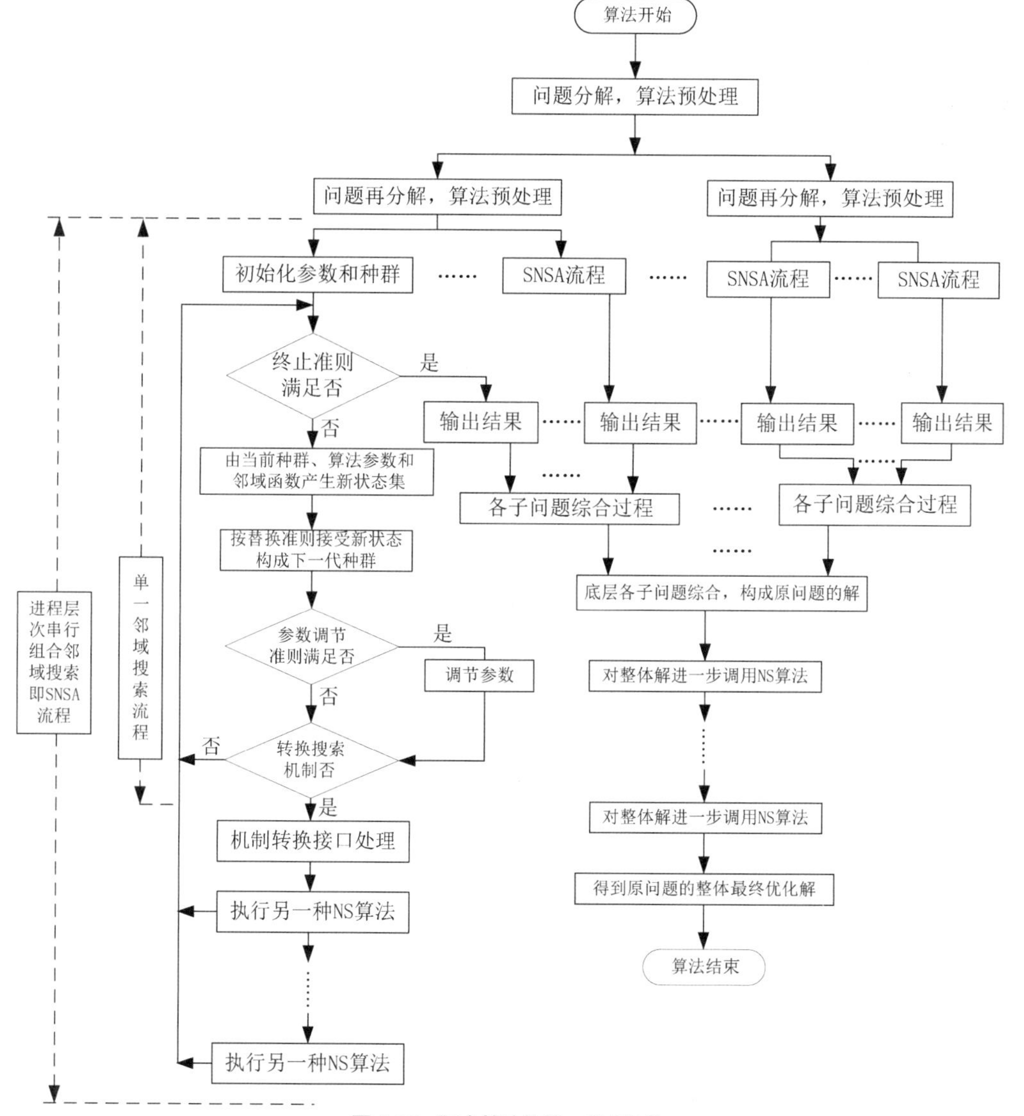

图 5.16　混合算法的统一优化结构

1. 单一邻域搜索流程

在统一优化结构中，将各种单一搜索方式进行统一模块化描述，包含构成混合算法流程的所有关键步骤。

2. 进程层次串行组合邻域搜索

SNSA 流程体现了优化过程在进程层次上的分解，是在进程层次上对各种混合算法的统一描述。通过适当的接口处理，利用多种子算法，可构造出多种混合算法。

3. 问题分解和预处理以及子问题的综合过程

问题分解和预处理及子问题的综合过程体现了优化过程在空间层次上的分解，是基于“divide and conquer”思想的算法的统一描述。通过问题分解，可降低求解复杂性，有利于提高优化效率。

4. 整体解的进一步新颖性搜索优化

整体解的进一步新颖性搜索（Novelty Search，NS）优化是对“原问题经分解求解”到“综合处理”的手段所造成的全局优化质量一定程度降低的补充，同时也用于在统一优化结构中融进基于问题信息的构造性启发式搜索算法。

例如对大规模 TSP 的求解，鉴于问题整体求解的复杂性，在设计算法时可以先考虑空间的分解，利用聚类的方法将问题分解为若干子问题，然后用启发式方法快速得到子问题的近似解，再以其为初始状态，利用遗传算法、模拟退火算法、禁忌搜索算法等和规则性搜索在一定的混合方式下进行指导性优化，待各优化子问题求解完后用邻近原则确定问题的整体解，再采用局部改进算法对其做进一步“加工”以得到原问题的解。

5.6 计算智能的 MATLAB 实战

例 5.1 求解下列函数的极小值。

（1）$f(X)=20+[x_1^2-10\cos(2\pi x_1)]+[x_2^2-10\cos(2\pi x_2)]$，$|x_i|\leqslant 5.12$，$i=1,2$。

（2）
$$\min f(x,y)=100(y-x^2)^2+(1-x)^2$$
$$\text{s.t.}\quad \begin{cases} g_1(x,y)=-x-y^2\leqslant 0 \\ g_2(x,y)=-x^2-y\leqslant 0,\ -0.5\leqslant x\leqslant 0.5, y\leqslant 1 \end{cases}$$

解：对于群智能优化问题，可以采用 MATLAB 自带的函数或自编函数进行计算。

（1）此函数的图像如图 5.17 所示，其极值为 $f(0,0)=0$。

```
zfun=inline('20+[x^2-10*cos(2*pi*x)]+[y^2-10*cos(2*pi*y)]'); ezmesh(zfun,100)
```

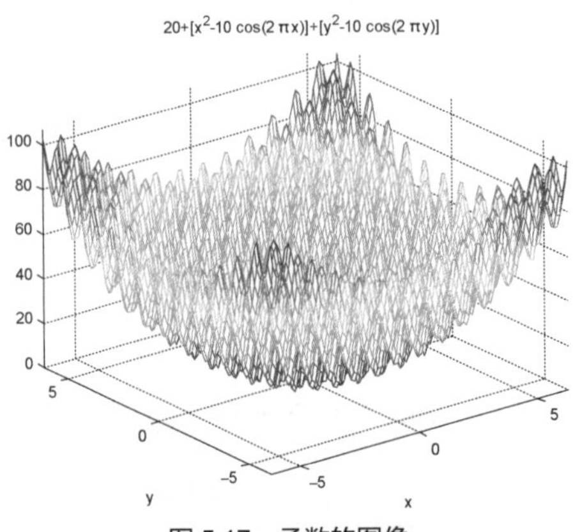

图 5.17 函数的图像

根据遗传算法的原理，编写函数 myga。此函数利用实数编码。通过设定不同的参数（主要是变异概率、交叉概率、迭代次数、适应度函数形式等），可以发现这些参数对寻优结果影响较大。

```
>> cbest=myga(@optifun14,numvar,popsize,iterm_max,pm,px,LB,UB)
>> cbest =x: [-3.0784e-004 -3.0198e-004]
     fitness: 3.6892e-005
     index: 4991
```

（2）对于约束优化问题，可以参照经典优化方法将其转换为无约束优化问题（本例中为罚函数法），再调用遗传算法进行求解。

```
>> cbest=myga(@optifun16,2,70,9000,0.2,0.95,[-0.5;-1],[0.5;1])
>> cbest =x: [0.4999 0.2497]
    fitness: 0.2501
       index: 4777
```

此函数的求解效果并不理想，多次寻优才成功一次，需要改进。

例 5.2　求下列函数的极大值。

$$f(X)=\frac{\sin(x)}{x}\cdot\frac{\sin(y)}{y},\ -10\leqslant x,y\leqslant 10$$

解：现利用二进制编码的遗传算法进行求解，编写函数 myga1。

```
>> [max_x,maxfval]=myga1(@optifun15,LB,UB,popsize,iterm_max,px,pm,1e-8)
>> min_x =1.0e-003 *(0.6680    0.0882)        %极值点
  minfval = 1                                 %极大值
```

例 5.3　利用进化策略算法求解下列非线性方程组。

$$\begin{cases}\sin(x+y)-6\mathrm{e}^{x}y=0\\ 5x^{2}-4y-100=0\end{cases}$$

解：利用优化算法求解方程组，关键在于适应度函数的设计。

设方程组中方程个数为 m，则 $y_j=\varphi_j$，$j=1,2,\cdots m$，每个方程的解是使 $y_j=0$ 的值，取函数 $g=\sum_{i=1}^{m}\varphi_i^2$ 为方程组的解，而适应度函数为 $f=\dfrac{1}{1+\sqrt{g}}$。

据此，再利用进化策略算法求解，可得到全部的两个解。

```
>> [val_x,val_f]=gaES(@optifun24,300,500,400,-10*ones(2,1),10*ones(2,1))
val_x =-4.2711    -2.1973       %两个根
         -4.5929    1.3681
```

例 5.4　请用蚁群算法求解 75 个城市的 TSP。表 5.2 所示为各城市的坐标值。

表 5.2　城市坐标值

<table>
<tr><td rowspan="10">坐标值</td><td>48</td><td>52</td><td>55</td><td>50</td><td>41</td><td>51</td><td>55</td><td>38</td><td>33</td><td>45</td><td>40</td><td>50</td><td>55</td><td>54</td><td>26</td><td>15</td><td>21</td></tr>
<tr><td>21</td><td>26</td><td>50</td><td>50</td><td>46</td><td>42</td><td>45</td><td>33</td><td>34</td><td>35</td><td>37</td><td>30</td><td>34</td><td>38</td><td>13</td><td>5</td><td>48</td></tr>
<tr><td>29</td><td>33</td><td>15</td><td>16</td><td>12</td><td>50</td><td>22</td><td>21</td><td>20</td><td>26</td><td>40</td><td>36</td><td>62</td><td>67</td><td>62</td><td>65</td><td>62</td></tr>
<tr><td>39</td><td>44</td><td>14</td><td>19</td><td>17</td><td>40</td><td>53</td><td>36</td><td>30</td><td>29</td><td>20</td><td>26</td><td>48</td><td>41</td><td>35</td><td>27</td><td>24</td></tr>
<tr><td>55</td><td>35</td><td>30</td><td>45</td><td>21</td><td>36</td><td>6</td><td>11</td><td>26</td><td>30</td><td>22</td><td>27</td><td>30</td><td>35</td><td>54</td><td>50</td><td>44</td></tr>
<tr><td>20</td><td>51</td><td>50</td><td>42</td><td>45</td><td>6</td><td>25</td><td>28</td><td>59</td><td>60</td><td>22</td><td>24</td><td>20</td><td>16</td><td>10</td><td>15</td><td>13</td></tr>
<tr><td>35</td><td>40</td><td>40</td><td>31</td><td>47</td><td>50</td><td>57</td><td>55</td><td>2</td><td>7</td><td>9</td><td>15</td><td>10</td><td>17</td><td>55</td><td>62</td><td>70</td></tr>
<tr><td>60</td><td>60</td><td>66</td><td>76</td><td>66</td><td>70</td><td>72</td><td>65</td><td>38</td><td>43</td><td>56</td><td>56</td><td>70</td><td>64</td><td>57</td><td>57</td><td>64</td></tr>
<tr><td>64</td><td>59</td><td>50</td><td>60</td><td>66</td><td>66</td><td>43</td><td></td><td></td><td></td><td></td><td></td><td></td><td></td><td></td><td></td><td></td></tr>
<tr><td>4</td><td>5</td><td>4</td><td>15</td><td>14</td><td>8</td><td>26</td><td></td><td></td><td></td><td></td><td></td><td></td><td></td><td></td><td></td><td></td></tr>
</table>

解：根据蚁群算法的原理，编写函数 antTSP 进行求解。

```
>> [Shortest_Route,Shortest_Length]=antTSP(city,1000,50,1,2,0.1,100)
   Shortest_Route=35 72 73 74 69 70 49 71 51 50 1 2 12 13 14 23 6 7 3 4 66 53 52 44 43 24
17 39 25 26 27 9 18 19 37 36 5 38 10 11 8 29 75 28 48 40 15 47 46 45 21 22 20 16 41 42 60
61 62 63 65 64 55 54 56 57 58 59 68 67 30 31 32 33 34
   Shortest_Length =558.8244
```

较佳的路径图如图 5.18 所示，求解结果与最优值（549.180）有一定的差异，这是算法中的参数（而不是最优值）引起的。

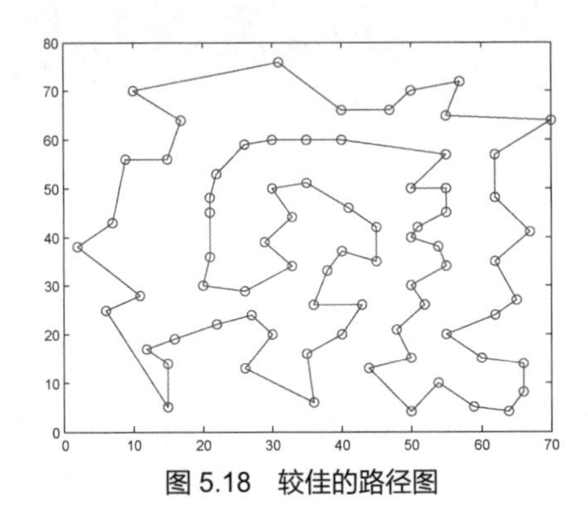

图 5.18　较佳的路径图

例 5.5　试用粒子群算法求解下列函数的极小值。

$$\min f(X)=\sum_{i=1}^{11}\left[a_i-\frac{x_1(b_i^2+b_ix_2)}{b_i^2+b_ix_3+x_4}\right]^2, |x_i|\leqslant 5$$

其中，

$$(a_i)=(0.1957,0.1947,0.1735,0.16,0.0844,0.0627,0.0456,$$
$$0.0342,0.0323,0.0235,0.0246)$$
$$(1/b_i)=(0.25,0.5,1,2,4,6,8,10,12,14,16)$$

解：根据粒子群算法的原理，编写函数 mypso 进行求解，其中输入参数粒子数为 30，最大迭代数为 2000，LB=[−5; −5; −5; −5]，UB=[5;5;5;5]。

```
>> [bestx,bestf]=mypso(@optifun35,1)
>> bestx =0.1928     0.1909     0.1231     0.1358          %极值点
   bestf =3.0749e-004                                      %极小值
```

例 5.6　粒子群算法也可以用于求解离散数学问题，如邮递员问题。试用粒子群算法求解下列 20 个城市的 TSP，城市坐标值如表 5.3 所示。

表 5.3　城市坐标值

坐标值	15.20	10.00	360.00	50.00	46.00	50.30	90.54	100.00	154.00	79.00
	3.00	25.00	20.00	6.00	92.00	70.60	658.70	360.00	82.00	659.00
	360.40	39.40	99.50	65.00	302.40	58.68	98.36	100.20	87.00	65.90
	258.10	56.80	887.00	68.40	54.00	78.00	65.60	200.30	6.00	2.30

解：用粒子群算法求解 TSP 关键在于有关路径的加减及乘法运算，可以采用两种方法解决这个问题：一是与其他方法如遗传算法等联合；二是定义新的运算规则。此例采用第二种方法。

（1）位置或路径。

位置或路径可以定义为一个具有所有节点的哈密尔顿圈，设有 N 个节点，它们之间的弧均存在，粒子的位置可表示为序列 $x=(n_1,n_2,\cdots,n_n,n_1)$，与常规的定义一致。

（2）速度。

速度定义为粒子位置的变换集，表示一组置换序列的有序列表，可以表示为：$\boldsymbol{v}=\{(i_k,j_k)\},i_k,j_k\in\{1,2\cdots,N\},k\in\{1,2\cdots,m\}$。该式表示路径中的第 i_k 与第 j_k 个粒子的位置互相交换，m 表示该速度所含交换的数量，置换序列中先执行第一个交换子，再执行第二个，依此类推。

（3）位置与速度的加法操作。

该操作表示将一组置换序列依次作用于某个粒子位置，结果为一个新的位置。

（4）位置与位置的减法操作。

粒子位置与位置相减后为一组置换序列，即速度，也即比较两个位置不同后所得出的序列。

（5）速度与速度的加法操作。

此操作为两个置换序列的合并，结果为一个新的置换序列，即一个新的速度。

（6）实数与粒子速度的乘法操作。

实数 c 为(0,1)的随机数，设速度 v 为一个由 k 个交换子组成的置换序列，乘法操作的实质即对这个置换序列进行截取，新速度的置换序列长度则为 $c\times k$ 后下取整。

根据以上定义，可以得到粒子群算法求解 TSP 的公式。

$$V_i^{k+1}=\omega\otimes V_i^k\oplus c_1\times\text{rand}\otimes(P_i^k-X_i^k)\oplus c_2\times\text{rand}\otimes(P_i^k-X_i^k)$$
$$X_i^{k+1}=X_i^k\oplus V_i^{k+1}$$

据此便可以编写函数进行求解，另外在函数中加入自学习功能，即进化结束后对每一个城市进行两两交换，试探是否更加优化，如是则替换路径，否则保持不变。

从实际运算结果分析，此函数在解决较大维数（城市）的 TSP 时需要改进。

```
>> city=[15.20 3.0000;10.00 25.00;360.00 20.00;50.00 6.00;46.00 92.00;50.30 70.60;
        90.54 658.70;100.00 360.00;154.00 82.00;79.00 659.00;360.40 258.10;
        39.40 56.80;99.50 887.00;65.00 68.40;302.40 54.00;58.68 78.00;
        98.36 65.60;100.20 200.30;87.00 6.00;65.90 12.30];
>> [bestx,bestf]=mypsoTSP(city)              %最大迭代数 3000
>> bestx=4  20  19  17  9  15  3  11  13  10  7  8  18  5  16  14  6  12  2  1
   bestf =2.2785e+003
```

图 5.19 所示为计算结果路径图。

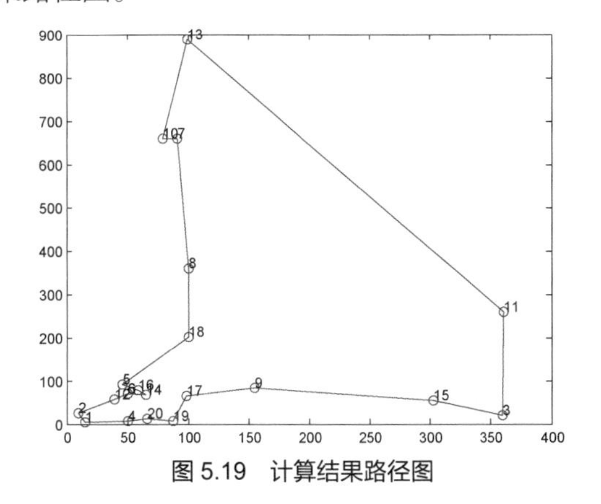

图 5.19 计算结果路径图

例 5.7 请用基本人工鱼群算法求解下列函数的极值。

$$\max f(x,y)=\cos(2\pi x)\cos(2\pi y)\mathrm{e}^{-\frac{x^2+y^2}{10}},\ |x_i|\leqslant 1$$

解： 根据基本人工鱼群算法的原理，编写函数 fish 进行求解，其中输入参数时变量的上、下界分别为[−1; −1]、[1;1]，视野为 5，步长为 0.3，试验次数为 2，拥挤度为 0.11。

```
>> [best_x,fval]=fish(@optifun41)              %此函数为求极大值
>> best_x =-0.0053    0.0001                   %极值点，理论极值点为(0,0)
   fval =0.9994                                %极值，理论极大值为 1
```

例 5.8 基本人工蜂群算法存在收敛速度慢、容易陷入局部最优等缺陷，请对此进行改进，并用改进后的人工蜂群算法对下列函数求极小值。

$$\min f(X)=\sum_{i=1}^{30}|x_i|+\prod_{i=1}^{30}|x_i|$$

解： 对基本人工蜂群算法进行以下两个方面的改进，编写函数 newABC 求解。

（1）初始化。比较正、反向点的目标函数值，从中选出最优初始值，其中反向点 v_j 的定义为

$$v_j=x_j^{\max}+x_j^{\min}-x_j$$

式中 x_j 为自变量 x 的第 j 维；$x_j^{\max},x_j^{\min}$ 分别为第 j 维的上、下界；x_j 为正向点。

（2）将整个蜂群分成跟随蜂与侦察蜂两部分，而且这两部分都进行搜索、更新操作，此时参照粒子群算法中的位置更新公式，利用全局最优点与局部最优点更新跟随蜂与侦察蜂的位置。

```
>> [best_x,fval]=newABC(@optifun52,100,500,-10.*ones(30,1),10.*ones(30,1),100)
>> best_x=1.0e-007*(-0.0311 0.0054 -0.0268 -0.1428 -0.0930 -0.0918 -0.1822 -0.0559
0.0049 -0.0664 0.0451 -0.0674 0.0569 0.1717 -0.0451 -0.0540 0.1552 -0.2581 0.0152 -0.0453
 0.0577 -0.0509  0.1566  0.0455  0.2569  -0.2604  0.0421  0.0411  -0.0695  -0.0961)
>> fval =-2.6911e-007
```

例 5.9 利用粒子群算法求解表 5.4 所示的 TSP。

表 5.4　各城市坐标

城市	*X*	*Y*	城市	*X*	*Y*
1	16.47	96.10	8	17.20	96.29
2	16.47	94.44	9	16.30	97.38
3	20.09	92.54	10	14.05	98.12
4	22.39	93.37	11	16.53	97.38
5	25.23	97.24	12	21.52	95.59
6	22.00	96.05	13	19.41	97.13
7	20.47	97.02	14	20.09	94.55

解： 基本粒子群算法是通过追随个体极值和群体极值完成最优搜索的，虽然能够快速收敛，但随着迭代次数的不断增加，在种群收敛的同时，各粒子也越来越相似，多样性被破坏，从而可能陷入局部最优，而遗传算法中的变异操作是对群体中的部分个体进行随机变异，与历史状态和当前状态无关。在进化初期，变异操作有助于局部搜索和增加群体的多样性，在进化后期，群体已基本趋

于稳定，变异操作反而会破坏这种稳定，变异概率过大会使遗传模式遭到破坏，变异概率过小会使搜索过程缓慢甚至停止不前。

如果将这两种方法结合，通过与个体极值和群体极值交叉，实现遗传算法中的交叉变异操作，以粒子自身变异的方式来搜索最优解，就可以实现粒子群混合算法。

根据这个原理，编写函数 GAPSO_TSP 进行求解：

```
>> load city;
>> [MinDistance,Path] = GAPSO_TSP(city,100,300)
>> MinDistance =30.8013       %与最优值完全一致
   Path=13  7  12  6  5  4  3  14  2  1  10  9  11  8
```

例 5.10 基于模糊规则的模糊时间序列预测方法的基本实现步骤是：首先定义论域并对历史数据进行聚类，得出较为合理的聚类数，再根据各聚类中心进行区间的划分，然后定义论域上的模糊集合和相应的模糊语义变量，从而使历史数据模糊化，接着建立模糊关系，最后通过一定的方法预测并去模糊化。

试用此方法对时间序列[102.1 102.6 102.2 102.2 102.1 102.5 102.0 102.1 102.5 102.6 102.4 102.4 103.0 102.7 102.5 102.3 102.9 102.6]进行预测分析。

解：首先利用 k 均值方法对历史数据进行聚类分析，并根据指标 θ 确定最佳聚类数及相应的聚类中心。

$$\theta = \frac{\text{TSS} - \text{WTSS}}{\text{TSS}} \times 100\%$$

其中 $\text{WTSS} = \sum_{j}^{c}\sum_{i}^{j_m} \| \boldsymbol{x}_{ij} - \boldsymbol{k}_j \|^2$ 为类内距离，$\text{TSS} = \sum_{j}^{c}\sum_{i}^{j_m} \| \boldsymbol{x}_{ij} - \bar{\boldsymbol{x}} \|^2$ 为样本的总体距离。c 为类别数，$\boldsymbol{k}_j$ 为 j 类中心，$\bar{\boldsymbol{x}} = \frac{1}{n}\sum_{i=1}^{n}\boldsymbol{x}_i$，$\boldsymbol{x}_{ij}$ 表示 j 类的第 i 个样本，j_m 表示 j 类中的样本个数。

然后根据聚类中心进行区间的划分以使历史数据模糊化，最后根据模糊规则进行反模糊化并得到最终的预测数据。

根据以上过程编写函数 fz_pro 进行求解，此函数中用 type 控制两种反模糊化及预测方法。从本例的计算结果分析，方法 1 的预测精度要高些。

```
>> x=[102.1 102.6 102.2 102.2 102.1 102.5 102.0 102.1 102.5 102.6 102.4 102.4 103.0
102.7 102.5 102.3 102.9 102.6];
>> y=fz_pro(x,1)    %方法 1，利用前两个数据预测后一个数据
y=[0 0 102.2000 102.2000 102.0750 102.5000 101.9625 102.1000 102.5000 102.6000
102.4000  102.4000  102.9625  102.7375  102.4750  102.3000  102.9625  102.6000]
>> y=fz_pro(x,2)    %方法 2，利用前一个数据预测后一个数据
y=[0 102.5862 102.3011 88.3804 88.3804 102.6000 102.5250 90.4789 102.6000  102.5833
102.4247 102.4245 102.7103 90.6784 102.6000 102.2042 102.5301 102.5864]
```

方法 2 计算出的预测结果中有几个误差较大。

例 5.11 模糊聚类可用于目标识别。设表示新疆 10 个地区的集 X=[1,2,3,…,10]，其中 1 表示阿勒泰，2 表示塔城、3 表示伊宁、4 表示昌吉、5 表示奇台、6 表示阿克苏、7 表示库车、8 表示喀什、9 表示和田、10 表示吐鲁番。根据专业知识和实践经验，选取影响玉米生长的主要因素：x_1 大于 10℃积温（即一年中不小于 10℃的日平均温度累积）；x_2 表示无霜期；x_3 表示 6～8 月平均气温；x_4 表示 5～9 月降水量。这些因素的实际观测值如表 5.5 所示。

表 5.5　玉米生长的主要影响因素

地区	x_1/℃	x_2/天	x_3/℃	x_4/mm
1	2704.7	149	21.3	83.1
2	2886.2	146	20.9	119.0
3	3412.1	175	21.8	139.2
4	3400.2	169	23.3	98.0
5	3096.4	157	22.3	105.0
6	3798.2	207	22.6	42.4
7	4283.6	227	25.3	31.2
8	4256.3	222	24.5	40.7
9	4348.8	230	24.5	20.0
10	5378.3	221	31.4	8.3

请对这 10 个地区采用模糊减法聚类。

解：利用 MATLAB 中的相关函数，计算如下。

```
>> load mydata.dat
>> y1=mean(x);y2=std(x);
>> x=[(x(:,1)-y1(1))/y2(1) (x(:,2)-y1(2))/y2(2) (x(:,3)-y1(3))/y2(3) (x(:,4)-y1(4))/y2(4)];
>> figure,hold on
>> plot(x(:,1),x(:,2),'+')          %用二维图近似表示分类情况
>> radii=0.3;                       %半径值
>> [c,s]=subclust(x,radii);
>> %圆圈处代表聚类中心
>> radii=0.5;
>> [c,s]=subclust(x,radii);
>> %五角星处代表聚类中心
>> plot(c(:,1),c(:,2),'kpentagram','markersize',15,'LineWidth',1.5)
```

从图 5.20 可看出，当半径为 0.3 时得到了 8 个聚类中心，而当半径为 0.5 时，只得到了 4 个聚类中心。

例 5.12　某地 1985—1995 年每年 10 月份的地下水位平均值如表 5.6 所示，试对该地的地下水位情况进行预测。

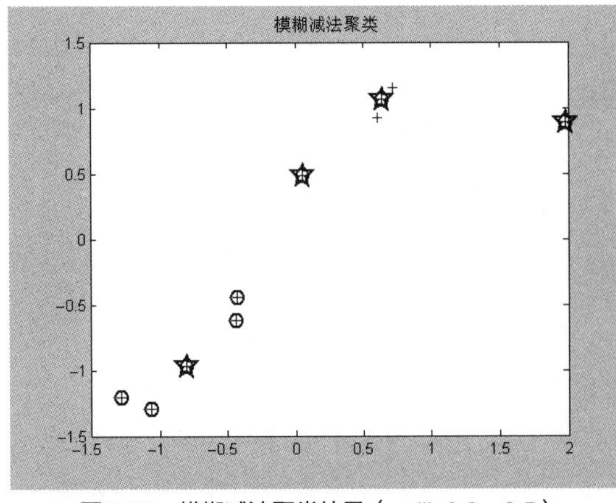

图 5.20　模糊减法聚类结果（radii=0.3、0.5）

表 5.6　某地某时间段内的地下水位平均值

年　份	水位/m
1985	27.33
1986	26.92
1987	26.40
1988	25.87
1989	25.42
1990	25.12
1991	24.93
1992	24.89
1993	24.73
1994	24.56
1995	24.60

解：对于时间序列预报，希望通过到目前时刻 t 为止已知的序列值来预报将来 $t+p$ 时刻的序列值。首先构筑一个输入矩阵，设延迟时间为 3，也即利用时

间序列的前 3 个值来预测第 4 个值，然后利用模糊神经网络进行预测，程序如下：

```
>> x=[27.33 26.92 26.40 25.87 25.42 25.12 24.93 24.89 24.73 24.56 24.60];
>> m=3;n=length(x); for i=m+1:n;for j=1:m;x1(i,j)=x(i-(m-j+1));end;end
>> x1=x1(m+1:end,:);y=x(m+1:end); yy=[x1 y'];    %输入向量，即训练数据
>> fis1=genfis1(yy(1:end,:),3);
>> epoch=150; errorgoal=0; step=0.01;trnOpt=[epoch errorgoal step NaN NaN];disOpt=[1
1 1 1];
>> chkData=[];        %检验数据
>> [fis2,error,st,fis3,e2]=anfis(yy,fis1,trnOpt,disOpt,chkData);
>> pred=evalfis(yy(:,1:3),fis2);    %预测数列
ans=25.8700  25.4200  25.1200  24.9300  24.8900  24.7300  24.5600  24.6000
```

例 5.13　请用和声搜索算法求解下列函数的极小值。

$$\min f(x,y)=\frac{-20}{0.09+(x-6)^2+(y-6)^2}+x^2+y^2,\ |(x,y)|\leqslant 20$$

解：根据和声搜索算法的原理，编写函数 HS 进行求解。程序中做了一些修改：一是各参数都为自适应调整参数；二是每次迭代产生 N 个新和声，再选择新和声与记忆库中的排序前 N 个和声作为记忆库。

```
>> [best_x,fval]=HS(@optifun83,30,1000,[-20;-20],[20;20])
>> best_x =5.9975    5.9974
fval = -150.2513          %全局最优点，局部极优点为 f(0.0233,0.0233)= -0.2785
```

例 5.14　利用禁忌算法求解表 5.7 所示的 30 个城市的 TSP。

表 5.7　30 个城市的坐标值

城市坐标值															
41	37	54	25	7	2	68	71	54	83	64	18	22	83	91	25
94	84	67	62	64	99	58	44	62	69	60	54	60	46	38	38
24	58	71	74	87	18	13	82	62	58	45	41	44	4		
42	69	71	78	76	40	40	7	32	35	21	26	35	50		

解：根据禁忌算法的原理，编写函数 TSOATSP 求解本例，程序中最大迭代次数、禁忌表长度、候选解数量等参数可自己设定，也可以用默认值；邻域解通过交换某个路线中的两个城市序号获得。

```
>> city=[41 94;37 84;54 67;25 62;7 64;2 99;68 58;71 44;54 62;83 69;64 60;18 54;
    22 60;83 46;91 38;25 38;24 42;58 69;71 71;74 78;87 76;18 40;13 40;82 7;
    62 32;58 35;45 21;41 26;44 35;4 50];
>> cBest=TSOATSP(city);
>> cBest=
   fitness: 423.7406
   route: [25 24 15 14 8 7 11 10 21 20 19 18 9 3 2 1 6 5 4 13 12 30 23 22 17 16 29 28 27 26]
   bTabu: 0
   index: 1131
```

从计算结果可看出，在第 1131 次迭代时出现最优值，包括最优路线与距离。

最优路线图如图 5.21 所示。

例 5.15　利用模拟退火算法求解下列函数的极值。

$$\min f(x_1,x_2)=\sum_{i=1}^{5} i\cos((i+1)x_1+i)\sum_{i=1}^{5} i\cos((i+1)x_2+i),\ x_1,x_2\in[-10,10]$$

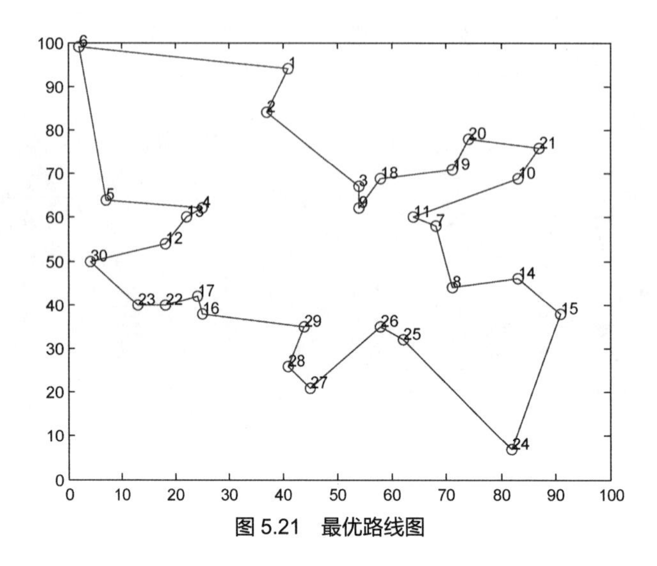

图 5.21　最优路线图

解：此函数有 720 个局部极值，其中 18 个为全局极值点。

自编函数 MainAneal 进行计算。

```
>> LB=[-10;-10];UB=[10;10];
>> [best_fval,best_x]=MainAneal(@optifun28,LB,UB)
```

其中一次的计算结果如下。

```
best fval = -186.7309                %极小值
best_x =-1.4250    -7.0836           %极值点
```

多运行几次，还可以得到其他极值点。

程序中在每个退火温度下，计算 5 次扰动，选择其中的最优值作为最终的扰动值，并且迭代计算 10 次。这些参数都可以自行修改以进一步提高计算效率。

例 5.16　MATLAB 中有利用模拟退火算法的极小化函数 simulannealbnd。请利用此函数求下列函数的极小值。

$$f(x)=(a-bx_1^2+x_1^4/3)x_1^2+x_1x_2+(-c+cx_2^2)x_2^2$$

其中 a、b、c 为常数。

解：

```
>> a = 4; b = 2.1; c = 4; X0 = [0.5 0.5];
>> [x,fval] =simulannealbnd(@(x)optifun30(x,a,b,c),X0)
```

计算后得到以下结果。

```
x =0.0893    -0.7134          %极值点
fval =-1.0316                 %极值
```

如果要改变优化条件，则可以用以下形式通过改变 options 实现。

```
options = saoptimset('ReannealInterval',300,'PlotFcns',@saplotbestf)
```

例 5.17　利用人工免疫算法求下列函数的极小值。

$$\min f(X)=-\sum_{i=1}^{4}c_i\exp[-\sum_{j=1}^{6}a_{ij}(x_j-p_{ij})^2],0\leqslant x_j\leqslant 1$$

其中

$$p_{ij}=\begin{bmatrix}0.1312 & 0.1696 & 0.5569 & 0.0124 & 0.8283 & 0.5886\\0.2329 & 0.4135 & 0.8307 & 0.3736 & 0.1004 & 0.9991\\0.2348 & 0.1415 & 0.3522 & 0.2883 & 0.3047 & 0.6650\\0.4047 & 0.8828 & 0.8732 & 0.5743 & 0.1091 & 0.0381\end{bmatrix}$$

$$a_{ij}=\begin{bmatrix}10 & 3 & 17 & 3.5 & 1.7 & 8\\0.05 & 10 & 17 & 0.1 & 8 & 14\\3 & 3.5 & 1.7 & 10 & 17 & 8\\17 & 8 & 0.05 & 10 & 0.1 & 14\end{bmatrix}$$

$$c_i=[1 \quad 1.2 \quad 3 \quad 3.2]$$

解： 此函数的理论极小值为 f(0.201,0.15,0.477,0.275,0.311,0.657)=−3.32。

人工免疫算法有多种方法，在此采用基于距离衡量抗体相似度的方法，其要点如下。

（1）抗体相似度的定义。满足以下两个条件的抗体称为相似。

$$\begin{cases}d(u,v)\leqslant r\\|ax_u-ax_v|\leqslant m \text{ 或 } \dfrac{ax_u}{ax_v}\leqslant 1+\varepsilon\end{cases}$$

式中 u、v 为抗体，$d(u,v)$为抗体间的欧氏距离，ax_u、ax_v 分别为抗体 u 与 v 的适应度值，r 与 m 为设定的两个阈值。

（2）抗体的浓度。在抗体种群中相似抗体的数量称为其浓度。

$$c_u=\frac{1}{N}\sum_{\substack{v=1\\v\neq u}}^{N}h(u,v),\ h(u,v)=\begin{cases}1 & d(u,v)<r\\0 & d(u,v)\geqslant r\end{cases}$$

式中 r 为抗体亲和度阈值，N 为抗体种群数。

（3）抗体选择概率。每个抗体被选择的概率按下式计算。

$$P_u=\frac{\dfrac{ax_u}{c_u}}{\sum_{w=1}^{N}\dfrac{ax_w}{c_w}}$$

算法其余步骤与遗传算法类似，在此不再列出。

根据以上算法的要点，便可以编程进行计算。

```
>> [bestx,f]=IA(@optifun64,50,3000,0.2,0.9,0.9,[0;0;0;0;0;0],[1;1;1;1;1;1])
>> bestx =0.2018   0.1467   0.4752   0.2750   0.3117   0.6571
>> f =-3.3220
```

例 5.18 利用人工免疫算法求解下列函数的极小值。

$$\max f(x,y)=f_a\times f_b$$

其中：

$$f_a=\frac{1}{1+(x+y+1)^2(19-14x+3x^2-14y+6xy+3y^2)}$$

$$f_b=\frac{1}{30+(2x-3y)^2(18-32x+12x^2+48y-36xy+27y^2)}$$

解：在使用人工免疫算法时要解决以下问题。

（1）抗体个体的编码。虽然可以采用二进制编码（其搜索能力较强），但需要频繁进行编码与解码，计算工作量大且只能产生有限的离散值，所以在此采用十进制编码（实数编码）。

（2）抗体浓度的计算。在计算中一般根据以下标准判断抗体的相似性。

$$\frac{f_i}{f_j} \leqslant 1+\varepsilon$$

其中 ε 为一个较小的正数，如 ε 为 0.02 表示抗体 i 与抗体 j 之间的相似度为 98%。

（3）疫苗的建立及接种。不同的问题可能对应不同的疫苗，所以要根据具体的先验知识来确定疫苗。在此为了使算法具有更强的通用性，根据以下方法建立疫苗。

① 建立疫苗库。一般将数量为 20%～40%群体规模的第 k–1 代迭代过程中所产生的较优抗体作为疫苗库。

② 根据赌轮选择策略从疫苗库中选择出某较优的个体作为疫苗。将疫苗接种于选择的个体，此时可以将疫苗全部替换被选择个体基因位，也可以替换部分基因位。根据人工免疫算法的原理，编程进行计算，得到以下的结果。

```
>> [best_x,fval]=IAGA(@optifun71,100,500,0.9,0.2,[-2;-2],[2;2])
>> best_x = -0.0000   -1.0000      %极值点
   fval = 0.3333                   %极大值
```

06

第6章　数据挖掘

随着通信、计算机、网络技术和数据库技术的快速发展，以及日常生活自动化技术的普遍应用，各种数据正在以空前的速度产生和被收集。而随着大容量、高速度、低价格存储设备的相继问世，人们获取数据、存储数据变得越来越容易，数据量急剧增大。

20 世纪 80 年代后期产生的数据挖掘（Data Mining，DM）理论和技术是一种海量数据挖掘分析与处理技术，科学家期望通过其寻找隐藏在海量数据之后或网络上的更深层次、更重要的信息，理解已有的历史数据并用以预测未来的行为；获得有价值的网络信息和网络服务，为用户提供重要的、未知的信息或知识，指导政府决策、企业决策以获取更大的经济效益和社会效益。数据挖掘技术现已在银行、金融、零售、医药、电子工程、航空等具有大量数据和深度分析需求的、易产生大量数字信息的领域得到广泛的使用，并带来了巨大的社会效益和经济效益。

6.1　数据挖掘概述

大数据在给人们带来方便的同时也带来了一大堆问题：信息冗余；信息真伪难辨，给信息的正确应用带来困难；网络上的信息安全难以保障；很难搜索到数据中的深层次或隐藏的规律；信息组织形式的不一致，增加了对信息进行有效、统一处理的难度；等等。这些问题促使人们产生了对海量数据分析工具的强烈需求。为了满足人们对数据分析工具的需求，20 世纪 80 年代后期高级数据分析——从数据中发现知识（Knowledge Discovery in Database，KDD）及相应的数据挖掘理论和技术应运而生。

KDD 是指从数据中发现有用的信息和模式的过程，包含数据清理、数据集成、数据选择、数据变换、数据挖掘、模式评价等步骤，最终得到知识。这个过程的输入是数据，输出则是用户期望的有用信息。而数据挖掘是指使用算法来抽取信息和模式，是 KDD 过程的一个步骤，也是其核心工作。虽然本质上这两者有所不同，但现实中经常把它们等同看待。

6.1.1　数据挖掘的定义

数据挖掘可以从技术和商业两个层面上来理解。技术层面上的数据挖掘是探查和分析大量数据以发现有意义的模式和规则的过程，而商业层面上的数据挖掘就是一种商业信息处理技术，其主要特点是对大量业务数据进行抽取、转换、分析和建模处理，从中抽取辅助商业决策的关键数据。

一般数据挖掘在没有明确假设的前提下挖掘信息和发现知识，所得到的信息具有先前未知、有效和实用 3 个特征。先前未知是指该信息是事先未曾预料到的，即数据挖掘要发现那些不能靠直觉或是经验而发现的信息或知识，甚至是违背直觉的信息或知识。挖掘出的信息越是出乎意料，就可能越有价值。

进行数据挖掘时首先要确定挖掘的任务或目的，即 KDD 要发现的知识类型，如数据分类、聚类、关联规则发现等，然后确定挖掘算法，最后通过挖掘算法发现隐匿在数据中的知识模式。数据挖掘发现的模式，可能存在冗余或无关的模式，或者是不能满足用户要求，这时需要进行模式的解释和评估，甚至重新开始数据挖掘过程，以消除冗余或无关的模式，抑或产生新的模式。有两个影响因素直接决定数据挖掘过程的质量：一是数据挖掘技术的有效性；二是用于挖掘的数据的质量和数量。错误的数据或不适当的属性，以及数据不适当的转换都不可能挖掘出有效的模式。

很显然，数据挖掘有别于传统的数据查询、报表及全文检索等数据分析工作。它常常在没有前提假设的情况下，从事知识的挖掘与信息的提取。数据挖掘所得到信息结果，当然不一定全都是先前未知的。

6.1.2 数据挖掘的分类、过程与任务

6.1.2.1 数据挖掘的分类

数据挖掘是一个交叉的学科领域，涉及统计学原理、模式识别技术、可视化理论和技术等。数据挖掘方法的不同、挖掘的数据类型与知识类型的不同、数据挖掘应用的不同，产生了大量的、各种类型的数据控制系统。

数据挖掘可根据数据库类型、数据挖掘对象、数据挖掘任务、数据挖掘技术、数据挖掘方法以及数据挖掘应用等进行分类。

1. 根据数据库类型分类

数据库类型的数据挖掘主要在关系数据库中挖掘知识。随着数据库类型的不断增多，出现了不同数据库的数据挖掘，如关系数据挖掘、历史数据挖掘、空间数据挖掘、数据仓库的数据挖掘等。

2. 根据数据挖掘对象分类

数据挖掘对象除数据仓库外，还有多媒体数据、Web 数据、文本数据等。由于挖掘对象不同，因此挖掘的方法有很大的不同，文本数据、多媒体数据、Web 数据等均是非结构化数据，挖掘难度较大。目前 Web 数据挖掘已引起人们的高度关注。

3. 根据数据挖掘任务分类

数据挖掘的任务有概念描述、关联分析、时间序列分析、聚类分析、分类分析、离群点检测和预测等，对应的就有关联规则挖掘、序列模式挖掘、聚类数据挖掘、分类数据挖掘、偏差分析挖掘和预测数据挖掘等类型。

4. 根据数据挖掘技术分类

目前，基于数据挖掘技术分类的数据挖掘类型有自动数据挖掘、证实驱动数据挖掘、发现驱动数据挖掘和交互式数据挖掘等。

① 自动数据挖掘是指从大量的数据中自动发现未知的、有用的模式，是数据挖掘的高级阶段。

② 证实驱动数据挖掘是指用户根据经验创建假设（或模型），然后使用证实驱动操作测试假设（或挖掘与模式匹配的数据），测试的过程即数据挖掘的过程。所抽取的信息可能是事实或趋势，操

作有查询和报告、多维分析和统计分析等。

③ 发现驱动数据挖掘是指为目标数据自动创建一个模型，以预测将来的行为，模型创建的过程即数据挖掘的过程。所挖掘的知识可能是回归或分类模型、数据库记录间的关系、误差情况等。发现驱动数据挖掘的操作有预测模型化、数据库分割、连接分析（即关联分析）和偏差检测等。

近年来，随着人工神经网络和人工智能技术的渗透，发现驱动数据挖掘开始了广泛的应用。

④ 交互式数据挖掘是指利用交互式处理方式，逐渐明确数据挖掘的目标，动态改变数据聚集及搜索方式，逐步加深数据挖掘过程的一种数据挖掘方法。

5. 根据数据挖掘方法分类

数据挖掘方法有面向数据库的方法、面向数据仓库的方法、统计学方法、模式识别方法等。如基于概括的数据挖掘，它利用数据归纳和概括工具，对指定目标数据的一般特征和高层知识进行概括归纳；基于模型的数据挖掘，即根据预测模型挖掘与模型相匹配的数据；基于统计学的数据挖掘，即指针对目标数据，根据统计学原理进行数据挖掘。

6. 根据数据挖掘应用分类

数据挖掘应用有金融数据挖掘、电信数据挖掘、股票市场数据挖掘、Web 数据挖掘等类型。不同的应用通常需要集成对于该应用特别有效的方法。因此，普通的、全功能的数据挖掘方法并不一定适合特定领域的数据挖掘任务。

6.1.2.2　数据挖掘的过程

图 6.1 所示为数据挖掘的基本过程。由于数据挖掘的复杂性，实施过程往往需要重复某些过程，而且各过程之间都有直接或间接的关系，不能将它们截然划分开来。例如数据预处理及变换就包含线索关系的挖掘。

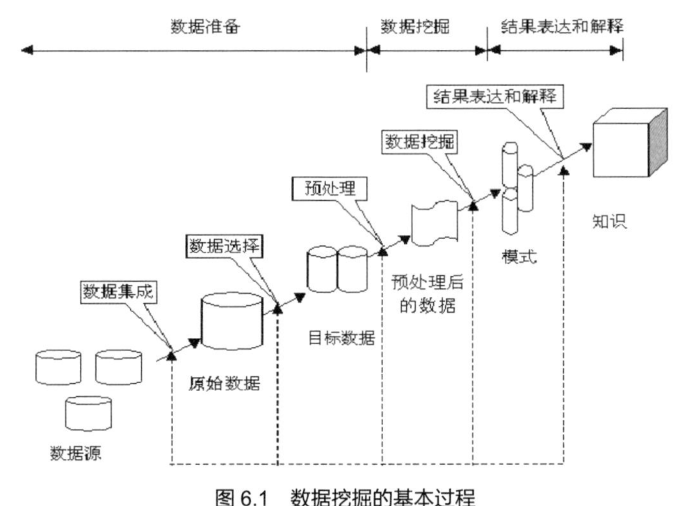

图 6.1　数据挖掘的基本过程

数据准备包括数据集成（收集）、数据选择和预处理。原始数据的采集看似容易且不引人注意，它却是数据挖掘的基础，要耗费相当多的人力和物力。虽然采用较小规模的数据集也有可能完成数据挖掘，但为了确保挖掘的知识的正确性及预测性，应尽量采集和利用足够多的原始数据。

在数据集成之后，就需要对数据进行选择和预处理。数据选择就是指在原始数据中，将有代表性的数据提取出来组成样本。预处理，一是指剔除一些不完全数据、噪声数据以及矛盾数据等不适合用来训练和学习的数据。当数据结构较为简单且合理、数据较为齐全时，可以直接利用原始数据进行数据挖掘，但并不能保证挖掘后输出的结果的质量。在进行数据挖掘前对数据进行必要的“整理（预处理）”和“筛选（选择）”，能够提高数据挖掘的效率与正确性。二是数据转换，指将不符合数据挖掘算法要求格式的数据转换成一定格式或对数据维数进行降维。转换完成后，如果对数据样本集不满意，就应该返回到上一阶段，重新对原始数据进行选择和预处理，反之，进行下一步。

数据集成时，一般按数据仓库形式存储数据。数据仓库存储数据非常有效，有利于数据挖掘。它利用信息技术所提供的海量数据存储、分析能力，将数据经过整理、规划而建成一个强大的数据管理智能系统，可以协助数据挖掘以及决策的进行。

建立数据仓库之后，就可以使用数据挖掘算法对存在于数据中的表征事物各种形式的信息进行处理和分析，从而对事物或现象（模式）进行描述、辨认、分析和解释。在应用算法时首先应根据特定的问题领域的性质，选择有明显区分意义的特征向量，这常常是数据挖掘过程中非常关键的一步。合适的特征向量以及维数能保证数据挖掘的有效性和准确性，不会浪费计算时间及产生过拟合问题。完整的数据样本有利于选择特征向量，当然也可以利用先验知识补齐缺少的或删除不合理的数据。例如在挖掘分类问题时，应选择那些容易获得且对不相关变换保持不变、对噪声不敏感、能较易区分不同类别模式的特征向量。这个过程不仅是一个技术问题，也是一个经验问题。确定特征向量后，就可以选择合适的模型或具体算法。此时一定要考虑效率问题，以及如何及时更新所提出的算法以适应数据库的变化。要根据问题领域和数据的结构、算法的特点以及算法的计算资源消耗与计算复杂度等因素选择较为合理的挖掘算法。一个理想的算法不仅能得到正确的知识，而且对计算时间及存储容量等硬件性能的要求要低。例如在有些问题中，在不考虑工程上约束的前提下，确定能够设计一个性能非常优秀的分类器，但是如果存在工程上的约束，就不一定能够得到同样性能的分类器。同时还应记住的是，没有一种通用算法可以解决所有的问题。一般认为，反复试验和基于样本的方法是设计模型最有效的方法。

结果表达和解释。通过数据挖掘算法，就可以得到隐藏在数据中的知识，用此对已往的数据进行验证，并对发展趋势进行预测。如果验证或预测结果不理想，说明没有得到所需要的知识，则需要返回到上一阶段甚至最开始，重新执行上述过程。

6.1.2.3 数据挖掘的任务

数据挖掘的任务有如下 7 类。

1. 概念描述

概念描述本质上就是对某类对象的内涵特征进行概括。概念描述分为特征化描述和区别性描述。前者是指描述目标类数据的一般特征和特性的汇总，后者是指将目标类对象的一般特性与对比类对象的特性进行比较。

2. 关联分析

关联分析就是指发现数据特征间的相互依赖关系，通常是在给定的数据集中发现频繁出现的模式知识（又称为关联规则）。若两个或多个数据项的取值重复出现且概率很高时，就可能存在某种关联或依赖关系，这样就可以建立起这些数据项的关联规则。例如买面包的顾客有 90%的人还会买牛奶，这就是一条关联规则。若根据这条规则，在商场中将面包和牛奶放在一起销售，可以提高它们的销量。但要注意的是关联规则并不是因果关系，它不代表实际数据或现实世界中的内在因果关系。

3. 时间序列分析

在时间序列分析中，数据的属性值是随着时间不断变化的，并且在一般情况下，时间间隔是相等的。

时间序列分析有 3 个基本功能：一是使用距离度量来确定不同时间序列的相似性；二是检验时间序列图中线的结构来确定时间序列的行为；三是利用历史时间序列预测数据的未来数值。

4. 分类分析

分类分析是数据挖掘中一项非常重要的任务，已广泛应用于用户行为分析（受众分析）、风险分析、生物科学等领域，它利用已知数据库元组和类别的训练样本集，通过相关算法而找出一个类别的概念描述，即该类的内涵描述。它代表了该类别的整体信息，一般用规则或决策树模式表示。类的内涵描述可分为特征描述和辨别性描述。特征描述是对类中对象的共同特征的描述，辨别性描述是对两个或多个类之间的区别的描述。特征描述中允许不同类具有共同特征，而辨别性描述中不同类别不能有相同的特征。相对而言，辨别性描述用得更多。

5. 聚类分析

聚类分析试图找出数据集中数据的共性和差异，并将具有共性的对象聚合在相应的簇中。聚类分析可以判断哪些组合更有意义，已广泛应用于客户细分、定向营销、信息检索等领域。

聚类分析与分类分析不同。在聚类过程中，需要划分的类是未知的。通过确定数据库中的数据之间在预先指定的属性上的相似性，就可以将它们划分为一系列有意义的子集，即类。在同一类别中，个体之间的距离较小，而不同类别的个体之间的距离偏大。聚类可增强人们对现实世界的认识，即“物以类聚”。

6. 离群点检测

数据库中的数据存在很多异常情况，从数据分析中发现这些异常情况称为离群点检测，也称孤立点分析。异常包括几种模式：不满足常规类的异常例子、出现在其他模式边缘的奇异点、在不同时刻发生了显著变化的某个元素或集合、观察值与模型推测出的期望值之间有显著差异等。离群点检测的基本思想是寻找观察结果与参照量之间的有意义的差别。参照是给定模型的预测、外界提供的标准或另一个观察。离群点检测已广泛应用于（商业、金融、保险等领域）欺诈行为的检测、网络入侵检测、反洗钱、犯罪嫌疑人调查、海关、税务稽查等领域。

7. 预测

预测是指利用历史数据找出变化规律，建立模型，并用此模型来预测未来数据的种类、特征等。

典型的预测方法有回归分析、神经网络分析等。回归分析是指利用大量的历史数据，以时间为变量建立线性或非线性回归方程。预测时，只要输入任意的时间值，通过回归方程就可求出时间的状态。神经网络分析能实现非线性样本学习，能进行非线性函数的判别，既可以用于连续数值的预测，也可以用于离散数值的预测。

6.1.3 数据挖掘建模

成功的数据挖掘并不是对数据的简单运用，而是要在大量数据中不仅发现潜在的模式，而且必须能对这些模式做出反应，对它们进行处理，将数据转换为信息，将信息转换为行动，最终将行动转换为价值。因此，为了成功运用数据挖掘，对数据挖掘技术层次的理解至关重要，尤其应该了解将数据变成有用信息的过程。

1999 年欧盟机构联合起草了 CRISP-DM，它目前在各种 FDD 中得到了广泛的应用。CRISP-DM 强调数据挖掘不单是数据的组织或者呈现，也不单是数据的统计建模，而是一个从理解业务、寻求解决方案到接受实践检验的完整过程。图 6.2 所示为 CRISP-DM 处理流程，它可分为业务理解、数据理解、数据准备、建模、评估和部署 6 个阶段。

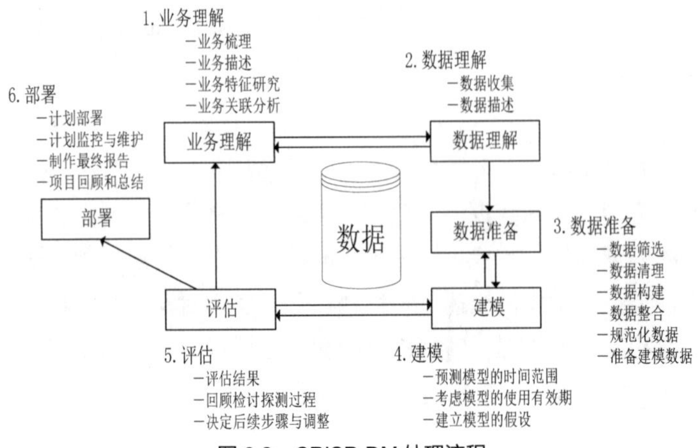

图 6.2 CRISP-DM 处理流程

数据挖掘过程是一个人机交互、多次反复的过程，CRISP-DM 处理流程的 6 个阶段的顺序并不是固定的，通常需要在不同阶段之间来回切换以逐步完善。在实际应用中，应该针对不同的应用环境和实际情况做出必要的调整，使数据挖掘根植于业务环节中。一个数据挖掘项目通常并不是一次性执行完 6 个阶段的步骤就结束了，往往需要反复迭代、不断完善。从数据挖掘循环获得的知识通常会产生新的问题，出现新的机会来识别和满足客户的需求。通常可以在新一轮的数据挖掘过程中找到解决这些问题的方法，并把握新的机会来满足客户更高的需求。

6.1.3.1 业务理解

业务理解是数据挖掘过程的第一个阶段，主要目标为理解项目的目标和从业务的角度理解需求，同时将这个需求转换为数据挖掘问题的定义和完成目标的初步计划。具体而言，业务理解有业务梳理、业务描述、业务特征研究和业务关联分析等过程。通过业务理解可以明确是否需要进行数据挖掘。

业务梳理和业务描述需要不断地进行探索、交流，从而正确理解问题。这就要求数据挖掘技术人员不仅需要充分了解技术和数据，还必须与了解企业业务问题的人员（行业专家）沟通、交流，以明确他们的业务问题。此外，在分析的最后阶段，只有行业专家才有资格判断最后结果的优劣。

在业务特征研究阶段，需要确定诸如哪类客户有可能对产品感兴趣、客户具有的基本特征、每位客户能创造多少价值、能创造较高价值的客户应具有的共同特征等各种目标，并且对业务进行关联分析，寻找业务间隐含的关联。

6.1.3.2 数据理解

数据理解从数据收集开始，通过对数据的分析熟悉、识别数据的质量，发现数据的内部属性或探测引起兴趣的子集形成隐含信息的假设。

在收集数据前，需要明确所需的信息，然后根据相应的标准收集必需的数据。数据收集完后，需要对数据进行描述，理解数据的内涵，检验数据的“总和”或者“表面的”特征，并检验数据的质量，判断数据是否完整、正确，是否存在缺失值，变量的含义与变量值是否一致等。在此基础上，详细分析数据的特征，识别潜在的特征，思考和评估在描述数据过程中的信息和发现，提出假设并确定方案，阐明数据的目标。

6.1.3.3 数据准备

数据准备包括从原始数据中创建目标数据集。这一阶段有以下任务。

（1）数据筛选。数据筛选是指确定数据挖掘分析过程中所必需的数据，即选择有用的特征和记录。在选择数据时，首先应考虑数据要符合问题的需要，并且采集尽可能多的数据，尤其在使用抽样调查数据时，应注意数据的普遍性。有时还需要收集期望的输出等。

（2）数据清理。数据清理是指清理数据中包含的噪声和与数据挖掘主题明显无关的数据。它通常包括填补空缺的数据值、清理噪声数据以及解决数据不一致的问题。

（3）数据构建。数据构建是指属性构造、多维数据组织（聚集）和数据泛化等任务。属性构造是指通过组合、汇总、提取等方式在已有属性的基础上构造新的属性，以帮助提高数据挖掘的质量。多维数据组织是指对数据进行汇总和聚集，采用切片、放置等操作将原始数据按照多维立体形式形成不同层次、不同粒度和不同维度的聚焦。而数据泛化则是指使用高层次的概念替换低层次的概念。

（4）数据整合。数据整合是指将来自多个数据源的相关数据组合在一起，即把不同来源、格式、特点的数据在逻辑上或者物理上有机地集合在一起，使之更加有利于数据挖掘的实现。

（5）规范化数据。规范化数据就是指将数据的属性数据按比例缩放，使之落入一个特定的小范围内，以防止数据因大小不一致或度量单位的不同而造成数据挖掘结果出现偏差。

（6）准备建模数据。对数据进行上述处理后，并不能将其直接用于数据建模，还需要考虑数据的稀疏程度。通常对于稀疏的数据，建议选用 15%～30%的比例来建模。

为了评估模型，一般将建模数据分成 3 个部分，即训练集、测试集和评估集。训练集用于建立模型，测试集和评估集用来精化模型和评估模型。

6.1.3.4　建模

数据挖掘中的建模是指根据问题的特定对象建立模型，并利用模型解决特定的问题和预测对象的未来。为此，建模时应注意以下 4 点。

1. 预测模型的时间范围

在建立模型的过程中，首先需要训练模型，即用历史数据构建模型，进行预测，然后将模型应用于新的数据中，从而生成结果（得分）。在这个过程中，需要关注训练模型的时间间隔和模型产生得分这两个数据。训练过程中产生的结果是已知的，得分过程所产生的结果是未知的。模型建立后，它的执行效果只能通过已知的历史数据来评估；在有些情况下，用历史数据得到的是好结果，但用在预测时却不理想。因此，为了更加有效地对未来进行预测，不仅需要了解构建模型的过程，还要了解模型的工作情况。

2. 考虑模型的使用有效期

在建立模型时，还要考虑模型的使用有效期，包括模型的使用有效期和模型的预测有效期。前者是指在业务环境、技术手段、客户基础等相对稳定的条件下，可以使用模型的时间期限。一旦条件改变，就要用新的数据构造新的模型。后者是指预测结果应该在特定的时间内才有效。例如用电高峰的模型与用电低谷的模型很明显是不一致的。

3. 建立模型的假设

模型的成功建立依赖于 3 个基本的假设：一是历史是未来的写照；二是数据是可以获得的；三是数据中包含预期目标。

以上 3 个基本假设都只在一定的条件下才能存在。对于第一个假设，要求待解决的问题和客户的环境前后一致；对于第二个假设，要求数据可以通过一定的技术手段获得，数据中不能有太多的缺失值或格式有错误等问题；对于第三个假设，则要求预测目标不能发生改变。

4. 如何建立有效的模型

建立模型最重要的目标是保持模型的稳定，即要求在使用模型进行预测时，必须保证未来预测值也是正确的。为此，建立一个有效的模型需考虑以下几点。

（1）数据收集要充分，这样才能保证训练集、测试集和评估集3个子集的数据量。

（2）对于类别不平衡的数据，可通过抽样来控制模型集的密度，即不同分布的类别比例。

（3）注意数据的输入和输出时间范围。

（4）模型集中使用多重窗口有助于确保模型稳定，并且在时间上易于转换。

（5）大多数建模过程需要建立多个模型，并对多个模型的效果进行比较，以选用效果最好的模型进行预测，或者对多个模型进行组合，以得到性能更优异的集成分类模型。

（6）对不同的模型集、模型参数进行试验，有助于建立更好、更稳定的模型。

6.1.3.5 评估

评估是指将模型的输出结果与现实生活中产生的结果进行比较，从而进一步评估模型。为了保证预测结果的有效性，对模型进行评估时应遵循以下原则。

（1）合理性。模型应具有与事物的发展规律相一致的特性，且符合逻辑。

（2）预测能力。模型的预测能力表现在两个方面：一是模型能否说明所要预测期间事物的发展情况；二是预测的误差，即只有预测结果有一个合适的置信区间，才能保证预测有意义。

（3）稳定性。模型的稳定性是指模型能在较长的时间内准确地反映预测的发展变化情况，以及其参数和预测能力受统计数据变化影响的程度。

（4）简单性。当两个模型的预测能力相差不大时，形式简单、容易运用的模型是优先选择的对象。

评估结束后，需要对整个数据挖掘过程进行回顾，查找预测误差的大小，分析其原因，以决定后续的数据挖掘的步骤并做出相应的调整。

6.1.3.6 部署

模型的作用是从数据中找到知识，获得的知识需要以便于用户使用的方式重组和展现。所以模型的建立并不是项目的结束，在模型建立并验证后，一般由用户把模型预测的结果作为参考，提出解决业务问题的方案，从而做出部署。

根据需求，部署阶段可以产生简单的报告，或者实现比较复杂的、可重复的数据挖掘过程，其任务包括计划部署、计划监控与维护、制作最终报告、项目回顾和总结。

6.2 数据挖掘算法

数据挖掘任务有很多实现方法，这些方法不仅需要选定的数据结构，而且需要特定的算法。好的算法应是兼顾效率和准确性的。准确性较高但耗时巨大（以天为计）的算法是不能应用于数据挖掘中的，而且算法必须同时对训练样本和测试样本都有较好的预测准确性，不能产生过拟合现象。

数据挖掘算法根据得到的模型的特点可以分成两类，即参数模型算法和非参数模型算法。参数模型用带参数的代数方程来描述输入、输出之间的关系，其中有些参数是选定的。方程中的参数由输入实例确定。尽管参数模型很好且有时也能应用于实际，但它常常过于简单，或者对涉及的数据要求过多的、无法获得的知识，因此，对于现实世界中的问题来说，参数模型可能是不实用的。

与参数模型算法相比，非参数模型算法更适合数据挖掘。非参数模型是数据驱动的模型，它不使用显式的方程来确定模型。这就意味着建模过程更适用人工处理过的数据。非参数模型算法不像参数模型算法那样事先确定一个特定的模型，而是依据输入的数据创建模型。参数模型算法在建模前需要更多的有关数据的知识，而非参数模型算法则需要大量的数据作为建模过程本身的输入，然后通过筛选这些数据来创建模型。非参数模型算法已经能够应用机器学习技术在输入数据时进行动态的学习，因此数据越多，创建的模型就越好。另外，这种动态学习过程允许随着数据的输入持续地创建模型。这些特征使非参数模型算法尤其适用于有大量动态数据变更的数据库。非参数模型算法包括人工神经网络、决策树和遗传算法等。

数据挖掘算法如图 6.3 所示。具体使用哪种算法，要根据具体情况和应用要求而定。一种数据挖掘算法可能在一种情况下适用，而在另一种情况下就不适用。在特定的应用环境下，应找最适用的数据挖掘算法，并加以实施。可以看出，数据挖掘本质上就是数学建模，即发现客观事物的规律。图 6.3 中所列的数据挖掘算法有些已在其他章节中介绍，下面简单介绍统计分析方法。

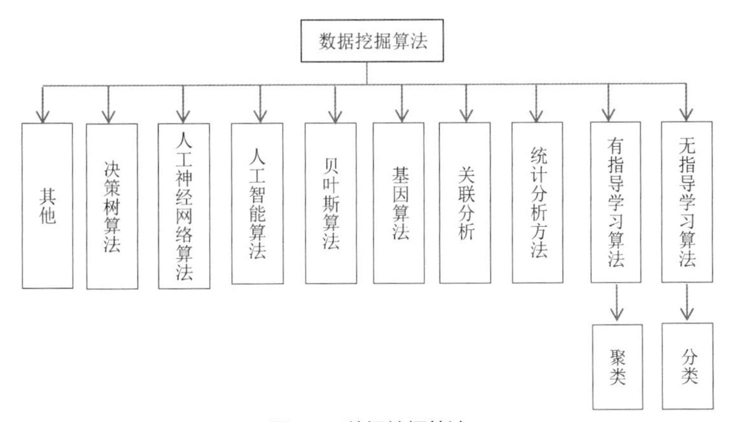

图 6.3 数据挖掘算法

统计分析涉及数据收集、描述及分析推理等步骤，虽然从传统意义上讲，统计分析不是数据挖掘，但很多统计概念是数据挖掘技术的基础，在解决数据挖掘问题时，有时会先使用统计分析方法试着解决问题，或者用统计分析方法进行数据预处理。

假设检验、回归分析以及方差分析是经典统计学中的主要内容。假设检验是一种用于“证实”某种假设或论断的方法；回归分析是探索研究对象的模型和预测未知特征的方法；方差分析是判断不同因素之间差异的方法，它将所有差异分解成系统差异和随机差异。

6.2.1 假设检验

假设检验中有两个重要问题：第一个是根据样本的信息判断总体分布是否具有指定的特征；第二个是在估计某未知参数 β 时，除了求出它的点估计外，还希望在一定的置信水平上估计出一个范围，即 β 的置信区间。

1. **随机误差的判断**

随机误差的大小可用试验数据的精密度来反映，而精密度的好坏可用方差来度量，所以对测试结果进行方差检验，即可判断各试验方法或试验结果的随机误差大小。

（1）χ^2 检验。χ^2 检验适用于单个正态总体的方差检验，即在试验数据总体方差已知的情况下，对试验数据的随机误差或精密度进行检验。

假设有一组数据 $x_1,x_2,\cdots,x_n$ 服从正态分布，则统计量 $\chi^2=\dfrac{n-1}{\sigma_0^2}s^2\sim\chi^2_{(n-1)}$ 。对于给定的显著性水平，可与由相应的 χ^2 分布表查得的临界值进行比较，这样就可判断两方差之间有无显著差异。显著性水平 α 一般为 0.01 或 0.05。

双尾检验时，若 $\chi^2_{1-\frac{\alpha}{2}}<\chi_0^2<\chi^2_{\frac{\alpha}{2}}$ ，则可判断该组数据的方差与原总体方差无显著差异，否则有显著差异，并且标准差 σ^2 在 1−α 水平上的置信区间为 $\left[\dfrac{\frac{n-1}{2}s^2}{\chi_{\frac{\alpha}{2},n-1}},\dfrac{\frac{n-1}{2}s^2}{\chi_{1-\frac{\alpha}{2},n-1}}\right]$。

单尾检验时，若 $\chi_0^2>\chi^2_{1-\alpha,n-1}$ ，则判定该组数据的方差与原总体方差无显著减小，否则有显著减小，并且标准差 σ^2 在 1−α 水平上的置信区间为 $\left(-\infty,\dfrac{\frac{n-1}{2}s^2}{\chi_{1-\alpha,n-1}}\right]$。此为左尾检验。

若 $\chi_0^2<\chi^2_{\alpha,n-1}$ ，则判定该组数据的方差与原总体方差无显著增大，否则有显著增大，并且标准差 σ^2 在 1−α 水平上的置信区间为 $\left[\dfrac{\frac{n-1}{2}s^2}{\chi_{\alpha,n-1}},+\infty\right)$。此为右尾检验。

如果对所研究的问题只需判断有无显著差异，则采用双尾检验；如果关心的是某个参数是否比某个值偏大（或偏小），则宜采用单尾检验。

（2）F 检验。F 检验适用于两组服从正态分布的试验数据间的精密度的比较。

设有两组试验数据 $x_1,x_2,\cdots,x_m$ 与 $y_1,y_2,\cdots,y_n$，两组数据都服从正态分布，样本方差分别为 s_1^2 和 s_2^2 ，则统计量

$$F=\frac{s_1^2}{s_2^2}\sim F(m-1,n-1) \tag{6.1}$$

对于给定的检验水平 α，将所计算的统计量 F 与查表得到的临界值进行比较，即可得出检验结论。

双尾检验时，若 $F_{1-\frac{\alpha}{2}}(m-1,n-1)<F<F_{\frac{\alpha}{2}}(m-1,n-1)$ ，表示 s_1^2 和 s_2^2 无显著差异，否则有显著差异。

单尾检验时，若 $F<1$，且 $F>F_{1-\alpha}(m-1,n-1)$ ，则可判断 s_1^2 比 s_2^2 无显著减小，否则有显著减小，此为左尾检验；若 $F>1$，且 $F<F_{1-\alpha}(m-1,n-1)$ ，则可判断 s_1^2 比 s_2^2 无显著增大，否则有显著增大，此为右尾检验。

2. 系统误差的检验

在相同条件下的多次重复试验不能发现系统误差，只有改变形成条件误差的条件，才能发现系统误差。对试验结果必须进行检验，以便能及时减小或消除系统误差，提高试验结果的准确度。

若试验数据的平均值与真值的差异较大，就认为试验数据的正确度不高，试验数据与试验方法的系统误差较大。所以对实验数据的平均值进行检验，实际上是对系统误差进行检验。

（1）平均值与给定值的比较。如果有一组试验数据服从正态分布，要检验这组数据的算术平均值是否与给定值有显著差异，则检验统计量

$$t=\frac{\overline{X_n}-\mu_0}{\frac{s}{\sqrt{n}}}\sim t_{n-1} \tag{6.2}$$

式中，$\overline{X_n}$ 是试验数据的算术平均值，s 是 n 个试验数据的样本标准差，μ_0 是给定值（可以是真值、期望或标准值）。根据给定的显著性水平 α，将计算的值与临界值进行比较，即可得到检验结论。

双尾检验时，若 $|t|>t_{\frac{\alpha}{2},n-1}$，则可判断该组数据的平均值与给定值无显著差异，否则有显著差异，并且均值在 $1-\alpha$ 水平上的置信区间为 $\left[\overline{X_n}-t_{\frac{\alpha}{2},n-1}\frac{s}{\sqrt{n}},\overline{X_n}+t_{\frac{\alpha}{2},n-1}\frac{s}{\sqrt{n}}\right]$。

左尾检验时，若 $t<0$，且 $t>-t_{\alpha,n-1}$，则可判断该组数据的平均值与给定值无显著减小，否则有显著减小，并且均值在 $1-\alpha$ 水平上的置信区间为 $\left(-\infty,\overline{X_n}+t_{\alpha,n-1}\frac{s}{\sqrt{n}}\right]$。

右尾检验时，若 $t>0$，且 $t<t_{\alpha,n-1}$，则可判断该组数据的平均值与给定值无显著增大，否则有显著增大，并且均值在 $1-\alpha$ 水平上的置信区间为 $\left[\overline{X_n}-t_{\alpha,n-1}\frac{s}{\sqrt{n}},+\infty\right)$。

（2）两个平均值的比较。设有两组试验数据 $x_1,x_2,\cdots,x_m$ 与 $y_1,y_2,\cdots,y_n$，两组数据都服从正态分布，根据两组数据的方差是否存在显著差异，可分为以下两种情况进行分析。

如果两组数据的方差无显著差异，则统计量

$$t=\frac{\bar{x}-\bar{y}}{s_w\sqrt{\frac{1}{m}+\frac{1}{n}}}\sim t_{m+n-2} \tag{6.3}$$

其中 s_w 为合并标准差，其计算公式为

$$s_w=\sqrt{\frac{(m-1)s_1^2+(n-1)s_2^2}{m+n-2}} \tag{6.4}$$

如果两组数据的精密度或方差有显著差异，则统计量

$$t=\frac{\bar{x}-\bar{y}}{\sqrt{\frac{s_1^2}{m}+\frac{s_2^2}{n}}}\sim t_{df} \tag{6.5}$$

其中 $df=\frac{(s_1^2/m+s_2^2/n)^2}{\frac{(s_1^2/m)^2}{m+1}+\frac{(s_2^2/n)^2}{n+1}}-2$。

根据给定的显著性水平 α，将计算的 t 值与临界值进行比较，即可得到检验结论。

双尾检验时，若 $|t|<t_{\frac{\alpha}{2}}$，则可判断两平均值无显著差异，否则有显著差异。

单尾检验（左尾检验）时，若 $t<0$ 且 $t>-t_{\alpha,\mathrm{df}_0}$，则可判断平均值 1 与平均值 2 无显著减小，否则有显著减小。

单尾检验（右尾检验）时，若 $t>0$，且 $t<t_{\alpha,\mathrm{df}_0}$，则可判断平均值 1 较平均值 2 无显著增大，否则有显著增大。

（3）成对数据的比较。在试验中，试验数据可能是成对出现的。除了被比较的因素之外，其他

条件相同。

成对数据的比较是把成对数据之差的总体平均值与 0 或其他指定值进行比较，采用的统计量为

$$t=\frac{\overline{d}-d_0}{s_d/\sqrt{n}}\sim t_{n-1} \tag{6.6}$$

式中 d_0 可取 0 或给定值，$\overline{d}$ 是成对测定值之差的算术平均值，即

$$\overline{d}=\frac{\sum_{i=1}^{n}(x_i-y_i)}{n}=\frac{\sum_{i=1}^{n}d_i}{n} \tag{6.7}$$

s_d 是 n 对试验值之差的样本标准差，即

$$s_d=\sqrt{\frac{\sum_{i=1}^{n}(d_i-\overline{d})^2}{n-1}} \tag{6.8}$$

对于给定的显著性水平 α，如果 $|t|<t_{\frac{\alpha}{2}}$，则成对数据之间不存在显著的系统误差，否则成对数据之间存在显著的系统误差。

6.2.2 回归分析

在实际应用中，常常要面对预测问题。如产品销量（或销售额）的预测是各企业都关注的问题。产品的销量受多种因素变化的影响，这些因素包括产品质量、价格、价值、折扣、信誉、品牌、偏好等，也即销量 Y 与影响因素 $x_i(i=1,2,\cdots,k)$的关系，可以表示为

$$Y=\beta_0+\beta_1x_1+\cdots+\beta_kx_k+\varepsilon \tag{6.9}$$

式中，ε 是除 x_i 外的其他不确定因素。对于这个问题的解决，需借助回归分析（Regression Analysis）。

回归分析是一种分析变量之间相关关系最常用的统计方法，用它可以寻找隐藏在随机性后面的统计规律，即确定回归方程，并通过检验确定回归方程的可信度。

1. **一元线性回归分析**

（1）一元线性回归分析的数学模型。一元线性回归又称直线拟合，是分析两个变量间关系的最简单方法，其数学模型为

$$\begin{cases}Y=\beta_0+\beta_1x_1+\varepsilon\\ Y\sim N(\beta_0+\beta_1x_1,\sigma^2)\\ \varepsilon\sim N(0,\sigma^2)\end{cases} \tag{6.10}$$

式（6.10）表明，因变量 Y 的变化由两个部分组成：一部分是由于自变量 x 的变化而引起的线性变化；另一部分是由于其他随机因素引起的变化，即不确定量 ε。其中 β_0、β_1 称为回归系数。

回归分析就是指采用合适的方法求得如式（6.11）所示的回归方程，并进行检验。

$$\hat{y}=\beta_0+\beta_1x_1 \tag{6.11}$$

其中 $\hat{y}$ 是回归因变量。通常采用最小二乘法求解回归系数 β_0、β_1，即求解下列最小值问题。

$$\min Q(\beta_0,\beta_1)=\sum_{i=1}^{n}[Y_i-(\beta_0+\beta_1x_i)]^2 \tag{6.12}$$

其中 Y_i 为第 i 次试验测得的 Y 的值。我们可以采用多种方法解这个最值问题，最常用的是微分

法。得到回归系数的计算公式为

$$\begin{cases} \beta_0 = \overline{Y} - \beta_1 \overline{x} \\ \beta_1 = \dfrac{\sum\limits_{i=1}^{n} x_i Y_i - \dfrac{1}{n}\sum\limits_{i=1}^{n} x_i \sum\limits_{i=1}^{n} Y_i}{\sum\limits_{i=1}^{n} x_i^2 - \dfrac{1}{n}(\sum\limits_{i=1}^{n} x_i)^2} \end{cases} \tag{6.13}$$

其中 $\overline{x} = \frac{1}{n}\sum\limits_{i=1}^{n} x_i$，$\overline{Y} = \frac{1}{n}\sum\limits_{i=1}^{n} Y_i$ 。

（2）回归方程的显著性检验。通过以上方法得到的回归方程不一定总有意义，因此需要对得到的回归系数做显著性检验。回归系数的显著性检验方法有多种，常用的是以下几种。

① F 检验-方差分析。记 $S_T^2 = \sum\limits_{i=1}^{n}(Y_i - \overline{Y})^2$ ，$S_R^2 = \sum\limits_{i=1}^{n}(\hat{y}_i - \overline{Y})^2$ ，$S_E^2 = \sum\limits_{i=1}^{n}(Y_i - \hat{y}_i)^2$ ，有关系式 $S_T^2 = S_R^2 + S_E^2$，其中 S_E^2 称为残差平方和，S_R^2 称为回归平方和。

考虑检验假设，H_0：b=0；H_1：b≠0，在 H_0 为真时，有

$$F = \frac{S_R^2 / 1}{S_E^2 / (n-2)} = \frac{S_R^2}{S_E^2} \sim F(1, n-2) \tag{6.14}$$

对给定的显著性水平 α，当 $F \geqslant F_\alpha(1, n-2)$ 时，可以认为 b=0 不真，称方程是显著的；反之，方程为不显著。

通常，若 $F \geqslant F_{0.01}(1, n-2)$ ，则方程为高度显著；若 $F_{0.05}(1, n-2) \leqslant F \leqslant F_{0.01}(1, n-2)$ ，则方程为显著；若 $F < F_{0.05}(1, n-2)$ ，则方程为不显著。

② 相关系数 r 检验法。相关系数 r 是反映变量 X 与 Y 线性关系程度的一个度量指标，其取值范围是 $|r| \leqslant 1$，当 r 接近于 1 时，表明变量 X 与 Y 密切线性相关；当 r 接近于 0 时，则这两者为非线性相关。

样本相关系数的计算公式为

$$r = \frac{\sum\limits_{i=1}^{n}(x_i - \overline{x})(Y_i - \overline{Y})}{\sqrt{\sum\limits_{i=1}^{n}(x_i - \overline{x})^2}\sqrt{\sum\limits_{i=1}^{n}(Y_i - \overline{Y})^2}} \tag{6.15}$$

通过查表可得由自由度(n−2)及显著性水平决定的相关系数显著性临界值 r_α，若 $|r| \leqslant r_\alpha$ ，接受原假设 H_0，即相关性不显著，否则在 α 水平上显著。

③ β_0 与 β_1 的检验。检验 β_0 的统计量为

$$t = \frac{\beta_0}{\sqrt{\dfrac{\sum\limits_{i=1}^{n}(Y_i - \hat{y}_i)^2}{n-2}\left(\dfrac{1}{n} + \dfrac{\overline{x}^2}{\sum\limits_{i=1}^{n}(x_i - \overline{x})^2}\right)}} \sim t(n-2) \tag{6.16}$$

β_0 的标准差为 $S_{\beta_0} = \sqrt{\dfrac{\sum\limits_{i=1}^{n}(Y_i - \hat{y}_i)^2}{n-2}\left(\dfrac{1}{n} + \dfrac{\overline{x}^2}{\sum\limits_{i=1}^{n}(x_i - \overline{x})^2}\right)}$ ，β_0 的(1−α)×100%的置信区间为 $[\beta_0 - t_\alpha S_{\beta_0}, \beta_0 + t_\alpha S_{\beta_0}]$。

检验 β_1 的统计量为

$$t=\frac{\beta_1}{\sqrt{\frac{\sum_{i=1}^{n}(Y_i-\hat{y}_i)^2}{(n-2)\sum_{i=1}^{n}(x_i-\overline{x})^2}}}\sim t(n-2) \quad (6.17)$$

β_1 的标准差为 $S_{\beta_1}=\sqrt{\frac{\sum_{i=1}^{n}(Y_i-\hat{y}_i)^2}{(n-2)\sum_{i=1}^{n}(x_i-\overline{x})^2}}$，$\beta_1$ 的$(1-\alpha)\times100\%$的置信区间为$[\beta_1-t_\alpha S_{\beta_1},\beta_1+t_\alpha S_{\beta_1}]$。

（3）利用回归方程进行预测。已通过检验的回归方程，就可以用来预测，即确定自变量 x 的某一个值时求出相应的因变量 Y 的估计值，有点预测和区间预测两种预测方式。

① 点预测。将自变量值 x_0 代入回归方程得到的因变量值 $\hat{y}_0$，作为与 x_0 相对应的 y_0 的预测值，就是点预测。

② 区间预测。对于与 x_0 相对应的 y_0，$\hat{y}_0$ 与 y_0 之间总存在一定的抽样误差。在回归模型的假设条件下，有

$$(\hat{y}_0-y_0)\sim N\left[0,\sigma^2(1+\frac{1}{n}+\frac{(x_0-\overline{x})^2}{\sum_i(x_i-\overline{x})^2}\right] \quad (6.18)$$

因此，y_0 的概率为 $1-\alpha$ 的预测区间为

$$\hat{y}_0\pm t_{\frac{\alpha}{2}}\sigma\sqrt{1+\frac{1}{n}+\frac{(x_0-\overline{x})^2}{\sum_i(x_i-\overline{x})^2}} \quad (6.19)$$

在实际应用时，一般常采用以下的预测区间。

当 α=0.05 时，y_0 的概率为 95%的预测区间为 $\hat{y}_0\pm2S_y$。

当 α=0.01 时，y_0 的概率为 99%的预测区间为 $\hat{y}_0\pm3S_y$。

其中 $S_y=\sqrt{\frac{\sum_{i=1}^{n}(Y_i-\hat{y}_i)^2}{n-2}}$。

2. 多元线性回归分析

（1）多元线性回归模型。多元线性回归是指有多个自变量的线性回归，用于揭示因变量与其他多个自变量之间的线性关系，其数学模型为

$$Y=\beta_0+\beta_1x_1+\beta_2x_2+\cdots+\beta_px_p+\varepsilon \quad (6.20)$$

多元线性回归分析就是求得如式（6.21）所示的回归方程，并进行相应的检验。

$$\hat{y}=\beta_0+\beta_1x_1+\beta_2x_2+\cdots+\beta_px_p \quad (6.21)$$

与一元线性回归分析一样，可以采用最小二乘方法及其他优化方法求得多元线性回归方程中的各个回归系数。

一般地，当$(x_1,x_2,\cdots,x_p,y)$的试验数据为$(x_{i1},x_{i2},\cdots,x_{ip},y_i),i=1,2,\cdots,n$时，设

$$\boldsymbol{y}=(y_1,y_2,\cdots,y_n),\boldsymbol{\beta}=(\beta_1,\beta_2,\cdots,\beta_p)^{\mathrm{T}},\boldsymbol{\varepsilon}=(\varepsilon_1,\varepsilon_2,\cdots,\varepsilon_p)^{\mathrm{T}},\boldsymbol{X}=\begin{bmatrix}1 & x_{11} & \cdots & x_{1p}\\ 1 & x_{21} & \cdots & x_{2p}\\ \vdots & \vdots & & \vdots\\ 1 & x_{ni} & \cdots & x_{np}\end{bmatrix}$$

则有$\boldsymbol{\beta}=(\boldsymbol{X}^{\mathrm{T}}\boldsymbol{X})^{-1}\boldsymbol{X}^{\mathrm{T}}\boldsymbol{y},\ \boldsymbol{y}=\boldsymbol{X}\boldsymbol{\beta}=\boldsymbol{X}(\boldsymbol{X}^{\mathrm{T}}\boldsymbol{X})^{-1}\boldsymbol{X}^{\mathrm{T}}\boldsymbol{y}$。

（2）回归方程显著性检验。仍然利用偏差平方和分解公式

$$\sum_{i=1}^{n}(y_i-\overline{Y})^2=\sum_{i=1}^{n}(y_i-\hat{y}_i)^2+\sum_{i=1}^{n}(\hat{y}_i-\overline{Y})^2 \tag{6.22}$$

即$S_{\mathrm{T}}^2=S_{\mathrm{R}}^2+S_{\mathrm{E}}^2$。

回归方程显著性检验是关于y与所有变量x_i的线性关系检验，用假设表示为H_0：$\beta_1=\beta_2=\cdots=\beta_p=0$。

在H_0为真时，表明随机变量y与$x_1,x_2,\cdots,x_p$之间的线性回归模型不合适，此时的统计量为

$$F=\frac{S_{\mathrm{R}}^2/p}{S_{\mathrm{E}}^2/(n-p-1)} \tag{6.23}$$

对于给定的数据，计算F值，再由给定的显著性水平查 F 分布表，得临界值$F_{1-\alpha}(p,n-p-1)$。当$F>F_{1-\alpha}(p,n-p-1)$时，拒绝原假设，即回归方程是显著的。

（3）回归系数显著性检验。

回归系数的显著性检验是关于y与某个变量x_i的线性关系的检验，用假设表示为H_0：$\beta_i=0$。当$i=1,2,\cdots,p$时，分别关于y对p个变量进行检验。若接受原假设，则y关于x_i的线性关系不显著，否则显著，此时统计量为

$$T_i=\frac{\widehat{\beta}_i}{\sqrt{c_{ii}}\sigma} \tag{6.24}$$

式中$\hat{\sigma}=\sqrt{\dfrac{1}{n-p-1}\sum_{i=1}^{n}(y_i-\hat{y}_i)^2}$，$i,j=1,2,\cdots,p$，$c_{ii}$是矩阵$(\boldsymbol{X}^{\mathrm{T}}\boldsymbol{X})^{-1}$的对角线元素。

当$|T_i|>t_{1-\frac{\alpha}{2},n-p-1}$时，拒绝原假设，即回归系数是显著的。

（4）拟合检验。定义系数$R^2=\dfrac{S_{\mathrm{R}}^2}{S_{\mathrm{T}}^2}=1-\dfrac{S_{\mathrm{E}}^2}{S_{\mathrm{T}}^2}$为相关系数。当$R^2$越接近 1，表明随机因素影响引起的误差较小，回归拟合的效果越好；当R^2越接近 0，表明回归拟合的效果越差。

（5）Y的预测区间。当$Y=\beta_0+\beta_1x_1+\beta_2x_2+\cdots+\beta_px_p+\varepsilon$时，由于不确定因素$\varepsilon$的影响，只能通过$\hat{y}$对$Y$进行区间估计。

令

$$T=\frac{\dfrac{y-\hat{y}}{\sigma\sqrt{1+\sum_{j=1}^{p}\sum_{i=1}^{p}c_{ii}x_ix_j}}}{\sqrt{\dfrac{S_{\mathrm{E}}^2}{\sigma^2(n-p-1)}}}=\frac{y-\hat{y}}{\sqrt{1+\sum_{j=1}^{p}\sum_{i=1}^{p}c_{ii}x_ix_j}\sqrt{\dfrac{S_{\mathrm{E}}^2}{(n-p-1)}}} \tag{6.25}$$

则，$T \sim t(n-p-1)$，且 Y 的 $1-\alpha$ 预测区间的左右端点分别为

$$\hat{y}-t_{1-\alpha/2}(n-p-1)\sqrt{1+\sum_{j=1}^{p}\sum_{i=1}^{p}c_{ii}x_i x_j}\sqrt{\frac{S_{\mathrm{E}}^2}{\sigma^2(n-p-1)}} \tag{6.26}$$

$$\hat{y}+t_{1-\alpha/2}(n-p-1)\sqrt{1+\sum_{j=1}^{p}\sum_{i=1}^{p}c_{ii}x_i x_j}\sqrt{\frac{S_{\mathrm{E}}^2}{\sigma^2(n-p-1)}} \tag{6.27}$$

3. 非线性回归分析

在实际问题中，变量之间通常不是直线关系，其中期望函数通常需要根据问题的物理意义或数据点的散布图预先定义，它可以是多项式函数、分式、指数函数以及三角函数等。对于实现这类回归，有两种方法：一是通过变量替换把非线性方程加以线性化，然后按线性回归的方法进行拟合；二是通过适当的优化方法对非线性方程直线进行拟合。

（1）可转换为一元线性回归的模型。鉴于线性回归较为简单，所以在实际中一般将非线性模型转换为线性模型。常用的非线性转换函数有 y^3、y^2、$y^{1/2}$、$\ln y$、$-1/y$、$-1/y^2$ 等。

① 使 x 上升、y 下降的转换。对于图 6.4 所示的情况，可以对 x 进行 $x^2,x^3,\cdots$转换或对 y 进行 $\ln y, -1/y,\cdots$转换。

② 使 x 下降、y 上升的转换。对于图 6.5 所示的情况，可以对 x 进行 $\ln x,-1/x,\cdots$转换或对 y 进行 $y^2,y^3,\cdots$转换。

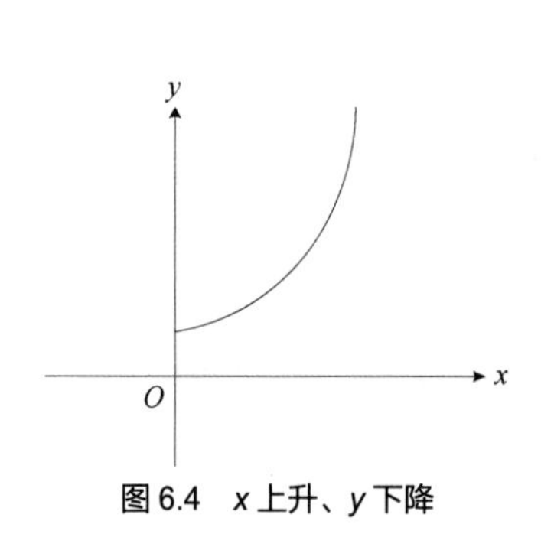

图 6.4　x 上升、y 下降

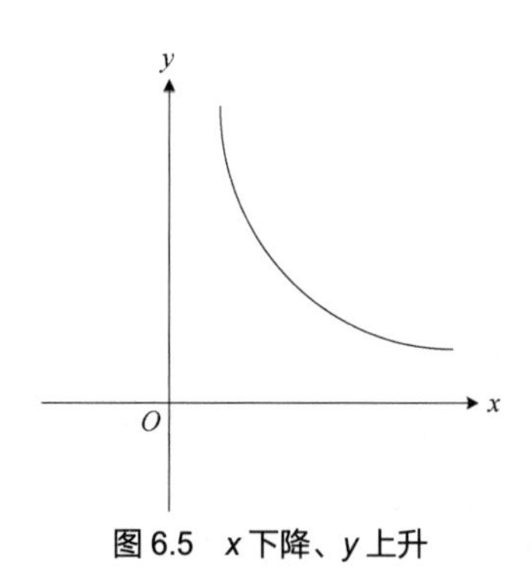

图 6.5　x 下降、y 上升

③ 使 x 上升、y 上升的转换。对于图 6.6 所示的情况，可以对 x 进行 $x^2,x^3,\cdots$转换或对 y 进行 $y^2,y^3,\cdots$转换。

④ 使 x 下降、y 下降的转换。对于图 6.7 所示的情况，可以对 x 进行 $\ln x,-1/x,\cdots$转换或对 y 进行 $\ln y,-1/y,\cdots$转换。

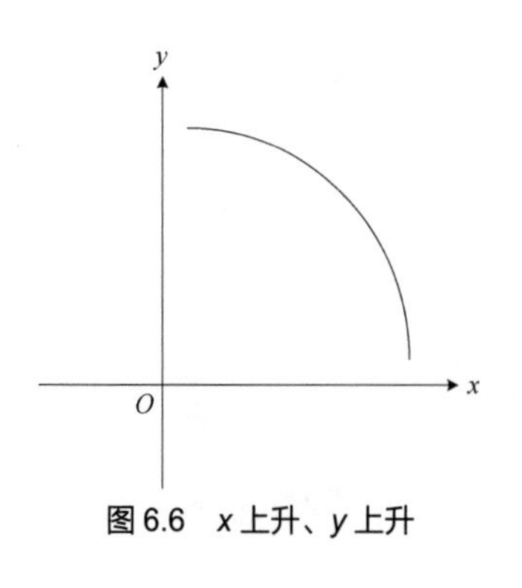

图 6.6　x 上升、y 上升

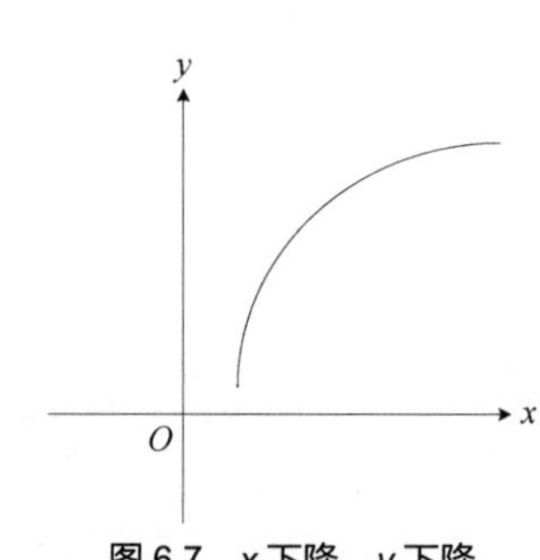

图 6.7　x 下降、y 下降

综上所述，许多曲线都可以转换成直线，于是可以按直线拟合的方法来处理。对变换后的数据进行回归分析，之后将所得的结果再代回原方程。因而，回归分析是对变换后的数据进行的，所得结果仅对变换后的数据来说是最佳拟合，当变换为原数据时所得的回归曲线严格地说并不是最佳拟合，但一般情况下拟合程度还是令人满意的。

（2）一元多项式回归。不是所有的一元非线性函数都能转换成一元线性方程，但任何复杂的一元连续函数都可用多项式近似表达，因此对于较难直线化的一元函数，可用如下多项式来拟合。

$$\hat{y} = \beta_0 + \beta_1 x + \beta_2 x^2 + \cdots + \beta_n x^n \tag{6.28}$$

同样，通过变量转换或多项式拟合的方法可以求出上述方程的各回归系数。

虽然多项式的阶数越高，回归方程与实际数据的拟合程度越高，但阶数越高，回归计算过程中舍入误差的积累也越大。所以当阶数 n 过高时，回归方程的精确度反而会降低，甚至得不到合理的结果，故一般取 n=3 或 4。

6.2.3　二项逻辑回归

多元回归分析在诸多行业和邻域的数据分析应用中发挥着极为重要的作用。在进行多元回归时，要求因变量是呈正态分布的连续型的随机变量，但在许多问题中，因变量为二值定性变量，例如，在某一药物试验中，判断动物服药后是生（设其值为 1）还是死（设其值为 0），显然这时正态线性模型是不合适的。此类问题的解决可借助逻辑（Logistic）回归完成。

逻辑回归是根据输入字段值对记录进行分类的一种统计技术。当被解释变量为二值定性变量时，逻辑回归称为二项逻辑回归。二项逻辑回归虽然不能直接采用一般多元线性回归模型拟合，但仍然可以充分利用线性回归模型建立的理论和思路来拟合。

设因变量 y 为二值定性变量，用 0、1 分别表示两个不同的状态，y=1 的概率 p 为研究的对象。自变量 $x_1,x_2,\cdots,x_m$ 可以是定性变量，也可以是定量变量。逻辑回归拟合的回归方程为

$$\ln \frac{p}{1-p} = \beta_0 + \sum_{i=1}^{m} \beta_i x_i \tag{6.29}$$

式中，m 是自变量个数；p 是在自变量取值为 $\boldsymbol{X}=(x_1,x_2,\cdots,x_m)^{\mathrm{T}}$ 时，因变量 Y 取值为 1 时的概率。$\beta_0,\beta_1,\beta_2,\cdots,\beta_m$ 是待估参数。

逻辑回归方程的另一种形式

$$p = \frac{\mathrm{e}^Z}{1+\mathrm{e}^Z} \tag{6.30}$$

其中，$Z = \beta_0 + \sum_{i=1}^{m} \beta_i x_i$ 或 $Z = \ln \frac{p}{1-p}$。显然 Z 是自变量 $\boldsymbol{X}$ 的线性函数。

今有 c 组试验数据，第 j 组（j=1,2,$\cdots$,c）试验了 n_j 次，其中 y=1 有 r_j 次，于是概率 $\hat{p}_j$ 可用 $\hat{p}_j = \frac{r_j}{n_j}$ 来估计，则

$$\hat{Z}_j = \ln \frac{\hat{p}_j}{1-\hat{p}_j} = \beta_0 + \sum_{i=1}^{m} \beta_i x_{ji} \quad (j = 1,2,\cdots,c) \tag{6.31}$$

对式（6.31）用加权最小二乘法估计回归系数，即求式（6.32）的最小值

$$\min Q=\sum_{j=1}^{n}W_j(y_j-\hat{y}_j)^2=\sum_{j=1}^{n}W_j[y_j-(\beta_0+\beta_1x_1+\cdots+\beta_mx_m)]^2 \tag{6.32}$$

式中 y_j 和 $\hat{y}_j$ 分别是因变量 y 的第 j 次观察值和预测值；W_j 是给定的第 j 次观察值的权值，一般取观察值误差项方差的倒数，即 $W_j=\dfrac{1}{\sigma_j^2}$。但由于一般观察值误差项的方差 σ_j^2 是未知的，所以当 n_j 适当大时，Z_j 的方差可用式（6.33）的近似值代替。

$$\sigma^2(Z_j)=\frac{1}{n_jp_j(1-p_j)} \tag{6.33}$$

可用式（6.34）来估计。

$$S^2(Z_j)=\frac{1}{n_j\hat{p}_j(1-\hat{p}_j)} \tag{6.34}$$

因此，权值 $W_j=n_j\hat{p}_j(1-\hat{p}_j)$。

通过微分法可得到 β 的估计值 $\widehat{\beta}_j$，记作 b_i。例如在一元逻辑回归中，回归系数为

$$\begin{cases} b_1=\dfrac{\sum W_jX_jZ_j-\dfrac{\sum W_jX_j\sum W_jZ_j}{\sum W_j}}{\sum W_jX_j^2-\dfrac{(\sum W_jX_j)^2}{\sum W_j}} \\ b_0=\dfrac{\sum W_jZ_j-b_1\sum W_jX_j}{\sum W_j} \end{cases} \tag{6.35}$$

据 $\hat{p}_j=\dfrac{e^{(\beta_0+\beta_1x)}}{1+e^{(\beta_0+\beta_1x)}}$ 画出的曲线呈 S 形，并有两条渐近线 $\hat{p}_j=0$ 和 $\hat{p}_j=1$。

多元逻辑回归方程的系数为 $\hat{\boldsymbol{\beta}}=(\boldsymbol{X}^{\mathrm{T}}\boldsymbol{V}^{-1}\boldsymbol{X})^{-1}\boldsymbol{X}^{\mathrm{T}}\boldsymbol{V}^{-1}\boldsymbol{Z}$，其中

$$\boldsymbol{X}=\begin{bmatrix}1 & X_{11} & \cdots & X_{1m}\\ 1 & X_{21} & \cdots & X_{2m}\\ \vdots & \vdots & & \vdots\\ 1 & X_{c1} & \cdots & X_{cm}\end{bmatrix}$$

$\boldsymbol{V}=\mathrm{diag}[v_1,v_2,\cdots,v_c]$，$\boldsymbol{Z}=(z_1,z_2,\cdots,z_c)^{\mathrm{T}}$，$Z_j=\ln\dfrac{\hat{p}_j}{1-\hat{p}_j}$，$\boldsymbol{V}$ 中的估计值为 $\hat{v}_j=\dfrac{1}{n_j\hat{p}_j(1-\hat{p}_j)}$。

如果在 c 组试验结果中遇到 r_j=0 或 r_j=n_j，此时 $\hat{p}_j=0$ 或 $\hat{p}_j=1$，或者遇到 $\hat{p}_j$ 非常接近于 0 或 1，就会出现 $\widehat{Z}_j$ 趋于 0 或不再是一个有限值，上述方法就行不通，这时就要对变换和权值进行修正，修正的方法有多种，例如

$$Z_j=\ln\frac{r_j+0.5}{n_j-r_j+0.5}$$

$$\hat{v}_j=\ln\frac{(n_j+1)(n_j+2)}{n_j(r_j+1)(n_j-r_j+1)}$$

6.2.4　方差分析

在实际应用中，影响事物性质的因素往往是很多的，例如影响产品销售量的因素有产品的质量、价格、价值、品牌、信誉、偏好等。任意一个因素的改变都有可能影响事物的性质，有的因素影响大些，有的因素影响小些。为了使事物的性质稳定，就有必要找出对事物性质有显著影响的因素。方差分析就是鉴别各因素效应的一种有效的方法，它主要是指数据的变异、不一致的分析。

1. 单因素试验的方差分析

单因素试验的方差分析又称一元方差分析，它用于讨论一种因素对试验结果有无显著影响。

设某单因素 A 有 r 种水平 $A_1,A_2,\cdots,A_r$，在各水平下分别做了 $n_i(i=1,2,\cdots,r)$次试验，每种水平下的试验结果服从正态分布，则可以得到表 6.1 所示的数据。

表 6.1　单因素试验数据

试验次数	A_1	A_2	...	A_r
1	x_{11}	x_{21}	···	x_{r1}
2	x_{12}	x_{22}	···	x_{r2}
⋮	⋮	⋮		⋮
n_i	x_{1n_1}	x_{2n_2}	···	x_{rn_r}

然后根据方差分析的原理，可得到表 6.2 所示的方差分析。

表 6.2　单因素试验的方差分析

差异源	方差和（SS）	自由度（df）	均方（MS）	F 检验	显著性
组间（因素 A）	SS_A	$r-1$	$MS_A=SS_A/(r-1)$	MS_A/MS_e	—
组内（误差 e）	SS_e	$n-r$	$MS_e=SS_e/(n-r)$	—	—
总和	SS_T	$n-1$	—	—	—

表 6.2 中各物理量的含义及计算方法如下。

$$SS_T=\sum_{i=1}^{r}\sum_{j=1}^{n_i}(x_{ij}-\bar{x})^2 \quad SS_A=\sum_{i=1}^{r}\sum_{j=1}^{n_i}(\bar{x}_i-\bar{x})^2 \quad SS_e=\sum_{i=1}^{r}\sum_{j=1}^{n_i}(x_{ij}-\bar{x}_i)^2$$

$$n=\sum_{i=1}^{r}n_i \quad \bar{x}=\frac{1}{n}\sum_{i=1}^{r}\sum_{j=1}^{n_i}x_{ij}$$

对于给定的显著性水平 α，可查表得到 F 分布的临界值 $F_\alpha(df_A,df_e)$，若计算所得的统计量大于此临界值，说明因素 A 对试验结果有显著影响，否则可以认为因素 A 对试验结果没有影响。通常，若 $F_A>F_{0.01}(df_A,df_e)$，就称因素 A 对试验结果有非常显著的影响，用两个“*”表示；若 $F_{0.05}(df_A,df_e)<F_A<F_{0.01}(df_A,df_e)$，则因素 A 对试验结果有显著的影响，用一个“*”表示；若 $F_A<F_{0.05}(df_A,df_e)$，则因素 A 对试验结果的影响不显著。

应当注意的是，对于单因素多水平的试验，各水平上试验次数 n_i 可以相同，也可以不同。当总的试验次数 n 相同时，n_i 相同时的试验精度更高一些，因此应尽量安排 n_i 相同的单因素多水平试验。

2. 双因素试验的方差分析

根据两因素每种组合水平上的试验次数，双因素试验的方差分析可分为无重复试验和重复试验的方差分析。

（1）双因素无重复试验的方差分析。设在某试验中，有两个因素 A 和 B 在变化，A 有 r 种水平 $A_1,A_2,\cdots,A_r$，B 有 s 种水平 $B_1,B_2,\cdots,B_s$，在每一种组合水平(A_i,B_j)上做 1 次试验，试验结果为 $x_{ij}(i=1,2,\cdots,r,\ j=1,2,\cdots,s)$，所有 x_{ij} 相互独立，得到试验数据如表 6.3 所示。

表 6.3　双因素无重复试验数据

因　素	B_1	B_2	…	B_s
A_1	x_{11}	x_{12}	…	x_{1s}
A_2	x_{21}	x_{22}	…	x_{2s}
⋮	⋮	⋮		⋮
A_r	x_{r1}	x_{r2}	…	x_{rs}

对于任意一个试验值，其中 r 表示 A 因素对应的水平，s 表示 B 因素对应的水平。显然总试验次数 $n=rs$。

根据方差分析原理，可得到表 6.4 所示的双因素方差分析。

表 6.4　双因素无重复试验的方差分析

差异源	方差和（SS）	自由度（df）	均方（MS）	F 检验	显著性
因素 A	SS_A	$r-1$	$MS_A=SS_A/(r-1)$	$F_A=MS_A/MS_e$	—
因素 B	SS_B	$s-1$	$MS_B=SS_B/(s-1)$	$F_B=MS_B/MS_e$	—
误差	SS_e	$(r-1)(s-1)$	$MS_e=SS_e/((r-1)(s-1))$	—	—
总和	SS_T	$rs-1$	—	—	—

表 6.4 中各物理量的含义及计算方法如下。

$$SS_T=\sum_{i=1}^{r}\sum_{j=1}^{s}(x_{ij}-\bar{x})^2 \qquad SS_A=\sum_{j=1}^{s}\sum_{i=1}^{r}(\bar{x}_{i\bullet}-\bar{x})^2 \qquad SS_B=\sum_{i=1}^{r}\sum_{j=1}^{s}(\bar{x}_{\bullet j}-\bar{x})^2$$

$$SS_e=\sum_{i=1}^{r}\sum_{j=1}^{s}(x_{ij}-\bar{x}_{i\bullet}-\bar{x}_{\bullet j}+\bar{x})^2 \qquad \bar{x}=\frac{1}{rs}\sum_{i=1}^{r}\sum_{j=1}^{s}x_{ij} \qquad \bar{x}_{i\bullet}=\frac{1}{s}\sum_{j=1}^{s}x_{ij} \qquad \bar{x}_{\bullet j}=\frac{1}{r}\sum_{i=1}^{r}x_{ij}$$

式中，$\bar{x}$ 为所有试验值的算术平均值，称为总平均；$\bar{x}_{i\bullet}$ 为 A_i 水平时所有试验的算术平均值；$\bar{x}_{\bullet j}$ 为 B_j 水平时所有试验值的算术平均值。

其中 F_A 服从自由度为(df_A,df_e)的 F 分布，对于给定的显著性水平 α，若 $F_A>F_\alpha(df_A,df_e)$，则认为因素 A 对试验结果有显著影响，否则无显著影响；F_B 服从自由度为(df_B,df_e)的 F 分布，若 $F_B>F_\alpha(df_B,df_e)$，则认为因素 B 对试验结果有显著影响，否则无显著影响。

（2）双因素重复试验的方差分析。在进行以上的方差分析时，是假设两因素是相互独立的。但是，在双因素试验中，有时还存在着两因素对试验结果的联合影响，这种联合影响称作交互作用。例如，若因素 A 的数值和水平发生变化时，试验指标随因素 B 的变化规律也发生变化；反之，若因素 B 的数值或水平发生变化时，试验指标随因素 A 的变化规律也发生变化，则称因素 A、B 间有交互作用，记为 A×B。如果要检验交互作用对试验指标的影响是否显著，则要求在两个因素的每一个组合(A_i,B_j)上至少做 2 次试验。

设在某项试验中，有 A、B 两个因素在变化，A 有 r 种水平 $A_1,A_2,\cdots,A_r$，B 有 s 种水平 $B_1,B_2,\cdots,B_s$，为研究交互作用 A×B 的影响，在每一种组合水平(A_i,B_j)上重复做 c（$c\geqslant2$）次试验（称为重复性试验），

每个试验值记为 x_{ijk}（i=1,2,…,r，j=1,2,…,s，k=1,2,…,c），如表 6.5 所示。

表 6.5　双因素无重复试验数据

因　素	B_1	B_2	…	B_s
A_1	$x_{111},x_{112},\cdots,x_{11c}$	$x_{121},x_{122},\cdots,x_{12c}$	…	$x_{1s1},x_{1s2},\cdots,x_{1sc}$
A_2	$x_{211},x_{212},\cdots,x_{21c}$	$x_{221},x_{222},\cdots,x_{22c}$	…	$x_{2s1},x_{2s2},\cdots,x_{2sc}$
⋮	⋮	⋮		⋮
A_r	$x_{r11},x_{r12},\cdots,x_{r1c}$	$x_{r21},x_{r22},\cdots,x_{r2c}$	…	$x_{rs1},x_{rs2},\cdots,x_{rsc}$

然后根据方差分析的原理，可得到表 6.6 所示的方差分析。

表 6.6　有交互作用双因素试验的方差分析

差异源	方差和（SS）	自由度（df）	均方（MS）	F 检验	显著性
因素 A	SS_A	$r-1$	$MS_A=SS_A/(r-1)$	$F_A=MS_A/MS_e$	—
因素 B	SS_B	$s-1$	$MS_B=SS_B/(s-1)$	$F_B=MS_B/MS_e$	—
交互作用	$SS_{A\times B}$	$(r-1)(s-1)$	$MS_{A\times B}=SS_{A\times B}/((r-1)(s-1))$	$F_{A\times B}=MS_{A\times B}/MS_e$	—
误差	SS_e	$rs(c-1)$	—	—	—
总和	SS_T	$rs-1$	—	—	—

表 6.6 中各物理量的含义及计算方法如下。

$$SS_T=\sum_{i=1}^{r}\sum_{j=1}^{s}\sum_{k=1}^{c}(x_{ijk}-\bar{x})^2 \quad SS_A=sc\sum_{i=1}^{r}(\bar{x}_{i\bullet\bullet}-\bar{x})^2 \quad SS_B=rc\sum_{j=1}^{s}(\bar{x}_{\bullet j\bullet}-\bar{x})^2$$

$$SS_{A\times B}=c\sum_{i=1}^{r}\sum_{j=1}^{s}(\bar{x}_{ij\bullet}-\bar{x}_{i\bullet\bullet}-\bar{x}_{\bullet j\bullet}+\bar{x})^2 \quad SS_e=\sum_{i=1}^{r}\sum_{j=1}^{s}\sum_{k=1}^{c}(x_{ijk}-\bar{x}_{ij\bullet})^2$$

$$\bar{x}=\frac{1}{rsc}\sum_{i=1}^{r}\sum_{j=1}^{s}\sum_{k=1}^{c}x_{ijk} \quad \bar{x}_{ij\bullet}=\frac{1}{c}\sum_{k=1}^{c}x_{ijk}, i=1,2,\cdots,r; j=1,2,\cdots,s$$

$$\bar{x}_{\bullet j\bullet}=\frac{1}{rc}\sum_{i=1}^{r}\sum_{k=1}^{c}x_{ijk}, j=1,2,\cdots,s$$

其中 F_A 服从自由度为(df_A,df_e)的 F 分布，对于给定的显著性水平 α，若 $F_A>F_\alpha(df_A,df_e)$，则认为因素 A 对试验结果有显著影响，否则无显著影响；F_B 服从自由度为(df_B,df_e)的 F 分布，若 $F_B>F_\alpha(df_B,df_e)$，则认为因素 B 对试验结果有显著影响，否则无显著影响；$F_{A\times B}$ 服从自由度为$(df_{A\times B},df_e)$的 F 分布，对于给定的显著性水平 α，若 $F_{A\times B}>F_\alpha(df_{A\times B},df_e)$，则认为因素 A 对试验结果有显著影响，否则无显著影响。

6.2.5　主成分分析

在处理多元样本数据时，会遇到一系列问题，如观测数据多，指标间有可能有相关性等。这样它们提供的整体信息会发生重叠，不易得出简明的规律。例如要分析比较若干地区的经济发展状况，对每一个地区都可以统计出数十项与经济状况有关的指标，这些指标虽然能够较详细地反映一个地区的经济发展水平，但要据此对不同地区的发展状况进行评价、比较、排序，则因指标太多、主次不明显而过于复杂，也很难做到客观、公正。此外，这些指标中，有些是主要的，有些是次要的，甚至某些指标间还有一定的相关性。我们可以采用主成分分析法来分析这些问题。

主成分分析就是一种把原来多个指标变量转换为少数几个相互独立的综合指标的统计方法。它通过全面分析各项指标所携带的信息，从中提取出一些潜在的综合性指标（即主成分）。

1. 主成分分析的数学模型

设 $\boldsymbol{X}_1,\boldsymbol{X}_2,\cdots,\boldsymbol{X}_p$ 是原始向量，需要求变量 $\boldsymbol{Z}_1,\boldsymbol{Z}_2,\cdots,\boldsymbol{Z}_m$，满足 $m<p$，$\boldsymbol{Z}_i$ 与 $\boldsymbol{Z}_j$ 不相关，即它们间的相关系数为 0，并且 $\boldsymbol{Z}_i$ 能代表 p 个原始变量 $\boldsymbol{X}_i$ 的大部分变异信息，也即降低了原变量的维数。

对 $\boldsymbol{X}_1,\boldsymbol{X}_2,\cdots,\boldsymbol{X}_p$ 观察了 n 次，得到观察数据矩阵为

$$\boldsymbol{X}=\begin{bmatrix} x_{11} & x_{12} & \cdots & x_{1p} \\ x_{21} & x_{22} & \cdots & x_{2p} \\ \vdots & \vdots & & \vdots \\ x_{n1} & x_{n2} & \cdots & x_{np} \end{bmatrix}$$

用数据矩阵 $\boldsymbol{X}$ 的 p 个向量（即 p 个指标向量）$\boldsymbol{X}_1,\boldsymbol{X}_2,\cdots,\boldsymbol{X}_p$ 做线性组合为

$$\begin{cases} \boldsymbol{Z}_1 = a_{11}\boldsymbol{X}_1 + a_{12}\boldsymbol{X}_2 + \cdots + a_{1p}\boldsymbol{X}_p \\ \boldsymbol{Z}_2 = a_{21}\boldsymbol{X}_1 + a_{22}\boldsymbol{X}_2 + \cdots + a_{2p}\boldsymbol{X}_p \\ \qquad\vdots \\ \boldsymbol{Z}_p = a_{p1}\boldsymbol{X}_1 + a_{p2}\boldsymbol{X}_2 + \cdots + a_{pp}\boldsymbol{X}_p \end{cases} \tag{6.36}$$

可简写成 $\boldsymbol{Z}_i = a_{1i}\boldsymbol{X}_1 + a_{2i}\boldsymbol{X}_2 + \cdots + a_{pi}\boldsymbol{X}_p, i=1,2,\cdots,p$ 。

当 $\boldsymbol{X}_i$ 是 n 维向量时，$\boldsymbol{Z}_i$ 也是 n 维向量，这里关键是要求 a_{ij}（i,j=1,2,⋯,p 且 $\sum_{j=1}^{p} a_{ij}=1$）使 Var($\boldsymbol{Z}_i$)值达到最大。

解约束条件下的 Var($\boldsymbol{Z}_i$)方程即可。求得的解是 p 维空间的一个单位向量，它代表一个“方向”，它就是常说的主成分方向。

一个主成分不足以代表原来的 p 个变量，因此需要寻找第二个、第三个乃至第四个主成分，并且每个主成分不应该再包含其他主成分的信息，统计上的描述就是这两个主成分的协方差为 0，几何上就是这两个主成分的方向正交。

2. 主成分计算步骤

设 $\boldsymbol{Z}_i$ 表示第 i 个主成分，i=1,2⋯,p，对式（6.36）中的每一个 i，均有 $\sum_{j=1}^{p} a_{ij}=1$，且$(a_{11},a_{12},\cdots,a_{1p})$使得 Var($\boldsymbol{Z}_1$)值达到最大；$(a_{21},a_{22},\cdots,a_{2p})$不仅垂直于$(a_{11},a_{12},\cdots,a_{1p})$，而且 Var($\boldsymbol{Z}_2$)值达到最大；$(a_{31},a_{32},\cdots,a_{3p})$不仅垂直于$(a_{11},a_{12},\cdots,a_{1p})$和$(a_{21},a_{22},\cdots,a_{2p})$，而且 Var($\boldsymbol{Z}_3$)值达到最大。依此类推，直至求得全部 p 个主成分。求解的方法就是求 $\boldsymbol{X}^{\mathrm{T}}\boldsymbol{X}$ 矩阵的特征值。

设求得 $\boldsymbol{X}^{\mathrm{T}}\boldsymbol{X}$ 的特征值 $\lambda_1\geqslant\lambda_2\geqslant\cdots\geqslant\lambda_p$，它们所对应的标准化正交特征向量为 $\boldsymbol{\eta}_1,\boldsymbol{\eta}_2,\cdots,\boldsymbol{\eta}_p$，则第 1 主成分、第 2 主成分……第 p 主成分为

$$\begin{gathered} \boldsymbol{Z}_1=\boldsymbol{X}\boldsymbol{\eta}_1 \\ \boldsymbol{Z}_2=\boldsymbol{X}\boldsymbol{\eta}_2 \\ \vdots \\ \boldsymbol{Z}_p=\boldsymbol{X}\boldsymbol{\eta}_p \end{gathered} \tag{6.37}$$

在求解的过程中，要注意以下几点。

① 主成分分析的结果受量纲的影响，由于各变量的单位可能不一样，如果各自改变量纲，结果

会不一样，这是主成分分析的最大问题。回归分析是不存在这种情况的，所以实际中可以先把各变量的数据标准化，然后使用协方差矩阵或相关系数矩阵进行分析。

② 为使方差达到最大的主成分分析，不用转轴。

③ 主成分的保留。用相关系数矩阵求主成分时，一般将特征值小于 1 的主成分放弃。

④ 在实际研究中，由于主成分分析的目的是降维，减少变量的个数，故一般选取少量的主成分（不超过 5 或 6 个），只要它们能解释变异的 70%～80%（称累积贡献率）就可以了。

3. 主成分估计

设 $\boldsymbol{Z}=\begin{bmatrix} Z_{11} & Z_{12} & \cdots & Z_{1p} \\ Z_{21} & Z_{22} & \cdots & Z_{2p} \\ \vdots & \vdots & & \vdots \\ Z_{n1} & Z_{n2} & \cdots & Z_{np} \end{bmatrix}$，$\boldsymbol{Q}=(\eta_1,\eta_2,\cdots,\eta_p)_{p\times p}$，$\boldsymbol{Q}$ 为标准化正交阵，且 $\boldsymbol{Z}=\boldsymbol{XQ}$，引入新参数 $\boldsymbol{\alpha}=\boldsymbol{Q}^{\mathrm{T}}\boldsymbol{\beta}$，则主成分回归方程为

$$\boldsymbol{Y}=\beta_0\mathbf{1}+\boldsymbol{Z\alpha}+\varepsilon\mathbf{1} \tag{6.38}$$

其中，β_0 为主成分回归系数，$\mathbf{1}$ 为元素均为 1 的 $p\times 1$ 维矩阵。由于特征值接近 0 的主成分在 n 次试验中取值的变化很小，它的作用可以并入主成分回归方程中的常数项。因此如果 $\lambda_{r+1}=\cdots=\lambda_p\approx 0$，可剔除 $Z_{r+1},Z_{r+2},\cdots,Z_p$，只保留 $\boldsymbol{\alpha}$ 的前 r 个分量 $\alpha_1,\alpha_2,\cdots,\alpha_r$，设它的最小二乘估计为 $\alpha_1,\alpha_2,\cdots,\alpha_r$，然后由关系式 $\boldsymbol{\beta}=\boldsymbol{Q\alpha}$ 即可确定 $\boldsymbol{\beta}$ 的估计，这个步骤称为 $\boldsymbol{\beta}$ 的主成分估计。实际步骤如下。

将 $\boldsymbol{Q}$、$\boldsymbol{\alpha}$ 分块，即 $\boldsymbol{Q}=(\boldsymbol{Q}_1,\boldsymbol{Q}_2)$，$\boldsymbol{\alpha}=\begin{bmatrix}\boldsymbol{\alpha}_1\\ \boldsymbol{\alpha}_2\end{bmatrix}$，其中 $\boldsymbol{Q}_1$ 为 $p\times r$ 矩阵，$\boldsymbol{\alpha}_1$ 为 r 维向量，从而 $\boldsymbol{\alpha}$ 的主成分估计为 $\boldsymbol{\alpha}=(\boldsymbol{\alpha}_1,0)^{\mathrm{T}}$，$\boldsymbol{\beta}$ 的主成分估计为 $\boldsymbol{\beta}=\boldsymbol{Q}_1\boldsymbol{\alpha}_1$。为了提高计算的稳定性，可以定义式（6.39）。

若存在 $1\leqslant r\leqslant p$，使 $\lambda_r\geqslant 1>\lambda_{r+1}$，设

$$\boldsymbol{A}=\mathrm{diag}(\frac{\lambda_1-1+\theta}{\lambda_1},\cdots,\frac{\lambda_r-1+\theta}{\lambda_r},\theta\lambda_{r+1},\cdots,\theta\lambda_p) \tag{6.39}$$

式中 $\theta\in(\lambda_p,1)$为平稳常数，从而可求得 $\boldsymbol{\beta}$ 的单参数主成分估计。

$$\boldsymbol{\beta}=\boldsymbol{QAQ}^{\mathrm{T}}\boldsymbol{Q}_1\boldsymbol{\alpha}_1 \tag{6.40}$$

4. 主成分筛选

在进行主成分分析时，判断某主成分是否能被删除的一般依据是删除的特征向量占总特征向量之和的 15%以下。但有时仍需考虑选择的主成分对原始变量的贡献值，此时可用相关系数的平方和来表示。如果选取的主成分为 $\boldsymbol{Z}_1,\boldsymbol{Z}_2,\cdots,\boldsymbol{Z}_r$，则它们对原变量 $\boldsymbol{X}_i$ 的贡献值为 $\rho_i=\sum_{j=1}^{r}r^2(\boldsymbol{Z}_j,\boldsymbol{X}_i)$。

在选择主成分时，一定要选择与原变量有关系的主成分，也即若第 1 主成分不能代表所有变量，则需要选择第 2 主成分，依此类推。

6.2.6　因子分析

因子分析是一种多元统计分析方法，在解决多变量问题时具有显著的优点。因子分析主要有以下几个优点。

（1）可用于解决很复杂的问题。因子分析作为一种多变量分析方法，可同时处理有许多因素相

互影响的复杂体系。

（2）能快速地对大量数据进行处理。借助计算机，使用标准的因子分析程序，可以快速地分析大批量数据。

（3）能研究多种类型的问题。在对原始数据了解甚少甚至对数据的本质一无所知的情况下，仍然可应用因子分析方法。它是研究一些未知体系的强有力的工具。

（4）可压缩数据，提高数据质量。通过对数据矩阵进行因子分析，可用最少的因子来表示它们，而基本上不损失数据原来所包含的信息，并且还能发掘出某些潜在的规则。

（5）可获得对数据的有意义的解释。通过因子分析可对样品或变量进行分类，能够为体系建立完整的、有物理意义的模型，以此来预测新的数据点。

1. **因子分析的一般数学模型**

因子分析的基本思想是通过对变量的相关系数矩阵内部结构的研究，找出能控制所有变量的少数几个随机变量以描述多个变量间的相关系数，通常这少数几个随机变量是不可观察的，称为因子。然后根据相关性大小把变量分组，使得同组内的变量之间相关性较高，但不同组的变量相关性较低。

设 $\boldsymbol{X}_1,\boldsymbol{X}_2,\cdots,\boldsymbol{X}_p$ 是原始变量，影响 $\boldsymbol{X}_i$ 的因素变量有多个 $i=1,2,\cdots,p$，需要寻找少量的公共影响变量反映 $\boldsymbol{X}_i$ 的共同变化规律，即需要确定公共因子变量 $\boldsymbol{F}_1,\boldsymbol{F}_2,\cdots,\boldsymbol{F}_m$ 及特殊因子 ε，使 $m<p$，且

$$\boldsymbol{X}_i=\sum_{j=1}^{m}a_{ij}\boldsymbol{F}_j+\varepsilon_i \tag{6.41}$$

式中，a_{ij} 是变量 $\boldsymbol{X}_i$ 在因子 $\boldsymbol{F}_j$ 中的载荷。

因子分析的主要问题是：确定每一变量 X_i 的载荷 a_{ij}；确定能反映 p 个原始变量 X_i 变化规律的 m 个公共因子 $\boldsymbol{F}_j$，$j=1,2,\cdots,m$，$m<p$；因子旋转，即对确定的 m 个公共因子 F_j 进行解释；因子得分，即代入一组 $\boldsymbol{X}_i$ 的值时对应 F_j 的取值。

假定有 p 个变量 $\boldsymbol{X}_1,\boldsymbol{X}_2,\cdots,\boldsymbol{X}_p$，在 n 个样品中将这 p 个变量观察的结果组成如下的原始数据矩阵。

$$\boldsymbol{X}=\begin{bmatrix} x_{11} & x_{12} & \cdots & x_{1p} \\ x_{21} & x_{22} & \cdots & x_{2p} \\ \vdots & \vdots & & \vdots \\ x_{n1} & x_{n2} & \cdots & x_{np} \end{bmatrix}$$

通常为了消除变量在数量级上或量纲上的不同，在进行因子分析之前都要对变量进行如下的标准化处理。

$$z_{ji}=\frac{x_{ji}-\overline{x}_i}{\sigma_i},\qquad j=1,2,\cdots,n \tag{6.42}$$

式中 $\overline{x}_i$ 和 σ_i 分别是第 i 个变量的平均值和标准差。假定标准化以后的变量是 $z_1,z_2,\cdots,z_p$，则标准化数据矩阵为

$$\boldsymbol{Z}=\begin{bmatrix} z_{11} & z_{12} & \cdots & z_{1p} \\ z_{21} & z_{22} & \cdots & z_{2p} \\ \vdots & \vdots & & \vdots \\ z_{n1} & z_{n2} & \cdots & z_{np} \end{bmatrix} \tag{6.43}$$

标准化的目的是使每一个变量的平均值都为0，方差都为1。

因子分析的基本假设是p个标准化变量 $z_1,z_2,\cdots,z_p$，可以是由m个新的标准化变量即公共因子$F_1,F_2,\cdots,F_m$的线性组合，如式（6.44）所示。

$$\begin{aligned} z_1 &= a_{11}F_1 + a_{12}F_2 + \cdots + a_{1m}F_m \\ z_2 &= a_{21}F_1 + a_{22}F_2 + \cdots + a_{2m}F_m \\ &\vdots \\ z_p &= a_{p1}F_1 + a_{p2}F_2 + \cdots + a_{pm}F_m \end{aligned} \tag{6.44}$$

可以证明

$$\frac{1}{n-1}\sum_{m=1}^{n} f_{mj} z_{mi} = a_{ij} \text{ 及 } 1 = a_{i1}^2 + a_{i2}^2 + \cdots + a_{ik}^2,\ \ i = 1,2,\cdots,p$$

其中f_m为因子在某个样品中的得分。

在计算因子载荷时，需要变换和旋转因子，但不改变特征间的距离，结果因子保持正交，在数学上这样的变换可通过解特征值实现。最佳载荷因子可由因子旋转的方法获得。因子旋转又分为正交和非正交因子旋转。因子旋转的目的在于使获取的新坐标系统以最佳的方式将化学测量数据点进行分组，使因子载荷的结构简单化。

若L表示载荷矩阵，L_{rot}表示旋转后的载荷矩阵，T表示变换矩阵，则对于正交因子旋转，有$L_{rot}=LT$；对于非正交因子旋转，若用 L_{fst} 表示因子结构矩阵，L_{fst} 含有与公共因子特征相关的信息，则$L_{fst}=LT$。

常用的是方差最大正交因子旋转。它是一种以因子载荷的方差达到极大值为基础的一种正交因子旋转方法。正交变换后，使其中尽可能多的元素接近于0，而只在少数几个特征上有较大的载荷，从而使载荷矩阵的结构简化，有利于给出有意义的解释。

2. 因子模型中因子载荷、变量共同度和公共因子的方差贡献的统计意义

（1）因子载荷的统计意义。因子载荷a_{ij}的统计意义就是指第i个变量与第j个公共因子的相关系数，即表示X_i依赖F_j的分量，也即表示第i个变量在第j个公共因子上的载荷，它反映了第i个变量在第j个公共因子上的相对重要性。

（2）变量共同度的统计意义。式（6.45）定义的变量

$$h_i^2 = \sum_{j=1}^{m} a_{ij}^2,\ \ i = 1,2,\cdots,p \tag{6.45}$$

称为变量X_i的共同度，它是X_i方差的主要部分。当共同度越大时，说明公共因子包含X_i的变异信息越多。

（3）公共因子的方差贡献的统计意义。式（6.46）定义的变量

$$S_j = \sum_{i=1}^{p} a_{ij}^2,\quad j = 1,2,\cdots,p \tag{6.46}$$

称为公共因子F_j对X的贡献，它是衡量公共因子相对重要性的指标。

当$S_{j1}^2 \geqslant S_{j2}^2 \geqslant \cdots \geqslant S_{jp}^2$时，对应的公共因子重要性从大到小的排序是$F_{j1} \geqslant F_{j2} \geqslant \cdots \geqslant F_{jp}$。

因子分析可以看作主成分分析的推广，是多元统计中常用的降维方法。因子分析所涉及的计算与主成分分析也很相似，两种方法的出发点都是变量的相关系数矩阵，在损失较少信息的前提下，

把多个变量（这些变量之间要求存在较强的相关性，以保证能从原始变量中提取主成分）综合成少数几个综合变量来研究总体信息。因此这两种方法的适用范围是相同的，而且两种方法的综合指标（在主成分分析中是主成分，在因子分析中是公共因子）与原始指标的关系都是线性的。

3. Q 型和 R 型因子分析

因子分析的起点是协方差阵或相关矩阵。对于 Q、R 型因子分析，由于研究的目的有别，采用的协方差阵也所差别

$$\begin{aligned} \boldsymbol{C}_{\mathrm{Q}} &= \boldsymbol{X}^{\mathrm{T}}\boldsymbol{X} \quad (p \times p\text{ 维}) \\ \boldsymbol{C}_{\mathrm{R}} &= \boldsymbol{X}\boldsymbol{X}^{\mathrm{T}} \quad (n \times n\text{ 维}) \end{aligned} \tag{6.47}$$

若采用相关矩阵，则

$$\begin{aligned} \boldsymbol{R}_{\mathrm{Q}} &= (\boldsymbol{X}\boldsymbol{V}_{\mathrm{Q}})^{\mathrm{T}}(\boldsymbol{X}\boldsymbol{V}_{\mathrm{Q}}) \\ \boldsymbol{R}_{\mathrm{R}} &= (\boldsymbol{V}_{\mathrm{R}}\boldsymbol{X})(\boldsymbol{V}_{\mathrm{R}}\boldsymbol{X})^{\mathrm{T}} \end{aligned} \tag{6.48}$$

其中

$$\begin{aligned} \boldsymbol{V}_{\mathrm{Q}}(i,j) &= \frac{1}{\dfrac{1}{p-1}\sqrt{\sum_{j=1}^{p}(x_{ij}-\overline{x})^2}} \\ \boldsymbol{V}_{\mathrm{R}}(i,j) &= \frac{1}{\dfrac{1}{n-1}\sqrt{\sum_{i=1}^{n}(x_{ij}-\overline{x})^2}} \end{aligned} \tag{6.49}$$

R 型因子分析用于通过 n 次观察研究 p 个特征间的关系；而 Q 型因子分析则通过 p 个特征来研究 n 个样本间的关系。两者虽然输入矩阵不一样，但实现步骤基本一致。

6.3 数据挖掘相关技术

6.3.1 关联分析

目前，关联分析已成为数据挖掘领域重要的研究内容，它主要用于研究数据中不同邻域之间的关系，找出满足给定支持度和可信度阈值的多个域之间的依赖关系，即相关性、关联关系、因果关系。关联规则模式属于描述型模式，发现关联规则的算法属于无监督学习的算法。

6.3.1.1 关联规则的主要概念

设 D 是一个事务数据库，其中每一事务 T 由一些项目构成，并且都有唯一的标识（TID）。项目的集合简称为项目集，含有第 k 个项目的项目集称为 k-项目集。项目集 X 的支持度（Support）是指在事务数据库 D 中包含项目集 X 的事务占整个事务的比例，记为 $\sup(X)$，看作项目集 X 在总事务中出现的概率，一般定义为 $(X)=P(X)\approx\dfrac{X\text{出现次数}}{\text{事务总数}}$。

支持度是关联规则重要性（或适用范围）的衡量标准，它说明了规则在所有事务中代表性有多强。显然，支持度越大，代表性越强，关联规则也越重要，应用越广泛。由于项目数通常很多，因此，在实际应用中支持度一般都很小。

可信度（Confidence）是指在事务数据库 D 中，同时含项目集 X 和 Y 的事务与含项目集 X 的事务的比，即 $\sup(X\cup Y)/\sup(X)$，看作项目集 X 的出现使项目集 Y 也出现这一事务在总事务中出现的频率，一般定义为

$$\begin{aligned}\mathrm{Conf}(Y\mid X)=P(Y\mid X)=\frac{P(YX)}{P(X)}&\approx\frac{XY\text{出现次数}/\text{事务总数}T}{X\text{出现次数}/\text{事务总数}T}\\=\sup(X\cup Y)/\sup(X)&=\frac{XY\text{出现次数}}{X\text{出现次数}}\end{aligned}\tag{6.50}$$

可信度是关联规则准确度的衡量标准。例如对可信度很高，但支持度却很低的关联规则来说，它的实际应用价值很小，因而该关联规则的发现不值得重视。

项目集长度为 k 的子集称为 k 子项目集。如果项目集的支持度大于用户指定的最小支持度（min_sup），则称此项目集为频繁项集（Frequent Item Set）或大项集（Large Item Set）。

关联规则可形式化表示为 $X\Rightarrow Y$，它的含义是 $X\cup Y$ 的支持度 $\sup(X\cup Y)$ 大于用户指定的最小支持度 min_sup，且可信度 conf 大于用户指定的最小可信度 min_conf。关联规则挖掘就是在事务数据库 D 中找出满足用户指定的最小支持度 min_sup 和最小可信度 min_conf 的所有关联规则。据此关联分析主要处理如下两个子问题。

（1）找出事务数据库中所有的大项集。

（2）从大项集中产生所有小于或大于最小可信度的关联规则。

相对来说，第二个子问题比较容易解决，目前有关关联规则挖掘的大多数研究主要集中在第一个子问题。关联规则描述虽然简单，但它的计算量很大。假设数据库含有 m 个项目，就有 $2m$ 个子集可能是频繁子集，可以证明要找出其一大项集是一个 NP 问题。

6.3.1.2 关联规则的种类

关联规则可以按不同的情况进行分类。

（1）基于规则中处理的变量的类型，关联规则可以分为布尔型并联规则和数值型并联规则。

布尔型关联规则处理的值都是离散的、种类化的，它反映了这些变量之间的关系；而数值型关联规则可以与多维关联或多层关联规则结合起来，对数值型字段进行处理，将其进行动态的分割，或者直接对原始数据进行处理，当然数值型关联规则中也可以包含种类变量。

例如，性别="女"→职业="秘书"，是布尔型关联规则；性别="女"→avg(收入)=2300，涉及的收入是数值类型，所以这是一个数值型关联规则。

（2）基于规则中数据的抽象层次，关联规则可以分为单层关联规则和多层关联规则。

在单层关联规则中，所有的变量都没有考虑到现实的数据是具有多个不同的层次的；而在多层关联规则中，对数据的多层性已经进行了充分的考虑。

例如，IBM 台式机→Sony 打印机，是一个细节数据上的单层关联规则；台式机→打印机，是一个较高层次和细节层次之间的多层关联规则。

（3）基于规则中的数据的维数，关联规则可以分为单维的关联规则和多维的关联规则。

在单维的关联规则中，只涉及数据的一个维度，如用户购买的物品；而在多维的关联规则中，要处理的数据将会涉及多个维度。

例如，啤酒→尿布，这条规则只涉及用户购买的物品；性别="女"→职业="秘书"，这条规则就涉及两个数据字段的信息，是两维的关联规则。

6.3.1.3 关联规则的价值衡量

当通过合适的算法得出了一些结果时，就需要对这些结果进行衡量，即判断哪些规则对用户来说是有用的。这个问题可以从系统客观层面和用户主观层面进行衡量。

1. 系统客观层面

虽然关联规则的很多算法都使用“支持度-可信度”框架，但这个框架有时会产生一些错误的结果。

例如统计了一定数量的学生早晨的运动类型，得到的结果是：55%的学生打篮球，68%的学生晨跑，45%的学生晨跑后打篮球。如果设最小支持度为 40%，最小可信度为 60%，可以得到规则：打篮球→晨跑。但这个规则其实是错误的。相反其否定规则：打篮球→（不）晨跑可能更精确。

可以引入“兴趣度”来“修剪”无趣的规则，即避免生成给人“错觉”的关联规则。一般一条规则的兴趣度是指在基于统计独立性假设下真正的强度与期望的强度之比。然而在许多应用中已发现，只要仍把支持度作为最初的项集产生的主要决定因素，那么要么把支持度设得足够小以不丢失任何有意义的规则，要么冒着丢失一些重要规则的风险以得到正确的结果。

2. 用户主观层面

虽然规则的产生与算法有关，但一个规则的有用与否最终取决于用户的决定。所以在实际应用中，应将用户的需求和系统更加紧密结合起来。我们可以采用一种基于约束的挖掘来达到这个目的，它包含以下几个方面。

（1）指定挖掘的数据。用户可以指定对哪些数据进行挖掘，而不一定是全部的数据。

（2）指定挖掘的维和层次。用户可以指定对数据哪些维以及这些维上的哪些层次进行挖掘。

（3）规则约束。用户可以指定哪些类型的规则是有用的经验。引入一个模板，当一条规则匹配这个模板时，可以确定这条规则令人感兴趣，而哪些则不然。

6.3.1.4 Apriori 算法

Apriori 算法是一种以概率为基础的挖掘布尔型关联规则频繁项集的算法。该算法利用由少到多、从简单到复杂的循序渐进方式，搜索数据库的项目相关关系，并利用概率的表示形成关联规则。它的主要思想是利用“在给定的事务数据库 D 中任意频繁项集的子集都是频繁项集，任意弱项集的超集都是弱项集”这一原理，对事务数据库进行多次扫描，从而找到全部的频繁项集。在此过程中，可以利用 Apriori 特性以判断项目集是否为频繁项集。Apriori 特性是指如果一个拥有 k 个项目的项目集 I 不满足最小支持度，则项目集 I 不是一个频繁项集，如果往 I 中加入任意一个新的项目得到一个拥有 $k+1$ 个项目的项目集 I'，I' 也必定不是频繁项集。

Apriori 算法过程可大致分为以下两个部分。

（1）连接（类矩阵运算）。即通过将两个符合特定条件的 k 项频繁项集进行连接运算，从而寻找 k+1 项频繁项集，而这些频繁项集是发现关联规则的基础。

（2）剪枝（去掉不必要的中间结果）。在判断一个项目是否为频繁项集时，若对数据库进行扫描计算，当频繁项集很大的时候，计算效率低，而剪枝就是通过引入一些经验性或经数学证明的判定条件，来免除一部分不必要的计算步骤，提高算法效率。

Apriori 算法的主要步骤如下。

（1）初始化。指定最小支持度及最小可信度。

（2）扫描数据库产生候选项目集，若候选项目集的支持度大于或等于最小支持度，则该候选项目集为频繁项集。

（3）由数据库读入所有的事务数据，得到候选 1-项集 C_1 及相应的支持度数据，通过将每个 1-项集的支持度与最小支持度进行比较，得到频繁 1-项集 L_1，然后将频繁 1-项集两两连接，产生 2-项集 C_2。

（4）扫描数据库得到候选 2-项集 C_2 的支持度，将 2-项集的支持度与最小支持度进行比较，确定频繁 2-项集。类似地，利用频繁 2-项集 L_2 产生候选 3-项集和确定频繁 3-项集，依此类推。

（5）反复扫描数据库，并将支持度与最小支持度进行比较，产生更高项的频繁项集，再结合产生下一级候选项集，直到不再结合产生新的候选项集为止。

Apriori 算法的缺陷主要是计算时间较长，特别是当数据库数据较多时。针对这个缺陷，目前有不少的改进方法，如散列方法、减少事务数据的方法等。

6.3.1.5 时序关联规则算法

序列模式挖掘是指挖掘相对时间或其他模式出现频率高的模式，即挖掘序列数据库中所有支持度计数不小于支持度阈值 min_sup 的序列。例如顾客在出租书店租书的目录和顺序上表现出来的规律即一种时序关联规则。对于时序关联规则的挖掘同样可以利用 Apriori 特性。

给定一个顾客事务（交易）数据库 D，每一个事务的组成字段为：客户标识（ID）、事务时间及在事务中所购买的商品项目。在同一时间不存在一个顾客多于两个以上的事务发生，在事务中不考虑所购买的商品项目的数量，只关心商品是否被购买。

一个项目集是一个非空的项目的集合，一个序列是若干个项目集组成的有序的队列。将项目集映射到一个连续的整数集，定义项目集 s_i 为$(i_1 i_2 \cdots i_m)$，其中 $i_j(0<j\leqslant m)$是一个项目，则序列 $s=<s_1 s_2 \cdots s_n>$是由 s_j 组成的有序队列。

如果存在整数 $1\leqslant i_1 < i_2 < \cdots < i_n$，且 $a_1 \subseteq b_{i1}, a_2 \subseteq b_{i2}, \cdots, a_n \subseteq b_{in}$，则称序列$<a_1 a_2 \cdots a_n>$属于$<b_1 b_2 \cdots b_{in}>$，用符号∠表示“被包含于”关系。

在一个序列集合之中，若一个序列 s 不被任何其他序列所包含，则称序列 s 是极大的。

一个顾客的所有事务放在一起可看作一个序列，其中每一个事务对应着一个项目集，而且事务的序列按事务发生的时间升序排列，称这种序列为顾客序列。

序列的长度是序列中的项目集的个数。一个长度为 k 的序列称为 k-项序列，如果一个序列 x 的全部项目集是两个序列 y、z 的项目集的并集，称序列 x 是由序列 y 与 z 拼接成的序列，记作 $x = y \cup z$。

如果序列 s 被包含于一个顾客的顾客序列中，则该顾客支持序列 s。一个序列$<a_{i1} a_{i2} \cdots a_{in}>$的支持度是支持该序列的顾客数与总顾客数之比，即

$$\sup(< a_{i1} a_{i2} \cdots a_{in} >) = P(a_{i1} a_{i2} \cdots a_{in}) \approx \frac{\sum_{i=1}^{N} C_i}{\text{总顾客数}} \tag{6.51}$$

C_i 是按模式$<a_{i1} a_{i2} \cdots a_{in}>$购买的第 i 个顾客，即 C_i 先购买 a_{i1}，再购买 a_{i2}，最后购买 a_{in}。

一个序列$<a_{i1} a_{i2} \cdots a_{in}>$的可信度是指 $a_{i1}, a_{i2}, \cdots, a_{in}$ 模式的规则。

$$a_{i1} \Rightarrow a_{i2} \Rightarrow \cdots \Rightarrow a_{in} \tag{6.52}$$

出现的可能性（频率），可以定义为

$$\begin{aligned} \mathrm{Conf}(< a_{i1} a_{i2} \cdots a_{in} >) &= P(a_{i1}, a_{i2}, \cdots, a_{in}) \\ &= P(a_{i1}) \times P(a_{i2} / a_{i1}) \times \cdots \times P(a_{in} / a_{in-1} \cdots a_{i2} a_{i1}) \end{aligned}$$

$$\approx \frac{\text{支持}a_{i1}\text{的顾客}}{\text{总顾客数}} \times \frac{\text{支持}a_{i1}a_{i2}\text{的顾客}}{\text{支持}a_{i1}\text{的顾客}} \times \cdots \times \frac{\text{支持}a_{i1}a_{i2}\cdots a_{in}\text{的顾客}}{\text{支持}a_{i1}a_{i2}\cdots a_{in-1}\text{的顾客}} \approx \frac{\text{支持}a_{i1}a_{i2}\cdots a_{in}\text{的顾客}}{\text{总顾客数}} \tag{6.53}$$

满足最小支持度的项目集称为最大项目集，满足最小支持度的序列称为大序列。

给定一个顾客事务数据库 D，序列模式的数据挖掘的问题就是在事务数据库中发现满足由用户给定的最小支持度的序列，每一个这种序列代表一个序列模式。

时序关联分析算法有 Apriori-Gen 算法，它的实现过程可以分为以下几个阶段。

（1）排序。即把以时间作为标识的事务数据库 D 转换为以顾客号作为标识的序列数据库，每一顾客唯一对应一个项目集表示的序列模式。

（2）对序列数据库应用 Apriori 算法求 k 项大项目集（频繁项集）。

（3）由 k 项大项目集形成候选序列。

（4）对候选序列应用 Apriori 算法求大序列。

（5）由大序列求最大序列。

6.3.1.6 多值属性关联规则算法

由于事务数据中的项目信息是布尔型的，在此基础上发展起来的传统关联规则是针对布尔型数据设计的，因此对于多值属性关联规则问题需要用多值属性关联规则算法解决。

多值属性可分为数值属性和类别属性。前者如年龄、价格等，可以是连续的，也可以是离散的；后者如品牌、制造商等，只能取有限个属性值。

多值属性关联规则算法主要分为以下 3 类。

1. 静态离散属性关联规则算法

该算法对数值属性的处理方法是对属性的意义进行研究，结合属性取值的现实意义，预先将属性的值域划分成若干个区间，然后按照划分的区间对属性值进行离散化，使其从数值型属性转变成类别属性。例如可以将年龄属性按不同的年龄段分成童年、青年、中年和老年 4 种年龄阶段。

2. 动态离散关联规则算法

该算法的区间划分并不通过事先定义，而是取决于数据的分布情况。该算法划分的区间数也是不确定的，并且在挖掘的过程中可能会根据需要而将一些相邻的区间进行合并以获得更强的关联规则。

某些量化属性的值域范围是相对固定的，例如要将年龄离散化，只需将值域放大到[0,150]，则区间划分可以在这个确定的区域中进行。但是某些量化属性如收入，其值域可以非常宽泛，而且在不同的数据库中，其数据的分布可以是不均匀的。对于这种量化属性可以根据其分布特点进行动态划分，在值域宽泛的时候区间宽度会随着值域扩大，而在值域比较狭小时区间的划分会更加细致，以不丢失属性信息。这个划分过程称为分箱。常用的分箱策略有以下 3 种。

① 等宽分箱。每个箱的区间长度相同。

② 等深分箱。每个箱赋予大致相同个数的元组。

③ 基于同质的分箱。箱的确定取决于每个箱的元组分布。

3. 基于距离度量的关联规则算法

动态离散关联规则算法能够根据属性数据的分布进行离散化，但是其划分可能不完全符合区间数据的语义。一种可行的划分方法是聚类方法，通过将该属性的全部数据进行聚类，从而得到若干个类别，再根据类中数据的极大值、极小值来确定区间边界。

在将属性值采用不同方法离散化后，这些方法都可以共享一个相同的求解框架，即可将多值属性关联规则问题转换为布尔型关联规则问题，然后利用已有的、挖掘布尔型关联规则的方法得到有价值的规则。若属性为类别属性，则先将属性值映射为连续的整数，并对意义相近的取值进行相邻编号。

算法求解过程如下。

（1）将划分后的属性区段$[lk,rl]$或属性值映射成序对$<A,k>$，进而映射为布尔属性$A(m)$，所有这样的属性构成项目集。

（2）从项目集中寻找所有有价值的项目，构成频繁项集。有价值的项目是指支持它的交易的数量超过给定的最小支持度。

（3）在频繁项集中迭代地搜索出组合后的支持度超过给定阈值的两个项目，将其组合并加入频繁项集，如果是相同属性的相邻区段，则进一步合并。

（4）应用频繁项集产生关联规则，如果$ABCD$和AB都是频繁项集，则判定规则$AB \Rightarrow CD$是否成立，是通过计算可信度$\text{Conf} = \frac{\sup ABCD}{\sup(AB)}$是否超过最小可信度来判定的。如果成立，则规则成立。

（5）确定有价值的关联规则并作为输出。

6.3.2　粗糙集技术

在自然界中，大部分事物所呈现的信息都是不完整和模糊的。对于这些信息，经典逻辑由于无法准确地描述，因此也就不能正确地处理。长期以来，许多逻辑学家和哲学家都致力于研究模糊概念。但在现实世界中，并不能简单地用好坏、真假等确切的概念表示许多模糊现象，特别是在集合的边界上，也存在一些个体，既不能说它们属于某个子集，也不能说它们不属于该子集。

20世纪80年代粗糙集（Rough Set）理论被提出。粗糙集用上、下近似集来逼近任意一个集合，该集合的边界区域被定义为上近似集和下近似集的差，边界区域就是那些无法归属的个体。上、下近似集可以通过等价关系给出确定的描述，边界域的元素数量可以被计算出来。

6.3.2.1　粗糙集理论的基本概念

1. 知识表达系统和决策表

知识是指对某些客观对象的认识。为了处理数据，需要对知识进行符号表示。知识表达系统将对象的知识通过指定对象的基本特征和特征值来描述，以便通过一定的方法从大量的数据中发现有用的知识或决策规则。

知识表达系统可用式（6.54）表示。

$$S=<\widetilde{X},C,D,V,f> \tag{6.54}$$

其中，$\widetilde{X}$为对象的集合，即论域；$C \cup D=R$是属性的集合；子集C和D分别称为条件属性集合和决策属性集合；$V=\bigcup_{r\in R} V_r$是属性值的集合，V_r表示属性$r\in R$的属性范围；f是$\widetilde{X}\times R \rightarrow V$的一个信息函数，它指定$\widetilde{X}$中每一对象$x$的属性值。

知识表达系统的数据以关系表的形式表示，关系表的行对应要研究的对象，列对应对象的属性，对象的信息通过指定对象的各属性值来表示。

设 $S=(\widetilde{X},A)$为一知识表达系统，且 C、$D\subseteq A$ 是两个属性子集，分别称为条件属性集合和决策属性集合，具有条件属性和决策属性的知识表可表达为决策表，记为 $T=(\widetilde{X},A,C,D)$ 或简称为 CD 决策表。关系 ind(C)和 ind(D)的等价关系分别称为条件类和决策类。

对象的特征由条件属性描述，决策属性可表示专家根据条件属性所做的分类、采取的行动或决策。

2. 等价关系

设 A 代表某种属性集，a 代表属性中的某一种取值。如果有两个样品 X_i、X_j，满足关系：对于 $\forall a\in A$，$A\subset R$，X_i、$X_j\in\widetilde{X}$，它们的属性值相同，即 $f_a(X_i)=f_a(X_j)$成立，称对象 X_i 和 X_j 是属性集 A 的等价关系，表示为

$$\text{IND}(A)=\{(X_i,X_j)\,|\,(X_i,X_j)\in\widetilde{X}\times\widetilde{X},\forall a\in A,f_a(X_i)=f_a(X_j)\} \tag{6.55}$$

即属性相同的两个样品之间的关系为等价关系。

粗糙集的等价概念与传统的集合论的等价概念有本质的区别。在传统集合论中，当两个集合有完全相同的元素时，它们是等价的；而在粗糙集中，只在某一个属性之下集合的取值相等，它是集合间的拓扑结构，不是构成集合的元素间的比较。

在 $\widetilde{X}$ 中，对属性集 A 中具有相同等价关系的元素集合称为具有等价关系 IND(A)的等价集$[X]_A$，表示在属性集 A 下与 X 具有等价关系的元素集合。

$$[X]_A=\{X_j\,|\,(X,X_j)\in\text{IND}(A)\}$$

3. 等价划分

从所采集的训练集中把属性值相同的样品聚类，形成若干个等价集，构成 A 集合。在 $\widetilde{X}$ 中对属性集 A 的所有等价集形成的划分表示为

$$A=\{E_i\,|\,E_i=[X]_A,i=1,2,\cdots\}$$

具有以下特性：

（1）$E_i\neq\varnothing$；

（2）当 $i\neq j$ 时，$E_i\cap E_j=\varnothing$；

（3）$\widetilde{X}=\bigcup E_i$。

4. 上近似集和下近似集

属性集 A 可划分为若干个等价集，与决策集 Y 的对应关系分为上近似集 $A^-(Y)$和下近似集 $A_-(Y)$两种。

（1）下近似集定义。对任意一个决策属性的等价集 $Y(Y\subseteq\widetilde{X})$，属性集 A 的等价集 $E_i=[X]_A$，有

$$A_-(Y)=\bigcup\{E_i\,|\,E_i\in A\wedge E_i\subseteq Y\} \tag{6.56}$$

或 $A_-(Y)=\{X\,|\,[X]_A\in Y\}$，表示等价集 $E_i=[X]_A$ 中的元素都属于 Y，即 $\forall X\in A_-(Y)$，则 X 一定属于 Y。$A_-(Y)$表示下近似集。

（2）上近似集定义。对于任意一个决策属性的等价集 $Y(Y\subseteq\widetilde{X})$，属性集 A 的等价集 $E_i=[X]_A$，有

$$A^-(Y)=\bigcup\{E_i\,|\,E_i\in A\wedge E_i\cap Y\neq\varnothing\} \tag{6.57}$$

或 $A^-(Y)=\{X\,|\,[X]_A\cap Y\neq\varnothing\}$，表示等价集 $E_i=[X]_A$ 中的元素可能属于 Y，即 $\forall X\in A^-(Y)$，则 X 可能属于 Y，也可能不属于 Y。$A^-(Y)$表示上近似集。

（3）正域、负域和边界的定义。全集 $\widetilde{X}$ 可以划分为 3 个不相交的区域，即正域（POS_A）、负域（NEG_A）和边界（BND_A）。

正域：$POS_A(Y)= A_-(Y)$。

负域：$NEG_A(Y)= \widetilde{X} - A^-(Y)$。

边界：$BND_A= A^-(Y)- A_-(Y)$。

由此可见：$A^-(Y)= A_-(Y) + BND_A(Y)$。

从上述的定义可知，任意一个元素 $X \in POS(Y)$，一定属于 Y；任意一个元素 $X \in NEG(Y)$，一定不属于 Y；集合的上近似集是其正域和边界的并集，即

$$A^-(Y) = POS_A(Y) \cup BND_A(Y) \tag{6.58}$$

对于元素 $X \in BND(Y)$，无法确定其是否属于 Y，因此对于任意元素 $X \in A^-(Y)$，只知道 X 可能属于 Y。

5. **粗糙集**

若 $A^-(Y)=A_-(Y)$，即 $BND_A(Y)=\varnothing$，即边界为空，称 Y 为 A 的可定义集，否则 Y 为 A 的不可定义集，即 $A^-(Y) \neq A_-(Y)$，称 Y 为 A 的粗糙集。

6. **粗糙集的非确定性的精确度 $\alpha_A(Y)$ 和粗糙度 $\rho_A(Y)$**

集合的不确定性是由于边界的存在而引起的，集合的边界越大，其精确度越低。为了准确地表达这一点，常用精确度 $\alpha_A(Y)$ 来表示，即

$$\alpha_A(Y) = \frac{|\widetilde{X}| - |A^-(Y) - A_-(Y)|}{|\widetilde{X}|} \tag{6.59}$$

式中 $|\widetilde{X}|$ 和 $|A^-(Y) - A_-(Y)|$ 分别为集合 $[\widetilde{X}]$、$[A^-(Y) - A_-(Y)]$ 中的记录总数，精确度用来反映 $\widetilde{X}$ 的知识的完整程度，即能够根据 $\widetilde{X}$ 中各属性的值确定其属于或不属于 Y 的比例。

我们也可以用粗糙度来定义集合 X 的不确定程度，即

$$\rho_A(Y) = 1 - \alpha_A(Y) \tag{6.60}$$

与概率论或模糊集合不同，粗糙集的精确度不是事先假定的，而是通过表达知识不精确性的概念近似计算的，这样不精确的数值可表示有限知识的结果。

6.3.2.2　分类规则的形成

应用粗糙集理论，对数据进行学习，从中寻找隐含的模式和关系，对数据进行约简，评价数据的重要性，获取数据中产生的分类规则。

通过分析 $\widetilde{X}$ 中的两个划分 Y 和 X 之间的关系，把 Y 视为分类条件，把 X 视为分类结论，可得到下面的分类规则。

（1）当 $Y \cap X \neq \varnothing$ 时，有 $des(Y) \rightarrow des(X)$。

$des(Y)$ 和 $des(X)$ 分别是等价集 Y 和等价集 X 中的特征描述。

① 当 $Y \cap X=Y$，即 Y 全部被 X 包含时，建立的规则是确定的，规则的置信水平 cf 为 1；

② 当 $Y \cap X \neq Y$，即 Y 全部不被 X 包含时，建立的规则是不确定的，规则的置信水平为

$$cf = \frac{|Y \cap X|}{|Y|} \tag{6.61}$$

（2）当 $Y \cap X=\varnothing$ 时，Y 和 X 不能建立规则。

6.3.2.3　知识的约简

知识的约简是指在保持知识库中初等范畴的情况下，消除知识库中冗余的基本范畴，这一过程可以消去知识库中非必要的知识，仅仅保留真正有用的部分，即知识的“核”。

知识库可用知识表达系统形式化，知识库中任一等价关系在表中表示一个属性和用属性表示的关系的等价类。表中的列可以看作某些范畴的名称，而整个表包含相应知识库中所有范畴的描述，能从表中数据导出所有可能的规律，形成一个决策表。通过这种表达，很容易用数据表的性质来表示知识库的基本性质，用符号代替语言定义，从而将对知识的约简变成对决策表的简化。

1. 决策表的一致性

决策表中的对象 X 按条件属性与决策属性关系看作一条决策规则，可写成

$$\wedge f_{C_i}(X)=f_D(X) \tag{6.62}$$

式中，C_i 表示多个条件属性，D 表示决策属性，f_{C_i} 表示对象 X 在 C_i 的取值，∧表示逻辑“与”。

如果对任意一个对象，条件属性有 $f_{C_i}(X_i)=f_{C_i}(X_j)$，则决策属性必须有 $f_D(X_i)=f_D(X_j)$，即一致性决策规则说明条件属性取值相同时，决策属性取值必须相同。

一致性决策规则也允许：若条件属性有 $f_{C_i}(X_i)\neq f_{C_i}(X_j)$，则决策属性可以有 $f_D(X_i)=f_D(X_j)$ 或 $f_D(X_i)\neq f_D(X_j)$。

在决策表中如果所有对象的决策规则都是一致的，则该信息表示一致，否则信息表示不一致。在进行属性约简时，每约简掉一个属性要检查属性表，若要保持一致性，则可以删除，否则不可以删除。

2. 属性约简

决策表中决策属性集 D 依赖条件属性集 C 的依赖度定义为

$$\gamma(C,D)=\frac{|\mathrm{POS}(C,D)|}{|\widetilde{X}|} \tag{6.63}$$

其中，$|\mathrm{POS}(C,D)|$表示正域 $\mathrm{POS}(C,D)$元素的个数，$|\widetilde{X}|$表示整个对象集合的个数。

$\gamma(C,D)$的性质如下。

① 若 $\gamma(C,D)=1$，表示在已知条件 C 下，可以将 $\widetilde{X}$ 上全部对象分类到决策属性 D 的类别中。

② 若 $\gamma(C,D)=0$，即利用条件 C 不能将对象分类到决策属性 D 的类别中。

③ $0<\gamma(C,D)<1$，即在已知条件 C 下，只能将 $\widetilde{X}$ 上那些属于正域的对象分类到决策属性 D 的类别中。

设 C、$D\subset$ A，C 为条件属性集，D 为决策属性集，$a\in C$，属性 a 关于 D 的重要度定义为

$$\mathrm{SGF}(a,C,D)=\gamma(C,D)-\gamma(C-\{a\},D)$$

式中，$\gamma(C-\{a\},D)$ 表示在 C 中缺少属性 a 后，条件属性集与决策属性集的依赖度；$\mathrm{SGF}(a,C,D)$ 表示 C 中缺少属性 a 后，导致不能被正确分类的对象在系统中所占的比例。

$\mathrm{SGF}(a,C,D)$ 有如下性质。

① $\mathrm{SGF}(a,C,D)\in[0,1]$。

② $\mathrm{SGF}(a,C,D)=0$，表示属性 a 关于 D 是可约简的。

③ $\mathrm{SGF}(a,C,D)\neq 0$，表示属性 a 关于 D 是不可约简的。

设 C、D 分别是信息系统 S 的条件属性集和决策属性集，属性集 $P(P\subseteq C)$是 C 的一个最小属性集，当且仅当 $\gamma(C,D)=1$ 且 $\forall P'\subset P,\gamma(P',D)\neq\gamma(P,D)$ 时，若 P 是 C 的最小属性集，则 P 具有与 C 相同的区分决策类的能力。

3. 分辨矩阵与分辨函数

决策表的分辨矩阵是一个对称的 n 阶方阵，其元素定义为

$$m_{ij}^* = \begin{cases} \{a \mid a \in C 且 f(x_i,a) \neq f(x_j,a)\}, & (x_i,x_j) \notin \text{IND}(D) \\ \varnothing, & (x_i,x_j) \in \text{IND}(D) \\ -1, & f(x_i,a) = f(x_j,a)\} 且 (x_i,x_j) \notin \text{IND}(D) \end{cases} \quad (6.64)$$

在构造决策表的分辨矩阵时要注意，只有在 x_i、x_j 不属于同一决策类的前提下，m_{ij}^* 是可以区分 x_i、x_j 的所有属性的集合；若 x_i、x_j 属于同一决策类时，则分辨矩阵中元素 m_{ij}^* 为 $\varnothing$，而当所有属性值相同但决策类不同，即不符合一致性原则时，元素值为-1，表明数据有误或者提供的条件属性不足。

由于分辨矩阵是对称矩阵，在计算时写出分辨矩阵的下三角部分即可。

C 的 D 核是分辨矩阵所有单个元素 m_{ij}^* 的并，即

$$\text{CORE}_D(C) = \{a \in C \mid m_{ij}^* = \{a\}, 1 \leqslant i, j \leqslant n\} \quad (6.65)$$

决策表的分辨函数定义为式（6.66），即元素的合取和析取。

$$\rho^* = \wedge\{\vee m_{ij}^*\} \quad (6.66)$$

6.3.3 可视化技术

可视化也称数据可视化，它旨在凭借计算机的强大信息处理能力和计算机图形学基本算法及可视化算法将计算机进行的大规模科学（工程）计算结果及其产生的数字数据转换成静态或动态图像，并允许人们通过交互手段控制数据的抽取和画面显示。它具有的特性：①交互性，用户可以方便地以交互的方式管理和开发数据；②多维性，可以表示对象或事件的数据的多个属性或变量；③可视性，数据可以用图像、曲线、二维图形、三维图形和动画表示，并可对其模式和相关关系进行可视化分析。

可视化技术对于大型数据集的分析及浏览有着非常重要的作用，它可以大大加快数据处理速度，特别是在数据挖掘过程中，可视化技术可以给用户提供交互操作，并可以为用户反馈重要信息。其在用户对数据描述知之甚少，对挖掘目的不明确的情况下更为有效。例如利用可视化技术对环境污染的传播、全球臭氧分布、建筑物与周围气流、大面积水域污染等问题进行模拟、试验，分析产生的结果，可为人类在环境生态方面提供切实可行的预报措施；利用可视化技术，在地质勘探中，根据自然地震波或人工爆破产生的声波在不同地质构造层中的传播速度和衰减程度的不同特点，通过反演变换重构表示地质结构的多维数据，以帮助寻找新的矿产，并确保发现矿产的最佳状态，取得良好的经济效益。

可视化数据挖掘不仅要用图形、图像表现数据，还要能够发现其中隐含的信息和知识。运用可视化技术不仅能够展现数据挖掘过程得到的数据，还能够补充数据挖掘过程，增加对数据挖掘算法的理解。在数据挖掘过程中使用可视化技术的优势：一是能够在挖掘过程中随时剔除异类和噪声数据，提高挖掘质量；二是能够利用人类的模式识别能力评估和提高挖掘出的结果模式的有效性；三是能够建立用户与数据挖掘系统交互的良好沟通通道，使用户利用专业背景来约束挖掘，不需要具备复杂的数学和统计学知识，改善挖掘结果；四是能够通过对数据挖掘结果进行可视化，使用户获得结果模式的直观理解，打破传统挖掘算法的黑盒子模式，使用户对挖掘系统的依赖程度大大提高。

6.3.3.1 多维数据可视化

多维数据可视化是数据可视化的主要内容，它力图在二维或三维空间中展示多属性数据特征，尽量反映数据的各属性信息。

利用多维数据可视化的优势：一是能够较为容易发现数据变化趋势，如数据的暴涨、暴跌等；二是能够较为容易找出数据异常点；三是能够较为容易识别数据边缘点，如最大值、最小值、边界数据、新旧数据等；四是能够较为容易显示数据分类和分簇，并发现不同类数据的特征；五是能够较为容易地在屏幕上显示更多数据点；六是能够较为容易地提供丰富的人机交互功能，帮助用户准确地找到特定的数据，并实现数据的选择、缩放、过滤等基本功能。

图形有助于对所研究的数据进行直观了解。如何将多维数据用平面图来表示，从而显示它的规律一直是人们关注的问题。从 20 世纪 70 年代以来，大量多维数据的图形表示方法被提出并发展起来。

可视化技术主要有面向像素技术、几何映射技术、基于图标的技术、分层可视化技术、基于图表的可视化技术和混合可视化技术等。

一个高维的观察对象，若需要用二维图中的点表示，则称为二维多点表示。典型的二维多点表示方法有平行坐标图、雷达图、树状图、三角多项式图等。二维多点表示能直观地反映同一观察对象中各变量之间的关系，适用于对观察对象进行特征提取，是多维数据的行向量表示。二维单点表示则表示将观察对象中的全部或部分变量映射为二维图中的一个点，这种表示方法可以在同一幅多元图中显示多个观察对象，从而发现观察对象之间的关系；它适用于数据的特征选择、聚类和分类，典型的有散点图、星座图等。下面简单介绍上述几种表示方法。

1. **平行坐标图**

平行坐标图又称轮廓图。它将 m 维欧氏空间的点 $x_i(x_{i1},x_{i2},\cdots,x_{im})$、线及平面映射为二维平面上的一条曲线。平行坐标图中每个变量都被一致对待，便于使用者通过观察多维数据之间的联系进行数据挖掘。它还可以作为其他方法的预处理。图 6.8 所示为环境质量监测数据的平行坐标图。

平行坐标图的优点是能将多维数据用二维的坐标图简单地表示出来，从而达到降维的效果。但是当维数增加（即所观察的变量增加）时，映射到平行坐标上表现为平行坐标轴数的增加，而轴数的增加必然导致轴间距离过于接近，使得图形凌乱，有碍于有用信息的发现，并且坐标轴刻度虽然也表示变量间的关系，但是容易造成混淆，数据点连接也可能出现错误。

2. **雷达图**

雷达图又称蜘蛛网图，是一种能对多变量数据进行综合分析的形象、直观的图形。由于它有多个坐标轴，可以在二维平面上表示多维数据，因此利用雷达图可以很方便地研究各样本点之间的关系。图 6.9 所示为某区域土壤重金属含量的雷达图。

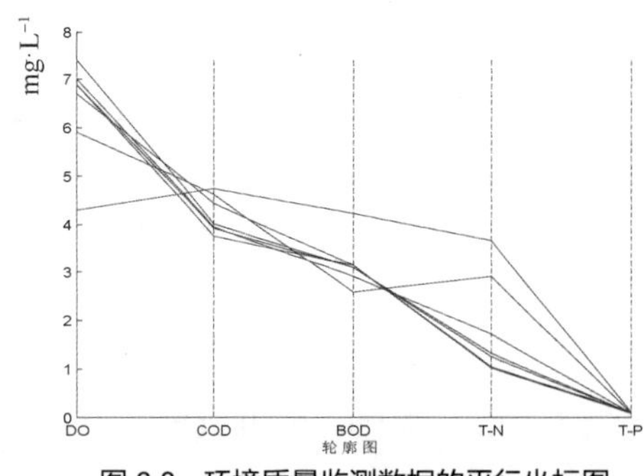

图 6.8　环境质量监测数据的平行坐标图

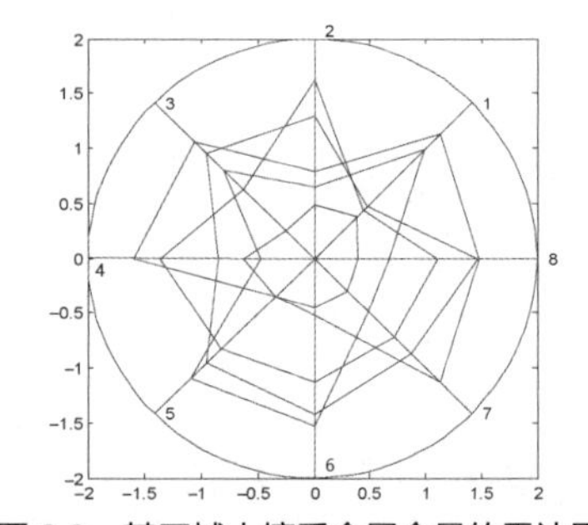

图 6.9　某区域土壤重金属含量的雷达图

当要分析的多维数据的维数较少时，可以在同一个雷达图中将它们表示出来；当维数较多时，为使图形清晰，每个图可以只画少数几个样本数据，甚至每个图只画一个样本值，或者根据数据的相关性将它们分组，同一组的用同一个雷达图表示，不同组的多维数据可用不同颜色的多边形来区别。同时，为了获得更好的效果，在雷达图中适当分配变量的坐标轴，并选取合适的尺度是十分重要的。例如，把要进行对比的指标分别放在其坐标轴左和右或正上方和正下方，以便根据图形偏左、偏右或偏上、偏下进行对比和分析。

雷达图的主要特点是直观、形象，它能将多维数据映射到二维图形中，用户可以得到样本数据的状况，并可以对数据做出初步的判断。

3. 树状图

雷达图中，变量的次序是任意的，有时候变量的安排使图形显得“茫然”，不利于从整体上比较和评估数据变化的规律。树状图可以克服这个缺陷。

树状图用一棵“树”来表达多个变量，树上每一个末枝对应一个变量，这棵树的分叉的位置与角度，即变量的次序是根据层次聚类的原则确定的，主干树取决于分枝聚类时的主导变量，而分支按相关程度依次从高到低排列。末枝的长度表示变量的观察值，分支的长度是其上末枝长度的平均值，分叉的角度是两变量间相关系数 r_{ij} 的反余弦函数。令 θ_{ij} 表示变量 x_i 和变量 x_j 之间的夹角，则

$$\theta_{ij} = \arccos r_{ij}$$

可知相关性强则夹角小，相关性弱则夹角大。如此依相关性层层聚类直至最后，形成一棵完整的树。图 6.10 所示为树状图。

4. 三角多项式图

三角多项式图又称调和曲线图，它是以三角多项式作图来实现的。通过三角多项式把多维空间中的一个样品用二维平面中的一条曲线来表示，并希望这条曲线能够保留原数据的全部信息。它既可以应用于数据的分类和聚类，也可以用来发现异常点。图 6.11 所示为三角多项式图。

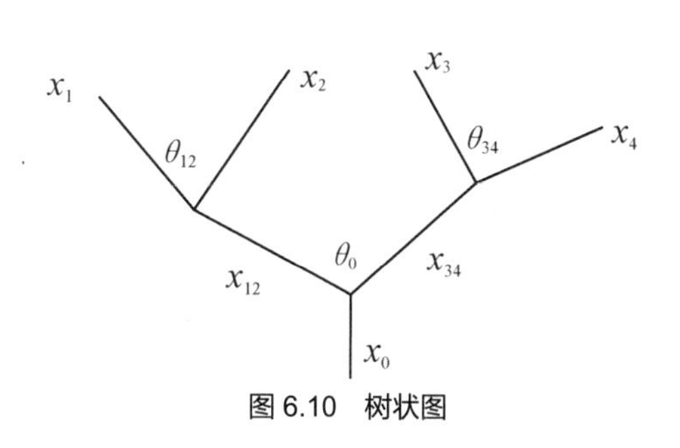

图 6.10 树状图

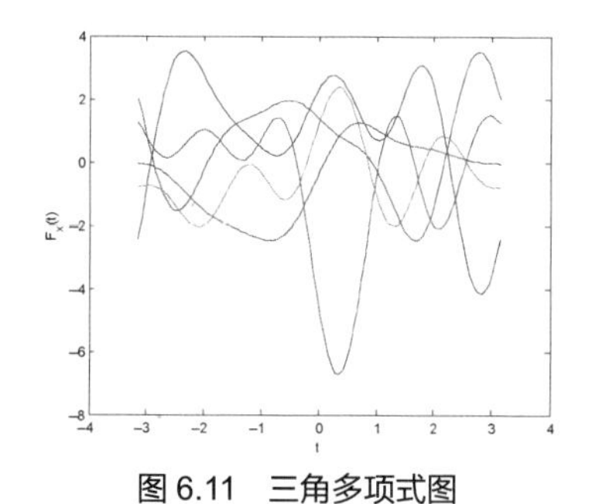

图 6.11 三角多项式图

5. 散点图

散点图将多维数据用平面或空间中的点来表示，最常见的是二维数据在笛卡儿坐标系内表示的散点图，称为直角散点图或 XY 散点图。有时为了更好地描述多维数据的变化趋势，用直线或平滑曲线将各数据点连接起来，形成折线图和平滑线散点图。XY 散点图能描述包含两个变量的二维数据，在使用这种图形描述多维数据时，常用散点图矩阵来表示。

另一类散点图称为三角散点统计图或 XYZ 散点统计图，它在用等边三角形的 3 条高作为坐标构成的“三角坐标系”内描述 3 个变量，每一散点代表 3 个变量对应的值。该图形常用来描述一类称为概率单纯形的数据，这类数据所包含的若干个变量指标之和为一个常数。

（1）直角散点图。直角散点图实际上就是多维数据在多维空间中的坐标点表示，各维坐标对应

多维数据中的各变量值。实际上应用最多的是平面直角散点图，即 XY 散点图。

二维数据的平面直角散点图表示方法非常简单，实际上就是将二维数据(x,y)在笛卡儿坐标系中描点表示。

（2）散点图矩阵。平面直角散点图能描述包含两个变量的二维数据；对于多维数据，常用散点图矩阵来表示。散点图矩阵可以看作一个大的图形方阵，其每一个非主对角元素的位置是对应行的变量与对应列的变量的散点图，而主对角元素的位置上是各变量名，这样借助散点图矩阵能清楚地看到所研究的多个变量两两间的关系。

（3）三角形散点图。三角形散点图表示多维数据仍以平面或空间内的一点来表示，应用较多的是三维概率单纯形的数据在平面的表示，即 XYZ 散点统计图。

三角形散点图中的正三角形的 3 条高分别表示 3 个变量的坐标轴，高的底为 0，顶点为 1（即 100%）。很明显，3 条坐标轴交于坐标为(1/3,1/3,1/3)的点，同时三角形内任意一点 A 到 3 边的距离之和为常数 1，这样任何三维概率单纯形的数据均可用等边三角形内的一点表示。

6. 星座图

将 n 个样品在一个半圆内表示，一个样品用一颗星表示，同类的样品组成一个星座，不同类的样品组成不同的星座，所以这种图被形象地比喻为星座图。

星座图非常直观，在对多个指标的数据在不同的权值下进行汇总时，具有既能体现统计数据的统计结果，又能反映数据的均衡性的优点，因此，使用极其方便。利用星座图，根据样本点的位置可以直观地对各样本点之间的相关性进行分析，还可以方便地对样本点进行分类。在星座图上比较靠近的样本点比较相似，可以分为一类，相距较远的点相应样本的差异性较大。图 6.12 所示为多维数据的星座图。根据星座图上点的位置及路径判断各样本间的接近程度，进而可以对样本点进行归类分析。在实际工作中，往往去掉样本点的路径部分而仅保留其在星座上的位置，并根据各点位置的接近程度分析样本点间的接近程度。

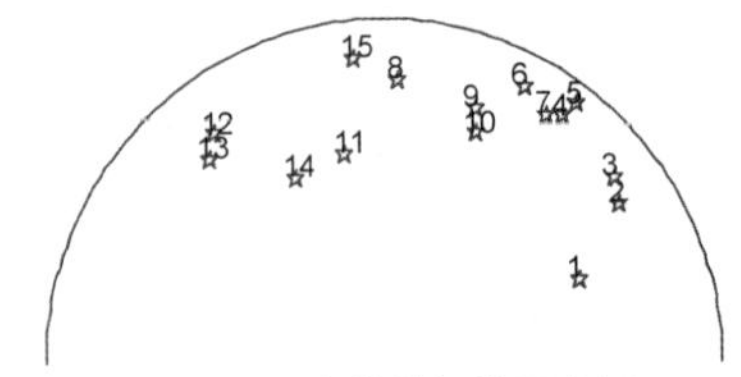

图 6.12　多维数据的星座图

当样本数较多时，数据在一个半圆内显得比较“拥挤”，且易造成“殊途同归”的现象，会给分类带来一定的困难。此时，可以通过适当“拉开”样本距离，即将数据扩充到半径为 1 的整个圆内（2π 区间），就可充分利用原始数据的信息，使各样本间的区别与联系更加清楚，为合理分类提供方便。

与星座图相似的是星形坐标表示法，如图 6.13 所示。它的基本思想是在一个二维平面上排列一系列的坐标轴，这些坐标轴并不是正交的，每一个坐标轴都对应一个数据维，n 维数据属性以坐标轴的形式映射到二维平面上，n 维数据空间中的点被表示成二维平面上的一个点。在二维平面的圆上排列了许多坐标轴，轴间角度相等，原点是圆的中心。轴的长度与数据值成比例，最小值映射到原点，最大值映射到轴的另一端，此轴段即该轴的单位向量。通过调整轴长和角度，可以调整数据集在二维平面上的分布，从而实现分类和聚类。

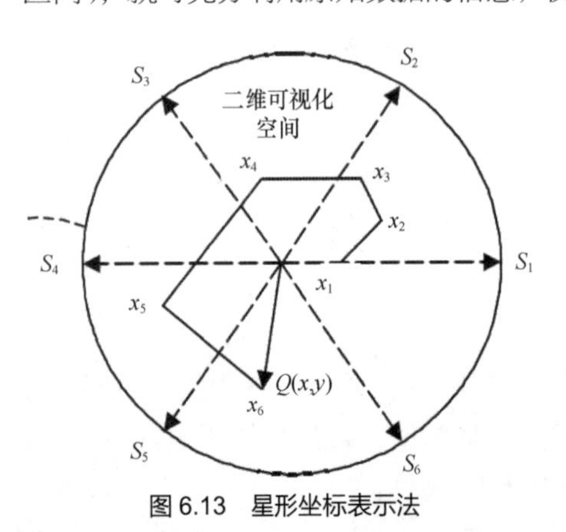

图 6.13　星形坐标表示法

通过改变坐标轴长度，可以提高或降低某一维或多维数据对可视化结果的影响；改变坐标轴的方向，可以提高或降低相应维数据与其他维数据的关联度。旋转可以解决图像重叠问题，既可以将重叠的点分离，也可以将重叠在一个区域的不同类簇分开。

另外，还可以选择图中的单个点或某个范围来标记数据点，数据点将被标记成不同的颜色。通过标记数据，可以方便地观察数据子集的变化情况。

6.3.3.2　基于像素的高维数据的可视化

面向像素技术的高维数据可视化技术的基本思想是将 n 维对象映射为一个圆，并将圆划分成 n 段代表不同的属性。每个属性值映射成一个颜色像素，并用分隔子窗口代表属于不同维度的属性值，像素的颜色由 HIS 颜色范围确定。HIS 颜色范围是对 HSV 颜色模式进行轻微修改而成的。在每个子窗口中，相同记录的属性值被标记在相同的相对位置上。

图 6.14 所示为 16 维的 30000 个对象的聚类结构，通过对白、灰和黑 3 种颜色的离散化，将 30000 条包含 16 个描述工业部件周线和可达性属性维的记录可视化，可达性属性维的描述清楚给出了总体的聚类结构以及许多由小到大的聚类展示。只有描述序列末尾段的外边界展示了一个由代表噪声的白色区域围成的大的聚类。在大的聚类中比较属性级数，很显然，属性维 2～9 表现了一个恒定的值，而其他属性维在倒数第三部分数值上出现不同。此外，与其他属性维相比，属性维 9 的最小值位于大的聚类中，而其最大值位于其他聚类中，集中观察像可达属性维中第三条条纹这样的小聚类，可以看出属性维 5、6、7 在许多突出的形式上不同于其邻接属性维。当选择小的聚类，并通过可达区详细进行可视化时，许多另外的数据特性能够展示出来。

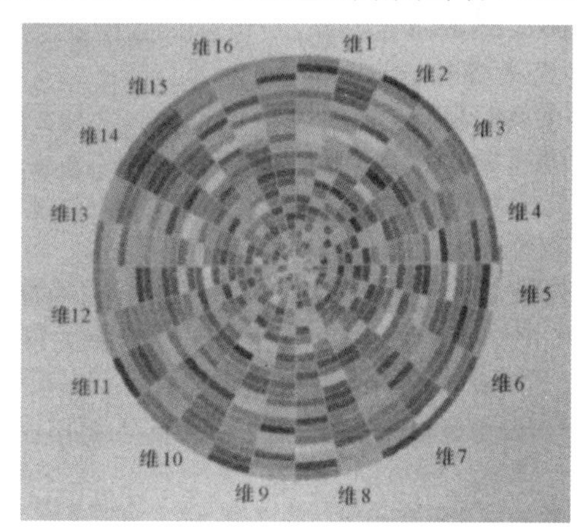

图 6.14　16 维的 30000 个对象的聚类结构

需要注意的是，此技术要求数据至少是三维的；另外，用户可以通过改变维的数据在圆内位置以进一步比较数据特性，而且可以通过色彩控制，将数据点的值映射到像素点的色彩值，一种颜色代表一类数据。当一维数据在属性出现在多个分支点情况下就会有多种颜色出现在一个段内，且可以清楚地看出分支点的位置。

6.4 数据挖掘应用

6.4.1 分类

分类是数据挖掘中一项非常重要的任务，在各个领域得到了广泛的应用，如图像与模式识别、医疗诊断、故障诊断以及金融市场走势分类等。分类的目的是提出一个分类函数或分类器（分类模型），通过分类器将数据对象映射到某一个给定的类别中。估计和预测是分类的特殊类型。通常认为，当被预测的值是连续值时，称为预测；而当被预测的值是离散值时，称为分类。

数据分类可以分为两个步骤。第一步是建立模型，用于描述给定的数据集合。通过分析由属性描述的数据集合来建立反映数据集合特性的模型。这一步也称作有监督的学习，导出的模型是基于训练集的，训练集是已知类标记的数据对象。第二步是对建立的模型进行评估后，使用模型对数据对象进行分类。

分类器的构造方法有基于统计的方法、基于距离的方法、基于决策树的方法、基于神经网络的方法、基于规则的方法及组合技术。

基于统计的方法包括回归法、贝叶斯分类等；基于距离（即相似度）的方法有 k 最近邻法等；基于决策树的方法有 ID3、C4.5、C5.0、CART 等；基于神经网络的方法主要是 BP 算法。此外，还有其他方法，如粗糙集、支持向量机等。

不同的分类器有不同的特点，分类器的评价或比较尺度有 3 种：（1）预测准确度；（2）计算复杂度；（3）模型描述的简洁度。

评估分类器准确度的常见方法有保持方法、留一法、自展法、k 折交叉验证法等。保持方法将给定数据随机地划分成两个独立的集合，即训练集和测试集。通常将 2/3 的数据分配到训练集，将其余 1/3 的数据分配到测试集。首先使用训练集导出分类法，然后在测试集上评估准确度。随机子选样是保持方法的一种变形，它将保持方法重复 k 次，取每次迭代准确度的平均值作为总体精度估计。

留一法在每一阶段留出一个数据点，但每个数据点是依次留出的，所以测试集的大小等于整个训练集的大小。每个仅含一个数据点的测试集独立于它所测试的模型。

自展法利用样本和从样本中轮番抽出的同样容量的子样本间的关系，对未知的真实分布和样本的关系建模。

在 k 折交叉验证法中，原始数据被划分成 k 个互不相交的子集或“折” $S_1,S_2,\cdots,S_k$，每个折的大小大致相等，进行 k 次训练和测试，在第 i 次迭代时，S_i 用作测试集，其余的子集都用于训练分类。分类准确度估计是指用 k 次迭代正确分类数据除以初始数据的样本总数。在分层交叉验证中，将每个折分层，使得每个折中样本的类分布与初始数据中的大致相同。

另外，还应注意分类的效果一般与数据特点有关，有的数据噪声较大，有的有缺失值，有的分布稀疏，有的字段或属性间相关性强，有的属性是离散的，而有的是连续或混合式的。

对于一个给定的分类问题，没有一种分类技术总能产生最好的结果，每种技术都各有优缺点。因此可以采用组合技术来提高分类精度。

组合技术有以下两种基本的类型。

（1）对多种技术进行综合，并将其融合成为一种新的技术，例如可以利用线性回归等预测技术来预测一个属性的未来值，然后将其作为分类技术（如神经网络）的输入，再进行分类。

（2）多种独立的技术被应用于同一个分类问题，每种技术都产生各自的类别预测，然后以一定的方式将产生的各种结果组合到一起。这被称为多分类器组合。

假设有 n 个独立的分类器，每个分类器对每个类别产生的后验概率为 $P_k(C_j|t_i)$，则组合独立分类器的一种方法是利用加权线性组合将这些值组合在一起，即 $\sum_{k=1}^{n} w_k P_k(C_j \mid t_i)$，其中权值 w_k 可由用户指定或根据每个分类器以前的精度进行学习确定。

多种分类技术已在相关章节做了介绍，在此不重述。

6.4.2 预测

预测是指构造和使用模型评估无标号样本类或评估给定样本可能具有的属性值或区间。预测的目的是从历史数据中自动推导出给定数据的推广描述，从而能对未来数据进行预测。

预测一般采用回归统计方法，包括线性回归、非线性回归、多元回归等。

6.4.2.1 回归分析

回归分析主要用于了解自变量与因变量的数量关系，寻找两个或两个以上的变量之间互相变化的关系，并借此了解变量间的相关性，可通过控制自变量来影响因变量，也可进一步通过回归分析来进行预测。利用数据库中某些有用的信息，就可以对未知的变量进行预测。

在回归分析中，在考虑自变量的选取时，必须要注意所选出的自变量与因变量是否存在因果关系。它们的选择，既可以根据相关理论或逻辑来决定，也可以根据研究人员探讨的变量关系来决定。

回归分析的基本原理及方法已在前面做了介绍，在此主要介绍逐步回归、岭回归及主成分回归分析。

1. 逐步回归

实际问题中影响因变量的自变量可能很多，我们希望从中选择出影响显著的自变量来建立回归模型，这就涉及变量的选择问题。如果自变量选得太少，则自变量对 Y（因变量）的决定系数太小，将导致过大的偏差。但把与因变量有关的自变量都选中是不可能的。一般来讲，选的自变量愈多，剩余平方和愈小，然而多个自变量中有相当一部分对 Y 的影响不显著，反而会因自由度的减小而增大误差。另外，多个自变量间的相关也会给回归方程的实际解释造成麻烦，即多重共线性的影响。基于以上原因，在进行回归分析时一般要求进入回归方程的自变量都是显著的，未进入的自变量都是不显著的，以建立最优回归方程。

逐步回归法是建立最优回归方程的一种统计方法，其基本操作有两个：首先，对引入的因子进行检验，显著者引入，不显著者剔除；其次，每引入一个新因子，要对前面引入的因子进行检验，显著者保留，不显著者剔除，这样反复做下去，直至进入的因子都显著，未进入方程的因子都不显著为止，就能得到最优回归方程。

在具体操作中，要通过 F 检验才能进行变量的引入或剔除。

（1）引入变量。计算服从 $F(l,n-l-1)$分布的统计量。

$$F_i^{(l)} = \frac{V_i^{(l)}}{Q^{(l)}/(n-l-1)} \tag{6.67}$$

式中 $V_i^{(l)} = Q^{(l-1)} - Q^{(l)} = \dfrac{[r_{ly}^{(l-1)}]^2}{r_{ll}^{(l-1)}}$，$Q^{(l-1)} = 1 - \sum\limits_{i=1}^{l-1}[r_{iy}^{(i-1)}]^2 / r_{ii}^{(i-1)}$，$Q^{(l)} = 1 - \sum\limits_{i=1}^{l}[r_{iy}^{(i-1)}]^2 / r_{ii}^{(i-1)}$，$l$ 为迭代步数，n 为自变量数量，r 为相应变量的相关系数。

再根据给出的置信度，从 F 分布表中查出两个临界值 F_1 和 F_2。若计算的 $F_i^{(l)}>F_1$，就应把 x_i 引入方程，否则不引入；若计算的 $F_i^{(l)}<F_2$，则应把 x_i 从回归方程中剔除，否则不剔除。

对于未引入回归方程的变量 x_i，逐一计算。

$$V_i^{(l)} = \frac{[r_{iy}^{(l-1)}]^2}{r_{ii}^{(l-1)}} \tag{6.68}$$

再找出其中最大的一个即 $V_{i\max}^{(l)}$，计算

$$F_i^{(l)} = \frac{(n-l-1)V_{i\max}^{(l)}}{1-\sum\limits_{i=1}^{l}[r_{iy}^{(i-1)}]^2 / r_{ii}^{(i-1)}} \tag{6.69}$$

如果 $F_i^{(l)} > F_1$，则将对应变量引入回归方程，否则，不引入。

（2）剔除变量。对已进入回归方程的变量 x_k，逐一计算。

$$V_k^{(l)} = \frac{[r_{ky}^{(l-1)}]^2}{r_{kk}^{(l-1)}} \tag{6.70}$$

找出其中最小的一个即 $V_{i\min}^{(l)}$，计算

$$F_k^{(l)} = \frac{(n-l-1)V_{i\min}^{(l)}}{r_{yy}^{(l)}} \tag{6.71}$$

如果 $F_k^{(l)} < F_2$，则应剔除对应变量，否则不剔除。

2. **岭回归**

当自变量存在高度共线性时，一般回归分析的方差会很大，估计值就很不稳定，有时会出现与实际意义不相符的正负号。此时可采用岭回归方法。

当自变量间存在高度共线性时，$|\boldsymbol{X}'\boldsymbol{X}| \approx 0$ 或者有接近于 0 的特征根。设想给 $\boldsymbol{X}'\boldsymbol{X}$ 加上一个正常数矩阵 $\boldsymbol{KI}$（$K>0$），那么 $\boldsymbol{X}'\boldsymbol{X}+\boldsymbol{KI}$ 接近奇异的程度就会小得多，此时称

$$\beta(k) = (\boldsymbol{X}^{\mathrm{T}}\boldsymbol{X}+K\boldsymbol{I})^{-1}\boldsymbol{X}^{\mathrm{T}}\boldsymbol{y} \tag{6.72}$$

为 β 的岭回归，其中 k 称为岭参数，$\boldsymbol{X}$ 为已经标准化的数据，$\boldsymbol{y}$ 可以经过标准化，也可以未经标准化。

显然，岭回归作为 β 的估计应比最小二乘估计稳定。当 k=0 时，岭回归估计就是普通的最小二乘估计。由于岭参数 k 不是唯一确定的，因此得到的岭回归估计 $\beta(k)$ 实际是回归参数 β 的一个估计值。当岭参数 k 在$(0,\infty)$内变化时，$\beta_j(k)$ 是 k 的函数，此函数图像就称为岭迹曲线，如图 6.15 所示。在实际应用中，可以根据岭迹曲线的变化来确定适当的值和进行自变量的选择。

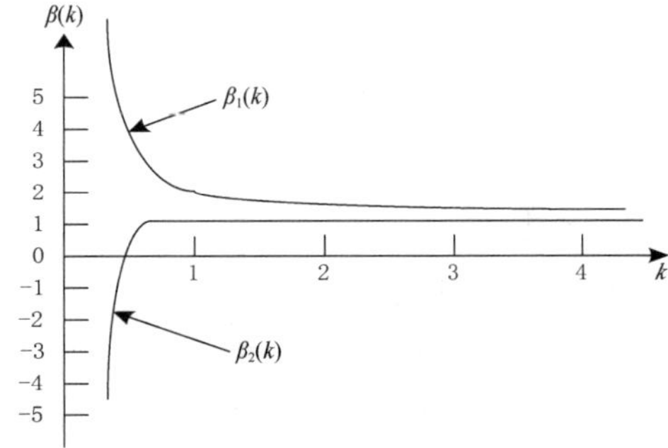

图 6.15　岭迹曲线

岭回归法选择 k 值的一般原则是：

（1）各回归系数的岭估计基本稳定；

（2）用最小二乘估计时，对于符号不合理的回归系统，其岭估计的符号变得合理；

（3）回归系数没有不合乎实际问题经济意义的绝对值；

（4）残差平方和增大不太多。

也可以用方差扩大因子法确定。矩阵 $\boldsymbol{c}(k) = (\boldsymbol{X}^{\mathrm{T}}\boldsymbol{X}+k\boldsymbol{I})^{-1}\boldsymbol{X}^{\mathrm{T}}\boldsymbol{X}(\boldsymbol{X}^{\mathrm{T}}\boldsymbol{X}+k\boldsymbol{I})^{-1}$ 的对角线元素 $c_{jj}(k)$称为岭估计的方差扩大因子，其值随 k 的增大而增大。选择 k 使所有方差扩大因子 $c_{jj}(k) \leqslant 10$，此时岭估计就会变得相对稳定。

岭回归还可以用来选择变量，选择变量的原则如下。

（1）直接比较岭回归系数的大小，可以剔除回归系数比较稳定且绝对值很小的自变量。

（2）当 k 值较小时，标准化岭回归系数的绝对值并不是很小，但是不稳定，会随着 k 的增加迅速趋于 0。像这种岭回归系数不稳定、振动趋于 0 的自变量也可以剔除。

如果依据上述选择变量的原则，有若干个回归系数不稳定，究竟去掉几个，需要根据去掉某个变量后重新进行岭回归分析的效果来确定。

3. 主成分回归分析

当自变量存在高度共线性或一般回归分析所得到的回归系数不符合常理时，可以采用主成分回归分析法。它通过主成分变换，将高度相关的变量的信息综合成相关性低的主成分，然后以主成分替换原变量参与回归。

主成分分析的原理及方法已在前面做了介绍，主成分回归的步骤如下。

（1）对问题的原始数据矩阵进行主成分分析，得到 m 个主成分 Z_i；

（2）用因变量 y，将主成分 Z 作为自变量，做多元线性回归分析，得到主成分回归方程；

（3）将得到的 m 个主成分表达式代入主成分回归方程，就会得到最终的回归方程，即问题数据矩阵中的因变量与自变量的主成分回归方程。

6.4.2.2 时间序列预测模型

时间序列是指以时间顺序取得的一系列观察值，这里的“时间”具有广义坐标轴的含义，既可以按时间的先后顺序排列数据，也可按空间的前后顺序排列随机数据。从经济到工程技术，从天文、地理到气象，几乎在各种领域都会遇到时间序列。例如股票市场的每日波动、某地区的降雨量月度序列、某化工产品生产过程按小时观测的产量等。

时间序列预测从历史数据中发现相似或者有规律的模式、趋势、突变以及离群点等，以揭示事物运动、变化和发展的内在规律，为人们正确认识事物和科学决策提供依据。

1. 时间序列的特征

时间序列的特征有多种形式，数学特征主要有以下几种。

（1）均值。均值的定义如式（6.73）。

$$E[x(n)] = \mu_x = \lim_{N\to\infty} \frac{1}{N} \sum_{n=0}^{N} x(n) \tag{6.73}$$

对于有限长度时间序列的均值估计可按式（6.74）计算。

$$E[x(n)] = \mu_x = \frac{1}{N} \sum_{n=0}^{N} x(n)$$

（2）方差（二阶中心矩）。方差用来说明时间序列各可能值对其平均值的偏离程度，其定义如式（6.74）。

$$\sigma_x^2(x) = \sigma_x^2 = E\{|x(n) - \mu_x|^2\} \tag{6.74}$$

对于有限长度随机信号序列，计算其方差估计，可按式（6.75）。

$$\sigma_x^2(x) = \sum_{n=0}^{N} \frac{1}{N} [x(n) - \mu_x]^2 \tag{6.75}$$

（3）均方差。均方差定义如式（6.76）。

$$D_x^2(x) = D_x^2 = E\{|x(n)|^2\} \tag{6.76}$$

均方差表示时间序列的强度或功率。均方差与时间序列的均值和方差的关系为 $\sigma_x^2 = D_x^2 - \mu_x^2$。

2. 平稳时间序列预测模型

（1）自回归模型 AR(p)。设 $x_1, x_2, \cdots, x_n$ 是平稳时间序列，则 AR(p)模型是 p 阶自回归模型，即

$$x(t) = \Phi_0 + \Phi_1 x_{t-1} + \Phi_2 x_{t-2} + \cdots + \Phi_p x_{t-p} + \varepsilon_t \tag{6.77}$$

其中 $t=p+1, p+2, \cdots, n$，$\Phi_p \neq 0$，ε_t 是随机误差项。

通常设 ε_t 服从正态分布 $N(0,\sigma^2)$，此时可用逐步回归法来选择 p，并得到回归系数。

（2）滑动平均模型 MA(q)。其表达式为

$$\begin{aligned}x(t)=x(n)-\bar{x}&=\varepsilon_t-\theta_1\varepsilon_{t-1}-\theta_2\varepsilon_{t-2}-\cdots-\theta_q\varepsilon_{t-q}\\&=(1-\theta_1B-\theta_2B^2-\cdots-\theta_qB^q)\varepsilon_t\end{aligned} \tag{6.78}$$

其中 $\theta_1,\theta_2,\cdots,\theta_q$ 是选定系数，$\theta_q\neq0$，ε_t 是随机误差项，亦即白噪声。

（3）自回归-滑动模型 ARMA(p,q)。为了提高精度，得到更为一般的线性平稳模型，将 AR(p)与 MA(q)结合，组成 ARMA(p,q)模型，即自回归-滑动模型，其具体形式为

$$\Phi(B)x(t)=\theta(B)\varepsilon_t \tag{6.79}$$

其中，

$$\Phi(B)=1-\Phi_1B-\Phi_2B^2-\cdots-\Phi_pB^p,\Phi_p\neq0$$

$$\theta(B)=1-\theta_1B-\theta_2B^2-\cdots-\theta_qB^q,\theta_q\neq0$$

以上 3 个模型可采用最小二乘估计法、Yule-Walker 方程估计法、U-C 算法等进行计算。

（4）平滑预测模型。平滑预测模型采用的方法可以分为以下几种。

① 简单一次平滑平均预测法。设$\{y_t\}$为时间序列，取平滑平均的项数为 n，设 y_t 是第 t 期的实际值，则第 t+1 期预测值的计算公式为

$$y_{t+1}=M_t^{(1)}=\frac{y_t+y_{t-1}+\cdots+y_{t-n+1}}{n}=\frac{1}{n}\sum_{j=1}^{n}y_{t-n+j} \tag{6.80}$$

其中，$M_t^{(1)}$ 表示第 t 期一次平滑平均数，$\hat{y}_{t+1}$ 是第 t+1 期预测值（$t\geqslant n$），预测的标准误差为 $S=\sqrt{\dfrac{\sum(y_{t+1}-\hat{y}_{t+1})^2}{N-n}}$，其中 N 为时间序列$\{y_t\}$中原始数据的个数。

项数 n 的取值应该根据时间序列而定。如果 n 过大，会降低平滑平均数的敏感性，影响预测的准确性；如果 n 过小，平滑平均数易受随机变动的影响，难以反映实际趋势。一般取的 n 能包含季节变动和周期变动的时期比较好，这样可以消除它们的影响。对于没有季节变动和周期变动的时间序列，n 的取值要视历史数据的趋势而定。一般来说，如果历史数据的类型呈水平型发展趋势，则项数 n 可取较大值；如果历史数据的类型呈上升（或下降）型发展趋势，则项数 n 可取较小值，这样能取得较好的预测效果。

② 加权一次平滑平均预测法。由于在实际中，参与平均的各期数据在预测中的作用往往是不同的，因此，需要采用加权平滑平均法进行预测。加权一次移动平均预测法是其中比较简单的一种，其计算公式为

$$\hat{y}_{t+1}=\frac{W_1y_t+W_2y_{t-1}+\cdots+W_ny_{t-n+1}}{W_1+W_2+\cdots+W_n}=\frac{\sum_{i=1}^{n}W_iy_{t-i+1}}{\sum_{i=1}^{n}W_i} \tag{6.81}$$

其中 y_t 表示第 t 期实际值，y_{t+1} 表示第 t+1 期预测值，W_i 表示权值，n 是平滑平均的项目数。

③ 一次指数平滑预测法。一次指数平滑预测法是以 $\alpha(1-\alpha)^i$（$0<\alpha<1$，i=0,1,2,$\cdots$）为权值，对时间序列$\{y_t\}$进行加权平均的一种预测方法。y_t 的权值为 α，y_{t-1} 的权值为 $\alpha(1-\alpha)$，y_{t-2} 的权值为 $\alpha(1-\alpha)^2,\cdots$，依此类推。其计算公式为

$$y_{t+1} = S_t^{(1)} = ay_t + (1-\alpha)S_{t-1}^{(1)} \tag{6.82}$$

其中 y_t 表示第 t 期实际值，y_{t+1} 是第 t+1 期预测值，$S_{t-1}^{(1)}$ 、$S_t^{(1)}$ 分别表示第 t−1 期和第 t 期的一次指数平滑值，α（$0<\alpha<1$）表示平滑系数。

预测标准误差为

$$S = \sqrt{\frac{\sum_{t=1}^{n-1}(y_{t+1} - \hat{y}_{t+1})^2}{n-1}} \tag{6.83}$$

其中 n 为时间序列中含有原始数据的个数。

平滑系数 α 对预测值有较大影响，但目前还没有一种较好的选值方法，只能根据经验来确定。当时间序列的数据呈水平型发展趋势时，α 可取较小值，通常为 0～0.3；如果序列数据的类型呈上升（或下降）型发展趋势，则 α 可取较大值，为 0.6～1。在实际预测时，可以选取不同的 α 值进行比较，从中选取一个合适的值。

在计算指数平滑法的平滑值时，需要给出一个初值 $S_0^{(1)}$，可取原时间序列的第一项或前几项的算术平均值为初值。一次指数平滑法适用于变化比较平衡、增长或下降趋势不明显的时间序列数据预测。

④ 二次指数平滑预测法。二次指数平滑预测法是对一次指数平滑值再做一次指数平滑来进行预测的一种方法，但第 t+1 期预测值并非第 t 期的二次指数平滑值，而是采用式（6.84）进行预测。

$$\begin{aligned} S_t^{(2)} &= \alpha S_t^{(1)} + (1-\alpha)S_{t-1}^{(2)} \\ \hat{y}_{t+T} &= a_t + b_t T \end{aligned} \tag{6.84}$$

其中 $a_t = 2S_t^{(1)} - S_t^{(2)}$，$b_t = \frac{\alpha}{1-\alpha}(S_t^{(1)} - S_t^{(2)})$，$S_t^{(1)}$ 、$S_t^{(2)}$ 表示第 t 期的指数平滑值，$\hat{y}_{t+T}$ 表示第 t+T 期预测值，α 是平滑系数。

预测的标准误差为

$$S = \sqrt{\frac{\sum_{t=1}^{n}(y_t - \hat{y}_t)^2}{n-2}} \tag{6.85}$$

二次指数平滑法适用于时间序列呈线性增长情况下的短期预测。

6.4.2.3　马尔可夫链模型

马尔可夫链模型是一种动态随机数学模型，它通过分析随机变量当前的运动情况来预测这些变量未来的运动情况。目前，马尔可夫链模型在自然科学、工程技术、社会科学、经济研究等领域有着广泛的应用。

设考察对象为一系统，若该系统在某一时刻可以发生的事件集合为 $\{E_1,E_2,\cdots,E_N\}$，$E_1,E_2,\cdots,E_N$ 两两互斥，则称 $E_i(i=1,2,\cdots,N)$ 为状态。称该系统从一种状态 E_i 变化为另一状态 E_j 的过程为状态转移，并把整个系统不断实现状态转移的过程称为马尔可夫过程。它具有以下两个特性。

（1）无后效性，即系统的第 n 次实际结果出现的状态，只与第 n−1 次时系统所处的状态有关，而与它以前的状态无关。

（2）稳定性，该过程逐渐趋于稳定状态，与初始状态无关。

假设向量 $\boldsymbol{u}=(u_1,u_2,\cdots,u_n)$ 满足以下条件，则称其为概率向量。

$$\sum_{j=1}^{n} u_j = 1,\ u_j \geqslant 0, j = 1,2,\cdots,n \tag{6.86}$$

如系统由状态 E_i 经过一次转移到达状态 E_j 的概率记为 P_{ij}，则概率矩阵

$$\boldsymbol{P} = \begin{bmatrix} P_{11} & P_{12} \cdots P_{1N} \\ P_{21} & P_{22} \cdots P_{2N} \\ \vdots & \vdots \quad \vdots \\ P_{N1} & P_{N2} \cdots P_{NN} \end{bmatrix} \tag{6.87}$$

为一次（或一步）转移矩阵。

对于概率矩阵 $\boldsymbol{P}$，若 $\boldsymbol{P}^m$ 的所有元素皆为正数，则概率矩阵 $\boldsymbol{P}$ 称为正规概率矩阵。

转移矩阵必定为概率矩阵，且具有以下性质。

（1）$\boldsymbol{P}^{(k)}=\boldsymbol{P}^{(k-1)}\boldsymbol{P}$。

（2）$\boldsymbol{P}^{(k)}=\boldsymbol{P}^{k}$。

其中，$\boldsymbol{P}^{(k)}$为 k 次转移矩阵，$\boldsymbol{P}^k$ 为 $\boldsymbol{P}$ 的 k 次幂。

设系统在 k=0 时的初始状态 $\boldsymbol{S}^{(0)} = (S_1^{(0)}, S_2^{(0)}, \cdots, S_N^{(0)})$ 已知，经过 k 次转移后的状态向量 $\boldsymbol{S}^{(k)} = (S_1^{(k)}, S_2^{(k)}, \cdots, S_N^{(k)})$，则

$$\boldsymbol{S}^{(k)} = \boldsymbol{S}^{(0)} \begin{bmatrix} P_{11} & P_{12} & \cdots & P_{1N} \\ P_{21} & P_{22} & \cdots & P_{2N} \\ \vdots & \vdots & & \vdots \\ P_{N1} & P_{N2} & \cdots & P_{NN} \end{bmatrix}^k \tag{6.88}$$

式（6.88）即马尔可夫预测模型。显然，系统经过 k 次转移后的状态 $S^{(k)}$只取决于初始状态 $\boldsymbol{S}^{(0)}$和转移矩阵 $\boldsymbol{P}$。

6.4.2.4 灰色系统方法

由于人们所处的环境不同，拥有的知识水平不同，因此对客观世界中的许多自然现象的了解程度是不一样的。人们对所研究具体系统的了解程度，一般分为“白色系统”“黑色系统”和“灰色系统”。“白色系统”是指该系统的内部结构已被充分了解，很多情况下已经建立了该系统的数学模型；“黑色系统”则是指那些系统内部结构一点儿都不被了解，只能获取该系统的激励与响应信息，有的甚至这些信息都很难获取；而“灰色系统”介于“白色系统”与“黑色系统”之间，即知道系统的一些简单信息，但是并没有完全了解该系统，只能根据统计推断或某种逻辑思维来研究该系统，研究的方法即灰色系统方法。

1. 灰色系统的基本概念

由于自然现象的复杂性，人们不可能对所有的自然系统都有充分的了解，必定存在许多灰色系统甚至黑色系统。很明显对灰色系统的描述有别于对白色系统的描述。

（1）灰数。灰色系统理论中的一个重要概念是灰数。灰数是灰色系统理论的基本单元。人们把只知道大概范围而不知道其确切值的数称为灰数。在应用中，灰数实际上指在某一个区间或某个一般的数集内取的不确定数。灰数是区间数的一种推广，通常用符号“⊗”表示。

灰数有以下几类。

① 仅有下界的灰数。有下界而无上界的灰数，记为$\otimes \in [\underline{a},\infty)$，其中 $\underline{a}$ 为灰数的下确界，它是一个确定的数，$[\underline{a},\infty)$称为⊗的取数域，简称⊗的灰域。

② 仅有上界的灰数。有上界而无下界的灰数，记为$\otimes \in (\infty, \bar{a}]$，其中$\bar{a}$为灰数的上确界，是一个确定的数，而$(\infty, \bar{a}]$是它的灰域。

③ 区间灰数。既有上界又有下界的灰数称为区间灰数，记为$\otimes \in [\underline{a}, \bar{a}]$。

④ 连续灰数与离散灰数。在某一个区间内取有限个值或可数个值的灰数称为离散灰数；取值连续地充满某一区间的灰数称为连续灰数。

⑤ 黑数与白数。当$\otimes \in (-\infty, \infty)$或$\otimes \in (\otimes_1, \otimes_2)$，即当$\otimes$的上、下界皆为无穷或上、下界都是灰数时，称$\otimes$为黑数，可见，黑数是上、下界都不确定的数。当$\otimes \in [\underline{a}, \bar{a}]$且$\underline{a}=\bar{a}$时，称$\otimes$为白数，即取值为确定的值。我们可以把白数和黑数看成特殊的灰数。

⑥ 本征灰数与非本征灰数。本征灰数是指不能或暂时还不能找到一个白数作为其“代表”的灰数，例如一般的事前预测值。非本征灰数是指凭先验信息或某种手段可以找到一个白数作为其代表的灰数。此白数称为相应灰数的白化值，记为$\tilde{\otimes}$，并用$\otimes(a)$表示以a为白化值的灰数。

从本质上看，灰数又可以分为信息型灰数、概念型灰数和层次型灰数3类。信息型灰数是指由于信息缺乏而不能肯定其取值的数；概念型灰数是由人们的某种意愿、观念形成的灰数；层次型灰数是由层次改变而形成的灰数。

（2）灰数白化与灰度。当灰数是在某个基本值附近变动的，这类灰数白化比较容易，其基本值a为主要白化值，记为$\otimes(a)=a\pm\delta_a$或$\otimes(a)\in(-,a,+)$，其中δ_a为扰动灰元，此灰数的白化值为$\otimes(a)=a$。

对于一般的区间灰数$\otimes \in [a,b]$，将白化值$\otimes$取为

$$\otimes = \alpha a + (1-\alpha)b, \alpha \in [0,1] \tag{6.89}$$

也可称为等权白化。在等权白化中，取$\alpha=1/2$而得到的白化值称为等权均值白化值。当区间灰数取值的分布信息缺乏时，常采用等权均值白化。

一般而言，灰数的白化取决于信息量的大小，如信息量较大则白化较为容易。一般用白化权函数（α即权）来描述一个灰数对其取值范围内不同数值的“偏爱”程度。一个灰数的白化权函数是研究者根据已知信息设计的，没有固定的格式。

灰度即灰数的测度。灰度在一定程度上反映了人们以灰色系统的行为特征的未知程度。灰度大小应与灰数产生的背景或论域有不可分割的关系。在实际应用中，会遇到大量的白化权函数未知的灰数。灰度主要与相应定义信息域的长度及其基本值有关。

2. 灰色序列生成算子

设$X=(x(1),x(2),\cdots,x(n))$为原始数据序列，$D$为作用于$X$的算子，$X$经过算子$D$的作用后所得的序列为$XD=(x(1)d,x(2)d,\cdots,x(n)d)$。称$D$为序列算子，称$XD$为一阶算子作用序列。

序列算子可以作用多次，相应得到的序列称为二阶序列、三阶序列……相应的算子称为一阶序列算子、二阶序列算子……

（1）均值生成算子

在收集数据时，常常由于一些不易克服的困难导致数据序列出现空缺（即空穴），而有些数据序列虽然完整，但由于系统行为在某个时间点上发生突变而形成异常数据，剔除异常数据后就会留下空穴。

设序列在k处出现空穴，记为$\varnothing(k)$，即

$$X=(x(1),x(2),\cdots,x(t-1),\varnothing(k), x(t+1)\cdots,x(n)) \tag{6.90}$$

称$x(t-1)$和$x(t+1)$为$\varnothing(t)$的界值，前者为前界，后者为后界。

当$\varnothing(k)$是由$x(t-1)$和$x(t+1)$生成时，称生成值$x(t)$为$[x(t-1), x(t+1)]$的内点。

而当$\varnothing(k)=x^*(t)=0.5\,x(t-1)+0.5\,x(t)$时，称为非紧邻均值生成数。

设序列$X=(x(1),x(2),\cdots,x(n),x(n+1))$，$Z$是$X$的均值生成序列。

$$Z=(z(1),z(2),\cdots,z(n)) \tag{6.91}$$

其中，$z(t)=0.5\,x(t-1)+0.5\,x(t)$，$X^*$是某一可导函数的代表序列，$d$为$n$维空间的距离，将$X$删除$x(n+1)$后得到的序列仍记为$X$，若$X$满足以下条件

① 当X充分大时，$x(t)<\sum_{i=1}^{t-1}x(i)$。

② $\max\limits_{l\leqslant t\leqslant n}|x^*(t)-x(t)|\geqslant\max\limits_{l\leqslant t\leqslant n}|x^*(t)-z(t)|$。

则称X为光滑序列，$\rho(t)=\dfrac{x(t)}{\sum_{i=1}^{t-1}x(i)}\ (t=2,3,\cdots,n)$为$X$的光滑比。

（2）累加生成算子

设$X^0=(x^0(1),x^0(2),\cdots,x^0(n))$，$D$为序列算子，即

$$X^0D=(x^0(1)d,x^0(2)d,\cdots,x^0(n)d) \tag{6.92}$$

其中$x^0(t)=\sum_{i=1}^{t}x^0(i),t=1,2,\cdots,n$。

则称D为X^0的一阶累加生成算子，记为 1-AGO。同样可以有二阶、三阶……r阶的累加生成算子，并可记为$x^r(t)d=\sum_{i=1}^{t}x^{r-1}(i),t=1,2,\cdots,n$。

（3）累减生成算子

设$X^0=(x^0(1),x^0(2),\cdots,x^0(n))$，$D$为序列算子，即

$$X^0D=(x^0(1)d,x^0(2)d,\cdots,x^0(n)d) \tag{6.93}$$

其中$x^0(k)=x^0(t)-x^0(t-1),\ t=1,2,\cdots,n$, 规定$x^{(1)}(0)=0$。

则称D为X^0的一阶累减生成算子，记为 1-IAGO。同样可以有二阶、三阶……r阶的累减生成算子。

3. 灰色分析

灰色系统建模通过数据序列建立微分方程来拟合给定的时间序列，从而对数据的发展趋势进行预测。灰色系统建模常用的模型是 GM(1,N)，其中 G 代表灰色，1 代表微分方程的阶数，N代表变量的个数。

（1）GM(1,1)模型

假设给定数列

$$X^0=(x^0(1),x^0(2),\cdots,x^0(n)),\ X^1=(x^1(1),x^1(2),\cdots,x^1(n)),\ Z^1=(z^1(1),z^1(2),\cdots,z^1(n))$$

其中，$x^0(k)$为原始数据序列，X^1为X^0的 1-AGO 序列，$z^1(k)=0.5x^1(k)+0.5x^1(k-1)$为$X^1$的近邻生成序列。

定义x^1的灰导数为$d(k)=x^0(k)=x^1(k)-x^1(k-1)$，于是定义 GM(1,1)的$d(k)+az^1(k)=b$，即$x^0(k)+a\,z^1(k)=b$，其中$a$为发展灰数，反映了序列的发展趋势；$b$为内生控制灰数，它反映了数据变化的关系，其确切内涵是灰色的。

设$\hat{a}=(a,b)$为参数列，令

$$Y=\begin{bmatrix}x^0(2)\\x^0(3)\\\vdots\\x^0(n)\end{bmatrix},B=\begin{bmatrix}-z^1(2)&1\\-z^1(3)&1\\\vdots&\vdots\\-z^1(n)&1\end{bmatrix}$$

则灰微分方程 $x^0(k)+a\,z^1(k)=b$ 的最小二乘估计参数列满足

$$\boldsymbol{a}=(\boldsymbol{B}^{\mathrm{T}}\boldsymbol{B})^{-1}\boldsymbol{B}^{\mathrm{T}}\boldsymbol{Y} \tag{6.94}$$

给定数列 $X^0=(x^0(1),x^0(2),\cdots,x^0(n))$，$X^1$ 为 X^0 的 1-AGO 序列，Z^1 为 X^1 的紧邻生成序列，称

$$\frac{\mathrm{d}x^{(1)}}{\mathrm{d}t}+ax^{(1)}=b \tag{6.95}$$

为灰微分方程的白化方程，也称影子方程，其解

$$x^{(1)}(t)=\left[x^{(1)}(0)-\frac{b}{a}\right]\mathrm{e}^{-at}+\frac{b}{a} \tag{6.96}$$

称为时间响应函数。

GM(1,1)灰微分方程 $x^0(t)+a\,z^1(t)=b$ 的时间响应序列为

$$\hat{x}^{(1)}(t+1)=\left[x^{(1)}(0)-\frac{b}{a}\right]\mathrm{e}^{-at}+\frac{b}{a},\qquad t=1,2,\cdots,n \tag{6.97}$$

取 $x^{(1)}(0)=x^{(1)}(1)$，则

$$\hat{x}^{(1)}(t+1)=\left[x^{(1)}(1)-\frac{b}{a}\right]\mathrm{e}^{-at}+\frac{b}{a},\qquad t=1,2,\cdots,n \tag{6.98}$$

还原值为

$$\hat{x}^{(0)}(t+1)=x^{(1)}(t+1)-\hat{x}^{(1)}(t),\qquad t=1,2,\cdots,n \tag{6.99}$$

通过大量的实际问题验证，GM(1,1)的使用范围如下。

① 当 $-a\leqslant0.3$ 时，可用于中长期预测。

② 当 $0.3<-a\leqslant0.5$ 时，可用于短期预测，中、长期预测慎用。

③ 当 $0.5<-a\leqslant0.8$ 时，做短期预测应十分谨慎。

④ 当 $0.8<-a\leqslant1$ 时，应采用残差修正 GM(1,1)模型。

⑤ 当 $-a>1$ 时，不宜采用 GM(1,1)模型。

（2）GM(1,1)模型检验

GM(1,1)模型检验有残差检验、关联度检验和后验差检验。

① 残差检验。残差检验是指对模型值与实际值的残差进行逐点检验。

绝对残差序列

$$\Delta^{(0)}=\{\Delta^{(0)}(i),i=1,2,\cdots,n\},\quad \Delta^{(0)}(i)=|\Delta^{(0)}(i)-\hat{x}^{(0)}(i)|$$

相对残差序列

$$\phi=\{\phi_i,i=1,2,\cdots,n\},\quad \phi_i=\left|\frac{\Delta^{(0)}(i)}{x^{(0)}(i)}\right|\times100\%$$

计算相对残差

$$\bar{\phi}=\frac{1}{n}\sum_{i=1}^{n}\phi_i$$

给定 α，当 $\bar{\phi}<\alpha$ 且 $\phi_n<\alpha$ 成立时，称模型为残差检验合格模型。

② 关联度检验。

关联度检验是指通过考察模型值曲线和建模序列曲线的相似程度进行检验。按前面所述的关联度计算方法，计算出 $\hat{x}^{(0)}(i)$ 与原始数列 $x^{(0)}(i)$ 的关联系数，然后计算出关联度。根据经验，关联度大于 0.6 是可以接受的。

③ 后验差检验。

后验差检验是指对残差分布的统计特性进行检验，其步骤如下。

第 1 步，计算出原始数列的平均值。

$$\bar{x}^{(0)}=\frac{1}{n}\sum_{i=1}^{n}x^{(0)}(i) \tag{6.100}$$

第 2 步，计算原始数列的均方差。

$$S_1=\left(\frac{\sum_{i=1}^{n}[x^{(0)}(i)-\bar{x}^{(0)}]^2}{n-1}\right)^{\frac{1}{2}} \tag{6.101}$$

第 3 步，计算残差的均值。

$$\bar{\Delta}=\frac{1}{n}\sum_{i=1}^{n}\Delta^{(0)}(i) \tag{6.102}$$

第 4 步，计算残差的方差。

$$S_2=\left(\frac{\sum_{i=0}^{n}[\Delta^{(0)}(i)-\bar{\Delta}]^2}{n-1}\right)^{\frac{1}{2}} \tag{6.103}$$

第 5 步，计算方差比。

$$C=S_1/S_2 \tag{6.104}$$

第 6 步，计算小残差概率。

$$P=P\{|\Delta^{(0)}(i)-\bar{\Delta}|<0.6745S_1\} \tag{6.105}$$

令 $S_0=0.6745S_1$，$e_i=|\Delta^{(0)}(i)-\bar{\Delta}|$，即 $P=P\{e_i<S_0\}$。

若对于给定的 $C_0>0$，当 $C<C_0$ 时，称模型为均方差比合格模型。若对于给定的 $P_0>0$，当 $P>P_0$ 时称为小残差概率合格模型。

若相对残差、关联度、后验差检验在允许的范围内，则可以用所建立的模型进行预测，否则应进行残差修正。

（3）残差 GM(1,1)模型

当 GM(1,*N*)模型的精度不符合要求时，可以用参差序列建立 GM(1,*N*)模型对原来的模型进行修正，以提高精度。

设 $X^0=(x^0(1),x^0(2),\cdots,x^0(n))$为模型的原始序列，$X^1$ 为 X^0 的 1-AGO 序列，Z^1 为 X^1 的紧邻生成序列，灰色微分方程 $x^0(t)+a\,Z^1(t)=b$ 的时间响应序列为

$$\hat{x}^{(1)}(t+1)=\left[x^{(1)}(0)-\frac{b}{a}\right]e^{-at}+\frac{b}{a},\qquad t=1,2,\cdots,n \tag{6.106}$$

其参差序列为

$$\varepsilon^{(0)}=(\varepsilon^{(0)}(1),\varepsilon^{(0)}(2),\cdots,\varepsilon^{(0)}(n))$$

其中 $\varepsilon^{(0)}(t)=x^{(1)}(t)-\hat{x}^{(1)}(t)$，若存在，满足①对任意的 $t\geqslant t_0,\varepsilon^{(0)}(t)$ 符号一致。② $n-t_0\geqslant 4$。则称

$$(|\varepsilon^{(0)}(t_0)|,|\varepsilon^{(0)}(t_0+1)|,\cdots,|\varepsilon^{(0)}(n)|)$$

为可建模参差尾段，仍记为

$$\varepsilon^{(0)}=(\varepsilon^{(0)}(t_0),\varepsilon^{(0)}(t_0+1),\cdots,\varepsilon^{(0)}(n))$$

对于可建模参差尾段，其 1-AGO 序列

$$\varepsilon^{(1)}=(\varepsilon^{(1)}(k_0),\varepsilon^{(1)}(k_0+1),\cdots,\varepsilon^{(1)}(n))$$

的 GM(1,1)时间响应式为

$$\hat{\varepsilon}^{(1)}(t+1)=\left[\varepsilon^{(0)}(t_0)-\frac{b_\varepsilon}{a_\varepsilon}\right]e^{-a(t-t_0)}+\frac{b_\varepsilon}{a_\varepsilon} \tag{6.107}$$

则参差尾段的模拟序列为 $\hat{\varepsilon}^{(0)}=(\hat{\varepsilon}^{(0)}(t_0),\hat{\varepsilon}^{(0)}(t_0+1),\cdots,\hat{\varepsilon}^{(0)}(n))$，其中

$$\hat{\varepsilon}^{(0)}(t+1)=-a_\varepsilon\left[\varepsilon^{(0)}(t_0)-\frac{b_\varepsilon}{a_\varepsilon}\right]e^{-a(t-t_0)},t\geqslant t_0 \tag{6.108}$$

若用 $\varepsilon^{(0)}(k)$ 修正 $X^{(1)}$，称修正后的时间响应式

$$\hat{x}^{(1)}(t+1)=\begin{cases}\left[x^{(0)}(1)-\dfrac{b}{a}\right]e^{-at}+\dfrac{b}{a}, & t<t_0\\ \left[x^{(0)}(1)-\dfrac{b}{a}\right]e^{-at}+\dfrac{b}{a}\pm a_\varepsilon\left[\varepsilon^{(0)}(t_0)-\dfrac{b_\varepsilon}{a_\varepsilon}\right]e^{-a_\varepsilon(t-t_0)}, & t\geqslant t_0\end{cases} \tag{6.109}$$

为参差修正 GM(1,1)模型。

（4）灰色灾变预测

灰色灾变预测的任务是给出下一个或几个异常值出现的时刻，以便能提前准备，采取对策，减少损失。

设原始数列为 $\boldsymbol{X}=\{x(1),x(2),\cdots,x(n)\}$，给定上限异常值（灾变值）$\zeta$，称 X 的子序列

$$\boldsymbol{X}=\{x(q(1)),x(q(2)),\cdots,x(q(m))\}=\{x(q(i))|x(q(i))\geqslant\zeta,i=1,2,\cdots,m\}$$

为上灾变序列。

如果给定下限异常值（灾变值）ξ，则称 X 的子序列

$$\boldsymbol{X}=\{x(q(1)),x(q(2)),\cdots,x(q(l))\}=\{x(q(i))|x(q(i))\leqslant\xi,i=1,2,\cdots,l\}$$

为下灾变序列。

如原始序列 $\boldsymbol{X}_\zeta=\{x(q(1)),x(q(2)),\cdots,x(q(m))\}\subset X$ 为灾变序列，相应的数列 $Q^{(0)}=\{q(1),q(2),\cdots,q(m)\}$ 为灾变日期序列。

对于灾变日期序列，其 1-AGO 序列为 $Q^{(1)}=\{q(1),q(2),\cdots,q(m)\}$的紧邻生成序列为 $Z^{(1)}$，则 $q(t)+aZ^1(t)=b$ 为灾变 GM(1,1)模型。

设 $\boldsymbol{\alpha}=[a,b]^{\mathrm{T}}$ 为灾变 GM(1,1)模型参数序列的最小二乘估计，则灾变日期序列的 GM(1,1)序号响应式为

$$\hat{q}^{(1)}(t+1)=\left[q(1)-\frac{b}{a}\right]\mathrm{e}^{-at}+\frac{b}{a} \tag{6.110}$$

$$\hat{q}(t+1)=\hat{q}^{(1)}(t+1)-\hat{q}^{(1)}(t) \tag{6.111}$$

$$\hat{q}(t+1)=\left[q(1)-\frac{b}{a}\right]\mathrm{e}^{-at}-\left[q(1)-\frac{b}{a}\right]\mathrm{e}^{-a(t-1)}=(1-\mathrm{e}^{a})\left[q(1)-\frac{b}{a}\right]\mathrm{e}^{-at} \tag{6.112}$$

设 $\boldsymbol{X}=\{x(1),x(2),\cdots,x(n)\}$为原始数列，$n$ 为现在（序列的最后一期），给定异常值 ζ，相应的灾变日期序列 $Q^{(0)}=\{q(1),q(2),\cdots,q(m)\}$，其中 $q(m)\leqslant n$ 为最近一次灾变日期，则称 $q(m+1)$ 为下一次灾变的预测日期。对任意 $t>0$，称 $q(m+t)$ 为未来第 t 次灾变的预测日期。

6.4.3 聚类

聚类是对物理的或抽象的对象集合分组的过程。聚类生成的组称为簇，簇内部的任意两个对象具有较高的相似度，而属于不同簇的两个对象具有较高的相异度。相异度可以根据描述对象的属性值计算，对象间的距离是最常采用的度量指标。

聚类分析是数据分析中的一种重要技术，它的应用极为广泛。许多领域中都会涉及聚类分析方法的应用与研究工作，如数据挖掘、统计学、机器学习、模式识别、生物学等。

6.4.3.1 聚类分析中的数据类型

聚类分析主要针对的数据类型包括数据矩阵和相异度矩阵。

1. 数据矩阵

设有 n 个对象，可用 p 个变量（属性）描述每个对象，则 $n\times p$ 矩阵

$$\begin{bmatrix} x_{11} & x_{12} & \cdots & x_{1p} \\ x_{21} & x_{22} & \cdots & x_{2p} \\ \cdots & \cdots & & \cdots \\ x_{n1} & x_{n2} & \cdots & x_{np} \end{bmatrix}$$

称为数据矩阵，它是对象-变量结构的数据表达方式。

2. 相异度矩阵

按 n 个对象两两间的相异度构建 n 阶矩阵，它是对称矩阵，只需写出上三角或下三角即可。

$$\begin{bmatrix} 0 & & & \\ d(2,1) & 0 & & \\ d(3,1) & d(3,2) & \cdots & 0 \\ \vdots & \vdots & & \vdots \\ d(n,1) & d(n,2) & \cdots & 0 \end{bmatrix}$$

其中 $d(i,j)$表示对象 i 与 j 的相异度，它是一个非负的数值。当对象 i 和 j 越相似或“接近”时，$d(i,j)$值越接近于 0；而当对象 i 和 j 越不相同或相距“越远”时，$d(i,j)$值越大。相异度矩阵是对象-对象结构的一种数据表达方式。

多数聚类算法都建立在相异度矩阵的基础上，如果数据是以数据矩阵形式给出的，通常要将数据矩阵转换为相异度矩阵。

计算对象间距离是经常采用的求相异度方法。设两个 p 维向量 $\boldsymbol{X}_i=(x_{i1},x_{i2},\cdots,x_{ip})^{\mathrm{T}}$ 和 $\boldsymbol{X}_j=(x_{j1},x_{j2},\cdots,x_{jp})^{\mathrm{T}}$ 分

别表示两个对象，有多种形式的距离度量可以采用。

① 闵可夫斯基距离。其定义为

$$d_q(\boldsymbol{X}_i,\boldsymbol{X}_j)=\left\|\boldsymbol{X}_i-\boldsymbol{X}_j\right\|_q=\left[\sum_{k=1}^{p}|x_{ik}-x_{jk}|^q\right]^{\frac{1}{q}} \tag{6.113}$$

其中 $q\in[1,\infty]$。闵可夫斯基距离是无限个距离度量的概化，当 q=1 时为曼哈顿距离，当 q=2 时为欧几里得距离，当 $q\to\infty$时为切比雪夫距离。

② 曼哈顿（Manhattan）距离。其定义为

$$d_1(\boldsymbol{X}_i,\boldsymbol{X}_j)=\left\|\boldsymbol{X}_i-\boldsymbol{X}_j\right\|_1=\sum_{k=1}^{p}|x_{ik}-x_{jk}| \tag{6.114}$$

③ 欧几里得（Enclid）距离（简称欧氏距离）。其定义为

$$d_2(\boldsymbol{X}_i,\boldsymbol{X}_j)=\left\|\boldsymbol{X}_i-\boldsymbol{X}_j\right\|_2=\left[\sum_{k=1}^{p}|x_{ik}-x_{jk}|^2\right]^{1/2} \tag{6.115}$$

④ 切比雪夫距离。其定义为

$$d_\infty(\boldsymbol{X}_i,\boldsymbol{X}_j)=\left\|\boldsymbol{X}_i-\boldsymbol{X}_j\right\|_\infty=\max_{k\in\{1,2,\cdots,p\}}|x_{ik}-x_{jk}| \tag{6.116}$$

⑤ 马哈拉诺比斯距离（简称马氏距离）。其定义为

$$d_{\boldsymbol{A}}(\boldsymbol{X}_i,\boldsymbol{X}_j)=(\boldsymbol{X}_i-\boldsymbol{X}_j)^{\mathrm{T}}\boldsymbol{A}(\boldsymbol{X}_i-\boldsymbol{X}_j) \tag{6.117}$$

其中 $\boldsymbol{A}$ 为正定矩阵。

在以上距离度量表达式中，还可以根据每个变量的重要性为其赋予一个权值，如加权的欧几里得距离表达式为

$$d_2(\boldsymbol{X}_i,\boldsymbol{X}_j)=\left\|\boldsymbol{X}_i-\boldsymbol{X}_j\right\|_2=\left[\sum_{k=1}^{p}w_k|x_{ik}-x_{jk}|^2\right]^{1/2} \tag{6.118}$$

⑥ 基于相似系数定义的距离。基于相似系数定义的距离多用于变量指标的相似性度量。

两个对象间的相似系数可以有多种定义形式，常用的有以下几种。

Ⅰ．夹角余弦

$$q_{ij}=\cos(\theta_{ij})=\frac{\sum_{k=1}^{p}x_{ik}x_{jk}}{\sqrt{\sum_{k=1}^{p}x_{ik}^2\sum_{k=1}^{p}x_{jk}^2}} \tag{6.119}$$

Ⅱ．相关系数

$$r_{ij}=\frac{\sum_{k=1}^{n}(x_{ik}-\overline{x}_i)(x_{jk}-\overline{x}_j)}{\sqrt{\sum_{k=1}^{n}(x_{ki}-\overline{x}_i)^2\sum_{k=1}^{n}(x_{kj}-\overline{x}_j)^2}} \tag{6.120}$$

其中 $\overline{x}_i$ 、$\overline{x}_j$ 为均值，$\overline{x}_i=\frac{1}{n}\sum_{k=1}^{n}x_{ki}$ ，$\overline{x}_j=\frac{1}{n}\sum_{k=1}^{n}x_{kj}$ 。

在聚类分析中需要根据数据类型、应用目标等因素选择合适的距离度量。

6.4.3.2 聚类的特征与聚类间的距离

聚类是相似事物的集合，从数学角度则难以给出一种通用严格的定义，常用的有以下几种定义形式，可以适用于不同的场合。

设 G 为元素的集合，它共有 m 个元素，记为 $g_i(i=1,2,\cdots,m)$，另外给定一个阈值 $T>0$，则有以下几种类的定义。

（1）若 G 中任意两个元素 g_i 和 g_j 之间的距离不大于阈值，即有 $d_{ij}\leqslant T$，则称 G 为类。

（2）若 G 中任意元素 g_i 与其他元素间的距离均值不大于阈值，即有 $\frac{1}{k-1}\sum_{1\leqslant j\leqslant k} d_{ij}\leqslant T$，则称 G 为类。

（3）对 G 中任意元素 g_i，总存在另一个元素 g_j，它们的距离不大于阈值，即有 $d_{ij}\leqslant T$，则称 G 为类。

若将 G 的元素 g_i 视为随机向量 $\boldsymbol{x}_i$，则可用以下几种特征来描述类。

① 类的重心。类的重心即各元素均向量。

$$\boldsymbol{x}_G=\frac{1}{m}\sum_{i=1}^{m}\boldsymbol{x}_i \tag{6.121}$$

② 类的样本离差矩阵与样本协方差矩阵。它们的定义分别为

$$\boldsymbol{A}_G=\sum_{i=1}^{m}(\boldsymbol{x}_i-\boldsymbol{x}_G)(\boldsymbol{x}_i-\boldsymbol{x}_G)^{\mathrm{T}} \tag{6.122}$$

$$\boldsymbol{S}_G=\frac{1}{m}\boldsymbol{A}_G \tag{6.123}$$

③ 类的直径。类的直径有多种定义，比较简单的是

$$\boldsymbol{A}_G=\sum_{i=1}^{m}(\boldsymbol{x}_i-\boldsymbol{x}_G)(\boldsymbol{x}_i-\boldsymbol{x}_G)^{\mathrm{T}} \tag{6.124}$$

6.4.3.3 划分方法

对于一个给定的由 n 个对象或元组组成的数据库，采用目标函数最小化的策略，通过迭代把数据划分为 k 个块，每个块为一个簇，这就是划分方法。划分方法要满足两个条件：一是每个分组至少包含一个对象；二是每个对象必属于且仅属于某一个分组。

常见的划分方法有 k 均值法和 k 中心点法。其他方法都是这两种方法的变形。k 均值法和 k 中心点法已做过介绍，在此不再叙述。

6.4.3.4 层次聚类方法

层次聚类方法又称树聚类算法，包括“自底向上”的凝聚法和“自顶向下”的分裂法。凝聚法先将所有对象各自作为簇，对最“靠近”的簇首先进行聚类，再将这个类和其他类中最“接近”的簇合并，递归进行该过程直至所有对象都聚集成一个簇或满足一个终止条件为止。分裂法正好相反，先将所有对象看成一个簇，然后分割成两个，使一个簇中的对象尽可能“远离”另一个簇中的对象，再递归分割，直至每个对象都自成一个簇或满足某个终止条件为止。

凝聚或分裂的过程可用树状图直观表示，该图可显示簇-子簇联系和簇合并（凝聚）或分裂的次序。在层次聚类方法中，距离定义非常重要，簇间距离可描述两类簇的关系，比较常用的定义有如下几种。

（1）最短距离（单连接方法）。

$$d_{\min}(C_i, C_j) = \min_{p \in C_i, p' \in C_j} \| p - p' \| \tag{6.125}$$

（2）最长距离（完全链接方法）。

$$d_{\max}(C_i, C_j) = \min_{p \in C_i, p' \in C_j} \| p - p' \| \tag{6.126}$$

（3）中间距离（平均链接方法）。

$$d_{\text{avg}}(C_i, C_j) = \frac{1}{n_i n_j} \sum_{p \in C_i} \sum_{p' \in C_j} \| p - p' \| \tag{6.127}$$

（4）均值距离（质心方法）。

$$d_{\text{mean}}(C_i, C_j) = \| m_i - m_j \| \tag{6.128}$$

对象间距离有欧氏距离、闵可夫斯基距离、马氏距离等，同样地，簇间距离或相似度也有多种选择，不同的距离函数可以得到不同的层次聚类方法。图 6.16 所示为凝聚的和分裂的层次聚类方法的处理过程。

层次聚类方法的优点在于可以在不同粒度水平上对数据进行探测，而且容易实现相似度量或距离度量，但是，单纯的层次聚类方法终止条件含糊（一般需人为设定），而且执行合并或分裂簇的操作后不可修复，这很可能导致聚类结果质量很低。由于需要检查和估算大量的对象或簇才能决定簇的合并或分裂，所以这种方法的可扩展性较差。因此，通常考虑把层次聚类方法与其他方法如迭代重定位方法相结合来解决实际聚类问题。

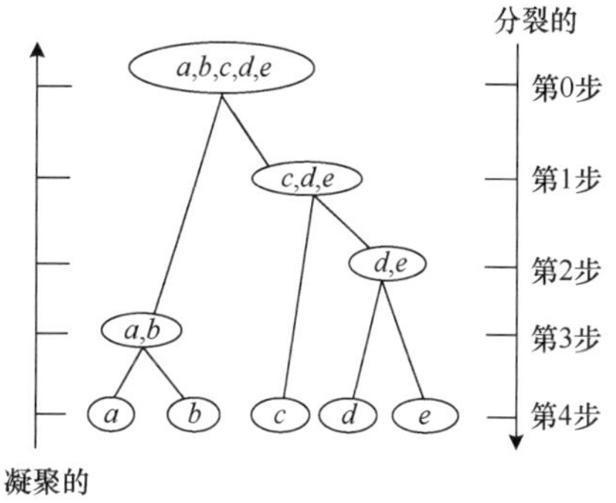

图 6.16　凝聚的和分裂的层次聚类方法的处理过程

6.4.3.5　基于密度的算法

基于密度聚类的关键思想是：对于簇中每个对象，在给定半径 ε 的邻域中至少要包含最小数量的对象（MinPts），即邻域的基数必须超过一个阈值。基于密度的算法主要有两类，即基于连通性的算法和基于密度函数的算法。基于连通性的算法包括 DBSCAN、GDBSCAN、OPTICS、DBCLASD 等；基于密度函数的算法有 DBNCLUE 等。

大型空间数据库中可能含有球形、线形、延展形等多种形状的簇，因此，要求聚类算法应具有能够发现任意形状簇的能力。当然还要求聚类算法在大型数据库上具有高效性。DBSCAN 算法就是满足上述要求的一种基于密度的聚类算法，它将密度足够高的区域划分为簇，能够在含有“噪声”的空间数据库中发现任意形状的簇。点邻域的形状取决于两点间的距离函数 $\text{dist}(p,q)$。例如采用二维空间的曼哈顿距离时，邻域的形状为矩形。在实际应用中应该采用能反映问题特性的距离函数。

基于密度的簇和“噪声”的概念基于下列各定义。

定义 I：点 p 的 ε-邻域可记为 $N_\varepsilon(p)$，其定义为

$$N_\varepsilon(p) = \{q \in D \mid \text{dist}(p,q) \leqslant \varepsilon\} \tag{6.129}$$

定义 II：如果 p、q 满足条件——（1）$p \leqslant N_\varepsilon(p)$，（2）$|N_\varepsilon(q)| \geqslant \text{MinPts}$，则称点 p 是从点 q 关于 ε 和 MinPts 直接密度可达的。

显然，直接密度可达关系在核心点间是对称的。在核心点和边界点间直接密度可达关系不是对称的，如图 6.17 所示。

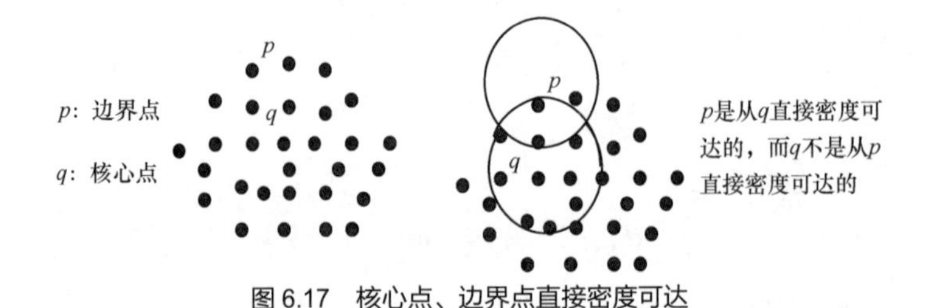

图 6.17　核心点、边界点直接密度可达

定义Ⅲ：如果存在一个点序列 $p_1,p_2,\cdots,p_n$，$p_1=q$，$p_n=p$，p_{i+1} 是从 p_i 直接密度可达的，则称点 p 是从点 q 关于 ε 和 MinPts 密度可达的。

密度可达是直接密度可达的扩展，密度可达关系满足传递性，但不满足对称性。

定义Ⅳ：如果存在一个点 o，p 和 q 都是从点 o 关于 ε 和 MinPts 密度可达的，则称点 p 是从点 q 关于 ε 和 MinPts 密度相连的。

密度相连是一个对称关系，密度可达的点之间的密度相连关系还满足自反性。

在上述 4 个定义的基础上，就可以定义基于密度的簇和“噪声”。

簇的定义：令 D 表示数据点的集合，若 D 的非空子集 C 满足下列条件则称 C 是基于密度的簇。它是基于密度可达的最大密度相连点的集合。

（1）对任意 p 和 q，若 $p\in C$ 且 q 是从 p 关于 ε 和 MinPts 密度可达的，则有 $q\in C$；（最大性）

（2）$\forall p,q\in C$，p 与 q 是关于 ε 和 MinPts 密度相连的。（连通性）

“噪声”的定义：令 $C_1,C_2,\cdots,C_K$ 是数据库中分别关于参数 ε_i 和 MinPts_i 构成的簇，则“噪声”被定义为数据库中不属于任何簇的数据点的集合，即集合 $\{p\in D\mid\forall_i:q\notin C_i\}$ 就为“噪声”。

给定参数 ε 和 MinPts，可以分两步发现簇。第一步，从数据库中任意选取一个满足核心点的点作为种子点；第二步，检索从种子点密度可达的所有点，获得包括种子点在内的簇。

DBSCAN 算法可以发现空间数据中的簇和“噪声”。但必须为每个簇指定恰当的参数 ε 和 MinPts，以及至少每个簇中的一个点。要事先获得数据库中所有簇的相关信息并不是一件容易的事。

为了发现簇，DBSCAN 算法从任意点 p 开始，检索所有从点 p 关于 ε 和 MinPts 密度可达的点。如果 p 是核心点，就生成一个关于 ε 和 MinPts 的簇；如果 p 是边界点，且没有从 p 密度可达的点，DBSCAN 算法就访问数据库中下一个点。由于 ε 和 MinPts 是全局参数，如果两个不同密度的簇彼此接近，DBSCAN 算法可能会合并这两个簇。当没有新的点添加到任何簇时，过程结束。

虽然使用 DBSCAN 算法可以对数据对象进行聚类，但需要由用户确定输入参数 ε 和 MinPts，而且算法对参数非常敏感，参数的微小变化往往会产生差异很大的聚类结果，所以要精确地确定这两个参数，但在现实的高维数据集合中，很难做到这一点。

OPTICS 算法为自动和交互的聚类分析提供了一个可扩展的簇次序。簇次序刻画了表达数据集的基于密度的聚类结构，它包含的信息等价于一个参数设定范围宽广的基于密度的聚类。簇次序可作为自动聚类和交互聚类的基础。

DENCLUE 算法是基于密度函数的聚类算法，它的基本思想是把每一个数据点对聚类的影响利用数学函数形式化地建模，这些数学函数称为影响函数。影响函数可以看作描述数据点在其邻域内的影响程度，抛物线函数、方波函数、高斯函数等都可以作为影响函数。数据空间的整体密度可以通过所有点的影响函数加和计算得出，然后通过确定密度吸引点的方法精确地确定簇。密度吸引点是全局密度函数的局部最大值。如果全局密度函数是连续的且在任意点可导，就可以用全局密度函数的梯度指导爬山算法有效地确定密度吸引点。

6.4.3.6　基于网络的算法

基于网络的算法首先将空间量化为有限数量的单元，然后在这个量化空间上进行所有的聚类操作。这类算法的处理时间不受数据对象数量的影响，仅依赖于量化空间中每一维上的单元数量，因此处理速度较快。

STING 算法是一种基于网络的算法，它利用层次结构将空间区域划分为矩形单元，在每个单元中存储对象的统计参数（如均值、方差、最小值、最大值、分布的类型等），用以描述有关数据特征。STING 算法通过对数据集进行一次扫描，计算单元中的统计参数。因此，若 n 表示对象的个数，则生成簇的时间复杂度为 $O(n)$。

在生成层次结构后，查询的响应时间是 $O(k)$。其中 k 是最低分辨率下网络单元的数量，通常 k 远小于 n。STING 算法采用多分辨率的方式进行聚类，聚类质量取决于网络结构中底层的粒度。

WaveCluster 算法利用小波变换聚类，该算法既是基于网络的，也是基于密度的。其主要思想是，首先量化特征空间，形成一个多维网络结构，然后通过小波变换来变换原始特征空间，最后在变换后的特征空间中发现密集区域。它可以在不同分辨率下产生基于用户需求的簇。

WaveCluster 算法中的每个网络单元汇总一组映射到该单元的对象的信息。这种汇总信息可以用于基于内存的多分辨率小波变换，以及随后的聚类分析。

WaveCluster 算法的第一步是量化特征空间。把 d 维特征空间的第 i 维分割成 m_i 个区间。如果假定各个维上的区间数等于 m，那么，在特征空间中将有 m^d 个单元，然后根据特征值将对象分配到这些单元中。令 $\boldsymbol{F}_k=(f_1,f_2,\cdots,f_d)$为对象 O_k 在原始特征空间中的特征向量，$M_j=(v_1,v_2,\cdots,v_d)$表示原始特征空间中的一个单元，其中 v_i（$1\leqslant v_i\leqslant m_i$，$1\leqslant i\leqslant d$）是该单元在特征空间的 X_i 轴上的位置。令 s_i 为 X_i 轴上每个单元的大小，如果具有特征向量 $\boldsymbol{F}_k=(f_1,f_2,\cdots,f_d)$的对象 O_k 满足对 $\forall i$，$1\leqslant i\leqslant d$ 有 $(v_i-1)s_i\leqslant f_i\leqslant v_is_i$，则将该对象分配到单元 $M_j=(v_1,v_2,\cdots,v_d)$。

单元的数量是影响聚类质量的一个重要因素，由于小波变换具有多分辨率特性，因此要在不同的变换尺度上考虑不同的单元大小。

WaveCluster 算法的第二步是对特征空间进行小波变换。离散小波变换应用于量化的特征空间。在单元 M_j 上应用小波变换产生新的特征空间和新的单元 T_k，给定单元 T_k 的集合。WaveCluster 在变换后的特征空间发现相连的部分，每一个相连的部分是单元 T_k 的集合，将它们看成簇。对应小波变换的分辨率 r，存在簇的集合 C_r，通常较低的分辨率对应的簇的数量较少。

对于任意一个簇 c，$c\in C_r$，c 含有的簇数量为 c_n。在 WaveCluster 算法的第三步标记特征空间中的单元。WaveCluster 算法用单元中簇的数量来标记特征空间中含有簇的单元，即

$$\forall c\forall T_k, T_k\in c\Rightarrow l_{T_k}=c_n, c\in C_r$$

其中 l_{T_k} 是单元 T_k 的标记。簇是在变换后的特征空间中发现的，而且是基于小波系数的，因此，不能直接用于定义原始特征空间中的簇。WaveCluster 算法生成一个查寻表 LT，将变换后的特征空间中的单元映射到原始特征空间中的单元。查询表中的每个元素表示在变换后的特征空间中一个单元与原始特征空间中的相应单元的关系。因此，能够很容易地确定原始特征空间中的每个单元的标记。最后，WaveCluster 算法将特征空间中每个单元的标记，分配给所有特征向量在该单元中的对象，从而确定簇。形如

$$\forall c\forall M_j, \forall o_i\in M_j, l_{o_i}=c_n, c\in C_r, 1\leqslant i\leqslant N$$

其中 l_{o_i} 是对象 o_i 的簇标记。

WaveCluster 算法能够较好地处理孤立点，对输入数据的顺序不敏感，对大型数据库有效，它能够较好地发现带有不同比例的复杂结构（如凹形或窝形）的簇，且不需要为簇假定任何特征的形状，不要求簇的数量等先验知识。

6.4.3.7 基于模型的聚类算法

基于模型的聚类算法建立在数据符合潜在的概率分布这一假设的基础之上。该类算法试图优化给定数据与某些数学模型之间的拟合，主要有统计学算法和神经网络算法等。

COBWEB 是一种简单增量概念聚类算法，它以分类树的形式创建层次聚类。分类树与判定树不同：分类树中每一个节点对应一个概念，包含该概念的一个概率描述，概括该节点的对象信息；判定树标记分支而不是节点，并且采用逻辑描述符，而不是概率描述符。COBWEB 采用启发式估算度量-分类效用来指导分类树的构建，如果要将对象加入对象树，就要加至能产生最高分类效用的位置，即根据产生最高分类效用的划分，把对象置于一个存在的类中，或者为它创建一个新类。COBWEB 可以自动修正划分中类的数量，不需要用户提供相应参数。但它的局限性在于假设每个属性的概率分布相互独立，而实际上属性常常是相关的。另外，聚类的概率分布表示使得更新和存储聚类的代价较高。算法的计算复杂度不仅依赖于属性数量，而且依赖于属性值的数量。分类树在“偏斜”的数据上难以达到高度平衡，这可能导致时间和空间复杂度的剧烈变化。

CLASSIT 对 COBWEB 进行扩展，用来处理连续型数据的增量聚类。该算法在每个节点中存储属性的连续正态分布，采用修正的分类效用度量，该度量是连续属性上的积分，而不是在离散属性上求和。但 CLASSIT 存在与 COBWEB 类似的问题，它也不适用于对大型数据库中的数据进行聚类。

AutoClass 是在产业界较为流行的聚类算法，它采用贝叶斯统计分析来估算结果簇的数量。它通过搜索模型空间所有的分类可能性，自动确定分类的个数和模型描述的复杂性。它允许在一定的类别内的属性具有一定的相关性，各个类之间具有一定的继承性，即在类层次结构中，某些类可共享一定的模型参数。

神经网络算法将每个簇描述为一个样本。样本作为聚类的原型，不一定对应特定的数据实例和对象。神经网络聚类算法包括竞争学习神经网络和自组织特征映射（SOM）神经网络。神经网络聚类算法处理时间较长，并有较高的数据复杂性。需要研究提高网络学习速度的学习算法，并增强网络的可理解性，以便使人工神经网络适用于大型数据库。

6.4.3.8 基于目标函数的算法

前面各节提到的算法一般都为适用于动态数据库的聚类算法。实际中受到人们普遍欢迎的是基于目标函数的聚类算法，该算法将聚类归结成一个带约束的非线性规划问题，通过优化技术获得数据集的划分和聚类。这类算法设计简单、解决问题的范围广，可以转换为优化问题以借助经典数学的非线性规划理论求解，并易于在计算机上实现。因此，随着计算机的应用和发展，基于目标函数的聚类算法成为新的研究热点。

设有两个样本的特征向量 $\boldsymbol{X}_i$、$\boldsymbol{X}_j$ 分别为

$$\boldsymbol{X}_i=\begin{bmatrix}x_{i1}\\x_{i2}\\\vdots\\x_{in}\end{bmatrix}=(x_{i1},x_{i2},\cdots,x_{in})^{\mathrm{T}},\quad \boldsymbol{X}_j=\begin{bmatrix}x_{j1}\\x_{j2}\\\vdots\\x_{jn}\end{bmatrix}=(x_{j1},x_{j2},\cdots,x_{jn})^{\mathrm{T}}$$

这两个样本可能在同一类中，也可能在不同的类中，可以计算样本与类之间的距离、类内距离以及类间的距离，从而得出样本间、样本与类间、类内、类间等距离。

1. **样本与类之间的距离**

ω 代表某样本的集合，ω 中有 N 个样本，X 是某一个待测样本。

样本与类之间的距离计算方法有以下两种。

（1）计算该样本到 ω 类内各个样本之间的距离，将这些距离求和，然后取平均值作为样本与类之间的距离。

$$\overline{D^2(X,\omega)}=\frac{1}{N}\sum_{i=1}^{N}D^2(X,X_i^{(\omega)})=\frac{1}{N}\sum_{i=1}^{N}\sum_{k=1}^{n}|x_k-x_{ik}^{(\omega)}|^2 \tag{6.130}$$

（2）计算 ω 类的中心点 $M^{(\omega)}$，以 ω 中的所有样本特征的平均值作为类中心，然后计算待测样本 X 到 ω 的中心点 $M^{(\omega)}$的距离。

$$D^2(X,\omega)=D^2(X,M^{(\omega)})=\sum_{k=1}^{n}|x_k-m_k^{(\omega)}|^2 \tag{6.131}$$

2. **类内距离**

类内距离是指同一个类内任意样本之间的距离之和的平均值。从类内一固定点 X_i 到所有其他的 $N-1$ 个点 X_j 之间的距离平方和为

$$\overline{D^2(X_i,\{X_j\})}=\frac{1}{N-1}\sum_{\substack{j=1\\j\neq i}}^{N}\sum_{k=1}^{n}(x_{ik}-x_{jk})^2 \tag{6.132}$$

同样，取 ω 内所有 N 个点的平均距离以表示其类内距离。

$$\overline{D^2(\{X_i\},\{X_j\})}=\frac{1}{N(N-1)}\sum_{i=1}^{N}\sum_{\substack{j=1\\j\neq i}}^{N}\sum_{k=1}^{n}(x_{ik}-x_{jk})^2 \tag{6.133}$$

3. **类间距离**

设有两个类 ω_i、ω_j，计算类间距离的方法有以下几种。

（1）最短距离法。规定两个类间相距最近的两个点之间的距离为两类的距离。

$$\begin{aligned}&D_{i,j}=\min(d_{ij})\\&d_{ij}=\|X_i-X_j\|,X_i\in\omega_i,X_j\in\omega_j\end{aligned} \tag{6.134}$$

（2）最长距离法。规定两个类间相距最远的两个点之间的距离为两类的距离。

$$\begin{aligned}&D_{i,j}=\max(d_{ij})\\&d_{ij}=\|X_i-X_j\|,X_i\in\omega_i,X_j\in\omega_j\end{aligned} \tag{6.135}$$

（3）重心法。求各类中所有样本的平均值作为类的重心，用两类的重心间的距离作为两类的距离。

$$\begin{aligned}&D_{i,j}=\|\overline{X^{(\omega_i)}}-\overline{X^{(\omega_j)}}\|\\&\overline{X^{(\omega_i)}}=\frac{1}{N_i}\sum_{X\in\omega_i}X,\overline{X^{(\omega_j)}}=\frac{1}{N_j}\sum_{X\in\omega_j}X\end{aligned} \tag{6.136}$$

（4）平均距离法。计算两类之间所有样本的距离，然后求和，取距离的平均值作为两类的距离。

$$D_{i,j}=\frac{1}{N_iN_j}\sum_{\substack{X_i\in\omega_i\\X_j\in\omega_j}}\|X_i-X_j\| \tag{6.137}$$

根据以上各距离的计算方法，可以构造聚类时的目标函数，一般要求类间距离要大，而每类样本间的距离要小。

聚类时的目标函数设定后，就可以利用各种优化方法对其进行求解，从而得到聚类结果。

6.4.3.9 孤立点分析

孤立点（Outlier）是指数据集合中不符合数据一般特性或一般模型的数据对象。孤立点可能是由于度量或执行错误产生的，也有可能是由于固有数据的变异产生的。

很多数据挖掘算法会尽量减少孤立点对挖掘结果的影响，或者在挖掘过程中排除孤立点。但是，有时孤立点（噪声）可能是非常重要的，一味地排除孤立点或削弱孤立点的影响，将有可能导致丢失隐藏的重要信息。例如，在商业欺诈探测中，孤立点可能预示着欺诈行为。在这种情况下，孤立点的探测和分析是主要的挖掘任务，称为孤立点挖掘。

对给定的有 n 个数据对象集合中的孤立点挖掘是指发现与其余数据相比有显著差异、异常或不一致的 k 个对象。首先要在给定的数据集合中定义数据的不一致性，然后找到有效的方法来挖掘孤立点。

孤立点的定义是非平凡的。如果采用一个回归模型，偏差分析可以给出对数据“极端性”的估计。但是，在时间序列数据中寻找孤立点十分困难，它们可能隐藏在带趋势的、季节性的或者其他周期性变化中。当分析多维数据时，具有极端性的可能是维值的组合，而不是某个特别维值。对于非数值型的数据（如分类数据），孤立点的定义建立在特殊的考虑基础之上。

由于人眼只善于识别至多三维的数值型数据，因此利用现有的数据可视化方法来分析具有很多分类属性的数据或高维数据中的孤立点是低效率的。现在一般采用计算机技术。基于计算机的孤立点检测方法可分为统计学方法、基于距离的方法、基于偏移的方法等。

统计学方法假定数据服从一定的概率分布或概率模型，然后根据模型采用不一致性检验来识别孤立点。不一致性检验需要检验数据集参数（假定的数据分布）、分布参数（如均值和方差）及期望得到的孤立点数量。基于统计学方法的孤立点检测的主要缺点在于大多数检测是针对单个属性的，而许多数据挖掘问题要在高维数据空间中发现孤立点。另外，统计学方法需要数据集合参数，例如数据分布，但同样在现实中数据分布也可能是未知的。因此在没有特定检验时，统计学方法不确定能发现所有的孤立点。

为消除统计学方法带来的缺陷，我们引入了基于距离的孤立点检测的概念。若数据集 S 中至少有 p 个部分与对象 o 的距离大于 d，则对象 o 是一个在参数 p 和 d 下的基于距离的孤立点，即在基于距离的孤立点检测中，将孤立点看作那些没有足够数量“邻居”的对象。与统计学方法相比，基于距离的孤立点检测拓宽了多个标准分布的不一致性检验的思想，避免了过多运算。常用的基于距离的孤立点检测方法有基于索引的算法、嵌套-循环算法、基于单元的算法等。

基于偏离的孤立点检测将孤立点定义为与给定的描述偏离的对象。该类方法不采用统计检验或基于距离的度量来确定异常对象，而是通过检查一组对象的主要特征来确定孤立点。序列异常技术和 OLAP（Online Analytical Processing，联机分析处理）数据立方体技术是两种常见的基于偏离的孤立点检测技术。

6.4.3.10 聚类有效性

当数据不能图形化描述时，一般很难甚至不可能确定一个数据划分是否正确，这时可采取一定的方法来判断聚类的有效性。聚类有效性问题是一个通用问题，它涉及聚类算法的基本假定（簇形状、簇数量等）等满足等聚类数据集的程度，所得到的聚类结果是否能满足要求。

聚类过程的质量依赖于多个因素，例如初始化的方法、簇数量的选择、聚类方法等。下面是几种常用的聚类有效性度量指标。

1. 只涉及隶属度的有效性指标

（1）划分系数。这个指标由 Bezdek 提出，用来度量划分的模糊度，不考虑数据本身。形式化的定义为

$$F(\boldsymbol{U};c)=\frac{\operatorname{tr}(\boldsymbol{U}\boldsymbol{U}^{\mathrm{T}})}{n}=\frac{\|\boldsymbol{U}\|^2}{n}=\frac{\sum_{i=1}^{n}\sum_{j=1}^{c}(u_{ij})^2}{n} \tag{6.138}$$

它是一个启发式的指标，值较大意味着较小模糊性聚类意义下的一个好的划分。

$F(\boldsymbol{U};c)$表示模糊度或划分的重叠，它的值依赖于 c 和 n，值域是$[1/c,1]$。若 $F(\boldsymbol{U};c)=1$，则 $\boldsymbol{U}$ 是确定性划分；如果 $F(\boldsymbol{U};c)=1/c$，则 $\boldsymbol{U}=1/k$ 是模糊划分空间 P_{fc} 的质心，即所有隶属度相等，模糊度最大。

（2）划分熵。这个指标提供隶属度矩阵信息的度量，同样也没有考虑数据本身。在较多的确定划分意义下，其较小值表示好的划分。形式化定义为

$$H(\boldsymbol{U};c)=\frac{\sum_{i=1}^{n}h(u_i)}{n} \tag{6.139}$$

其中 $h(u)=-\sum_{j=1}^{c}u_j\log_a(u_j)$ 是香农熵。

$H(\boldsymbol{U};c)$表示模糊划分的不确定性，它的值也依赖于 c 和 n，值域是$[0,\log_a(c)]$，$h(u_i)$描述了对象 x_i 在 c 个簇中隶属度的模糊信息量，每个簇的信息由列 u_j 来保留。当 $H(\boldsymbol{U};c)=0$ 时，$\boldsymbol{U}$ 是确定性划分。当 $H(\boldsymbol{U};c)=\log_a(c)$，$\boldsymbol{U}=1/k$ 时，模糊度最大。

这类指标具有的缺陷：①它们的度量值单调依赖于簇数量，其中划分系数随簇数量增加而单调增加，划分熵随熵数量增加而单调减小；②对模糊权值指数 m 敏感，$m\to 1$ 时指标对所有的 c 值都给出相同的度量，$m\to\infty$时指标在 $c=2$ 处有显著的变化；③因为不使用数据本身，所以不能识别数据的几何关系。

2. 涉及隶属度和数据集的有效性指标

（1）Xie-Beni 指标。此指标是数据集和簇中心的函数，它是紧密度和分离度的比值，其定义为

$$\mathrm{XB}(\boldsymbol{U},\boldsymbol{V};k)=\sum_{j=1}^{k}\sum_{i=1}^{n}u_{ij}^2d^2(\boldsymbol{x}_i,\boldsymbol{V}_j)/n\cdot\min(\{d^2(\boldsymbol{V}_j,\boldsymbol{V}_r)\}),\qquad j\neq r \tag{6.140}$$

一个好的聚类结果应使它的输入样本尽可能靠近它们的簇的中心，且使所有的簇中心尽可能远离。因此，Xie-Beni 指标的定义中，对象与簇中心距离加权和的平均值表示簇内的平均紧密度，紧密度越大，则该平均加权和越小；簇中心之间的最小距离表示簇的分离度，因此簇的紧密度越大，分离度越大，则该度量值越小。即一个较小的 XB 度量值对应着一个较好的聚类结果。

（2）Fukuyama-Sugeno 指标。该指标用两项之间的差异表示，第 1 项是隶属度矩阵的模糊度与簇中心描述的数据集的几何紧密度的组合，第 2 项是划分矩阵模糊度与各簇中心和数据总均值之间距

离的组合。该指标的较小值表示一个好的划分，形式化描述为

$$\mathrm{FS}(\boldsymbol{U},\boldsymbol{V};\boldsymbol{X})=\sum_{i=1}^{n}\sum_{j=1}^{c}(u_{ij}^{2})^{m}(\|\boldsymbol{x}_i-\boldsymbol{V}_j\|_A^2-\|\boldsymbol{V}_j-\overline{\boldsymbol{x}}\|_A^2) \tag{6.141}$$

其中 $\boldsymbol{A}$ 是一个确定的非负数对称矩阵，如果 $\boldsymbol{A}=\boldsymbol{I}$，则上述的距离度量为欧氏距离。

（3）模糊超容量与平均划分密度。这两个指标可以比较并发现最优化分。基于启发式方法，一个好的聚类假定簇间有清晰的分离，簇的总体积最小且簇中心附近集中最多的数据点。

这两个指标只对均值聚类算法有效。指标 1 为模糊超容量 $F_{HV}=\sum_{j=1}^{c}(\det(\boldsymbol{F}_j))^{1/2}$，其中 $\boldsymbol{F}_j$ 是第 j 个簇的模糊协方差矩阵，该矩阵的行列式值实际是簇紧密程度的度量。指标 1 的值越小，则簇的总体紧密程度就越高。指标 2 为平均划分密度 $D_{PA}=\frac{1}{c}\sum_{j=1}^{c}\frac{S_j}{(\det(\boldsymbol{F}_j))^{1/2}}$，其中 $S_j=\sum_{i=1}^{n}u_{ij}$。另外，通用划分密度也可以作为密度度量的参考，它的定义可以根据密度的物理定义直接得到。

6.5 数据挖掘应用领域

数据挖掘技术来源于商业的直接需求，并在各种领域都有巨大的使用价值。数据挖掘已在金融、零售等具有大量数据和深度分析需求的、易产生大量数字信息的领域得到广泛的使用，并带来了巨大的社会效益和经济效益。数据挖掘技术既可以检验行业内长期形成的知识模式，也可以发现隐藏的新规律。随着数据挖掘在更多行业的应用成功，数据挖掘的应用前景越发广阔。

6.5.1 金融业中的应用

在金融业方面，金融机构往往持有大量的关于客户的、各种服务的以及交易事务的数据，并且这些数据通常比较完整、可靠且质量较高，这极大地方便了系统的数据分析和数据挖掘。在银行业中，数据挖掘被用来建模、预测、识别伪造信用卡、估计风险、进行趋势分析、效益分析、顾客分析等。在此领域运用数据挖掘，可以进行贷款偿付预测和客户信用政策分析，以调整贷款发放政策，降低经营风险。信用卡公司可以应用数据挖掘中的关联规则来识别欺诈，股票交易所和银行也有这方面的需求。通过数据挖掘，可以对目标客户群进行分类及聚类，以识别不同的客户群，为不同的客户提供更好的服务，从而推动市场发展。

利用数据分析工具可以找出金融交易的异常模式，以侦破"洗钱"和其他金融犯罪活动。洗钱是一种非理性的经济活动，因而必然表现出不同于正常理性的经济活动特征。通过研究离群点（交易金额异常增大、近似等额、交易频率的异常变化）检测以及关联分析（账户日常交易的信息，如账号、交易时间、交易名称、公司名称、企业行业代码、企业性质、企业的信用等级、注册资金等）就可以用于识别可疑洗钱的行为模式，从而准确、及时地对各种信用风险进行监视、评价、预警和管理。评价这些风险的严重性、发生的可能性以及控制这些风险的成本，进而可以采取有效的规避和监督措施，在信用风险发生之前对其进行预警和控制，趋利避害，做好防范工作。

数据挖掘还可以在股票市场发挥重要的作用。股票交易的时序数据是一种常见的数据，对股市

进行动态数据挖掘，可以随时掌握由大量数据所反映的金融市场“暗流”。通过过滤股市的各种交易数据，可以找出非法的炒作现象和操作，例如通过对异常交易数据的分析，判断是否存在非法交易。此外，还可以将监管搜索范围扩大到一般的网页上，以适应网上股民数量日益增多的特点，并借助一定的文字分析技术提高准确率，这样对稳定金融市场有着积极作用。

数据挖掘在股市的另一个应用是研究股市炒作的快速监测算法和技术。一般股市进行的都是电子交易，这些交易每天产生的海量数据已超出人工处理的能力，但这正使得应用计算机算法进行智能自动监测成为可能。从管理部门角度出发，可以通过过滤股市的各种交易数据发现异常现象和相应的操作，识别出合法和非法的操作，找出股市各种操作的模式。

6.5.2 零售业方面的应用

在零售业方面，计算机使用率已经越来越高，大型的超市大多配备了完善的计算机及数据库系统。随着条形码技术的广泛使用，目前我国大部分商业零售企业已经基本配备了销货点（Point of Sale，POS）系统，部分商场甚至配备了决策支持系统和库存管理系统。随着交易的不断进行，这些系统记录了大量的客户交易以及销售、货物进出与服务记录等大量数据。同时超市行业的迅速扩张，经营规模的不断扩大及竞争的日趋激烈，使它们对采购管理技术、商品配送技术、信息技术和整体营销技术提出了新的要求。这些要求使数据挖掘技术在零售行业大有用武之地。利用数据挖掘技术，零售企业可以更好地掌握客户信息，及时地识别顾客购买模式和趋势，发现潜在的购买需求，从而通过改进服务质量，大大减少优惠促销方式的盲目性，取得更高的顾客保持力和满意程度，减少销售成本，提高效率，增强企业的核心竞争力。

零售业和客户之间的关系是一种持续不断的发展关系。一般来说，零售业通常通过 3 种方法来维持和加强这种关系：尽量延长保持这种关系的时间、尽量多次地与客户交易、尽量保证每次交易的最大利润。在很多情况下商家可以比较容易地得到关于老客户的丰富的信息。这些信息特别是以前购买行为的信息，可能包含着这个客户决定他下一个购买行为的关键信息，甚至是决定性因素。通过收集、加工和处理能够处理客户消费行为的大量信息，确定特定消费群体或个体的兴趣消费习惯、消费倾向和消费需求，进而推断出相应消费群体或个体下一步的消费行为，然后以此为基础对所识别出来的消费群体进行特定内容的定向营销。这与传统的不区分消费对象特征的大规模营销手段相比，大大节省了营销成本，提高了营销效果，从而为企业带来更多的利润。在市场经济比较发达的国家和地区，许多公司都开始在原有信息系统的基础上通过数据挖掘对业务信息进行深度加工，以构筑自己的竞争优势，扩大自己的市场份额。

各个零售企业还通过从销售记录中挖掘相关信息，发现购买某一种商品的顾客可能购买其他商品，这类信息有利于形成一定的购买推荐，或者保持最佳的商品分组布局，以帮助客户选择商品，刺激顾客的购买欲望，从而达到增加销售额、节省顾客购买时间的目的。典型的成功应用案例是连锁零售企业沃尔玛通过“购物篮分析”得出的“跟尿布一起购买最多的商品竟然是啤酒”的结论，从而将原来相隔很远的妇婴用品区与酒类饲料区的空间距离拉近，并适当调整价格与一定的促销手段，使得尿布与啤酒的销量大增。

各个零售企业往往通过办理会员卡的方式来进行客户关系管理，其目的是以更低成本更高效地满足客户的需求，从而最大限度地提高客户满意度以及忠诚度，挽回失去的客户，保留现有的客户，不断发展新的客户，发掘并牢牢地把握住能给企业带来最大价值的客户群。

数据挖掘在寻找潜在客户方面最重要的工作是：识别好的潜在客户（定义具有什么特征的客户是好的潜在客户，找出能够瞄准具备这些特征的人群的方法）、针对不同类型的潜在客户选择合适的沟通渠道（公共关系、广告、定向市场营销等）、针对不同类型的客户提供恰当的信息（同一产品，不同的人可能对不同的功能感兴趣）。

利用数据挖掘技术可以对客户群体进行划分，发现客户的不同价值和即将流失的客户以及客户流失的原因，以留住好的客户。通过对顾客会员卡信息进行数据挖掘，可以记录一个顾客的购买序列，从而利用序列模式挖掘；可以分析顾客的消费或忠诚度的变化，据此对商品价格和花样加以调整和更新，以便留住老顾客，吸引新客户。数据挖掘技术还可以利用上述交易数据来识别顾客购买行为，发现顾客购买模式和趋势，在此基础上提高服务质量，提高货品销量，设计出更好的货品运输与分销策略，从而减少商业成本，取得更好的顾客保持力和满意程度。

6.5.3 电信业中的应用

数据挖掘在电信业中的应用包括：对电信数据进行多维分析；检测非典型的使用模式，以寻找潜在的盗用者；分析用户一系列的电信服务使用模式，改进服务；需求分析；等等。

目前，电信业有四大问题亟需解决：第一个是市场细分，即客户的分类；第二个是精确营销；第三个是新业务响应，即当推出一个套餐、新业务时，哪一类的客户会响应；第四个是客户流失，即哪一类的客户会流失，流失原因是什么，怎样预测他们的动向。

客户细分的目标可以概括为：通过对客户的人口统计特征、各业务消费特征等信息进行有效挖掘和分析，制定适宜的营销策略、广告策略、促销策略、渠道策略等来达到增加公司的服务客户，以及增加企业的语音业务和各增值业务的使用量和收入的目的。

精确营销是一个基于数据分析的量化过程，可对用户使用行为和偏好进行精确衡量和分析，从而实现在合适的时间、合适的地点精确推荐给合适的人。

现在电信业已经迅速从单纯的提供市话和长话服务演变为综合电信服务，如语音、传真、移动电话、图形、电子邮件、互联网接入服务。电信市场的竞争也变得越来越激烈和全方位化。目前不管是固定电话还是移动电话，每天的使用量都是很大的，对于电话公司来说，如何充分使用这些数据，为自己赢得更多的利润就成了主要问题。例如移动电话中对本地和外地通话每分钟收费多少对电话公司比较合适，而且能保留住自己的顾客；怎样划分高峰时间和非高峰时间并给予不同价格才最合理；等等，这些问题都可以通过数据挖掘来解决。

6.5.4 管理中的应用

现代企业的竞争归根结底是人才的竞争。企业人力资源管理部门可能面临庞大、繁杂的员工数据，要想有效地提高人力资源管理的效益，从人才配备的角度确保企事业战略目标的实现，传统的管理方法和思想越来越不能满足这些要求。鉴于此，需要采用新的数据处理技术。数据挖掘技术可以解决的问题有：求职应聘者的哪些关键因素最有助于企业的成功？员工某些素质的提升是否与他们业绩的提升有明显的关联？福利的不同是否会明显影响员工队伍的稳定性？是否某些特定的受教育程度明显地最切合企业的发展？本企业中最有代表性的、最合理的职业发展道路是怎样的？员工的提升过程与服务年限是否有明确的关系？哪些个人品质可以确保员工成为合格的在家上班者？缺勤与工作业绩是否有必然联系？企业是否有必要提供员工的日托服务？提前退休计划是否能为企业带来好的效益？

上述的每个问题，都可以采用数据挖掘技术来得到有益的回答，从而实现优化招聘、绩效考核与评估等过程，以吸引优秀人才并保留经验丰富的员工队伍。

数据挖掘技术在资源管理中也能发挥很大的作用。通过对供应链中从供应商到最终消费者的物流、信息流、资金流等各种数据进行挖掘和分析，可以有计划、有协调和有控制地管理供应链，使得供应链上的各企业成为协调发展的有机体，从而建立起有竞争力的物资供应链。其中库存问题是首要问题。供应商需要根据客户的需求历史或者生产计划等找出需求规律，解决需求预测中的数据特征难以量化、需求订货周期难以确定、供应难以确定等技术问题，从而较为精确地预测客户下一时期的物资需求品种和需求量，降低供应链的成本。

6.5.5　科研中的应用

科学研究的目的就是寻找各种规律，在这个过程中数据挖掘可以发挥出很大的作用。

金属等各种材料具有不同的性质，人们往往根据其性能确定它们的用途。但是寻找一种新材料的工作是十分艰苦的。一般要通过大量的“配方炒菜”式的实验工作，才能筛选出较好的材料。以高温合金为例，研制一种新的高温合金要初筛千百种配方，初选后还要做成千个小时的高温长期性能测试。进行大批“配方炒菜”，再逐一测试性能的工作方法会消耗大量人力、物力和时间。如何利用计算机信息处理方法使寻找新材料的工作方式有所改进，以得到事半功倍的效果，是近数十年来许多科学家努力研究的课题。

瑞典钢铁公司试制了 15 种新钢材，在新钢材的加工过程中，有 9 种钢材开裂，另 6 种不开裂。为了查明钢材中微量元素对钢材开裂的影响，他们分析了这 15 种钢材中的 17 种微量元素，并用数据技术中的分类算法寻找规律。结果发现：“好钢”的成分代表点集中在一个较小的区域，可包括在一个高维空间的包络面内；而“坏钢”的数据点则很分散。这是因为引起开裂的原因不止一种，所以“坏钢”区域事实上是多个区域的迭加。

数据挖掘成为材料研究工作者不可缺少的工具。实验工作者利用它整理实验数据，从实验数据中最大限度地提取信息，这会使人变得“聪明”些，少走弯路。理论工作者利用它寻找经验规律，从中得到新的启发。工程技术人员可以用它总结生产控制、分析检验中获得的数据和经验，有利于改进生产和技术管理。

在材料研究中，现代仪器分析是非常重要的技术。随着各种物理方法和化学方法在化合物结构分析中的推广应用，质谱、光谱、色谱、电子能谱等谱图的解析成了比较专业的学问，不仅需要较深的理论功底，而且需要丰富的实践经验。各种谱图包含大量化学信息，这些信息不但可以用来鉴定未知物的成分，测定某些成分的含量，而且可以用来探讨或确定分子/固体的结构、化学键的特征等。理想的做法应当是彻底弄清各种谱图产生的机理，从而从理论上完成从实测谱图到化学成分、分子结构、化学键特征等化学信息的交换。但实际上很难完全做到这一点。以最简单的光谱——原子光谱为例，对于重原子的原子光谱的多数谱线，科学家迄今为止难以从理论上解释其原理。这样就不得不用经验方法对谱图做鉴别和解析工作，以达到化学分析和结构分析的目的。由于化合物种类庞杂，谱图的数据亦急剧增加，单凭少数有经验的专家来做谱图解析已不能满足需要。随着计算机技术、人工智能、数据库技术的发展，利用计算机做谱图解析的各种方法应运而生。其中一类方法是数据库图谱显示方法，即将大量已知化合物的图谱存在数据库，通过检索的方法来识别谱图。另一类方法是利用数据挖掘技术，将已知谱图作为训练点，对未知物的图谱做分类、鉴别和结构测定等。由于化合物种类庞杂、数量很多且每年都大量增加，单纯依靠已知谱图的存储和检索不能完全解决图谱解析问题。由于数据挖掘技术有某种“举一反三”的功能，能根据大量已知化合物的谱图做分类工作，因此在谱图解析方面有重要的实际应用意义。迄今为止，利用数据挖掘可以对质谱、原子光谱、红外光谱、拉曼光谱、核磁共振谱、γ-射线谱、色谱等谱图进行识别，并得到不同程度的效果，这方面的研究工作是现代分析化学的前沿课题。

6.5.6 制造业中的应用

数据挖掘技术在制造业中的应用主要是产品需求分析、产品故障诊断与预测、精确营销和工业物联网分析等。通过数据挖掘，客户能够参与到产品的需求分析和产品设计中，为产品创新做出贡献。现代化工业制造生产线安装有数以千计的小型传感器，来探测温度、压力、热能、振动和噪声。这些传感器每隔几秒就会收集一次数据，利用这些数据可以实现很多形式的分析，包括设备诊断、用电量分析、能耗分析、质量事故分析（包括违反生产规定、零部件故障）等。数据挖掘技术在材料生产过程，特别是生产流程（流程工业）中也起着非常重要的作用。生产流程是指生产连续不间断或半间断批量生产的工业过程，如炼油、冶金、造纸等，其共同特点是工艺流程基本不变，但生产周期长，生产过程复杂，工艺参数特别多。随着流程工业自动化、数字化水平的不断提高，数据越来越丰富，这就为应用数据挖掘技术提供了良好的契机。应用数据挖掘技术可以将产品的生产成本、产品质量控制等生产过程优化。

产品质量和信誉是现代企业的“生命”，许多产品的质量问题要在长期使用后才能显露出来。为了保证产品质量的可靠性，不仅要把握好产品检验关，更为重要的是做好产品生产流程中的质量控制。一般产品生产是多工艺生产，各个工艺都有影响产品质量的因素。如影响钢材质量的因素有：元素成分含量、铸坯的厚度及宽度、挖掘温度、铸坯拉速、时间等。假定产品质量指标有多个影响因素，数据挖掘的目的是根据对产品质量的影响因素和产品质量指标的测量数据，找出这两者之间的函数关系式或模式。然后根据得到的关系式或模式，既可以对新的工况参数推断其对应的质量指标（即产品质量预测），也可以根据指定产品质量目标值反推相应的影响因素值（即逆质量问题），还可以根据关系式或模式找到降低原料、燃料消耗的方法。

6.5.7 故障诊断与监测中的应用

无所不在的传感器技术的引入使得产品故障实时诊断和预测成为可能。机械设备运行状态监测和故障诊断最本质的工作是：通过对机器外部征兆的监测取得特征参数的正确信息，并进行分析和识别。很明显从本质上讲，机械设备故障诊断与监测就是数据挖掘的应用过程，但与一般的数据挖掘应用相比，其具有几个特点：一是学习样本集中，正常运行模式样本多而故障运行模式少；二是对两类模式的误判会产生不同程度的损失，一般情况下将正常运行模式判为故障运行模式（即错判）所造成的损失远比将故障运行模式判为正常运行模式（即漏判）所造成的损失小；

三是生产设备投产运行一段时间内所表现出的状态一般仅有正常运行模式一种，随着时间的推移，其他运行模式才可能相继出现；四是随着生产设备的长时间使用和其他一些因素的出现，设备的运行参数会发生改变，因此各运行模式之间的划分标准可能发生改变；五是设备运行状态监测和故障诊断中存在较强的模糊性；六是诊断理论具有广泛的通用性而具体样本数据和各种参数适用面却很窄。

因此，目前常用的故障检测与诊断方法主要有：门限检测方法、信号处理方法、专家系统方法、故障诊断树方法、模式识别方法、模糊数学诊断方法、人工神经网络诊断方法和信息融合方法等。在这些方法中，有些需要足够的典型故障样本，有些过于对参数摄动、噪声干扰等因素敏感，有些由于受随机过程干扰以及各种瞬态过渡过程的存在，应用受到限制或及时性和准确性方面存在一定不足。利用跨国公司客户服务数据库中的服务数据可以突破数据匮乏瓶颈，改进算法或利用新算法可以弥补不足。

6.5.8　医疗领域中的应用

在医疗领域中，大量的数据可能已存在多年，例如病人、症状、发病时间、发病频率以及当时的用药种类、剂量、住院时间等。利用这些数据可以挖掘得到许多结论，如心电图和心电向量图的分析；脑电图的分析；染色体的自动分类；癌细胞的分类；疾病诊断等专家系统；血相分析；医学图片的分析，包括 X 光片、CT 片等的分析；等等。

数据挖掘在医序领域上的应用很多，前景广阔。通过数据挖掘不仅可以对疾病进行诊断，而且可以进行疾病的预测。随着卫生保健事业的发展和人们生活水平的提高，健康普查将越来越普遍且更加常态化，普查的内容也会越来越丰富，单纯依靠人工分析和判断普查结果显然不能满足要求，数据挖掘技术将发挥更大的作用。

例如，微量元素的比例失衡是许多疾病（尤其是地方病）产生的重要原因。微量元素硒的防癌作用近年来受到广泛关注。同时也发现其他几种元素对硒有拮抗作用。为了查明多种微量元素对癌症发病率的影响，以 25 个国家和 2 个地区的居民（通过饮食）对硒、锌、镉、铜、铬、砷的平均摄入量为特征量构成多维空间，将这些国家和地区的癌症死亡率记入其中，进行分类分析，可以看出乳癌高发病国家和乳癌低发病国家分布在不同区域，其间有明显的分界线。

再如，用数据挖掘方法研究肺癌早期诊断问题，也获得了显著成功。取大量的人的头发分析硒、锌、镉、铜、铬、砷、铅、锡 8 种微量元素，考查其中与肺癌有关的信息并用分类方法处理，发现硒、锌、镉、铬、砷 5 种元素与肺癌有关。

除癌症诊断外，数据挖掘技术还可应用于其他临床课题。许多疾病都靠多种化验数据诊断，数据挖掘可用于化验数据自动化解释工作。

又如，在药物实验中，可能有很多不同的组合，每种若均加以实验，则成本太高，数据挖掘技术可以用来减少实验次数以大大节省成本。生物医学的大量研究大都集中在 DNA 数据的分析上，人类的许多疾病是由基因缺陷引起的。一个基因通常由成百个核苷按一定序列组成，核苷按不同的次序可以组成不同的基因，几乎不计其数。因此，数据挖掘成为 DNA 分析中的强力工具，如对 DNA 序列进行相似搜索和比较，应用关联分析对同时出现的基因序列进行识别，应用路径分析发现在疾病不同阶段的致病基因等。

以上只列举了数据挖掘的一些应用。随着各有关交叉学科的进一步发展，数据挖掘也一定能够进一步在完善自己理论的基础上在各行各业进一步有效应用。越来越多的数据挖掘算法正在从原领域中分化出来，并正在形成不同学科。可以预见，在不久的将来，结合数据挖掘的决策系统将为各行各业的发展起到不可替代的关键作用。

数据挖掘有广泛的应用领域，但数据挖掘技术并不是万能的，它也会遇到一些难题。银行、零售业等行业的数据挖掘必然要涉及消费者个人隐私，这样就会带来一些社会问题。如何避免不必要的与消费者之间的纠纷，合理利用消费者数据，这是当前数据挖掘面临的问题。

数据库变得越来越庞大、越来越难操纵。特别是大型企业、政府部门的数据库，这些企业、部门往往拥有十几个、几十个数据库表，甚至数千个数据库表，并且还可能存储在数家企业提供的分布式数据库系统中，如何从中得出有用的信息对数据挖掘提出了严峻挑战。

数据挖掘不会替代有经验的商业分析师，毕竟它只是一个功能强大的工具，而不是“有魔力的权杖”。数据挖掘得到的预测模型可以告诉你会如何，但不能说明为什么会如此。数据挖掘不能在缺乏指导的情况下自动地发现模型或模式，因此在开始数据挖掘项目之前，必须回答一个重要的问题：是否真的需要用数据挖掘技术？要对此做出决定，重要的是理解所需的数据挖掘技术的复杂度级别。选择一种数据挖掘技术和某种数据挖掘产品的关键在于产品带来的商业价值，否则一般的数据分析就足够了。

6.6 数据挖掘的 MATLAB 实战

例 6.1 某厂生产的一种电器的销售量 y 与竞争对手的价格 x_1 和本厂的价格 x_2 有关。表 6.7 所示是某电器的销售量数据。试根据这些数据建立 y 与 x_1 和 x_2 的关系式，并对得到的模型和系数进行检验。

表 6.7 某电器的销售量数据

x_1	x_2	y
120	100	102
140	110	100
190	90	120
130	150	77
155	210	46
175	150	93
125	250	26
145	270	69
180	300	65
150	250	85

解： 分别画出 y 关于 x_1 和 y 关于 x_2 的散点图（见图 6.18），可以看出 y 与 x_2 有较明显的线性关系，而 y 与 x_1 之间的关系则难以确定，可以做几种尝试，然后用统计分析决定优劣。

设回归模型为 $y=\beta_0+\beta_1x_1+\beta_2x_2$。

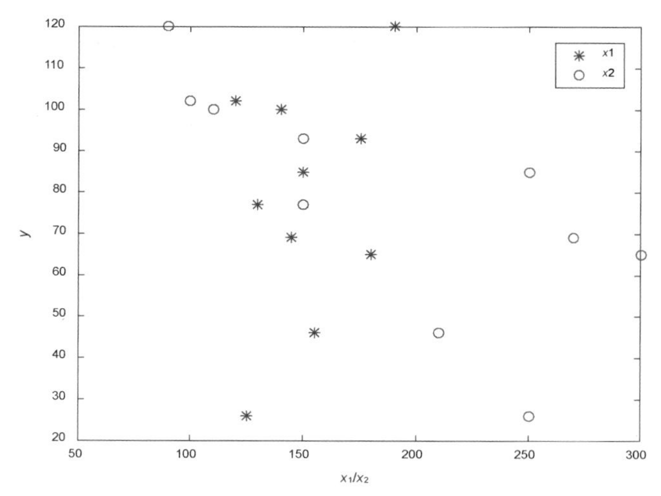

图 6.18 数据分布散点图

编程计算如下。

```
>> x1=[120 140 190 130 155 175 125 145 180 150]';
   x2=[100 110 90 150 210 150 250 270 300 250]';
   y=[102 100 120 77 46 93 26 69 65 85]';x=[ones(10,1),x1,x2];
   [b,bint,r,rint,stats]=regress(y,x);
```

得到如下结果。

```
b=66.5176 0.4139 -0.2698
bint =-32.5060 165.5411
      -0.2018 1.0296
      -0.4611 -0.0785
stats =0.6527 6.5786 0.0247 351.0445
```

可以看出结果不是太好：$p = 0.0247$，取 $\alpha = 0.05$ 时回归模型可用，但取 $\alpha = 0.01$ 时模型不可用；$R^2 = 0.6527$ 较小；β_0、β_1 的置信区间包含零点。

为了得到更好的回归模型，选用多项式回归方法。

设方法的回归模型为：

$$y = \beta_0 + \beta_1 x_1 + \beta_2 x_2 + \beta_{11} x_1^2 + \beta_{22} x_2^2$$

在 MATLAB 输入如下代码。

```
>> x=[x1 x2];rstool(x,y,'purequadratic')
```

得到图 6.19 所示的多项式回归交互图。

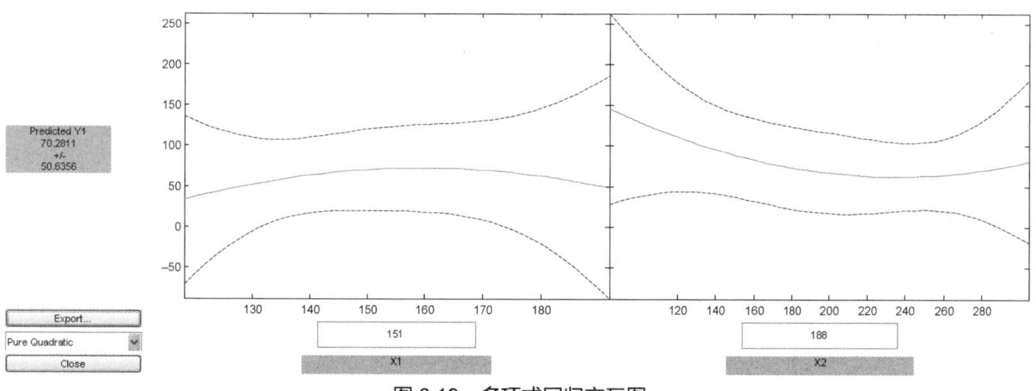

图 6.19 多项式回归交互图

该图的左边是 x_1（=151）固定时的曲线 $y(x_1)$ 及其置信区间，右边是 x_2（=188）固定时的曲线 $y(x_2)$ 及其置信区间。拖动鼠标指针移动图中的十字线或在图下方框内输入数字，可改变 x_1、x_2。图 6.19 左边所示为 y 的预测值及其置信区间，用这种画面可以回答诸如“若某市本厂产品售价 160（元），竞争对手售价 170（元），预测该市本产品的销售量”等问题。

图 6.19 的左下方有两个下拉式按钮，Export 用以向 MATLAB 工作区传送数据，包括 beta（回归系数）、rmse（剩余标准差）、residuals（残差）。可得到本例的回归系数和剩余标准差为

```
beta =-312.5871 7.2701 -1.7337 -0.0228 0.0037
rmse =16.6436
```

model 用以在以下 4 个不同的多项式模型中选择，可以通过比较它们的剩余标准差，最终确定回归模型。

Linear（线性）：$y=\beta_0+\beta_1x_1+\cdots+\beta_mx_m$。

Pure Quadratic（纯二次）：$y=\beta_0+\beta_1x_1+\cdots+\beta_mx_m+\sum_{j=1}^{m}\beta_{jj}x_j^2$。

Interaction（交叉）：$y=\beta_0+\beta_1x_1+\cdots+\beta_mx_m+\sum_{1\leqslant j\neq k\leqslant m}^{m}\beta_{jk}x_jx_k$。

Quadratic（完全二次）：$y=\beta_0+\beta_1x_1+\cdots+\beta_mx_m+\sum_{1\leqslant j,\ k\leqslant m}^{m}\beta_{jk}x_jx_k$。

在本例中最后选择的回归模型为纯二次多项式模型，即

$$y=\beta_0+\beta_1x_1+\beta_2x_2+\beta_{11}x_1^2+\beta_{22}x_2^2$$

例 6.2 在研究化学动力学反应过程中，建立了一个反应速度和反应物浓度的数学模型，形式为

$$y=\frac{\beta_4x_2-\dfrac{x_3}{\beta_5}}{1+\beta_1x_1+\beta_2x_2+\beta_3x_3}$$

其中 $\beta_1,\cdots,\beta_5$ 是未知的参数，x_1、x_2 和 x_3 是 3 种反应物（氢、n-戊烷、异构戊烷）的浓度，y 是反应速度。今测得一组数据如表 6.8 所示。试由此确定参数 $\beta_1,\cdots,\beta_5$，并给出其置信区间。$\beta_1,\cdots,\beta_5$ 的参考值为 0.1,0.05,0.02,1,2。

表 6.8 实验数据

序号	y	x_1	x_2	x_3	序号	y	x_1	x_2	x_3
1	8.55	470	300	10	8	4.35	470	190	65
2	3.79	285	80	10	9	13.00	100	300	54
3	4.82	470	300	120	10	8.50	100	300	120
4	0.02	470	80	120	11	0.05	100	80	120
5	2.75	470	80	10	12	11.32	285	300	10
6	14.39	100	190	10	13	3.13	285	190	120
7	2.54	100	80	65	—	—	—	—	—

解：首先，以回归系数和自变量为输入变量，将要拟合的模型写成函数 myfun1。

```
function y=myfun1(beta,x)
y=(beta(4)*x(:,2)-x(:,3)/beta(5))./(1+beta(1)*x(:,1)+beta(2)*x(:,2)+beta(3)*x(:,3));
```

然后，用 nlinfit 计算回归系数，用 nlparci 计算回归系数的置信区间，用 nlpredci 计算预测值及其置信区间。编程如下：

```
>> x0=[ 1 8.55 470 300 10;2 3.79 285 80 10;3 4.82 470 300 120;4 0.02 470 80 120
5 2.75 470 80 10;6 14.39 100 190 10;7 2.54 100 80 65;8 4.35 470 190 65;9 13.00 100 300 54
10 8.50 100 300 120;11 0.05 100 80 120;12 11.32 285 300 10;13 3.13 285 190 120];
x=x0(:,3:5);y=x0(:,2);
beta=[0.1,0.05,0.02,1,2]'; %回归系数的初值，可任意取
[beta1,r,j]=nlinfit(x,y,@myfun1,beta);
beta2=nlparci(beta1,r,'jacobian',j);
beta3=[beta1,beta2] %回归系数及其置信区间
[y2,delta]=nlpredci(@myfun1,x,beta1,r,'jacobian',j)  %y 的预测值及其置信区间 y2±delta
```

此外，也可以用 nlintool 得到一个交互式界面来解此例。

```
>> nlintool(x,y,'myfun1',beta);
```

交互式界面中左下方的 Export 可向工作区传送数据，如回归系数、剩余标准差等。

例 6.3　在某次住房展销会上，与房地产商签订初步购房意向书的共有 313 名顾客，将 313 名顾客分为 9 组，根据调查，发现在随后的 3 个月的时间里，只有一部分顾客确定购买了房屋。将购买了房屋的顾客记为 1，没有购买房屋的顾客记为 0。以顾客的年家庭收入（单位：万元）为自变量，试对表 6.9 中的数据，建立逻辑回归模型。

表 6.9　住房展销会历史数据

序　号	年家庭收入 x/万元	签订意向书人数 n_i	实际购房人数 m_i
1	3.5	58	26
2	4.5	52	22
3	5.5	43	20
4	6.5	39	22
5	7.5	28	16
6	8.5	21	13
7	9.5	15	10
8	1.5	25	8
9	2.5	32	13

解：逻辑回归模型为

$$p_i = \frac{\exp(\beta_0 + \beta_i x_i)}{1 + \exp(\beta_0 + \beta_i x_i)}, \qquad i = 1, 2, \cdots, c$$

其中 c 为分组数据的级数，本例为 9。

（1）用非线性回归方法进行回归。

先编写回归方程。

```
function y=myfun1(beta,x)
y=exp(beta(1)+beta(2)*x)./(1+exp(beta(1)+beta(2)*x));
```

然后，在 MATLAB 工作空间中输入下列命令。

```
>> x=[3.5 4.5 5.5 6.5 7.5 8.5 9.5 1.5 2.5]; n=[58 52 43 39 28 21 15 25 32];
>> m=[26 22 20 22 16 13 10 8 13]; p=m./n;beta=[0.1,0.05];
>> beta=lsqcurvefit('myfun1',beta,x,p)
beta=-0.9143    0.1648
```

（2）先转换成线性关系，再回归。

```
>> x=[ones(9,1),x']; p=log(p./(1-p))';
>> [b,bint,r,rint,stats]=regress(p,x,0.01);
>> b=-0.9187  0.1657
  stats =0.9489  129.8636    0.0000     0.0127
```

两种方法得到的结果基本一致。

从以上的结果可看出，采用一般的逻辑回归，效果并不好，需要采用加权偏小二乘法。据此可编程计算得出：

```
>> [b0,b1]=logistic(data)
b0 =-0.8863  b1 =0.1594
```

即回归模型为

$$Z=-0.886+0.16x$$

$$或\quad p=\frac{\exp(-0.886+0.16x)}{1+\exp(-0.886+0.16x)}$$

例 6.4 水泥凝固时放出的热量 y 与水泥中 4 种化学成分 x_1、x_2、x_3、x_4 有关。今测得一组数据如表 6.10 所示，试用逐步回归来确定一个回归模型。

表 6.10 实验数据

序 号	x_1	x_2	x_3	x_4	y
1	7	26	6	60	78.5
2	1	29	15	52	74.3
3	11	56	8	20	104.3
4	11	31	8	47	87.6
5	7	52	6	33	95.9
6	11	55	9	22	109.2
7	3	71	17	6	102.7
8	1	31	22	44	72.5
9	2	54	18	22	93.1
10	21	47	4	26	115.9
11	1	40	23	34	83.8
12	11	66	9	12	113.3
13	10	68	8	12	109.4

解：利用 MATLAB 中的逐步回归函数 stepwise 进行分析。

```
>> x0=[7 26 6 60 78.5;1 29 15 52 74.3;11 56 8 20 104.3;11 31 8 47 87.6
   7 52 6 33 95.9;11 55 9 22 109.2;3 71 17 6 102.7;1 31 22 44 72.5
   2 54 18 22 93.1;21 47 4 26 115.9;1 40 23 34 83.8;11 66 9 12 113.3
   10 68 8 12 109.4];
  x=x0(:,1:4);y=x0(:,5);
  x=[ones(13,1),x]       %加入常数项
>> stepwise(x,y)          %逐步回归函数
```

得到图 6.20 所示的逐步回归交互式界面。根据界面中的提示，逐步对变量进行移出或移入等操作，最后得到结果（MATLAB 逐步回归交互式界面中蓝色标注的变量）。

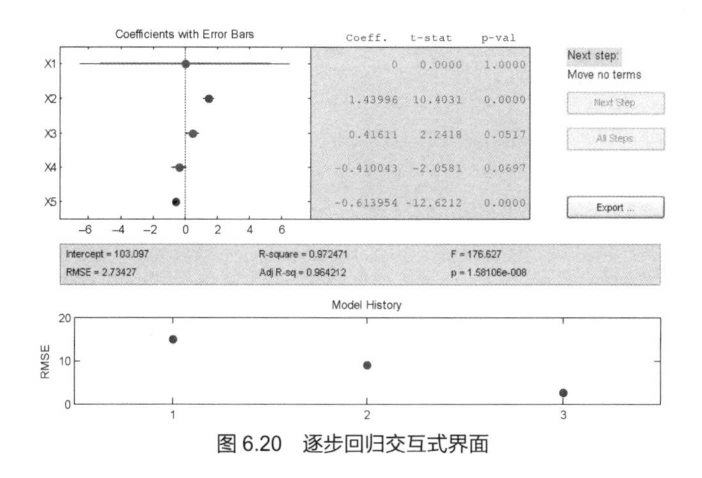

图 6.20　逐步回归交互式界面

```
beta1=0  1.4400  0  0  -0.6140
```

即回归模型为 $y = 1.44x_1 - 0.614x_4$。

例 6.5　在对某湖泊水质进行监测时，设有 15 个监测点，每个监测点的监测指标为 5 项（见表 6.11），用主成分分析法确定最佳的监测点布设点。

表 6.11　水质监测数据表　　单位：mg/L

点　位	DO	COD	BOD	T-N	T-P
1	4.3	4.74	4.23	3.66	0.105
2	5.9	4.61	2.59	2.92	0.081
3	7.0	3.94	2.92	1.71	0.072
4	6.9	3.92	3.11	1.32	0.075
5	7.4	4.02	3.10	1.26	0.076
6	6.9	3.75	3.15	1.05	0.096
7	6.7	4.44	3.14	1.02	0.072
8	6.8	4.35	4.08	1.27	0.110
9	6.2	4.24	2.33	0.71	0.068
10	7.4	3.99	2.84	0.74	0.063
11	8.1	4.43	3.44	0.86	0.070
12	7.7	4.31	3.50	0.93	0.074
13	5.7	4.88	5.02	1.84	0.134
14	6.8	4.73	4.34	1.39	0.109
15	5.5	5.93	5.06	2.81	0.240

解：

```
>> x=[4.3000  4.7400  4.2300  3.6600  0.1050; 5.9000  4.6100  2.5900  2.9200  0.0810
      7.0000  3.9400  2.9200  1.7100  0.0720; 6.9000  3.9200  3.1100  1.3200  0.0750
      7.4000  4.0200  3.1000  1.2600  0.0760; 6.9000  3.7500  3.1500  1.0500  0.0960
      6.7000  4.4400  3.1400  1.0200  0.0720; 6.8000  4.3500  4.0800  1.2700  0.1100
      6.2000  4.2400  2.3300  0.7100  0.0680; 7.4000  3.9900  2.8400  0.7400  0.0630
      8.1000  4.4300  3.4400  0.8600  0.0700; 7.7000  4.3100  3.5000  0.9300  0.0740
      5.7000  4.8800  5.0200  1.8400  0.1340; 6.8000  4.7300  4.3400  1.3900  0.1090
      5.5000  5.9300  5.0600  2.8100  0.2400];
```

```
>> stdr=std(x);sr=x./stdr(ones(15,1),:);
>> [pcs newdata,variances,t2]=princomp(sr);
>> variances'      %特征值
ans =3.5195    0.9347     0.2503     0.1686     0.1268
>> (100*variances/sum(variances))'         %特征值贡献率
ans =70.3898   18.6946    5.0061     3.3725     2.5370
>> pcs(:,1:2)'                              %前两个主成分
ans =0.4180   -0.4836   -0.4336   -0.4230   -0.4736
      0.5645    0.2255    0.4508   -0.5528    0.3489
```

pcs 的值分别代表 5 项指标在主成分中的权系数，即作用大小。从污染角度出发，根据各指标在主成分中的作用大小，分别给第Ⅰ、第Ⅱ主成分赋予物理意义。从 pcs 的值可看出，在第Ⅰ主成分中，第 1 项（DO）对水质的影响是正的，而第 2～5 项（分别为 COD、BOD、T-N、T-P）对水质的影响是负的，主要反映了有机污染物和水质自净作用的对比程度，该值越大，说明水质越好，自净能力强；而第Ⅱ主成分主要反映环境单元在第Ⅰ主成分值大体固定的条件下水体中氨的形成富营养化程度，随着 T-N 项权值的增加，说明富营养化会引起水质的下降。

```
>> newdata(:,1:2)'                       %主成分的得分
ans =Columns 1 through 11
    -2.7466 -0.4833  1.0960  1.1267 1.2759 1.1648  0.7322 -0.1523  1.3053 1.8233 1.2881
    -2.0751 -1.8049 -0.5834 -0.2815 0.0918 0.0012 -0.0005  0.6667 -0.6494 0.1618
 Columns 12 through 15
      1.1164   -2.1164   -0.6750   -4.7553
      0.7932    0.5853    0.8832    1.1547
>> plot(newdata(:,1),newdata(:,2),'o')          %  主成分得分图 6.21
```

从图 6.21 中可看出，15 个监测点被分成 6 类：(3,4,5,6,7,9,10,11,12)、(8,14)、(1)、(2)、(13)、(15)。而这 6 类在二维平面图上是按照一定的方向和顺序邻次排列的，自右到左，污染程度逐渐增加。不同的污染类别，实质上客观反映了沿岸工业、人口分布对水环境的影响，两相邻类在污染类型上具有一定的相似性，而在污染程度上具有显著的差异。

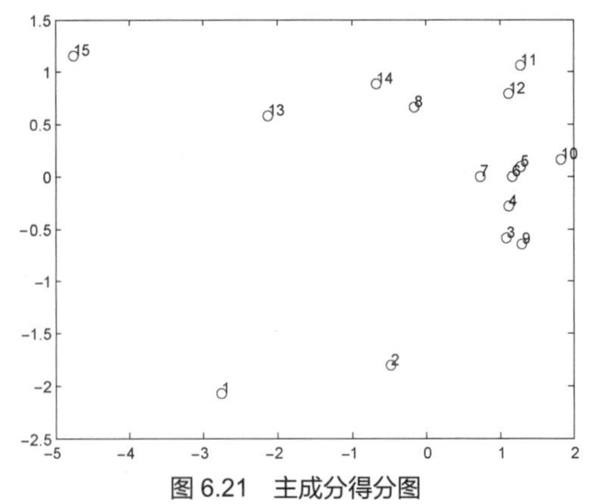

图 6.21　主成分得分图

从分类结果看，尚需进一步优选的类别有(3,4,5,6,7,9,10,11,12)、(8,14)两类，可根据类间点位的主成分值相差最大的原则选择，参考得分值，明显最佳点为(10)、(14)。至此，15 个监测点经优选后的最佳点位为(1,2,10,13,14,15)。

例 6.6　为了检测某工厂的大气质量情况，在 8 个取样点进行取样并进行分析，得到表 6.12 所示的结果。试对其进行 R 型及 Q 型因子分析。

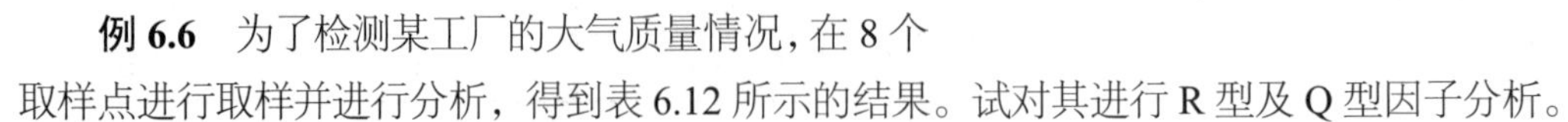

表 6.12　大气环境质量检测结果　　单位：μg/mL

序　号	氯	硫 化 氢	二 氧 化 硫	C4 气体	环氧氯丙烷	环 己 烷
1	0.056	0.084	0.031	0.038	0.0081	0.022
2	0.049	0.055	0.100	0.110	0.022	0.0073
3	0.038	0.130	0.079	0.170	0.058	0.043
4	0.034	0.095	0.058	0.160	0.200	0.029

续表

序　号	氯	硫 化 氢	二 氧 化 硫	C4 气体	环氧氯丙烷	环 己 烷
5	0.084	0.066	0.029	0.320	0.012	0.041
6	0.064	0.072	0.100	0.210	0.028	1.380
7	0.048	0.089	0.062	0.260	0.038	0.036
8	0.069	0.087	0.027	0.050	0.089	0.021

解：根据 R 型因子、Q 型因子分析原理，自编 R_factor、Q_factor 函数进行分析。

（1）R 型因子分析

```
>> load mydata;
>> [d,y]=R_factor(x);    %d 为因子，y 为各因子的得分
>> d= 0.9740   -0.2265
     -0.9828   -0.1846
     -0.2289    0.9735
      0.7305    0.6829
     -0.9775   -0.2110
      0.3415    0.9399
```

从分析结果不难看出：第一主因子主要由氯、硫化氢、环氧氯丙烷和环已烷等构成，而第二主因子由二氧化硫、C4 气体和环已烷等构成，两个主因子体现的污染源不一样。另外，从图 6.22 也可以看出各个样本的主要污染物种类。

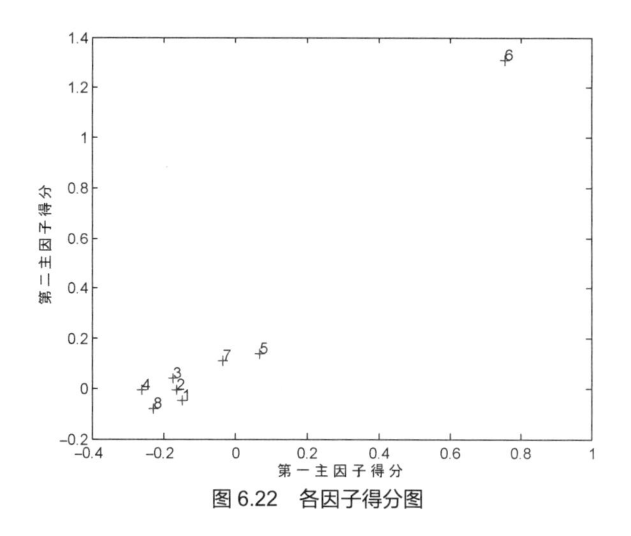

图 6.22　各因子得分图

（2）Q 型因子分析

```
>> y=Q_factor(x);     %Q 型因子分析函数
>> y=0.9637   -0.2671
     0.9969   -0.0790
     0.9788   -0.2047
     0.9954   -0.0956
     0.9835   -0.1812
     0.1504   -0.9886
     0.9291   -0.1560
     0.8557   -0.1317
```

例 6.7　在 MATLAB 中因子分析的极大似然估计函数为 factoran，其调用格式为

```
[lambda, psi, t, stats] =factoran(X, M)
```

其中，X 是观察向量；M 是公共因子的数量；psi 返回的是特殊因子载荷矩阵的估计值；*t* 返回的是因子载荷旋转矩阵；stats 是一个数据结构，包含与假设统计检验有关的信息。详细调用格式见该函数的帮助文档。

对例 6.5 的数据，用 factoran 函数进行分析，以确定最佳的监测布设点。

解：

```
>> [a,b,c,d,f]=factoran(x,2,'rotate','promax');
%因子数设置为 2，利用最大方差旋转载荷矩阵所得结果可分别作图 6.23、图 6.24
```

从图 6.23、图 6.24 中可看出，2、3、5 指标与因子 1 有关，1、4 指标与因子 2 有关。15 个监测点被分成 6 类：(3,4,5,6,7,9,10,11,12)、(8,14)、(1)、(2)、(13)、(15)。

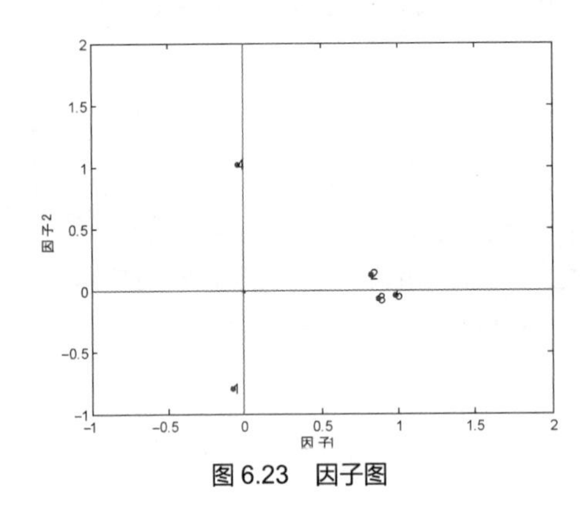

图 6.23 因子图

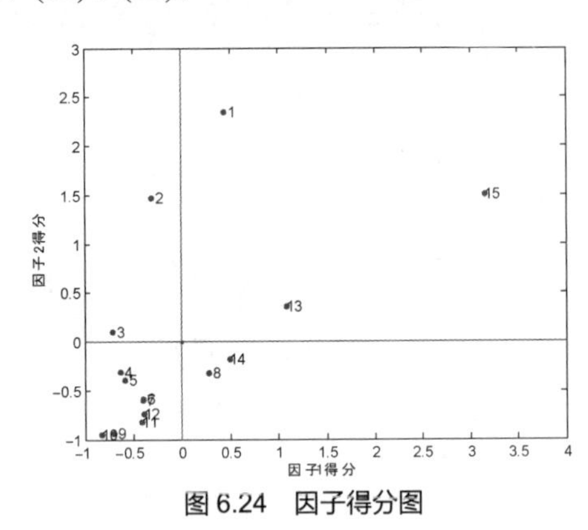

图 6.24 因子得分图

从分类结果看，尚需进一步优选的类别有(3,4,5,6,7,9,10,11,12)、(8,14)两类，可根据类间点位的载荷分值相差最大的原则选择，参考得分值，明显最佳点位为(10)、(14)。至此，15 个监测点经优选后的最佳点位为(1,2,10,13,14,15)。

例 6.8 表 6.13 所示为事务数据集。假设最小支持度为 0.2，最小置信度为 50%，求大项集。

表 6.13 事务数据集

标　识	项目清单	标　识	项目清单
T001	I1,I2,I5	T006	I2,I3
T002	I2,I4	T007	I1,I3
T003	I2,I3	T008	I1,I2,I3,I5
T004	I1,I2,I4	T009	I1,I2,I3
T005	I1,I3	—	—

解：根据 Apriori 算法的原理，编程分析本问题。在程序中为了减少对数据库的扫描次数，首先对数据库进行扫描，得到一个矩阵，其中行表示为项，列表示这个项出现在标识中的标识号。如对于本例其矩阵为

```
a=[  1     NaN    NaN     4      5     NaN     7      8      9
     1      2      3      4     NaN     6     NaN     8      9
    NaN    NaN     3     NaN     5      6      7      8      9
    NaN     2     NaN     4     NaN    NaN    NaN    NaN    NaN
     1     NaN    NaN    NaN    NaN    NaN    NaN     8     NaN];
```

得到这个矩阵后，在计算支持度时就不再需要扫描数据库，而只需对矩阵进行减法操作。

同时，为了使程序能适合不同的情况，本程序可以用 3 种形式输入，一是用数字表示事项，二是用字母表示事项，三是数字序号不从 1 开始。如本例可以用下面的一种形式输入。

```
x={[1 2 5];[2 4];[2 3];[1 2 4];[1 3];[2 3];[1 3];[1 2 3 5];[1 2 3]};
```

或者

```
x={[3 4 7];[4 6];[4 5];[3 4 6];[3 5];[4 5];[3 5];[3 4 5 7];[3 4 5]};
```

或者

```
x={{'I1','I2','I5'}{'I2','I4'};{'I2','I3'};{'I1','I2','I4'};{'I1','I3'};{'I2','I3'};
{'I1','I3'} {'I1','I2','I3','I5'};{'I1','I2','I3'}};
```

对于本例，计算可得到以下结果。

```
>> sup_min=0.2;conf_min=0.5;
>> x={[1 2 5];[2 4];[2 3];[1 2 4];[1 3];[2 3];[1 3];[1 2 3 5];[1 2 3]};
>> y=Apriori(x,sup_min,conf_min)
y=  '5→1  2  conf=1'                %关联规则及相应的置信度
    '1  5→2  conf=1'
    '2  5→1  conf=1'
    '1  2→3  conf=0.5'
    '1  2→5  conf=0.5'
    '1  3→2  conf=0.5'
    '2  3→1  conf=0.5'
```

例 6.9　当数据库较大时，基本的 Apriori 算法耗时较多，需要进行改进。其中的一个改进方法是将一个大的事务数据库划分为若干个规模较小的事务数据库，并在各个小事务数据库中挖掘出极大频繁项集。然后将全部的局部极频繁项集汇总起来形成候选全局极大频繁项集，接着再次扫描大数据集计算每个候选全局极大频繁项集的支持度，最后可得到全局极大频繁项集。

构造一个事务数据库，并根据这个算法的原理挖掘极大频繁项集。

解：根据算法原理，可编写相应的程序。在程序中，支持度的计算基于一个二值矩阵，其结构与例 6.8 中的数据矩阵类似，只不过用“1”代表出现，用“0”代表不出现。在计算支持度时对矩阵相应的行进行逻辑“或”运算即可。

在划分数据库时，各个小数据库中的项目数可以不相等；另外在具体应用时，要根据具体情况（整个数据库大小、内存等）确定小数据库中的项目数，本例中划分为 3 个。

```
>> sup_min=0.2;conf_min=0.5;sample=cell(31,1); type=2;
>> x={{'I1','I2','I5'};{'I2','I4'};{'I2','I3'};{'I1','I2','I4'};{'I1','I3'};{'I2','I3'};
{'I1','I3'};{'I1','I2','I3','I5'} {'I1','I2','I3'}};
>> sample=repmat(x,3);sample{28}=x{8};sample{29}=x{9};
>> sample{30}={'I1','I2','I6'};sample{31}={'I1','I5','I6'};
>> rule=apriori_divi(sample,sup_min,conf_min,type);       %提示输入划分数量
>> rule{1}='I2'    'I5'    '→'    'I1'    '  conf='    '1'
   rule{2}='I1'    'I5'    '→'    'I2'    '  conf='    '0.875'
   rule{3}='I5'    '→'    'I1'    'I2'    '  conf='    '0.875'
   rule{4}='I1'    'I3'    '→'    'I2'    '  conf='    '0.57143'
   rule{5}='I2'    'I3'    '→'    'I1'    '  conf='    '0.57143'
   rule{6}='I1'    'I2'    '→'    'I3'    '  conf='    '0.53333'
```

例 6.10　某机械常见故障有磨损、叶片断裂、动平衡破坏、同心度偏移、油膜失稳等。当发生这些故障时，会出现多种征兆，尤其以振动现象最为明显、普遍。通过研究可知，该机械的故障振动表现为其旋转频率的倍频。因此，可以用该机械在这些频率成分上的振动能量作为特征信息来诊

断识别各种故障。

通过分析测量得到表 6.14 所示的数据（已经离散化），其中属性分别用 x_1、x_2、x_3、x_4 和 x_5 表示，故障用 D 表示。试用粗糙集理论进行分析。

表 6.14　某机械故障的决策表

样　本	x_1	x_2	x_3	x_4	x_5	D
1	3	1	3	1	2	1
2	1	3	2	1	3	2
3	3	1	2	3	1	3
4	2	3	2	1	3	2
5	1	3	1	1	3	2
6	3	1	3	2	2	1
7	3	1	3	2	2	1
8	1	1	3	2	1	1
9	3	1	2	3	3	3
10	2	1	3	3	1	3
11	1	2	2	3	2	3
12	1	3	1	1	3	2
13	2	1	3	2	3	1
14	1	1	3	2	2	1
15	1	3	2	1	1	2
16	3	1	3	2	3	3

解：编写如下语句。

```
>> load x; y=reduction_rough(x);
>> y{1}=redu: {3x2 cell}
         keep: {3x3 cell}
         dnum: [3x2 double]
>> y{1}.redu='I2'  'I3'
             'I2'  'I4'
             'I3'  'I4'
>> y{1}.keep='I1'  'I4'  'I5'
             'I1'  'I3'  'I5'
             'I1'  'I2'  'I5'
```

从结果中看出，本决策表的核是'I1'和'I5'，可以约简的属性为 x_2、x_3、x_4，但不能同时约简，否则会出现矛盾的规则，即不符合一致性。约简方法有 3 种，可以通过优化方法确定最优的约简方法。在此设定以下约简方法，然后计算规则：

```
>> y=rule_rough(x,[2 3],'off');        %即删除 x2、x3 属性
>> y=rule: {[5x4 double]  [3x4 double]  [5x4 double]}
     pro: {'I1'  'I4'  'I5'  'd'}
```

将以上的决策表作为训练集，利用人工神经网络等方法就可以判别不同情况下的该机械的故障种类。

例 6.11　某证券公司为了更好地提高对不同客户的服务质量，需要对客户进行分类。根据资金余额、总成交额、总成交量和交易频度 4 个指标（分别用 x_1、x_2、x_3、x_4 表示），将客户分为 VIP、IP 和 CP，客户重要程度用 D 表示，由专家根据 4 个指标值的不同情况决定。现根据相关数据得到表 6.15

所示的决策表。试求客户的分类方法。

表 6.15　决策表

样　本	x_1	x_2	x_3	x_4	D
1	2	1	3	2	2
2	2	3	1	2	3
3	3	2	3	3	1
4	2	1	2	2	2
5	3	2	2	3	2
6	3	2	1	2	3
7	2	2	3	2	1
8	2	3	3	2	1
9	3	2	1	3	2
10	3	2	3	2	2

解：可以根据决策表求出每个指标的权值，然后根据每个客户这 4 个指标具体的数值，便可以求出客户的重要程度。

```
>> x=[2 1 3 2 2;2 3 1 2 3;3 2 3 3 1;2 1 2 2 2;3 2 2 3 2;3 2 1 2 3;2 2 3 2 1;2 3 3 2 1;
      3 2 1 3 2;3 2 3 2 2];
>> y=importance_rough(x,(1:4)');
```

从结果中可分析，各指标的重要程度为 0.2、0.3、0.700 和 0.40，相应的权值系数为 0.1250、0.1875、0.4375 和 0.2500。由于第 1、第 2 个指标的权值基本相同，可以将其并入一个，从而可得到决定客户重要程度的各指标比例为 20%、70%和 10%。

根据各指标的权值，便可在一定数据的基础上，对客户进行分类。

例 6.12　监测某湖泊的水质，共设 7 个监测点，每个监测点监测指标为 5 项，监测结果如表 6.16 所示。试用各种可视化方法进行表示。

表 6.16　水质监测数据表　　单位：mg/L

点　位	DO	COD	BOD	T-N	T-P
1	4.3	4.74	4.23	3.66	0.105
2	5.9	4.61	2.59	2.92	0.081
3	7.0	3.94	2.92	1.71	0.072
4	6.9	3.92	3.11	1.32	0.075
5	7.4	4.02	3.10	1.26	0.076
6	6.9	3.75	3.15	1.05	0.096
7	6.7	4.44	3.14	1.02	0.072

解：可以用不同的方法来显示表中的数据。

```
>> load mydata;                                        %输入数据
>> parallelplot(x, {'DO','COD','BOD','T-N','T-P'});    %画平行坐标图，见图 6.25
>> triangleplot(x);                                    %三角多项式图（见图 6.26）
>> star(x,2)                                           %星座图（见图 6.27）
>> treplot(x);                                         %树状图（见图 6.28）
>> plotmatrix(x);                                      %矩形散点图（见图 6.29）
>> y=zigzag(x,type,num);                               %折线图（见图 6.30）
```

```
>> y=mybar(x,3);                                    %饼图（见图 6.31）
>> y=cirqueplot(x);                                 %圆环图（见图 6.32）
>> y=star_coordinate(x,c1,alpha,theta1,x1)          %星形坐标图（见图 6.33）
```

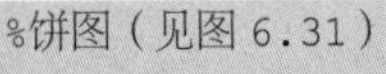

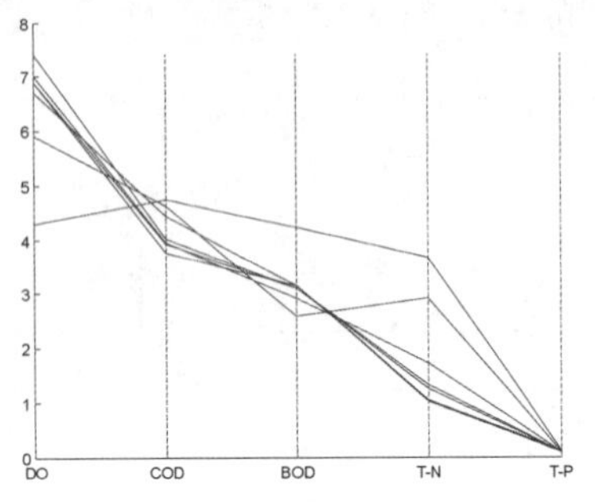

图 6.25　平行坐标图

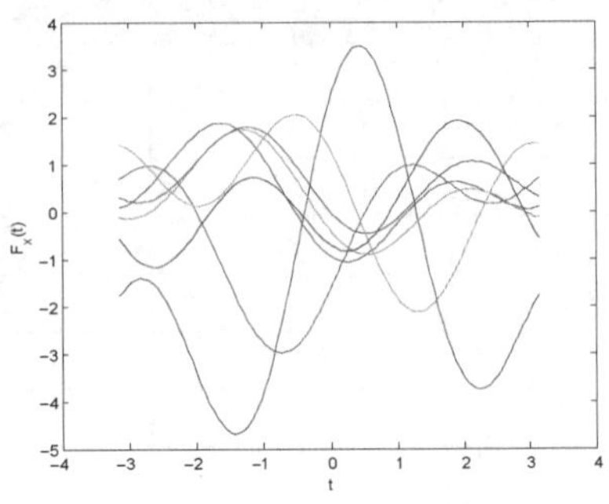

图 6.26　三角多项式图

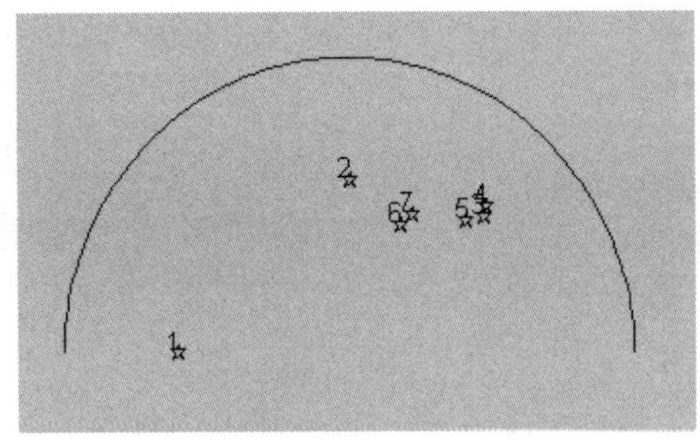

图 6.27　星座图

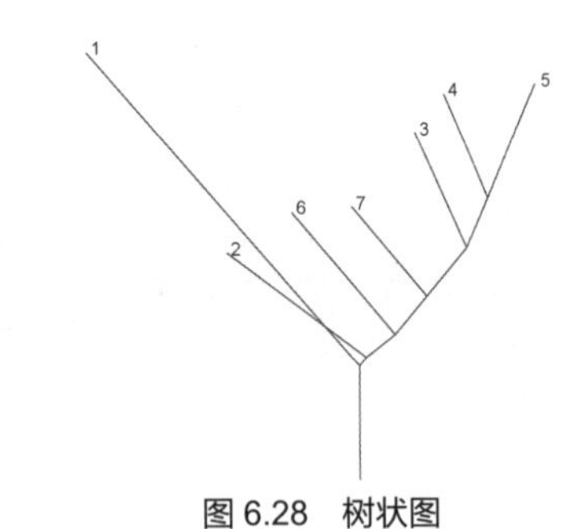

图 6.28　树状图

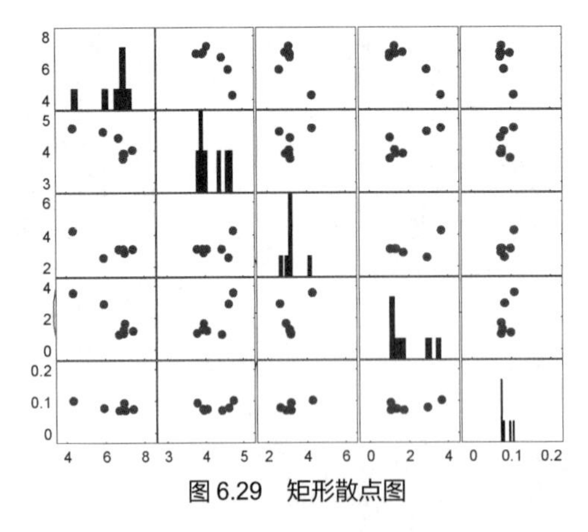

图 6.29　矩形散点图

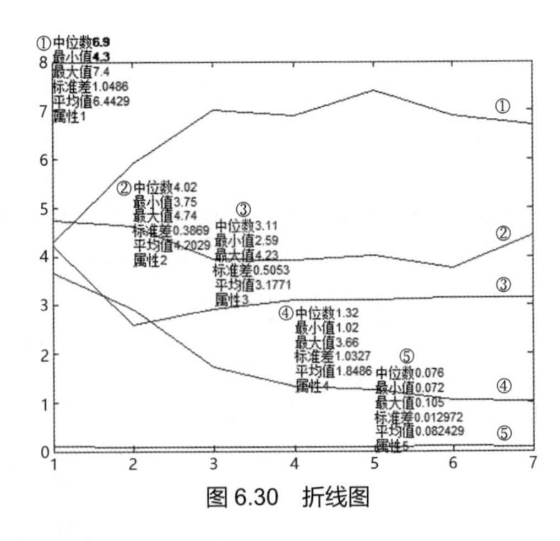

图 6.30　折线图

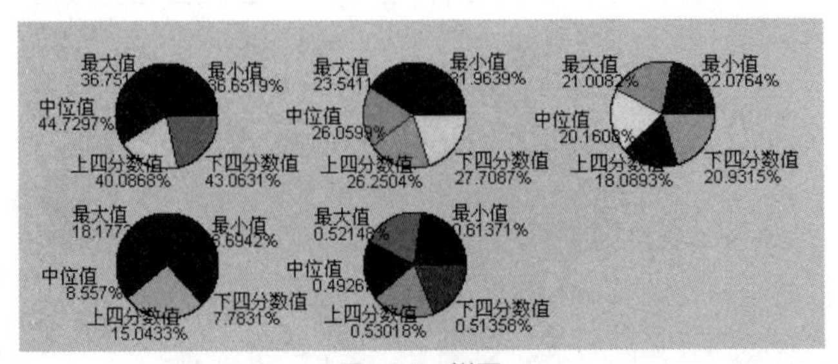

图 6.31　饼图

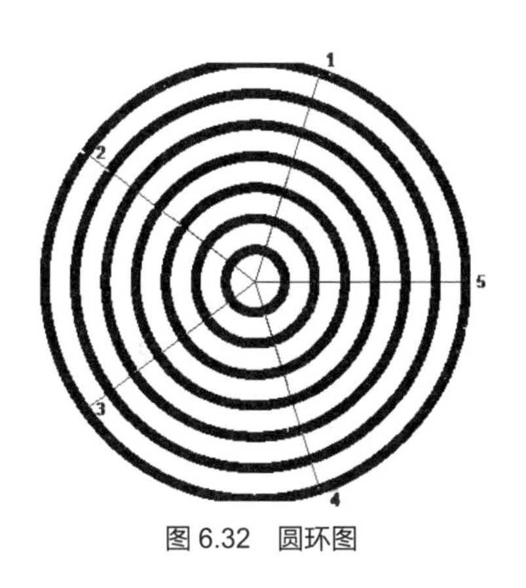

图6.32　圆环图

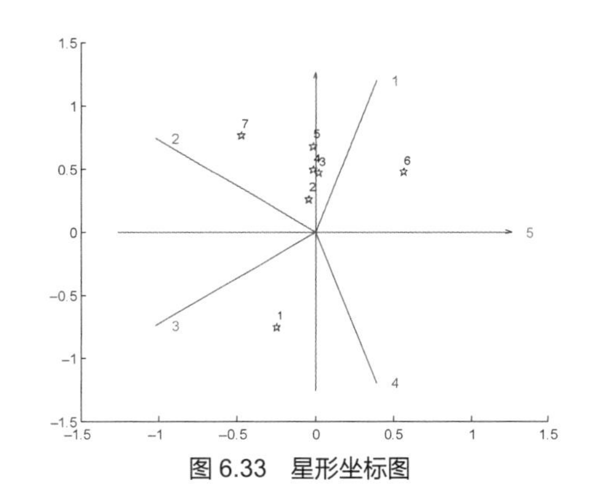

图6.33　星形坐标图

例 6.13　对于高维数据，除了可以利用例 6.12 中的各种方法进行可视化显示，还可以采用诸如非线性映射、主成分分析、投影寻踪等方法进行降维以使其在二维空间中显示。下面利用这 3 种方法对表 6.17 中的数据进行降维处理。

表 6.17　15 个标准中国茶叶样品的化学成分

样　品	浓度/（%w/w）					
	纤 维 素	半 纤 维 素	木 质 素	茶 多 酚	咖 啡 因	氨 基 酸
1	9.50	4.90	3.53	29.03	4.44	3.82
2	10.06	5.11	3.57	27.84	4.29	3.70
3	10.79	5.46	4.62	26.53	3.91	3.46
4	10.31	4.92	5.02	25.16	3.72	3.29
5	11.50	6.08	5.48	23.28	3.50	3.10
6	12.10	5.64	5.61	22.23	3.38	3.02
7	13.30	5.68	6.32	21.10	3.14	2.87
8	9.07	5.33	4.42	27.23	4.20	3.18
9	10.75	5.80	5.29	25.99	4.00	3.00
10	10.78	5.72	5.79	24.77	3.86	2.91
11	12.00	6.68	7.20	24.05	3.49	2.81
12	12.17	5.86	7.71	23.02	3.42	2.60
13	10.32	10.66	5.07	21.55	4.23	4.43
14	10.99	10.11	5.60	20.64	4.14	4.35
15	12.32	10.12	6.53	20.06	4.02	4.12

解：以下各程序中的“num”均表示显示样本序号样本数的阈值。

（1）非线映射方法。

设有高维数据点 $X_i(x_{i1},x_{i2},\cdots,x_{im})$，其二维显示的对应点是 $Y_i(y_{i1},y_{i2})$，则 Y_i 是 X_i 的某种函数。如果 y 是各 x 的某一线性组合，则二维图像是高维图像的投影。如果 y 与 x 间的关系是非线性函数关系，则二维图像是高维图像的非线性映射（Non-Linear Mapping，NLM）。

根据非线性映射方法，映射时的误差函数为

$$E = f(d_{ij}^* - d_{ij}) = \frac{1}{\sum_{i<j}^{n} d_{ij}^*} \sum_{i<j}^{n} \frac{[d_{ij}^* - d_{ij}]^2}{d_{ij}^*}$$

其中 d^*_{ij}、d_{ij} 分别为高维数据和二维数据的欧氏距离。据此可利用遗传算法对该函数进行最小化处理，找到合适的二维数据结构，完成高维数据到二维数据的非线性映射。

根据非线性映射的方法原理，可编程计算得到图 6.34 所示的结果。

```
>> load data;
>> y=myNLM(data,40);
```

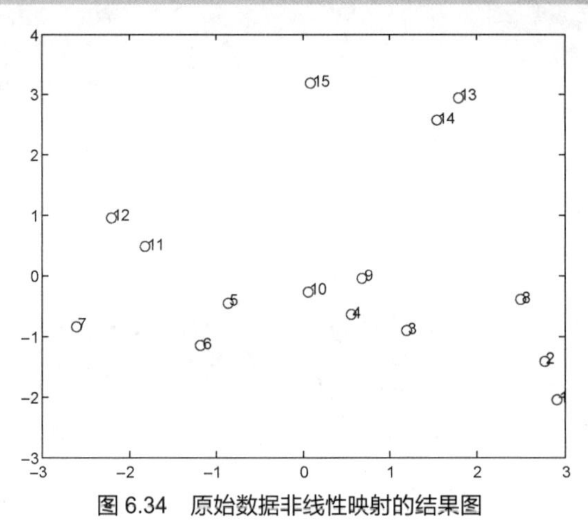

图 6.34　原始数据非线性映射的结果图

（2）主成分分析方法。

根据主成分分析方法原理，可编程计算得到图 6.35 所示的结果。

```
>> [y,num]=myprincomp(data,40);
```

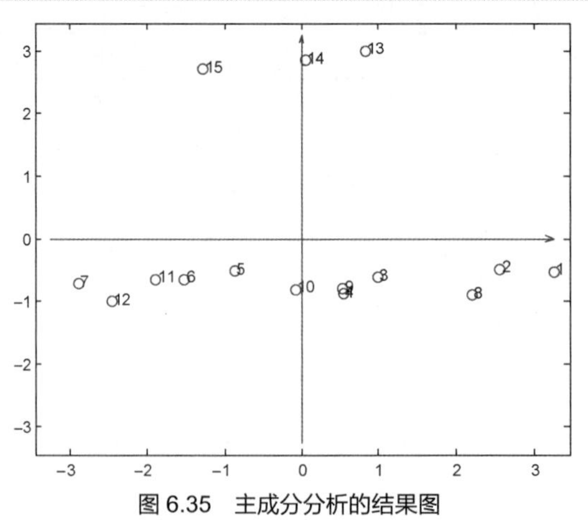

图 6.35　主成分分析的结果图

（3）投影寻踪方法。

根据投影寻踪方法的原理，可编程计算得到图 6.36 所示的结果。

```
>> y=myPP(x,40);
```

要注意的是，程序中数据归一化对于不同的应用有不同的计算方法。如在应用投影寻踪进行评价时，对于越大越优的指标和越小越优的指标，归一化方法就有所不同。

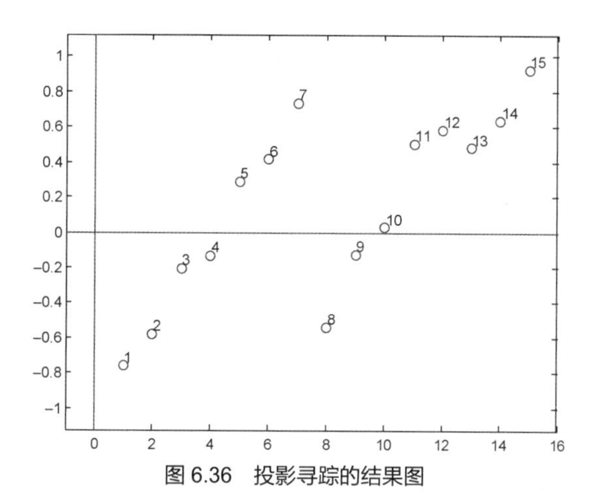

图 6.36　投影寻踪的结果图

对于越大越优的指标，$x_{ij}^{*}=\dfrac{x_{ij}-x_{\min}(j)}{x_{\max}(j)-x_{\min}(x)}$；

对于越小越优的指标，$x_{ij}^{*}=\dfrac{x_{\max}(j)-x_{ij}}{x_{\max}(j)-x_{\min}(x)}$。

例 6.14　在回归分析的实际应用中，应注意由于测量仪器性能、外界条件等因素的影响，得到的数据集有可能存在异常值或粗差值，或者各自变量对因变量测量误差的影响程度并不相同。在这些情况下，回归分析应采用稳健回归，即采用含权值参数的回归模型。

$$(\boldsymbol{X}^{\mathrm{T}}\boldsymbol{X}+w\boldsymbol{I})b=\boldsymbol{X}^{\mathrm{T}}\boldsymbol{y}$$

式中 $\boldsymbol{X}$ 为测量数据矩阵，$\boldsymbol{y}$ 为响应值矩阵，b 为估计得到的回归系数，w 为权值，它是一个可调的正数，$\boldsymbol{I}$ 为单位矩阵。

表 6.18 所示是儿童年龄（月）、身高与体重关系的数据集，请对此进行回归分析。

表 6.18　数据集

年龄/月	身高/cm	体重/kg	年龄/月	身高/cm	体重/kg	年龄/月	身高/cm	体重/kg
112	141.6	37.6	128	134.0	30.3	134	154.5	52.3
116	147.8	42.8	129	148.5	45.5	135	152.0	50.5
117	142.8	40.5	129	146.3	41.6	137	151.5	49.4
120	140.7	39.5	130	147.5	42.2	139	150.6	48.5
123	134.7	34.3	131	158.8	59.3	140	149.9	47.5
125	145.4	38.0	132	132.0	49.0	141	160.3	59.3
126	135.0	32.5	133	148.7	43.5			

解：利用 MATLAB 中的稳健回归函数 robustfit 进行分析，并与一般线性回归分析进行比较。

```
>> x1=[112 116 117 120 123 125 126 128 129 129 130 131 132 133 134 135 137 139 140 141];
   x2=[141.6 147.8 142.8 140.7 134.7 145.4 135.0 134.0 148.5 146.3 147.5 158.8 132.0 
148.7 154.5 152.0 151.5 150.6 149.9 160.3];
   x3=[37.6 42.8 40.5 39.5 34.3 38.0 32.5 30.3 45.5 41.6 42.2 59.3 49.0 43.5 52.3 50.5 
49.4 48.5 47.5 59.3];
>> num=length(x1); x=[x1;x2]';
>> b=regress(x3',[ones(num,1),x]);        %一般线性回归分析
```

```
>> bb=b(2:3)'; y1=b(1)+bb*x'; plot3(x1,x2,y1,'*'); hold on;plot3(x1,x2,x3,'o');
>> b=robustfit(x,x3');                              %稳健回归分析
>> bb=b(2:3)';y2=b(1)+bb*x';plot3(x1,x2,x3,'o');hold on;plot3(x1,x2,y2,'*')
```

一般线性回归分析结果如图 6.37 所示，稳健回归分析结果如图 6.38 所示。

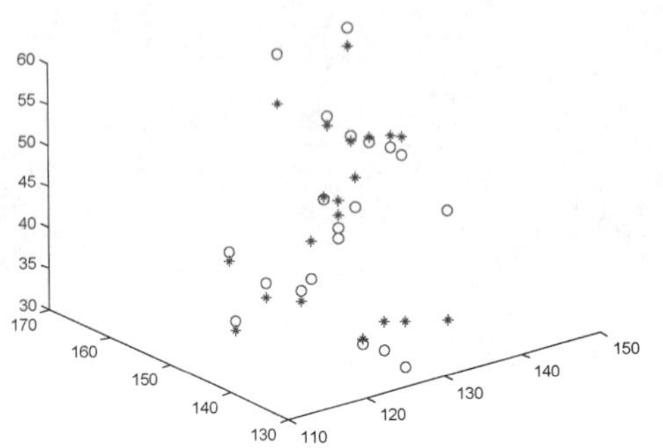

图 6.37　一般线性回归分析结果

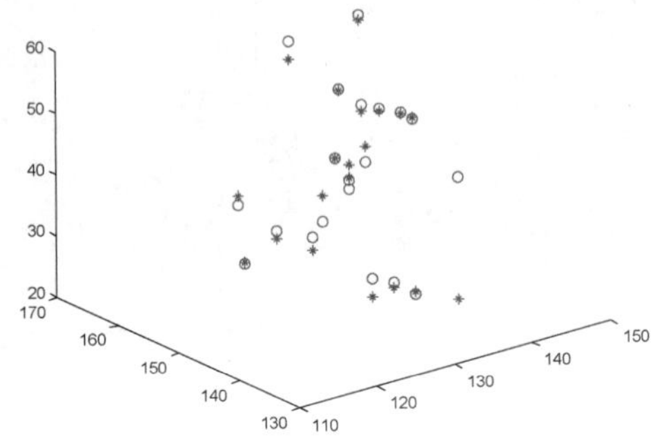

图 6.38　稳健回归分析结果

从图 6.37 和图 6.38 中可看出，稳健回归分析的结果要明显好于一般线性回归分析的结果，这主要是由于数据集中有异常点（13 号样本）存在。

例 6.15　在回归分析的实际应用中，经常会遇到多指标的问题。多指标不仅会造成计算复杂，而且它们之间可能存在的相关性会使它们提供的整体信息发生重叠，不易得出简单的规律。解决变量间的多重共线性问题，除了可以应用偏最小二乘外，还可以使用主成分分析。主成分分析将多指标问题转换成较少的综合指标问题。综合指标是原来多个指标的线性组合，虽然这些综合指标不能观测到，但这些综合指标互不相关，却能反映原来多指标的信息。

表 6.19 所示是一个数据集，试用主成分回归方法对其进行回归分析。

表 6.19　数据集

序　号	x_1	x_2	x_3	x_4	x_5	y
1	15.57	2463	472.92	18.0	4.45	566.52
2	44.02	2048	1339.75	9.5	6.92	696.82
3	20.42	3940	620.25	12.8	4.28	1033.15
4	18.74	6505	568.33	36.7	3.90	1603.62
5	49.20	5723	1497.60	35.7	5.50	1611.37
6	44.92	11520	1365.83	24.0	4.60	1613.27
7	55.48	5779	1687.00	43.3	5.62	1854.17
8	59.28	5969	1639.92	46.7	5.15	2160.55
9	94.39	8461	2872.33	78.7	6.18	2305.58
10	128.02	20106	3055.08	180.5	6.15	3503.93
11	96.00	13313	2912.00	60.9	5.88	3571.89
12	131.42	10771	3921.00	103.7	4.88	3741.40
13	127.21	15543	3865.67	126.8	5.50	4026.52
14	252.90	36194	7684.10	157.7	7.00	10343.81
15	409.20	34703	12446.33	169.4	10.78	11732.17
16	463.70	39204	14098.40	331.4	7.05	15414.94
17	510.20	86533	15524.00	371.6	6.35	18854.00

解： 自编主成分回归函数 prinregress 进行分析。

```
>> load mydata;
>> [sol,pc1,pcNum]=prinregress(x,y);     %得图 6.39
sol=-727.9139  8.0614  0.0698  0.2629   13.7414  104.2156
pcNum=2;
```

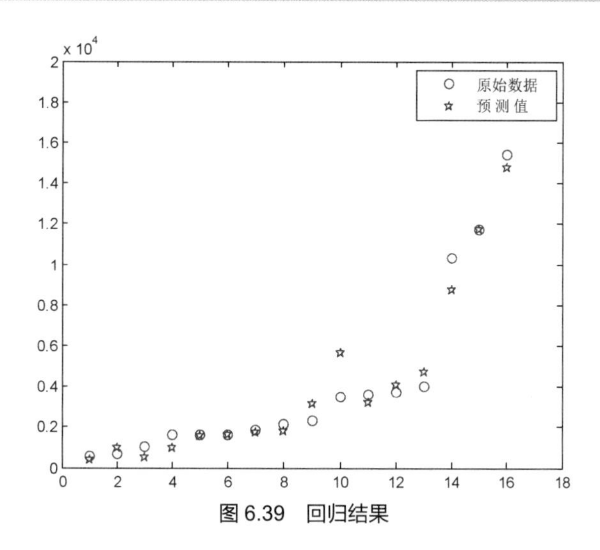

图 6.39　回归结果

例 6.16　对表 6.20 所示的某海洋冰情等级序列进行下一年的冰情预测。

表 6.20　某海洋冰情等级序列实测值

年　份	等　级	年　份	等　级	年　份	等　级
1966	3.00	1975	1.50	1984	3.50
1967	4.50	1976	4.50	1985	3.00
1968	5.00	1977	2.50	1986	3.00
1969	3.00	1978	2.50	1987	2.00
1970	3.50	1979	3.00	1988	1.50
1971	3.00	1980	2.50	1989	3.00
1972	1.00	1981	2.50	1990	1.50
1973	3.00	1982	2.00	1991	1.50
1974	1.50	1983	3.00	1992	1.50

解： 利用二次平滑法及神经网络法进行预测。

```
>> x=[3.00  4.50  5.00  3.00  3.50  3.00  1.00  3.00  1.50  1.50  4.50  2.50…
      2.50  3.00  2.50  2.50  2.00  3.00  3.50  3.00  3.00  2.00  1.50  3.00…
      1.50  1.50  1.50 ];
>> m=length(x); plot(1:m,x,'o-')
```

绘制的冰情图如图 6.40 所示。从图 6.40 中可以看出冰情较为复杂。

```
>> y=smoothpre(x,'qE',1);     %二次指数平滑
   y=1.2986                   %实际值为 1.50
>> y=net_time(x);            %神经网络法
  y=1.5000
```

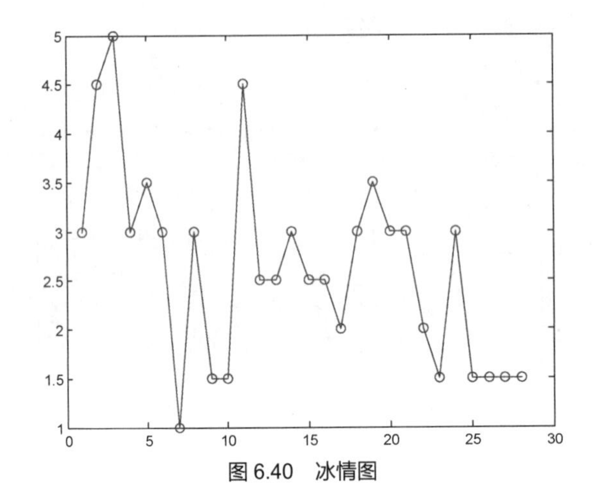

图 6.40　冰情图

例 6.17　某县油菜发病率数据为 X_0=(6,20,40,25,40,45,35,21,14,18,15.5,17,15)，试用灰色系统模型进行模拟。

解：自编灰色系统函数 gm 进行分析。

```
>> x=[6 20 40 25 40 45 35 21 14 18 15.5 17 15];
>> [a,b,c,d]=gm(x);
>> a=0.0648    23.3878
```

gm(x)为 GM(1,1)模型函数，其中 a 为模型参数，b 为各点的模拟值及残差，c 为残差平方和，d 为平均相对误差。

利用模型参数，便可以进行预测。

例 6.18　某地区平均降雨量数据（单位：mm）序列为 X=(390.6　412.0　320.0　559.2　380.8　542.4　553.0　310.0　561.0　300.0　632.0　540.0　406.2　313.8　576.0　587.6　318.5)，取 ξ=320mm 为下限异常值（旱灾），试进行旱灾预测。

解：自编函数 graynorm 进行分析。

```
>> x=[390.6  412.0  320.0  559.2  380.8  542.4  553.0  310.0  561.0  300.0  632.0
      540.0  406.2  313.8  576.0  587.6  318.5];
>> [a,b,c]=graynorm(x,320,1)
     c=5     %即此序列的 5 年后，可能会发生旱灾
```

例 6.19　表 6.21 所示为 2002—2006 年某省各地区人均国内生产总值（GDP），请用马尔可夫链方法预测该省 2007 年的发展情况。

表 6.21　2002—2006 年某省各地区人均国内生产总值　　单位：元

城　市	年　份				
	2002	2003	2004	2005	2006
1	21962	25252	29058	39792	44389
2	23570	28024	33544	37457	33734
3	11882	13868	15456	17700	20268
4	8175	8987	9784	11522	13871
5	23412	28825	29536	51811	58051

续表

城 市	年 份				
	2002	2003	2004	2005	2006
6	10230	11703	15007	17577	16074
7	19022	22432	29834	39085	49993
8	13031	15488	19917	20645	22478
9	10424	11685	13819	16954	19577
10	12492	15713	17353	17464	19477
11	3711	4052	4229	5820	6813
12	4730	4125	4900	6858	7784
13	7450	8238	8949	10081	9852
14	2350	2544	3039	3878	4490
15	4973	5322	6314	5756	7282
16	5415	6106	7290	8678	10357
17	7153	7977	8989	9360	10644

解：首先将表 6.21 中的数据离散化。依据一般国际惯例，可以按国民生产总值（单位：美元）将发展情况分为：发达（A4）>3000、富裕（A3）1500～3000、小康（A2）800～1500、温饱（A1）300～800。

据此，可以将表 6.21 中数据分类（汇率按 8.1 计算），可得到表 6.22 所示的该省的发展情况，该表中数字为处于该状态的城市数。

表 6.22 该省发展情况

类 型	年 份				
	2002	2003	2004	2005	2006
A1	5	5	4	3	1
A2	6	5	4	5	6
A3	6	4	5	5	6
A4	0	3	4	4	4

根据表 6.22 中数据，可以计算出一步转移矩阵。

```
>> load x1; [p,p2]=shift_p(x1)
p =[ 0.7647    0.2353         0         0
          0    0.8000    0.2000         0
          0         0    0.8000    0.2000
          0         0         0    1.0000]
```

根据表 6.22 中数据，可知 2006 年人均 GDP 的状态为[1,6,6,4]，则 2007 年的状态为[1 6 6 4]*p=(0.7647, 5.0353,6.0000,5.200)，即 1 个城市处于 A1 状态，5 个城市处于 A2 状态，6 个城市处于 A3 状态，5 个城市处于 A4 状态，可以认为与实际状态(1,5,6,5)相符。

如果求极限概率，可知最终的状态为(0,0,0,1)，即各城市都可以达到富裕状态。

例 6.20 对选定的秦川牛、晋南牛、南阳牛、延边牛、复州牛、鲁西牛和郏县红牛 7 个良种黄牛品种，用 15 个性能指标衡量（见表 6.23）。请用系统聚类法分类。

表 6.23　7 个黄牛品种 15 个性能指标

性能指标	秦川牛	晋南牛	南阳牛	延边牛	复州牛	鲁西牛	郏县红牛
x_1	0.8375	0.7931	0.6625	0.9114	0.7015	0.8125	0.8500
x_2	0.1000	0.1379	0.0500	0.0886	0.2463	0.0833	0.0500
x_3	0.0625	0.0690	0.2878	0	0.0522	0.0938	0.1000
x_4	0	0	0	0	0	0.0104	0
x_5	0.5500	0.5667	0.5250	0.5942	0.7891	0.7128	0.6667
x_6	0.4500	0.4333	0.4750	0.3841	0.2110	0.2447	0.3205
x_7	0	0	0	0.0217	0	0	0
x_8	0	0	0	0	0	0.0426	0.0123
x_9	0.1396	0.1380	0.0732	0.3223	0.1797	0.1023	0.0769
x_{10}	0.5466	0.7241	0.7195	0.4079	0.6172	0.3750	0.3589
x_{11}	0	0	0	0.0066	0.0078	0.3525	0.2821
x_{12}	0.0233	0.0345	0.0122	0	0	0	0
x_{13}	0.2907	0.1035	0.1951	0.1842	0.9153	0.1705	0.2821
x_{14}	0.1938	0.1982	0.1736	0.6784	0.0157	0.0774	0.0513
x_{15}	0.8061	0.8062	0.8264	0.9216	0.9843	0.9226	0.9487

解：设定阈值为 0.4，利用最小距离法可将 7 个黄牛品种分成 4 类。

```
>> load mydata;
>> L=pdist(x);L_min=min(L);L_max=max(L);    %根据样本间距离范围，确定阈值
>> y=syscluster(x,0.4,'single')
  y =1     1     1     2     3     4     4     %分成 4 类
```

例 6.21　为了解耕地的污染状况与水平，从 3 块由不同水质灌溉的农田里共取 16 个样品，每个样品均对土壤中 x_1、x_2、x_3、x_4 共 4 个变量进行浓度分析，原始数据如表 6.24 所示。试用蚁群算法对 16 个样品进行分类。

表 6.24　原始数据　　单位：mg/kg

序　号	x_1	x_2	x_3	x_4
1	11.853	0.480	14.360	25.210
2	3.681	0.327	13.570	25.120
3	48.287	0.386	14.500	25.900
4	4.741	0.140	6.900	15.700
5	4.223	0.340	3.800	7.100
6	6.442	0.190	4.700	9.100
7	16.234	0.390	3.400	5.400
8	10.585	0.420	2.400	4.700

续表

序　号	x_1	x_2	x_3	x_4
9	48.621	0.082	2.057	3.847
10	288.149	0.148	1.763	2.968
11	316.604	0.317	1.453	2.432
12	307.310	0.173	1.627	2.729
13	82.170	0.105	1.217	2.188
14	3.777	0.870	15.400	28.200
15	62.856	0.340	5.200	9.000
16	3.299	0.180	3.000	5.200

解：首先通过 MATLAB 中的聚类函数，求出样品间的聚类情况。当用最小距离法时，样品聚类树如图 6.41 所示。可见根据不同的标准，可以有多种划分方法。

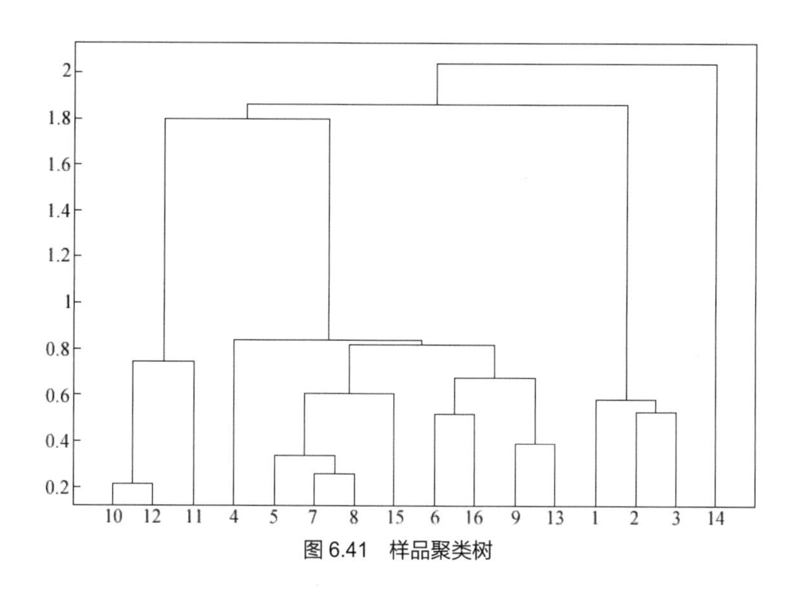

图 6.41　样品聚类树

简单起见，本例用蚁群算法聚类时分为 3 类。

根据蚁群算法原理与样本数，设计 17 层城市，其中除了前后两座城市，其余各层均有 3 座城市，代表类别数。每只蚂蚁从左到右所经过的城市（路径）即代表各样品所对应的类别，而每次移动的路径，则受层间信息素和各样品与类之间的信息素的共同作用。每次移动后对路径间的信息素进行局部更新。

当所有 m 只蚂蚁按上述过程完成一次循环后，就对样品与各类别间的信息素进行全局更新。首先对每只蚂蚁经过的路径解码，得到各样品所对应的类别，由此计算优化函数，并得到最小值。根据函数最小值对应的路径更新样品与类别间的信息素。

根据蚁群算法的基本原理，可以编写相应的程序，计算得到路径：1-1-1-2-2-2-2-2-2-3-3-3-4-5-6-6。

```
>> load data;
>> m_pattern=antcluster1(data,[],[],[],[]);
m_pattern =1  1  1  2  2  2  2  2  2  3  3  3  4  5  6  6
```

如果事先不知道聚类的数量，则可以根据样本间的距离矩阵，确定一个阈值距离。当多个类之间的距离小于此值时，根据概率选择其中两个类进行归并，而概率大小与路径的信息素有关。规定当两类之间的距离小于阈值时，信息素为 1，否则为 0。

例 6.22 利用基于密度的聚类法对随机产生的一组模拟数据集进行分类。

解： 根据基于密度的聚类法原理，编程计算，得到以下结果。

```
>> x=[randn(30,4)*0.4;randn(40,4)*0.5+ones(40,1)*[4 4 4 4]];
>> [class,type]=dbscan(x,2,[]);
```

从 class 值可看出，分类结果符合实际情况。从 type 值可看出，样本点都为核心点，不存在孤立点，如图 6.42 所示（样本点的投影）。（因为数据是随机产生的，所以每次结果不一定相同）

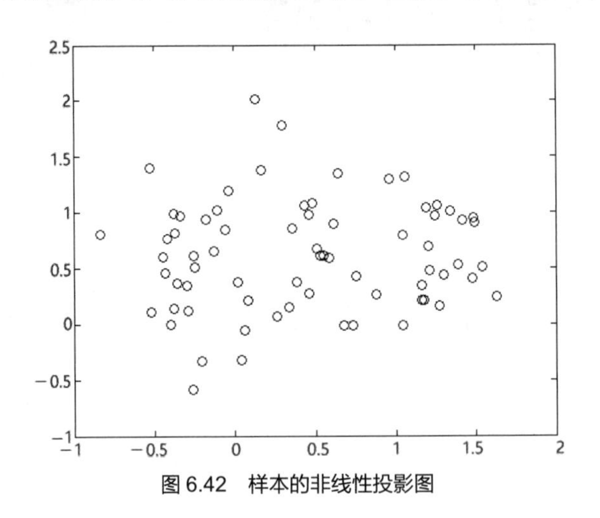

图 6.42 样本的非线性投影图

例 6.23 对表 6.25 所示的数据进行孤立点分析。

表 6.25 原始数据

单位：mg/kg

序号	x_1	x_2	x_3	x_4
1	11.853	0.480	14.360	25.210
2	45.596	0.526	13.850	24.040
3	3.525	0.086	24.400	49.300
4	3.681	0.327	13.570	25.120
5	48.287	0.386	14.500	25.900
6	4.741	0.140	6.900	15.700
7	4.223	0.340	3.800	7.100
8	6.442	0.190	4.700	9.100
9	16.234	0.390	3.400	5.400
10	10.585	0.420	2.400	4.700
11	48.621	0.082	2.057	3.847
12	288.149	0.148	1.763	2.968
13	316.604	0.317	1.453	2.432
14	307.310	0.173	1.627	2.729
15	82.170	0.105	1.217	2.188

解：孤立点的检测可以有多种方法，下面通过 3 种方法对此数据集进行分析。

（1）基于距离的孤立点检测方法。

```
>> load data;
>> y=outlier(x,1);
 y=3  13  14  12  2   %此 5 个点为最有可能的孤立点
```

（2）基于相异度的孤立点检测方法。

```
>> y=outlier_sim(x,[1 1 1 1])
 y=2  3   5  12  13   %此 5 个点为最有可能的孤立点
```

此方法中相异度的定义如下。

对于离散属性，当它们完全相等时，相异度为 0，否则为 1。

对于连续属性，相异度由下式定义。

$$\sum_{i=1}^{m}[(\frac{x_{1i}-x_{2i}}{x_{1i}+x_{2i}})\times 2]^2$$

其中，m 为属性数量。

（3）基于聚类方法的孤立点检测方法。

```
>> y=outlier_kmeans(x,3)           %基于 k 均值聚类方法
 y=3                               %此点为最有可能的孤立点
>> [class,p]=dbscan(x,3,[]);       %基于密度聚类方法
 p=outlier: [3 12 13 14]           %孤立点
    verge: [6 10 15]               %边界点
```

从基于聚类的孤立点检测方法的结果可看出，此数据集的类别数有待商榷，3 点为真正的孤立点。这从图 6.43 也可以看出。

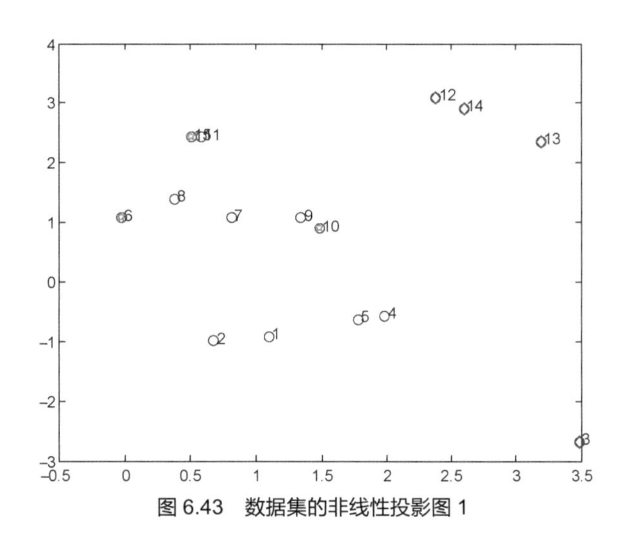

图 6.43　数据集的非线性投影图 1

```
>> y=k_dist(data,1);               %基于 k 近邻的聚类方法
>> y= k_dist(data,2);              %基于密度的聚类方法
```

这两种方法的结果都表明 3 点为异常点。

例 6.24　在对数据集的聚类分析中，有些聚类方法对孤立点以及初始聚类中心比较敏感，如常用的 k 均值聚类方法。因此，如果能在这两方面进行改进，就可以提高聚类效果。

请对 k 均值聚类方法进行改进，并对例 6.23 中的表 6.25 中的数据进行分析。

解：根据聚类对孤立点与初始聚类中心比较敏感，对 k 均值聚类方法进行修改，并编程计算如下。

```
>> load data;
>> y=mykmeans(x,3);        %绘制如图 6.44 所示的数据集的非线性投影图
   y.outlier: 3    %孤立点
    y.class: 1  2  4  5  6  7  8  9  10  11  12  13  14  15
             1  1  1  1  2  2  2  2   2   2   3   3   3   2
```

从结果可看出，分类情况较为合理。

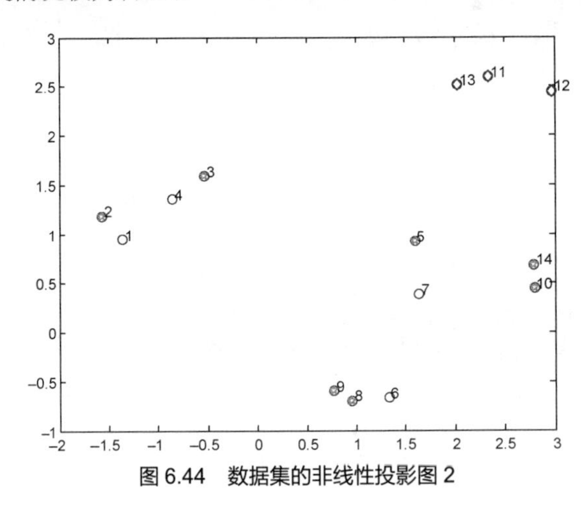

图 6.44　数据集的非线性投影图 2

例 6.25　在聚类分析中，聚类数直接影响到聚类效果。在实际中，有可能没有办法得到确切的聚类数或指定的聚类数不一定是最佳的聚类数。为此，需要用一定的方法来确定较佳的聚类数。

请对例 6.23 中表 6.25 中的数据确定最佳聚类数。

解：可以用试探法等多种方法确定聚类数。下面设置指标，通过计算在不同聚类数情况下的聚类效果（指标值），以确定最佳的聚类数。

一是类内距离 b，其定义为类内某一样本到其他样本间的距离和的平均值。

$$b(j,i)=\frac{1}{n_j}\sum_{q=1}^{n_j}\| X_q^j - x_i \|^2$$

式中，x_i 为样本集 j 类中的某一样本，X_q^j 为该类中的其他样本。

二是类间距离，它为某一样本到其他类样本的距离和平均值的最小值，所以也称为最小类间距离。

$$w(j,i)=\min(\frac{1}{n_k}\sum_{q=1}^{n_k}\| X_q^k - x_i^j \|^2)$$

式中，x_i^j 为 j 类中的某一样本，X_q^k 为 k（$k \neq j$）类中的样本。

则 BWP 指标为

$$\text{bwp}(j,i)=\frac{\text{bsw}}{\text{baw}}=\frac{b(j,i)-w(j,i)}{b(j,i)+w(j,i)}$$

求出数据集每个数据的 BWP 指标值，并将它们的平均值作为聚类性能指标。此值越大，聚类效果越好。

根据以上指标的定义，可编程计算如下。计算过程中所用的最大聚类数，可以指定或为 $\text{int}(\sqrt{n})$，n 为数据集中的样本数。

```
>> load data;
>> y=clustingk(data)   %即分为 4 类，效果可能更好
  y= 4
```

例 6.26　Gomperta 曲线是一种常用的时间序列模型。它的特点是开始时增长很慢，随后逐渐加快，达到一定阶段变慢直到增长速度慢慢趋于 0。其走向很像一个顺时针倾斜的字母 S。该模型的数学表达式为 $y = ka^{b^t}$，请用此模型对数据[42.1 47.5 52.7 57.7 62.5 67.1 71.5 75.7 79.8 83.7 87.5 91.1 94.6 97.9 101.1]进行预测。

解：自编函数 gomperta 进行分析。

```
>> x=[42.1000 47.5000 52.7000 57.7000 62.5000 67.1000 71.5000 75.7000 79.8000
      83.7000 87.5000 91.1000 94.6000 97.9000 101.1000];
>> y=gomperta(x,1)
  y= range: [0.9429 0.9762]
val: 103.4399                                %预测值
a: 0.2840   b: 0.9048   k: 133.3341          %模型回归系数
```

例 6.27　请对下列时间序列进行预测 AR 模型分析。

$$x(n+1) = 0.7x(n) + \text{rand}$$

其中 rand 为随机数，$x(0)=2$。

解：时间序列的自回归模型构建过程如下。

（1）检验序列是否平稳。如序列不平稳，则可采用差分或其他的方法处理，直至处理后的数据可以通过平稳性检验。

（2）根据自相关函数及偏相关函数图像确定模型。若偏相关函数是截尾的，而自相关函数是拖尾的，则建立 AR 模型；若偏相关函数是拖尾的，而自相关函数是截尾的，则建立 MA 模型；若偏相关函数和自相关函数均是拖尾的，则序列适合 ARMA 模型。

（3）确定模型的阶数。根据自相关函数和偏自相关函数的图像或根据模型的 AIC 或 BIC 指标确定最佳的阶数。

（4）模型参数估计、模型检验及预测。

```
>> x=2;for k=1:199;x(k+1)=0.7*x(k)+3*rand(1,1);end
>> figure;autocorr( x);figure;parcorr( x)        %自相关函数及偏相关函数图像
```

得到图 6.45 所示的图像。

从图 6.45 中可看出，偏相关函数是截尾的，而自相关函数是拖尾的，所以选择 AR 模型，且阶数为 3。

```
>> AR1=ar(x,3);                        %构建 AR 模型
>> y=iddata([x,0,0]');                 %构建合适的数据结构
>> yp=predict(AR1,y,1);                %一步预测值，作图 6.46
```

可以看出，预测值与原始数据基本相近。

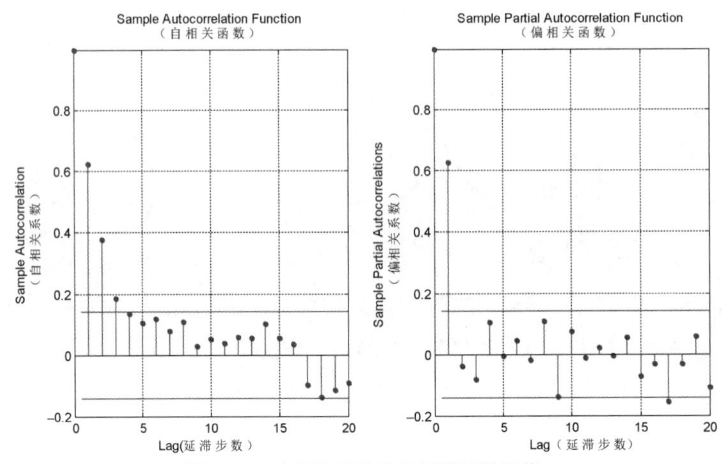

图 6.45　自相关函数及偏相关函数图像

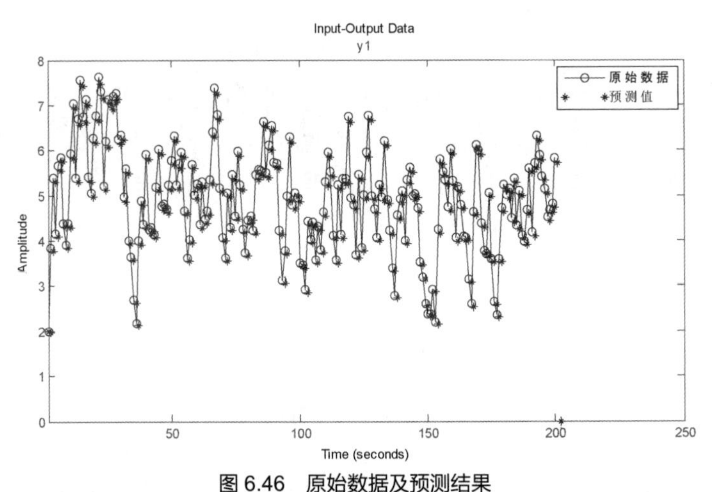

图 6.46　原始数据及预测结果

例 6.28　对由下式产生的时间序列（长度为 1000）进行 3 步的预测。

$$X_t - 0.8X_{t-1} = \varepsilon_t - 0.4\varepsilon_{t-1}, \qquad \varepsilon_t \sim N(0,1)$$

解：根据 Garch Toolbox 中自回归的相关函数，可计算如下。

```
>> randn('state',sum(clock));epls=randn(1,1000);x(1)=0;
>> for j=2:1000                                          %产生序列
       x(j)=0.8*x(j-1)+epls(j)-0.4*epls(j-1);
   end
>> spec=garch(1,1);                                      %设定模型
>> [EstMdl,EstParamCov,logL,info]= estimate(spec,x');    %模拟
>> yE=forecast(EstMdl,3,'Y0',x');                        %预测 3 步
```

此外，也可以利用以下 MATLAB 中的相关函数进行计算，原始信号、模拟信号及误差图如图 6.47 所示。

```
>> th=ivar(x',5);a=th2arx(th);data1=predict(x(1:50)',th);  %预测
>> e1=pe(x(1:50)',th);plot(e1);hold on;plot(x(1:50),'*-');plot(data1,'p-');
```

从结果可看出，两者相关性较差。这主要是由于没有对模型进行优化，即没有对自回归模型中的阶数进行优化。

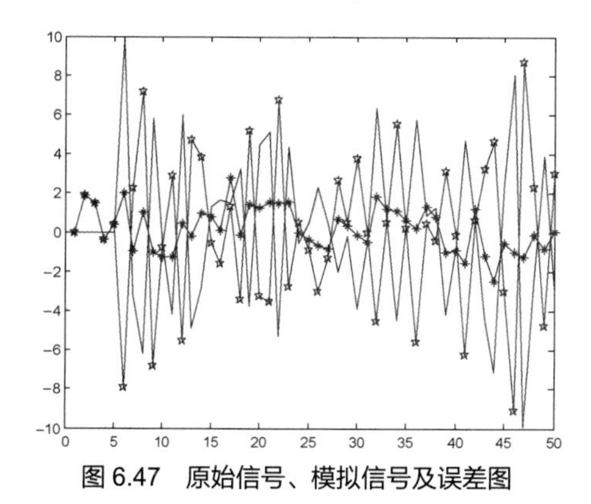

图 6.47　原始信号、模拟信号及误差图

07

第7章　图像处理与识别

随着“数字化时代”的来临，图像的应用越来越广泛。图像是用各种观测系统以不同形式和手段观测客观世界而获得的，可以直接或间接作用于人眼进而产生视觉的实体，如照片、绘图、视像等。科学研究和统计表明，现在，人类从外界获得的信息约60%以上来自视觉系统，也就是从图像中获得。因此，图像处理技术越来越受到人们的关注，逐渐形成图像识别技术，即让计算机具有与人类相似的对图像理解的能力，包括图像表示的内容、图像中物体之间的关系等。

图像识别属于当代计算机科学研究的重要领域，已发展成为一门独立的学科。这一学科在近几年里发展十分迅速，应用范围相当广泛，几乎遍及各个领域，如航天、生物科学、信息科学、资源环境科学、天文学、物理学、工业、农业、国防、教育、艺术等，其在社会治安和社会发展等方面也得到广泛应用，对整个社会产生了深远的影响。

7.1　图像基本概述

7.1.1　图像格式

图像格式是指存储图像采用的格式，不同的系统、不同的图像处理软件，所支持的图像格式都有可能不同。在实际应用中经常遇到的图像格式有 BMP、GIF、TIFF、JPEG、PCX、PSD 和 WMF 等。

1. BMP 格式

BMP 格式是微软视窗系统所定义的图像格式，它的结构可分为表头、调色板和图像数据 3 个部分。其中表头长度固定为 54 字节，只有真色彩 BMP 图像文件内没有调色板数据，其余颜色不超过 256 种的图像文件都必须有调色板数据。表头含有文件的类型、大小和输出格式等信息。

2. GIF 格式

GIF 格式是 CompuServe 公司最先在网络中用于在线传输图像数据的格式。它经常用于网页的动画、透明等特技制作。文件结构一般由表头、通用调色板、图像数据以及 4 个补充区 7 个数据单元组成，其中表头和图像数据是不可缺少的单元，其余的是可选择的单元。

3. TIFF 格式

TIFF 格式是现有图像格式中最复杂的一种，它是由 Aldus 公司与微软公司开发设计的图像格式，提供了各种信息存储的完备手段。它由表头、标识信息区和图像数据区 3 个部分组成，其中，表头由一个标志参数指出标识信息区在文件内的存储地址，标识信息区有多组用于存储图像数据区的地址。

4. JPEG 格式

JPEG 是对精致灰度图像或彩色图像的一种国际压缩标准，已在数字照相机上得到了广泛的应用，当选用有损压缩方式时可节省相当大的空间。JPEG 只是定义了一个规范的编码数据流，并没有规定图像数据文件的格式。

7.1.2 图像类型

图像类型可分为索引图像、灰度图像、二值图像、RGB 图像和多帧图像 5 种基本类型。

1. 索引图像

索引图像由数据矩阵 $\boldsymbol{X}$ 和映射矩阵 **map** 组成。数据矩阵元素为图像的像素值，映射矩阵元素为颜色值，它是一个 m×3 数组，元素值为[0,1]范围内的浮点值，每一行代表某种颜色的三原色组分值，每一个像素的颜色通过使用 $\boldsymbol{X}$ 的数值作为 **map** 的索引来获得。映射矩阵通常与索引图像一起保存，并且在函数载入图像时自动载入。

2. 灰度图像

灰度图像是一个表示一定范围内的光亮值的数据矩阵 $\boldsymbol{I}$，可以是 uint8、uint16 和 double 型，矩阵的每个元素对应于一个图像像素。

矩阵中的元素表示不同的亮度或灰度级，0 表示黑色，亮度 255 或 65535 通常表示饱和亮度或白色。

3. 二值图像

二值图像是一种所有像素只能在两种可能的离散值中取其一的图像，也称为黑白图像，这两个可取的像素值分别对应于打开（On）和关闭（Off），也可记为 0、1。1 表示该像素处于前景，0 表示该像素处于背景，以这种方式来操作图像可以更容易识别出图像的结构特征。

4. RGB 图像

RGB 图像也称为真彩色图像，它用 m×n×3 数组的第一维和第二维的数值表示像素，用第三维定义每个像素的红色、绿色和蓝色组分。RGB 数组可以是 uint8、uint16 和 double 型的，其图像是 24 位图像，其中三原色组分均为 8 位，这样可产生多种多样的颜色，采用这些颜色在精度上可以逼近现实场景中图像的真实颜色。

5. 多帧图像

多帧图像是一种包含多帧图像或帧的图像文件，又称为多页图像或图像序列，它主要用于需要对时间或场景集合进行操作的场合。它是一个四维数组，其中第四维用于指定帧的序号。在多帧图像中，每一幅图像必须有相同的大小和颜色分量，并且使用相同的调色板。

7.1.3 图像处理

图像处理过程主要涉及以下技术。

1. 图像离散化

常见图像是连续的，即图像灰度的值可以是任意实数。为了能用计算机对图像进行加工，需要把连续的图像进行空间域的采样和幅度值域的量化，即所谓的离散化。离散化的图像是数字图像。

2. 图像采集

图像采集是数字图像数据提取的主要方式。数字图像主要借助摄像机、扫描仪、数码相机等设备经过采样、数字化得到，也包括一些动态图像。数字图像可与文字、图形、声音一起存储在计算机内，显示在计算机的屏幕上。

3. 图像增强

在成像、采集、传输、复制等过程中图像的质量或多或少会存在一定的退化失真，数字化后的图像视觉效果不是十分令人满意。为了突出图像中感兴趣的部分，使图像的主体结构更加明确，必须对图像进行改善，即图像增强。通过图像增强，可以减少图像中的噪声，改变原来图像的亮度、色彩分布、对比度等参数。通过图像增强，还可以提高图像的清晰度、图像的质量，使图像中物体的轮廓更加清晰、细节更加明显。

4. 图像复原

图像复原也称图像恢复。在获取图像时，环境噪声、运动、光线等因素会造成图像模糊。为了提取出比较清晰的图像，就需要采用滤波等技术对图像进行复原，从降质的图像复原原始图像。图像复原的另一种特殊技术是图像重建，该技术根据物体横剖面的一组投影数据建立图像。

5. 图像压缩编码

数字图像的显著特点是数据量庞大，需要占用相当大的存储空间。但受计算机的网络带宽和存储器容量的限制，如果不对图像进行适当的处理，就无法进行图像的处理、存储、传输。为了能快速、方便地在网络环境下传输图像或视频，必须对图像进行编码和压缩。目前，图像压缩编码的国际标准已形成，如比较知名的静态图像压缩标准 JPEG，该标准主要针对图像的分辨率、彩色图像和灰度图像，适用于网络传输的数码照片、彩色照片等方面。由于视频可以被看作一幅幅不同的但紧密相关的静态图像的时间序列，因此动态视频的单帧图像压缩可以应用静态图像的压缩标准。图像压缩编码技术可以减少图像的冗余数据量和存储器容量，提高图像传输速率，缩短处理时间。

6. 图像分割

图像分割是指把图像分成一些互不重叠而又具有各自特性的子区域，每一区域是像素的一个连续集，这里的特性可以是图像的颜色、形状、灰度和纹理等。图像分割根据目标与背景的先验知识将图像表示为物理上有意义的连通区域的集合，即对图像中的目标、背景进行标记、定位，然后把目标从背景中分离出来。目前图像分割的方法主要有基于区域特征的分割方法、基于相关匹配的分割方法、基于边界特征的分割方法以及基于图像灰度的图像分割方法、彩色图像分割方法和纹理图像分割方法等。由于采集图像时会受到各种影响，图像会变得模糊并受噪声干扰，因此图像分割较为困难。在实际的图像处理中需根据景物条件的不同选择合适的图像分割方法，如阈值分割方法、边缘检测方法、区域提取方法、结合特定理论工具的分割方法等。

7. 图像识别

图像识别是指对处理后的图像进行分类，确定类别名称。它在图像分割的基础上选择需要提取的特征，并对某些参数进行测量，再提取这些特征，最后根据测量结果进行分类。为了更好地识别图像，还要对整个图像进行结构上的分析，对图像进行描述，以便对图像的主要信息进行解释和理解，并通过许多对象相互间的结构关系对图像加深理解，以便更好地帮助识别。

这里要注意的是，图像分割不一定完全在图像处理时进行，对有些问题可以一面进行分割，一面进行识别，如机械零件的分拣、分档就是如此。所以说，图像处理和图像识别是相互交叉的。

7.2　图像变换

为了快速、有效地对图像进行处理和分析，常常需要对图像进行变换，将某个图像空间的图像以某种形式转换到另外的空间，并利用这些空间特有的性质进行一定的加工，最后转换回图像空间以得到需要的效果。图像变换技术在图像增强、图像复原、图像压缩及图像特征提取等方面都有重要的作用。

7.2.1　傅里叶变换

傅里叶变换是线性系统分析的一个有力工具，它将图像从空域变换到频域，从而可以很容易地了解图像的各空间频域成分，并进行相应的处理。由于在计算机中图像的存储使用的是数字形式，因此应采用离散的傅里叶变换。

1. 傅里叶级数

设$f(x)$是以 2π 为周期的函数，且 $f(x)\in L^2(-\pi,\pi)$，那么$\left\{\frac{1}{\sqrt{2\pi}}\mathrm{e}^{-\mathrm{i}nx}\right\}_{n=0,\pm1,\pm2,\cdots}$是 $L^2(-\pi,\pi)$ 的标准化正交基，则$f(x)$可展开为

$$f(x)=\sum_n f(n)\mathrm{e}^{-\mathrm{i}nx} \tag{7.1}$$

其中

$$f=\frac{1}{2\pi}\int_{-\pi}^{\pi}f(x)\mathrm{e}^{\mathrm{i}nx}\mathrm{d}x \tag{7.2}$$

称为$f(x)$的傅里叶级数，其中 n 的取值为整数。

傅里叶变换把以 2π 为周期且能量有限的信号[$f(x)\in L^2(-\pi,\pi)$]分解到一组在$(-\pi,\pi)$上的正交基，这组正交基在 $L^2(-\pi,\pi)$ 上稠密，也即其线性组合可以覆盖在 $L^2(-\pi,\pi)$ 上的所有函数。这样对信号的限制是很明显的，首先它要求信号以 2π 为周期，而且这组正交基的频率是一定的，只能在特定的频率点上进行分解。为了得到连续的能量谱，就要在这个实轴上对信号进行分解，那么需要引入傅里叶变换。

2. 傅里叶变换的定义

函数的傅里叶变换定义为

$$F(\omega)=\int_{-\infty}^{\infty}\mathrm{e}^{-\mathrm{i}\omega t}f(x)\mathrm{d}t \tag{7.3}$$

$F(\omega)$的逆傅里叶变换为

$$F(t)=\frac{1}{2\pi}\int_{-\infty}^{\infty}\mathrm{e}^{\mathrm{i}\omega t}F(\omega)\mathrm{d}\omega \tag{7.4}$$

由于 $\mathrm{e}^{\mathrm{i}\omega t}=\cos(\omega t)+\mathrm{i}\sin(\omega t)$，因此，$f(\omega)$ 表示信号 $f(t)$在整个时间域中的频率特性，或者说傅里叶变换在时间域中没有局部化性质。

傅里叶变换的实质是信号 $f(t)$在 $\mathrm{e}^{-\mathrm{i}\omega t}$ 上的投影，它可以将一个混合频率的信号分解成不同频率信号的线性组合，通过其逆变换还可以将这些分解的频率信号组合成原信号。

尽管傅里叶变换极大地推动了信号分析进展，但它存在两大缺陷：一是对非稳定信号的处理效果不够理想；二是不能同时将信号的频率和该频率发生的时间或时间段显示出来，而时间、频率同时显示对于非稳定信号分析恰恰是很重要的。

7.2.2 离散余弦变换

离散余弦变换（Discrete Cosine Transform，DCT）是指将图像表示为具有不同振幅和频率的余弦曲线的和，其特点是对于一幅图像的大部分特征可视信息可以用少数几个 DCT 系数来表征，因此该方法常用于图像的压缩。其公式如下。

$$\begin{gathered}f(u)=c(u)\sum_{i=0}^{N-1}f(i)\cos\left[\frac{(i+0.5\pi)}{N}u\right]\\ c(u)=\begin{cases}\sqrt{\dfrac{1}{N}} & u=0\\ \sqrt{\dfrac{2}{N}} & u\neq 0\end{cases}\end{gathered} \tag{7.5}$$

其中 $f(i)$为原始信号，$f(u)$是 DCT 变换后的系数，N 为原始信号的点数，$c(u)$可以认为是将 DCT 矩阵变换为正交矩阵的补偿系数。

DCT 具有较好的频域能量聚集度。图像经过 DCT 后，低频分量主要集中在矩阵左上角，高频分量集中在右下角。高频分量代表的是图像的细节，值偏小，往往接近 0，是次要信息，而低频分量代表的是图像的轮廓信息。因此，DCT 通过舍弃高频分量，保留低频分量，达到压缩目的。虽然 DCT 压缩是有损压缩，但在清晰度要求不高的情形下，这种压缩的质量和效率完全满足要求，而且通过缩减变换矩阵的尺寸，直接放弃不必计算的高频分量，可以提高信息提取的效率。DCT 提取图像特征具有可逆性，图像完成 DCT 后可以进行逆 DCT 操作还原图像。对部分经过 DCT 后的图像进行逆变换可以得到原图像的模糊图像，DCT 核尺寸越大，还原后的图像越清晰，越容易识别。

7.2.3 Radon 变换

1917 年拉东（J. Radon）提出了 Radon 变换，它实际是将函数在一个平面内沿不同的直线做积分得到的结果。

在笛卡儿坐标系中，一条直线可以由斜截式来表示，如 $y=ax+b$，其中 a 是斜率，b 是直线在 y 轴的截距；或者用极坐标表示，即 $x\cos\theta+y\sin\theta=\rho$，其中 ρ 是该直线与原点间的距离，θ 为该直线与极轴的夹角。因此根据直线的平移和旋转特性，平行射线束的投影可通过一组直线的建模来完成，而沿着该直线的射线则可以给出投影信号中的任意一点。

设 $f(x, y)$ 为定义在 xOy 平面 D 上的普通任意连续函数，则 f 的 Radon 变换定义为

$$Rf(x,y)=\lambda(\rho,\theta)=\iint_D f(x,y)\delta(x\cos\theta+y\sin\theta-\rho)\mathrm{d}x\mathrm{d}y \tag{7.6}$$

其中 $\lambda(\rho,\theta)$ 表示 Radon 变换的结果，R 表示 Radon 变换操作，冲击函数 δ 只有在其变量为 0 时才有无穷大的值，其积分结果为 1。

在离散的情况下，Radon 变换的定义可改写为

$$Rf(x,y)=\lambda(\rho,\theta)=\iint_D f(x,y)\delta(x\cos\theta+y\sin\theta-\rho)\mathrm{d}x\mathrm{d}y \tag{7.7}$$

其中 x、y、ρ、θ 是离散变量。先让 ρ 变换而固定 θ，式（7.7）可简化为沿着 ρ、θ 定义的直线 $f(x, y)$ 的值求和的情况。在 θ 值不变的情况下，可以通过覆盖函数所要求的所有的 ρ 值产生一个投影。相反，改变 θ 而令 ρ 固定并重复上述过程则会产生另一个投影。依此类推，这就是“头晕”生成的方法原理。此时函数 $f(x, y)$ 沿着直线的积分冲击函数的标准形式是 $x\cos\theta+y\sin\theta=\rho$。

当 Radon 变换 $\lambda(\rho,\theta)$ 以 ρ 和 θ 作为直角坐标在笛卡儿坐标系显示为一幅图像时，其结果称为正弦图。

Radon 变换具有以下性质。

（1）如果 f 击中在一点 (x_0, y_0) 上，则其 Radon 变换 λ 就是一条非零的正弦曲线，即 $\rho=x_0\cos\theta+y_0\sin\theta$，它的中心点为 $(x_0/2, y_0/2)$，半径为 $(x_0^2+y_0^2)^{1/2}$ 的极坐标形式。

（2）一个 ρ-θ 平面给定的点 (ρ_0, θ_0) 对应于 xOy 平面内的一条直线 $\rho=x\cos\theta_0+y\sin\theta_0$。

（3）参数为 ρ_0 和 θ_0 的 xOy 平面上的直线（直线方程为 $\rho=x\cos\theta_0+y\sin\theta_0$）上的共线点映射到 ρ-θ 平面上的正弦曲线上，这些曲线都有一个共同的交点 (ρ_0, θ_0)。

（4）参数 x_0 和 y_0 的 ρ-θ 平面上曲线 $\rho=x_0\cos\theta+y_0\sin\theta$ 映射到 xOy 平面上为穿过点 (x_0, y_0) 的所有直线。

7.2.4　小波变换

小波函数是为满足一定条件的函数通过平移和伸缩产生的一个函数集，即

$$\psi_{a,b}(t)=\frac{1}{\sqrt{|a|}}\psi\left(\frac{t-b}{a}\right),\quad a,b\in R,a\neq 0 \tag{7.8}$$

式中 a 用于控制伸缩（Dilation），称为尺度参数（Scale Parameter）；b 用于控制位置（Position），称为平移参数（Translation Parameter）；$\psi(t)$ 称为小波基或小波母函数，它必须满足下列条件。

（1）小（Small），迅速趋于 0 或迅速衰减为 0。

（2）波（Wave），$\int_{-\infty}^{+\infty}\frac{\left|\hat{\psi}(\omega)\right|^2}{|\omega|}\mathrm{d}\omega<+\infty$ 或 $\int_{-\infty}^{+\infty}\psi(t)\,\mathrm{d}t=0$。

图 7.1 所示为几种常用的小波函数的图像。

（1）Haar：$\psi(t)=\begin{cases}1, & 0\leqslant t<\dfrac{1}{2}\\ -1, & \dfrac{1}{2}\leqslant t\leqslant 1\\ 0, & \text{其他}\end{cases}$。

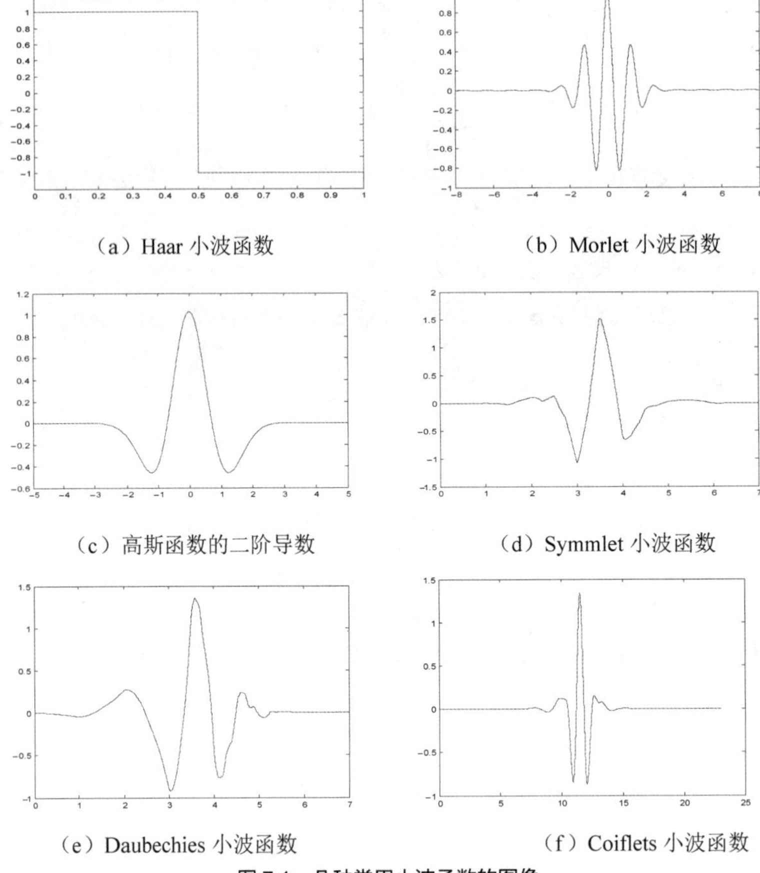

（a）Haar 小波函数　　（b）Morlet 小波函数

（c）高斯函数的二阶导数　　（d）Symmlet 小波函数

（e）Daubechies 小波函数　　（f）Coiflets 小波函数

图 7.1　几种常用小波函数的图像

（2）Morlet 小波：$\psi(t)=\mathrm{e}^{\mathrm{i}\omega_0 t}\mathrm{e}^{-\frac{|t|^2}{2}}$（$\omega_0$=6）。

（3）高斯函数的 m 阶导数：$\psi(t)=(-1)^m\dfrac{\mathrm{d}^m}{\mathrm{d}t^m}\mathrm{e}^{-\frac{|t|^2}{2}}$。

（4）Symmlet 小波（N=4）。

（5）Daubechies 小波（N=4）。

（6）Coiflets 小波（N=4）。

在小波函数的定义式中，如果 a 和 b 为连续值，则由此定义的小波称为连续小波。在实际工作中，经常采用离散小波。类似傅里叶级数的做法，把参数 a 和 b 同时进行离散化，就可以得到离散小波。

$$a=a_0^m \quad (a_0>1, m\in Z)$$
$$b=nb_0a_0^m \quad (b_0<R, n\in Z)$$

式中 m 和 n 为离散值。当然，为了满足小波函数的正交性和稠密性要求，还要引入一些附加条件。

小波变换与傅里叶变换的思想基本一致，就是信号在由一族基函数张成的空间的投影中来表征。而这一族基函数是通过一个基本小波函数的不同尺度的伸缩和平移构成的，其时宽与带宽的乘积很小，而且在时间和空间中很集中。

如果将傅里叶变换中的基函数换成小波函数，即可得到小波变换。

$$Wf(a,b)=\langle f(t),\psi_{a,b}(t)\rangle=\frac{1}{\sqrt{|a|}}\int_{-\infty}^{+\infty}f(t)\psi_{a,b}\mathrm{d}t \tag{7.9}$$

经过小波变换后时域窗口中心是 $t_{a,b}=at+b$，窗口宽度是 $\Delta t_{a,b}=a\Delta t$，而傅里叶变换后频域窗口中心是 $\omega_{a,b}=\frac{1}{a}\omega_0$，窗口宽度是 $\Delta\omega_{a,b}=\frac{1}{a}\Delta\omega$，窗口面积是 $\Delta t_{a,b}\cdot\Delta\omega_{a,b}=a\Delta t\cdot\frac{1}{a}\Delta\omega$，即时率窗口中心和宽度总是随着 a 的变化而伸缩，而窗口面积保持不变。很明显，$1/a$ 与频率有对应关系，尺度越小，频率越高；尺度越大，频率越低。而改变参数 b 将改变时间的定位中心，每一个 $\Psi_{a,b}(t)$ 是围绕 b 的局部细化。可见，小波变换比傅里叶变换更能灵活地适应剧变信号，去“移近”观察，所以被誉为“数学显微镜”。

比较傅里叶变换与小波变换，可看出小波变换的实质是函数 $f(t)$ 在小波空间中的投影，它与傅里叶变换的根本区别在于基函数的不同。傅里叶变换的基函数是在时间轴上无限延伸的余弦函数和正弦函数，因此傅里叶变换在时域不具有局部化性质。而小波变换的基函数相当于一个窗口，窗口的大小可以通过伸缩参数进行改变，使小波函数族中含有一系列大小不同的窗口，对于高频信号可以用小的窗口，而对于低频信号则采用大的窗口，因此小波变换具有“自动变焦功能”。

与傅里叶变换不同，小波变换的基（小波函数）不是唯一存在的，所有满足小波条件的函数都可以作为小波函数。在实际中，一般可依据以下几个标准选取小波函数。

（1）自相似原则。对二进小波变换，如果选择的小波与信号有一定的相似性，则变换后的能量就比较集中，可以有效减少计算量。

（2）判别函数。针对某类问题，找出一些关键技术指标，可得到一个判别函数，将各种小波函数代入其中，可得到一个最优准则。

（3）支集长度。大部分应用选择支集长度为 5～9 的小波，这样可避免产生边界总量，也有利于信号能量的集中。

（4）对称性。对称性在图解处理中非常有用。

（5）正则性。正则性对于获得好的特征非常有用，如重构信号或图像的平滑等。

事实上，实际信号由于信息含量多，因此找到模式很困难，以上的第一条和第二条标准只有理论上的意义，一般只能从实际中获取。表 7.1 所示为不同小波具有的性质。我们可以根据不同小波具有的性质，选择合适的小波来解决不同的问题。

表 7.1　不同小波具有的性质

小波性质	Haar 小波	Symmlet 小波	Daubechies 小波	Coiflets 小波
任意阶正则		√	√	√
紧支撑正交	√	√	√	√
紧支撑双正交				
对称	√	√		√
近似对称		√		√
任意阶消失矩		√	√	√
尺度函数消失矩	√	√		√
存在尺度函数	√	√	√	√

续表

小波性质	Haar 小波	Symmlet 小波	Daubechies 小波	Coiflets 小波
精确重构	√	√	√	√
连续变换	√	√	√	√
离散变换	√	√	√	√
快速算法	√	√	√	√
显式表达	√			

注：√表示此小波具有相应的性质。

7.3 图像分析与处理

7.3.1 图像数字化

1. 相关概念

（1）图像的模拟/数字转换。将模拟图像信号转换为数字图像信号的过程和技术。

（2）过程。图像的模拟/数字转换的过程，它可分为 3 步，即模拟信号采样、量化、编码。

（3）模拟图像的采样。按照某种时间间隔或空间间隔，采集模拟信号的过程，此过程即模拟图像的空间离散化。

（4）量化。将采集到的模拟图像的信号归到有限个信号等级上（信号值等级有限化）。

（5）编码。将量化的模拟图像的离散信号转换成用二进制数（0、1）表示的数字形式。

（6）采样频率。单位时间或单位长度内模拟图像的采样次数。

（7）量化位数。模拟图像信号值划分的等级数，一般按二进制位数衡量。量化位数决定了图像阶调层次级数的大小。

2. 模拟图像的数字化过程

模拟图像的数字化过程主要分采样、量化与编码 3 个步骤。

（1）采样。采样是指将一幅连续的图像在空间上分割成 $M \times N$ 个网格，每个网格中的模拟图像的亮度均值为该网格的灰度值。由于结果是一个样点值阵列，故又叫作点阵取样。取样阵列中的每个网格被称为像素。$M \times N$ 的大小决定了离散图像的分辨率。例如一幅分辨率为 640×480 的图像，表示这幅图像由 640×480=307200 个像素点组成。

采样频率是指一秒内采样的次数，它反映了采样点之间的间隔大小。采样频率越高，得到的图像样本越逼真，图像的质量越高，要求的存储量也越大。

在采样时，采样点间隔大小的选取很重要，它决定了采样后的图像是否能真实地反映原图像的程度。一般来说，原图像中的画面越复杂，色彩越丰富，则采样间隔应越小。由于二维图像的采样是一维的推广，根据信号的采样定理，要从取样样本中精确地复原图像，应根据图像采样的奈奎斯特（Nyquist）定理决定采样的频率，即图像采样的频率必须大于或等于原图像最高频率分量的两倍。

（2）量化。把取样网格上对应的亮度连续变换区域转换成单个特定数码的过程，称为量化。量化的像素点的整数值称为图像灰度级，灰度层数的大小用 2^n 表示。n 越大，图像的灰度分辨率越高，图像看上去越逼真。通常情况下取 n=8，即图像的灰度为 256 级。

一般情况下量化可分为均匀量化和非均匀量化。均匀量化是指简单地在灰度范围内间隔量化。非均匀量化是指对像素出现频率小的部分量化间隔取大些，而对像素出现频率大的量化间隔取小些。

假设有一张黑白照片，它在水平方向与垂直方向上的灰度变化都是连续的，可认为有无数个像素点，而且任一点上灰度的取值都是从黑到白，可以有无限个可能值。通过沿水平方向和垂直方向的等间隔采样可将这幅模拟图像分解为近似的有限个像素点，每个像素点的取值代表该像素的灰度（亮度）。对灰度进行量化，使其取值变为有限个可能值。

经过采样和量化得到的一幅空间上表现为离散分布的有限个像素点，灰度取值上表现为有限个离散的可能值的图像称为数字图像。只要水平方向和垂直方向采样点数足够多，量化比特数足够大，数字图像的质量就不会比原始模拟图像逊色。

在量化时所确定的离散取值个数称为量化级数。表示量化的色彩值（或亮度值）所需的二进制位数称为量化字长，一般可用 8 位、16 位、24 位或更高的量化字长来表示图像的颜色。量化字长越大，则越能真实地反映原有的图像的颜色，但得到的数字图像的容量也越大。

（3）编码。数字化后得到的图像数据量十分巨大，必须采用适当的编码技术压缩其数据量。从一定意义上讲，编码技术是实现图像传输与存储的关键。已有许多成熟的编码算法应用于图像压缩。常见的有图像的预测编码、变换编码、分形编码、小波变换图像压缩编码等。

当需要对所传输或存储的图像信息进行高比率压缩时，必须采取复杂的图像编码技术。但是，如果没有一个共同的标准作为基础，不同系统间不能兼容，除非每一编码方法的各个细节完全相同，否则各系统间的连接会十分困难。

为了使图像压缩标准化，自 20 世纪 90 年代，国际电信联盟（International Telecommunications Union，ITU）、国际标准化组织（International Organization for Standardization，ISO）和国际电工委员会（International Electrotechnical Commission，IEC）制定了一系列静止和活动图像编码的国际标准，已批准的标准主要有 JPEG 标准、MPEG 标准、H. 261 等。

3. 数字图像的表示

数字图像在计算机中的表现形式是数字图像处理的基础。例如灰度图像就可以用矩阵和向量表示。

（1）灰度图像的矩阵表示。数字图像是连续图像 $f(x,y)$的一种近似表示，通常用采样点的值所组成的矩阵来表示。

$$f(x,y)=\begin{bmatrix} f(0,0) & f(0,1) & \cdots & f(0,N-1) \\ f(1,0) & f(1,1) & \cdots & f(1,N-1) \\ \vdots & \vdots & & \vdots \\ f(M-1,0) & f(M-1,1) & \cdots & f(M-1,N-1) \end{bmatrix}$$

式中 M、N 分别为图像在横（行）、纵（列）方向上的像素总数。

（2）灰度图像的向量表示。为了分析和处理方便，有时需要将表示数字图像的矩阵的元素逐行或逐列串接成一个向量，这个向量是数字图像的另一种表示形式。它可以由图像矩阵转换而成，如下式所示。

$$\overline{\boldsymbol{f}}=[\overline{\boldsymbol{f}}_0,\overline{\boldsymbol{f}}_1,\cdots,\overline{\boldsymbol{f}}_{M-1}]^{\mathrm{T}}$$

其中 $\overline{\boldsymbol{f}_i}=[f(i,0),f(i,1),\cdots,f(i,N-1)]$。

在计算机中把数字图像表示为矩阵或向量后，就可以用矩阵论或向量分析方法来对数字图像进行分析和处理。

7.3.2 图像运算

1. 图像代数运算

图像的代数运算基于图像的标准算术运算（如加、减、乘、除），以产生有增加效果的图像。图像代数运算是一种比较简单和有效的增强处理方法，常用于遥感图像的处理。

（1）加法运算。两个相同维数的图像相加可以得到图像的叠加效果，也可以把同一景物的多重影像相加后平均，以便减少图像的随机噪声。

（2）减法运算。图像相减常用于检测变化及运动的物体。图像相减运算又称差分运算，它可以分为控制环境下的简单差分运算和基于背景模型的差分运算。在可控制的环境下，或者很短的时间间隔内，可认为背景是不变的，可以直接使用差分运算检测变化或直接分割出作为前景的物体。

（3）乘法和除法运算。乘法运算可以用来实现掩模处理，即屏蔽掉图像的某些部分。此外，由于时域的卷积和相关运算与频域的乘积运算对应，因此乘法运算有时也作为一种技巧被用来实现卷积或相关处理。

除法运算可用于校正成像设备的非线性影响，在特殊形态的图像（如断层扫描等医学图像）处理中也会用到。

2. 图像的逻辑运算

图像的逻辑运算就是对图像进行求反、并、或及异或运算。即将两个图像对齐叠加，对每个点进行逻辑运算，得到一张新图。它主要用于图像增强、图像识别、图像复原和区域分割等，与图像的代数运算不同，逻辑运算既关注图像像素点的数值变化，又重视位变换的情况。

对图像“求反”可以获得“阴图像”或“补图像”；“求并”可以获得两个相交图像的子图像；“求或”可以合并子图像；“求异或”可获得相交子图像或绘制区别于背景的可恢复的图像。

3. 图像的几何运算

图像的几何运算用于改变图像中物体对象（像素点）之间的空间关系。从变换的性质来分，几何运算可以分为图像的位置变换（平移、镜像、旋转）、形状变换（放大、缩小）以及图像的复合变换等。几何运算可以被看作将物体在图像内移动，它可用于图像校正、配准、样式转换、地图投影、影视特技、虚拟现实等。

（1）平移。将图像沿水平或垂直方向移动位置后，获得新图像的变换方式。此时原图像中像素点(x_0,y_0)移动到新图像的(x_1,y_1)处，灰度不变，用矩阵表示为

$$\begin{bmatrix}x_1\\y_1\\1\end{bmatrix}=\begin{bmatrix}1&0&t_x\\0&1&t_y\\0&0&1\end{bmatrix}\begin{bmatrix}x_0\\y_0\\1\end{bmatrix}$$

式中 t_x、t_y 为相应坐标轴上移动位置的大小。

平移后像素点被移到新图像的界外，对于这种情况，通常的做法是把该点的 RGB 统一设置为(0,0,0)或(255,255,255)。

（2）图像缩放。图像缩放是指将给定的图像分别在 x、y 轴方向按比例 f_x、f_y 缩放。当 $f_x=f_y$ 时，称为全比例缩放；当 $f_x \neq f_y$ 时，图像像素间的相对位置会发生畸变。缩放前后两像素点之间的关系用矩阵表示为

$$\begin{bmatrix} x \\ y \\ 1 \end{bmatrix} = \begin{bmatrix} f_x & 0 & 0 \\ 0 & f_y & 0 \\ 0 & 0 & 1 \end{bmatrix} \begin{bmatrix} x_0 \\ y_0 \\ 1 \end{bmatrix}$$

缩放所产生的图像中有可能在原图中找到相应的像素点，此时一般是找与之最邻近的点，即利用邻域的像素点来估计新的像素点，即插值算法。常用的插值算法有最邻近插值法、线性插值、双线性插值、曲线插值等。

（3）图像旋转。图像旋转是指将图像沿某一点（作为轴）旋转一定的角度，通常的做法是以图像的中心为圆心旋转。

图像旋转 α 角度前后两像素点之间的关系用矩阵表示为

$$\begin{bmatrix} x_1 \\ y_1 \\ 1 \end{bmatrix} = \begin{bmatrix} \cos\alpha & \sin\alpha & 0 \\ -\sin\alpha & \cos\alpha & 0 \\ 0 & 0 & 1 \end{bmatrix} \begin{bmatrix} x_0 \\ y_0 \\ 1 \end{bmatrix}$$

（4）镜像变换。图像镜像变换是指变换后的图像与原图像呈左右或上下镜面对称。

图像经水平（相对于 x 轴）、垂直（相对于 y 轴）镜像变换前后两像素点之间的关系用矩阵可分别表示为

$$\begin{bmatrix} x_1 \\ y_1 \\ 1 \end{bmatrix} = \begin{bmatrix} -1 & 0 & \text{width} \\ 0 & 1 & 0 \\ 0 & 0 & 1 \end{bmatrix} \begin{bmatrix} x_0 \\ y_0 \\ 1 \end{bmatrix}$$

$$\begin{bmatrix} x_1 \\ y_1 \\ 1 \end{bmatrix} = \begin{bmatrix} 1 & 0 & 0 \\ 0 & -1 & \text{height} \\ 0 & 0 & 1 \end{bmatrix} \begin{bmatrix} x_0 \\ y_0 \\ 1 \end{bmatrix}$$

式中 width、height 分别为原图像的宽与高。

4. 图像的点运算

设输入图像的灰度为 $f(x,y)$，输出图像的灰度为 $g(x,y)$，则点运算的定义为

$$g(x,y) = T[f(x,y)] \tag{7.10}$$

其中 T 是对 f 在(x,y)点做的一种数学运算，称为灰度变换函数。若令 $f(x,y)$和 $g(x,y)$在任意点(x,y)的灰度级分别为 r 和 s，则可简化为 $s=T[r]$。

显然，点运算是一种像素的逐点运算，是灰度到灰度的映射过程，它可以改变图像数据所占据的灰度值范围，从而改善图像质量。

根据灰度变换函数的性质，点运算可分为线性点运算、分段线性点运算、非线性点运算等。

（1）线性点运算。线性点运算的灰度变换函数形式可以采用线性方程描述，即

$$s = ar + b \tag{7.11}$$

① 如果 $a>1$，输出图像的对比度增大（灰度扩展）；

② 如果 $0<a<1$，输出图像的对比度减小（灰度压缩）；

③ 如果 $a<0$，暗区域将变亮，亮区域将变暗。

（2）分段线性点运算。将感兴趣的灰度范围线性扩展，抑制相对不感兴趣的灰度范围。

设 $f(x,y)$ 灰度范围为 $[0,M_f]$，$g(x,y)$ 灰度范围为 $[0,M_g]$，则

$$g(x,y)=\begin{cases}\dfrac{M_g-d}{M_f-b}[f(x,y)-b]+d,\ b\leqslant f(x,y)\leqslant M_f\\ \dfrac{d-c}{b-a}[f(x,y)-a]+c,\ a<f(x,y)<b\\ \dfrac{c}{a}f(x,y),\ 0\leqslant f(x,y)\leqslant a\end{cases} \tag{7.12}$$

（3）非线性点运算。非线性点运算的输出灰度级与输入灰度级呈非线性关系，常见的非线性灰度变换为对数变换和幂次变换。

① 对数变换。对数变换的一般表达式为 $s=C\lg(1+r)$，其中 C 为常数。做对数变换后，原图像的低灰度区扩展，高灰度区压缩，图像加亮、减暗。

② 幂次变换。幂次变换的一般形式为 $s=Cr^{\gamma}$，其中 C 和 γ 为正常数。当 $0<\gamma<1$ 时，加亮、减暗图像；当 $\gamma>1$ 时，加暗、减亮图像。

7.3.3 图像调整

图像调整主要是指通过提高图像的信噪比、修正图像的颜色和强度等措施，使图像的质量得到改善。图像调整主要有以下几种方法。

（1）灰度调整。将灰度值调整到一个指定的范围，是一种图像增强技术。

（2）直方图调整。通过转换灰度图像亮度或索引图像的颜色值来增强图像的对比度，使得输出图像的直方图与指定的直方图近似匹配。

（3）色彩增强。色彩增强可以使彩色图像得到增强处理。

（4）去噪。数字图像中一般都存在各种类型的噪声，我们可以采用以下多种方法来删除和减少图像中的噪声。

① 线性滤波。它通过卷积或相关运算来完成输入像素邻域内像素值的线性组合。

② 中值滤波。中值滤波是一种非线性信号处理方法，它根据输入图像中对应像素邻域内的像素值的中值来确定输出图像中对应像素的值。

③ 自适应滤波。它根据图像的局部变异进行滤波，变异大的部分进行比较小的平滑，反之则进行比较大的平滑，能获得比线性滤波更好的效果。

7.3.4 图像复原

由于成像系统的散焦、设备与物体间的相对运动、随机大气湍流、光学系统的像差等各种原因，图像的质量有时会出现模糊、失真、噪声等瑕疵，此时就需要对图像进行复原，包括辐射校正、大气校正、条带噪声消除、几何消除等。

图像复原是图像处理中的一个重要问题。解决该问题的关键是对图像的退化过程建立相应的数学模型，然后通过求解该逆问题获得图像的复原模型并对原始图像进行合理估计。由于引起图像退化的因素众多，且性质各不相同，因此目前没有统一的复原方法。根据不同的应用物理环境，采用不同的退化模型、处理技巧和估计准则可以得到不同的复原方法。

1. 退化模型

一幅质量改进或退化的图像可以近似地用方程 $g = H * f + n$ 表示，其中 g 为图像，H 为变形算子，又称为点扩散函数（Point Spread Function，PSF），f 为原始的真实图像，n 为附加噪声，*表示卷积。点扩散函数是一个很重要的因素，它的值直接影响到恢复后图像的质量。图像退化模型如图 7.2 所示，可以看出图像去退化的主要任务是用点扩散函数反卷积退化的图像。

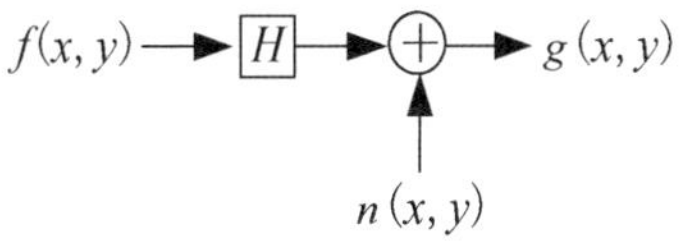

图 7.2　图像退化模型

现实中造成图像质量降低即降质的原因有很多，相应的图像退化模型及点扩散函数如下。

（1）线性移动降质。在拍照时，成像系统与目标之间的相对直线移动会造成图像的降质，可以用以下降质函数来描述。

$$H(m,n)=\begin{cases}\dfrac{1}{d}, & 0 \leqslant m \leqslant d \text{ 且 } n=0 \\ 0, & \text{其他}\end{cases} \tag{7.13}$$

式中 d 是降质函数的长度。在应用中如果线性移动不在水平方向，也可定义类似的降质函数。

（2）散焦降质。当镜头散焦时，光学系统造成的图像降质对应的点扩散函数是一个均匀分布的圆形光斑。此时降质函数可表示为

$$H(m,n)=\begin{cases}\dfrac{1}{\pi R^2}, & m^2+n^2=R^2 \\ 0, & \text{其他}\end{cases} \tag{7.14}$$

其中 R 是散焦半径。

2. 复原方法

图像复原的关键取决于对图像退化的先验知识所掌握的精度和建立的退化模型是否合适。从广义上讲，图像复原是一个求逆过程，而逆问题经常不存在唯一解，甚至不存在解，因此图像复原一般比较困难。为了得到有用解，图像复原往往需要一个评价标准，即衡量其接近真实图像的程度，或者说对退化图像的估计是否得到了某种准则下的最优，这需要有先验知识及对解的附加约束条件。

引起图像质量退化的原因有很多，为了消除图像质量的退化而采取的图像复原方法也有多种，而复原的质量标准也不尽相同，因此图像的复原是一个复杂的数学问题，其解决方法和相应的技术也各不相同。

图像复原算法有线性和非线性两类。线性算法通过对图像逆滤波实现反卷积，这类方法方便、快捷，无须循环或迭代，可以直接得到反卷积结果，但存在无法保证图像的非负性等局限性。非线性算法通过连续的迭代过程不断提高复原质量，直到满足预先设定的终止条件，其结果往往令人满意，但是迭代导致计算量很大，图像复原耗时较长。所以实际应用中还需要对两种算法进行综合考虑和选择。

（1）维纳滤波。维纳滤波可处理一维、二维信号，计算量小，复原效果好。维纳滤波器寻找一个使统计误差函数 $e^2 = E[(f-\hat{f})^2]$ 最小的估计 f，其中 E 是期望值，f 是未退化图像。

（2）正则滤波。另一个容易实现的线性复原算法是约束的最小二乘滤波，即正则滤波。在最小二乘复原处理中，常常需要附加某种约束条件，例如令 Q 为 f 的线性算子，那么最小二乘复原问题可以看成使形式为 $\| Qf \|^2$ 的函数服从约束条件 $\| g-Hf \|^2 = \| n \|^2$ 的最小化问题，这种有附加条件的极值问题可以用拉格朗日乘数法来处理。

$$W(f) = \| Qf \|^2 + \lambda \| g-Hf \|^2 - \| n \|^2 \quad (7.15)$$

式中 λ 即拉格朗日系数。通过指定不同的 Q 可以得到不同的复原目标。

（3）Lucy-Richardson 算法（简称 L-R 算法）。L-R 算法是一种迭代非线性复原算法，它假设噪声服从泊松分布，基于贝叶斯理论使产生图像的似然性达到最大值，其公式为

$$f_{k+1}(x,y) = f_k(x,y)[h(-x,-y) * \frac{g(x,y)}{h(x,y) * f_k(x,y)}] \quad (7.16)$$

式中*表示卷积，f 代表未退化图像的估计。

（4）盲反卷积。在图像复原过程中，最困难的问题之一是如何获得点扩散函数的恰当估计，那些不以点扩散函数为基础的图像复原算法统称为盲反卷积。它是一种用被随机噪声所干扰的量进行估计的最优化策略。

7.3.5 图像特征分析

图像特征主要有颜色特征、纹理特征、形状特征和空间关系特征。

1. 颜色特征

颜色特征是一种全局特征，描述了图像或图像区域所对应的景物的表面性质。一般颜色特征是基于像素点的特征，此时所有属于图像或图像区域的像素都有各自的贡献。由于颜色对图像或图像区域的方向、大小等不敏感，因此颜色特征不能很好地捕捉图像中对象的局部特征。另外，仅使用颜色特征进行检索时，如果数据库很大，常会将许多不需要的图像也检索出来。

最常用的颜色空间有 RGB 空间、HSV 颜色空间。

颜色特征可以用以下方法描述。

（1）颜色直方图。颜色直方图的优点是能简单描述一幅图像中颜色的全局分布，即不同颜色在整幅图像中所占的比例，特别适用于描述那些难以自动分割的图像和不需要考虑物体空间位置的图像。其缺点在于无法描述图像中颜色的局部分布及每种颜色所处的空间位置，即无法描述图像中的某一具体的对象或物体。

（2）颜色集。颜色集是对颜色直方图的一种近似。它首先将图像从 RGB 颜色空间转换成视觉均衡的颜色空间，并将颜色空间量化成若干个柄，然后用色彩自动分割技术将图像分为若干区域，每个区域用量化颜色空间的某个颜色分量来索引，从而将图像表达为一个二进制的颜色索引集。

（3）颜色矩。图像中任何的颜色分布均可以用它的矩来表示。此外，由于颜色分布信息主要集中在低级矩中，因此仅采用颜色的一阶矩、二阶矩和三阶矩就足以表达图像的颜色分布。

（4）颜色相关图。颜色相关图不但刻画了某一种颜色的像素数量占整个图像的比例，还反映

了不同颜色之间的相关性，它具有比颜色直方图更高的检索效果，特别是检索空间关系一致的图像。

2. 纹理特征

纹理是像素灰度级变化具有的空间规律性的视觉表现，即有纹理的区域像素灰度级分布具有一定的形式。纹理特征也是一种全局特征，它描述了图像或图像区域所对应景物的表面性质。通过研究图像中像素的灰度级分布，可建立直方图与纹理基元之间的对应关系，如灰度级的直方图特征、边缘方向直方图特征等，但它并不能完全反映物体的本质属性，因此将纹理特征应用于检索时，有时这些虚假的纹理会对检索造成误导。

与颜色特征不同，纹理特征不是基于像素点的特征，它需要在包含多个像素点的区域中进行统计计算。作为一种统计特征，纹理特征常具有旋转不变性，并且对噪声有较强的抵抗能力，但是当图像的分辨率变化时，所计算出来的纹理可能会有较大的差异。另外受光照、反射情况的影响，从二维图像反映出来的纹理不一定是三维图像表面真实的纹理。

纹理特征可以用下述方法描述。

（1）统计方法。统计方法的典型应用是从图像的自相关函数（即图像的能量谱函数）提取纹理的粗细度及方向性等特征参数。

（2）几何方法。复杂的纹理可以由若干简单的纹理基元（基本的纹理元素）以一定的有规律的形式重复排列构成，比较有影响力的方法是 Voronio 棋盘格特征法和结构法。

（3）信号处理法。

纹理特征的提取与匹配的方法主要有：灰度共生矩阵、Tamura 纹理特征、自回归纹理模型和小波变换等。纹理特征提取的目的是获取每一个像素点的一个能够用于区分不同纹理模式类的特征向量。

灰度共生矩阵特征提取与匹配主要依赖于能量、惯量、熵和相关性 4 个参数。Tamura 纹理特征基于人类对纹理的视觉感知心理学研究，提出了 6 种属性，即粗糙度、对比度、方向度、线像度、规整度和粗略度。自回归纹理模型是马尔可夫随机场模型的一种应用实例。小波变换能将原始图像的能量集中到少部分小波系数上，小波系数在 3 个方向的细节分量反映不同方向上的频率变化，而且有高度的局部相关性，可以反映图像的纹理特征。

3. 形状特征

通常情况下，形状特征有两类表现形式：一类是轮廓特征；另一类是区域特征。轮廓特征主要针对物体的外边界，而区域特征则关系到整个形状区域。

形状特征可以用以下方法描述。

（1）边界特征法。该方法通过对边界特征进行描述来获取图像的形状参数，其中霍夫变换检测平行直线方法和边界方向直方图方法是典型的方法。

（2）傅里叶形状描述符法。傅里叶形状描述符法的基本思想是用物体边界的傅里叶变换作为形状描述，利用区域边界的封闭性和周期性，将二维问题转换为一维问题。由边界点导出 3 种形状表达：曲率函数、质心距离和复坐标函数。

（3）几何参数法。几何参数法是一种更为简单的区域特征描述方法，例如采用有关形状定量测度（如矩、面积、周长等）的形状参数法。

4. 空间关系特征

空间关系是指图像中分割出来的多个目标之间的相互的空间位置或相对方向关系。这些关系可分为连接/邻接、交叠/重叠和包含/包容等关系。通常空间关系位置信息可以分为两类：相对空间位置信息和绝对空间位置信息。前者强调的是目标之间的相对情况，而后者则强调目标之间的距离大小以及方位。

空间关系特征的使用可加强对图像内容的描述区分能力，但它对图像或目标的旋转、反转、尺度变化等比较敏感。另外在实际中，仅仅利用空间信息往往是不够的，这样不能有效、准确地表示场景信息。

提取图像空间关系特征有两种方法：一种方法是首先对图像进行自动分割，划分出图像中所包含的对象或颜色区域，然后根据这些区域提取图像特征，并建立索引；另一种方法则简单将图像均匀地划分为若干规则子块，然后对每个子块提取特征，并建立索引。

7.3.6 图像区域分割

图像区域分割的目的是从图像中划分出某个物体的区域，即找出那些对应于物体或物体表面的像元集合，便于提取可区别性、可靠性、独立性好的少量特征。

图像区域分割应具有以下一些特性。

（1）均匀性。在一个区域内，各个部分或各个像元应该具有相同的图像属性。

（2）连通性。一个区域应该是整块的，即内部各像元相互连通，很少出现空洞或裂缝。

（3）边缘完整性。一个区域与其他区域的分界处，存在边缘或边界。一个区域的边界曲线显然应该是封闭的。

（4）反差性。两个不同类型的区域有着不同的图像属性，特别是那些相邻区域应该有明显不同的图像属性。

由于图像的复杂性，因此目前尚无一种标准的区域分割方法，只能按处理对象和处理目的不同而采用不同的方法。常用的方法有模板匹配法、纹理分割、聚类法等。

1. 模板匹配法

该方法将图像中的区域和一组给定的模板进行比较匹配，从而将符合模板的物体从图像中分割出来，而剩余的图像则可以根据需要用其他方法分析。模板匹配往往用相关计算或卷积计算实现。

2. 纹理分割

当物体置于明显的纹理背景中或物体本身具有较强的纹理特征时，就需要利用基于纹理的区域分割方法。当知道图像中有某种纹理存在时，可利用已知纹理的特征在图像中寻找，如果没有先验知识，可以采用基于区域的聚类方法进行纹理区域的分割。

3. 聚类法

聚类法一般可分为区域生长法及分裂合并法。

（1）区域生长法。其基本思路是从满足检测准则的点或区域开始，依据邻近区域的特征，如灰度、颜色及纹理特征在各个方向上“生长”物体，满足一定合并条件的邻域可以并入该区域。在生长过程中，合并条件可以调整，当再也找不到可合并的邻域时，生长停止。

（2）分裂合并法。其基本思路是首先将图像分为若干初始区域，然后分裂或合并这些区域，逐步改进区域分割的指标，直到最后将图像分割为数量最小（或符合某一要求）的、基本一致的区域为止。通常一致性的标准可用特征的均方差来度量。

7.3.7　数学形态学

数学形态学是一种应用于图像处理和模式识别领域的新方法，其基本思想是用表达和描述区域形状的结构元素度量和提取图像中的对应形状，以达到对图像进行分析和识别的目的。

1. 膨胀与腐蚀

膨胀与腐蚀是两个基本的数学形态学运算。膨胀是指将像素添加到图像中物体的边缘，输出像素的值是输入像素所有相邻像素值的最大值，它可使边界增大。具体的膨胀结果与图像本身和结构元素的形状有关，它常用于将图像中原本断裂开来的同一物体桥接起来。腐蚀则是指删除对象边缘的像素，输出像素的值是输入像素所有相邻像素值的最小值，具体的腐蚀结果与图像本身和结构元素的形状有关。如果物体整体上大于结构元素，腐蚀的结果是使物体变“瘦”一圈，而这一圈到底有多大是由结构元素决定的；如果物体本身小于结构元素，则在腐蚀后的图像中物体将完全消失；如果物体仅有部分区域小于结构元素，则腐蚀后物体会在细连接处断裂，分离为两部分。

2. 开启与闭合

开启是指先对图像进行腐蚀运算，然后对腐蚀的结果进行膨胀运算。闭合是指先对图像做膨胀运算，然后对膨胀结果进行腐蚀运算。这两种运算都可以除去比结构元素小的特定图像细节，同时保证不产生全局几何失真。开启运算可以使图像轮廓变得光滑，还可以把结构小的突刺滤除，切断细长连接而起到分离作用；闭合运算同样可以使轮廓变得光滑，但与开启运算相反，它通常能够填充结构元素小的缺口或孔，连接短的间断而起到连通的作用。

7.4　图像识别

图像识别是指识别图像中各种不同模式的目标和对象的技术。图像识别的发展经历了 3 个阶段：文字识别、数字图像处理与识别、物体识别。

文字识别的研究是从 1950 年开始的，一般是识别字母、数字和符号，从印刷文字识别到手写文字识别，应用非常广泛。

数字图像处理和识别的研究开始于 1965 年。数字图像与模拟图像相比具有存储和传输方便、可压缩、传输过程中不易失真、处理方便等巨大优势，这些都为图像识别技术的发展提供了强大的动力。

物体的识别主要指的是对三维世界的客体及环境的感知和认识，属于高级的机器视觉范畴。它以数字图像处理与识别为基础，结合人工智能、系统学等学科的研究方向，其研究成果被广泛应用在各种工业及探测机器人上。

现代图像识别技术的不足之处是自适应性能差，一旦目标图像被较强的噪声污染或是目标图像有较大残缺往往就得不出理想的结果。

图像识别问题的数学本质属于模式空间到类别空间的映射问题，其过程如图 7.3 所示。

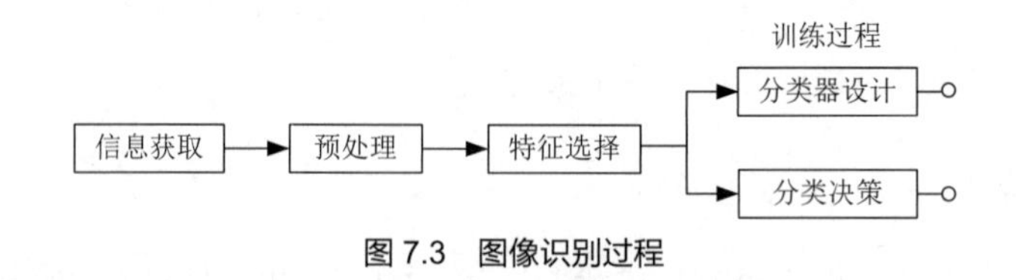

图 7.3 图像识别过程

（1）信息获取。通过传感器，将光或声音等信息转换成电信息。信息可以是二维的图像，如文字、图像等，也可以是一维的波形，如声波、心电图、脑电图，还可以是物理量与逻辑量。

（2）预处理。对图像信息进行处理，包括 A/D 二值化、图像的去噪、平滑、变换、增强、恢复、滤波等，以增强图像的重要特征。

（3）特征选择。在模式识别中，需要进行特征的选择，以降低数据维度。通过特征选择可以得到在特征空间最能反映分类本质的特征。

（4）分类器设计。分类器设计主要是指通过训练确定分类判决规则，使按此类判决规则分类时，错误率最低。

（5）分类决策。按分类器的分类结果，在特征空间中对被识别对象进行分类。

图像识别主要有以下几种识别方法。

1. 统计法

统计法是指对研究的图像进行大量的统计分析，找出其中的规律并提取出反映图像本质特点的特征来进行图像识别。它以数学上的决策理论为基础，建立统计学识别模型，因而是一种分类误差最小的方法。常用的图像统计模型有贝叶斯模型和马尔可夫随机场模型。贝叶斯决策规则虽然从理论上解决了最优分类器的设计问题，其应用却很大程度受到了更难以解决的概率密度估计问题的限制。同时，正是因为统计法基于严格的数学基础，而忽略了被识别图像的空间结构关系。当图像非常复杂、类别数很多时，将导致特征数量的激增，给特征提取造成困难，也使分类难以实现。尤其是当被识别图像（如指纹、染色体等）的主要特征是结构特征时，用统计法就很难进行识别。

2. 句法识别法

句法识别法是统计法的补充，在用统计法对图像进行识别时，图像的特征是用数值特征描述的，而句法识别法则是用符号来描述图像特征的。它模仿语言学中句法的层次结构，采用分层描述的方法，把复杂图像分解为单层或多层相对简单的子图像，主要突出被识别对象的空间结构关系。模式识别源于统计法，而句法识别法扩大了模式识别的能力，使其不仅能用于图像分类，而且能用于景物的分析与物体结构的识别。但是，当存在较大的干扰和噪声时，句法识别法较难抽取子图像（基元），容易产生误判，难以满足分类识别精度和可靠度的要求。

3. 神经网络方法

神经网络方法是指用神经网络算法对图像进行识别的方法。神经网络系统是由大量的、简单的处理单元（神经元），通过广泛地按照某种方式相互连接而形成的复杂网络系统。虽然每个神经元的结构和功能十分简单，但由大量的神经元构成的网络系统的行为却是丰富多彩和十分复杂的，它反映了人脑功能的许多基本特征，是人脑神经网络系统的简化、抽象和模拟。句法识别法侧重于模拟人的逻辑思维，而神经网络方法侧重于模拟和实现人的认知过程中的感知过程、形象思维、分布式记忆和自学习自组织过程，与符号处理的关系是一种互补的关系。由于神经网络具有非线性映射逼近、大规模并行分布式存储和综合优化处理、容错性强、独特的联想记忆及自组织、自适应和自学习能力，因而特别适合处理需要同时考虑许多因素和条件的问题以及信息不确定性（模糊或不精确）问题。在实际应用中，由于神经网络方法存在收敛速度慢、训练量大、训练时间长，且存在局部最小，识别分类精度不够，难以适用于经常出现新模式的场合，因而其实用性有待进一步提高。

4. 模板匹配法

模板匹配法是一种最基本的图像识别方法。所谓模板是指为了检测待识别图像的某些区域特征而设计的阵列，它既可以是数字，也可以是符号串等，因此可以把模板匹配法看作统计法或句法识别法的一种特例。所谓模板匹配法就是把已知物体的模板与图像中所有未知物体进行比较，如果某一未知物体与该模板匹配，则该物体被检测出来，并被认为是与模板相同的物体。模板匹配法虽然简单、方便，但其应用有一定的限制。因为要表明所有物体的各种方向及尺寸，需要数量较多的模板，且其匹配过程由于需要的存储量和计算量过大而经济性不高。同时，该方法的识别率过多地依赖于已知物体的模板，如果已知物体的模板产生变形，会导致错误的识别。此外，由于图像存在噪声以及被检测物体形状和结构方面的不确定性，模板匹配法在较复杂的情况下往往得不到理想的效果，难以达到绝对精确，一般都要在图像的每一点上求模板与图像之间的匹配量度，凡是匹配量度达到某一阈值的地方，表示该图像中存在所要检测的对象。经典的图像匹配方法利用互相关计算匹配量度或用绝对差的平方和作为不匹配量度，但是采用这两种方法经常发生不匹配的情况，因此，利用几何变换的匹配方法有助于提高稳健性。

图像识别技术在公共安全、生物、工业、农业、交通、医疗等诸多领域都有广泛的应用，如人脸与指纹识别、车牌识别、食品品质检测、心电图识别等。随着计算机技术的不断发展，图像识别技术也在不断地优化，人类对图像识别技术的认识也会更加深刻。未来图像识别技术的功能将会更加强大，可以更加智能地出现在我们的生活中，为人类社会的更多领域带来更大的改变。

7.5 图像处理和识别的 MATLAB 实战

例 7.1　对某图像进行运算。

解：对某图像可根据 MATLAB 中相关函数进行计算。

```
>> mypict1=imread('D:\图片\PICT1165.jpg');mypict2=imread('D:\图片\PICT0077.jpg');
>> subplot(221);mypict=imadd(mypict1,mypict2);imshow(mypict);
>> subplot(222);myp=imsubtract(mypict,mypict2);imshow(myp);
>> subplot(223);imshow(immultiply(myp,1.2));
>> subplot(224);I1=im2bw(mypict1,0.4);I2=im2bw(mypict2,0.5);        %转换成二值图像
>> imshow(I1&I2);                    %绘制图 7.4（a）
>> subplot(221),imshow(imresize(mypict1,2,'nearest'));
>> subplot(222),imshow(imrotate(mypict1,35,'bilinear'));
>> subplot(223),imshow(mypict1);
>> I=imcrop;                         %交互操作，选择矩形的大小
>> subplot(224);imshow(I);           %绘制图 7.4（b）
```

（a）　　　　　　　　　　（b）

图 7.4　图像的运算

例 7.2　对某图像分别进行傅里叶变换、余弦变换与反变换。

解：

（1）傅里叶变换

```
>> mypict=imread('D:\图片\PICT1165.jpg'); B=fftshift(fft(double(mypict)));
>> iptsetpref('imshowinitialmagnification',30);      %设置倍率
>> subplot(121);imshow(mypict);subplot(122);imshow(real(B));colormap(jet(64)),colorbar;
```

图像的傅里叶变换结果如图 7.5 所示。

图 7.5　图像的傅里叶变换

（2）余弦变换与反变换

```
>> mypict1=imread('D:\图片\PICT1165.jpg');I=rgb2gray(mypict1);
>> my=dct2(I);
>> subplot(221);imshow(I);
>> subplot(222);my(abs(my)<30)=0;k=idct2(my)/255;imshow(k);
>> subplot(223);my(abs(my)<80)=0;k=idct2(my)/255;imshow(k);
>> subplot(224);my(abs(my)<310)=0;k=idct2(my)/255;imshow(k);
```

图像的余弦变换与反变换如图 7.6 所示。很明显，随着矩阵中 0 元素的增多，图像变得模糊。

图 7.6　图像的余弦变换与反变换

例 7.3　利用余弦变换对某图像进行压缩。

解： 利用 MATLAB 中的相关函数进行计算。

```
>> myp=imread('D:\图片\PICT1447.jpg');I=rgb2gray(myp);          %转换成灰度图像
>> I1=im2double(I);T=dctmtx(8);                                 %T 为二维 DCT 矩阵
>> B=blkproc(I1,[8 8],'P1*x*P2',T,T');                          %块操作，压缩 DCT 系数
>> n=zeros(8,8); a=fliplr(triu(ones(4))); n(1:4,1:4)=a;         %只保留 DCT 的 11 个系数
>> B2=blkproc(B,[8 8],'P1.*x',n);I2=blkproc(B2,[8 8],'P1*x*P2',T',T);       %DCT 的反变换
>> subplot(121),imshow(I1);subplot(122),imshow(I2);
```

余弦变换对图像的压缩对比如图 7.7 所示。从图 7.7 中可以看出，即使只保留 11 个 DCT 系数，重建后图像仍然清晰可辨。

图 7.7　余弦变换对图像的压缩对比

例 7.4　对某图像进行小波变换。

解： 利用 MATLAB 中的相关函数进行计算。

```
>> myp1=imresize(imread('D:\图片\PICT1447.jpg'),0.3);           %读取并缩小图像
>> myp2=imresize(imread('D:\图片\PICT1165.jpg'),0.3);
>> I1=rgb2ind(myp1,0.3);I2=rgb2ind(myp2,0.3);                   %转换成索引图像
>> [c1,s1]=wavedec2(double(I1),2,'sym4');
>> [c2,s2]=wavedec2(double(I2),2,'sym4');                       %小波分解
>> sizec1=size(c1);for i=1:sizec1(2);c1(i)=1.2*c1(i);end        %处理小波系数
>> c3=(c1+c2)*0.5;                                               %图像的融合
>> my=waverec2(c3,s1,'sym4');figure,imagesc(my);                 %重构小波系数
>> [c,s]=wavedec2(double(I1),2,'sym4');
>> ch1=detcoef2('h',c,s,1);cv1=detcoef2('v',c,s,1);
>> cd1=detcoef2('d',c,s,1);a1=wrcoef2('a',c,s,'sym4',1);
>> h1=wrcoef2('h',c,s,'sym4',1);v1=wrcoef2('v',c,s,'sym4',1);
>> d1=wrcoef2('d',c,s,'sym4',1);cc1=[a1,h1;v1 d1];
>> ca1=appcoef2(c,s,'sym4',1);ca1=wcodemat(ca1,500,'mat',0);ca1=0.5*ca1;
>> ca2=appcoef2(c,s,'sym4',2);ca2=wcodemat(ca2,500,'mat',0);ca2=0.25*ca2;
>> figure;
>> subplot(221);image(I1);title('原始图像');
>> subplot(222),image(cc1);title('分解后的高、低频信息');
>> subplot(223);image(ca1);title('第一层的低频信息');
>> subplot(224),image(ca2);title('第二层的低频信息');
```

图像的小波变换结果如图 7.8 所示。从结果中可看出，表现图像最主要的部分是低频部分，所以图像的压缩是去掉图像的高频部分而只保留低频部分，并且小波的第二层分解所得到的低频信息更能代表图像的特征。

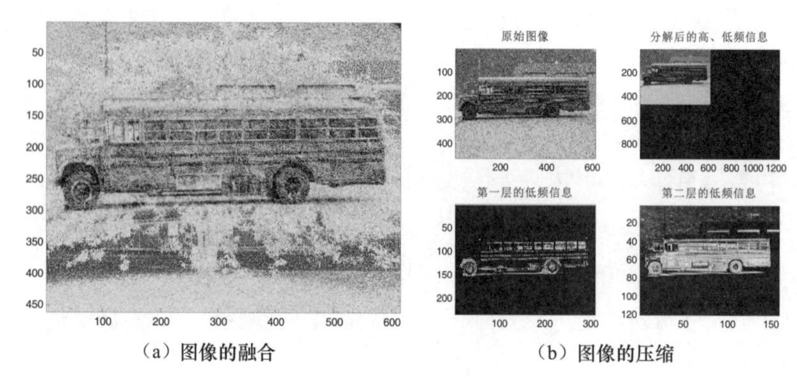

（a）图像的融合　　（b）图像的压缩

图 7.8　图像的小波变换

例 7.5　对某图像进行分析。

解： 利用 MATLAB 中的相关函数进行计算。

```
>> myp1=imresize(imread('D:\图片\PICT1220.jpg'),0.3);I=im2bw(myp1);
>> regionprops(l,'basic');l=bwlabel(I);            %做标记
>> figure;imshow(I);figure;imcontour(I,3);figure;imshow(I);hold on;
>> dim=size(I);row=min(find(I(:,300)));            %确定边界像素坐标
>> boundary=bwtraceboundary(I,[row,300],'N');
>> plot(boundary(:,2),boundary(:,1),'r','linewidth',4);
>> I1=I(1:min(dim)-1,1:min(dim)-1);                %图像应是方形的
>> s=qtdecomp(I1,0.25,[2 4]);s1=full(s);[val,r,c]=qtgetblk(I1,s,4);
```

图像分析结果如图 7.9 所示。

图 7.9　图像分析

例 7.6　对图像进行恢复。

解： 利用 MATLAB 中的相关函数进行计算。

```
>> myp1=imresize(imread('D:\图片\PICT1220.jpg'),0.3);
>> psf=fspecial('gaussian',11,5);                         %创建点扩散函数
>> bw=imfilter(myp1,psf,'circ','conv');                   %模糊化图像
>> psf1=ones(size(psf));b=deconvblind(bw,psf1,30);        %恢复图像
```

用其他算法也可以对图像进行恢复，所得到的结果可能会有所差异。

例 7.7　对图像进行滤波处理。

解： 利用 MATLAB 中的相关函数进行计算。

```
>> myp1=imresize(imread('D:\图片\PICT1220.jpg'),0.3);
>> I=rgb2gray(myp1);J=imnoise(I,'salt & pepper',0.02);   %添加“椒盐噪声”
>> subplot(221);imshow(J);k1=filter2(fspecial('average',3),double(I))/255; %均值滤波
>> subplot(222);imshow(k1);h=fspecial('sobel'); H=filter2(h,I);     %指定 sobel 算子的滤波
```

```
>> subplot(223);imshow(H);imshow(I);bw=roipoly(I);J=roifilt2(h,I,bw);   %指定区域滤波
>> subplot(224);imshow(J)
```

不同的滤波效果如图 7.10 所示。

（a）原始图像

（b）均值滤波

（c）指定 sobel 算子的滤波

（d）指定区域滤波

图 7.10　不同的滤波效果

例 7.8　对某材料的 TEM（Transmission Electron Microscope，透射电子显微镜）图像进行相应的处理。

解：利用 MATLAB 中的相关函数进行计算。

```
>> myp1=imread('D:\图\my4.bmp');I=im2bw(myp1);         %转换成二值图像
>> figure,imshow(myp1),title('原始图像');
>> se1=strel('square',3);se2=strel('disk',6);   %生成结构元素
>> bw2=imerode(myp1,se1);imshow(bw2);title('腐蚀运算');
>> bw3=bwmorph(I,'open');          %开启运算
>> bw4=bwmorph(I,'remove');        %闭合运算
>> bw5=bwmorph(I,'skel',inf); figure;imshow(bw5);title('细化图像');
>> bw6=edge(double(I),'canny');figure;imshow(bw6);title('检测边缘')
```

图像的不同处理结果如图 7.11 所示。

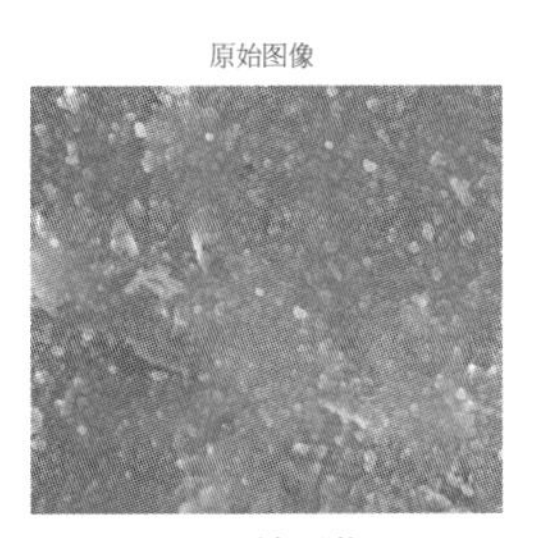

（a）原始图像

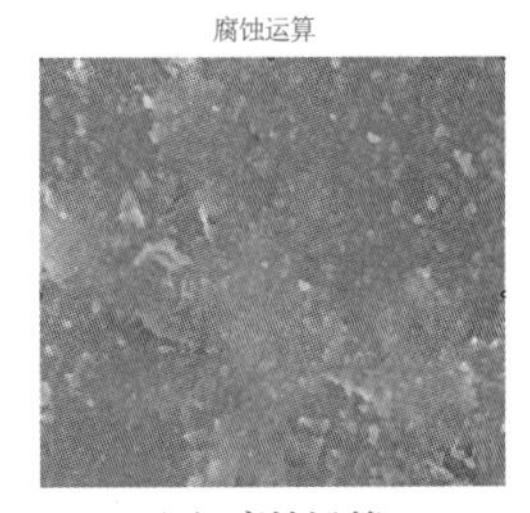

（b）腐蚀运算

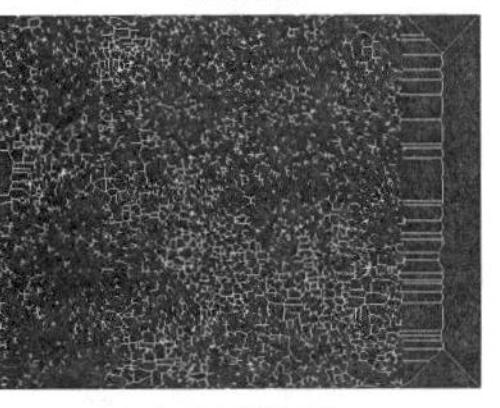

（c）细化图像

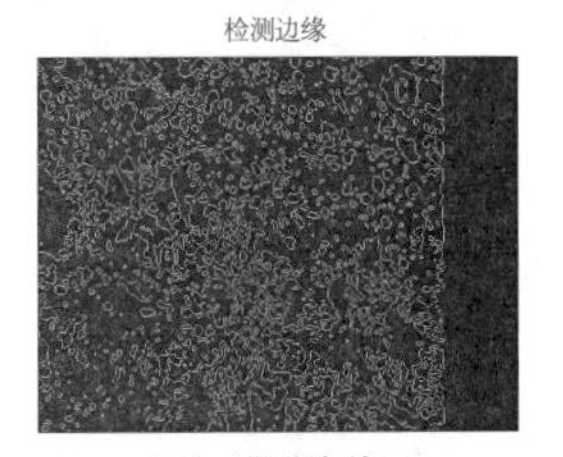

（d）检测边缘

图 7.11　图像处理结果

```
%检测图像中的微小结构
>> Ic=imcomplement(myp1);          %图像反色
>> bw=im2bw(Ic,graythresh(Ic));   %阈值分割
>> bwc=imclose(bw,se2);            %闭合运算
>> bwco=imopen(bwc,se2);           %开启运算
>> mask=bw & bwco;                 %逻辑“与”运算
>> figure,imshow(mask),title('检测图像中的微小结构')          %得到图 7.12
```

图 7.12　检测图像中的微小结构

```
>> se=strel('disk',15);
>> Itop=imtophat(myp1,se); imshow(Itop),title('高帽运算');  %图像开启运算结果与原始图像之差
>> Ibot=imbothat(myp1,se);figure,imshow(Ibot),title('低帽运算');%图像闭合运算结果与原始图像之差
>> Iehance=imsubtract(imadd(Itop,myp1),Ibot);                   %复合运算
>> Iec=imcomplement(Iehance); figure,imshow(Iec),title('对增强图像的反色');
%图像的高、低帽运算结果如图 7.13 所示
```

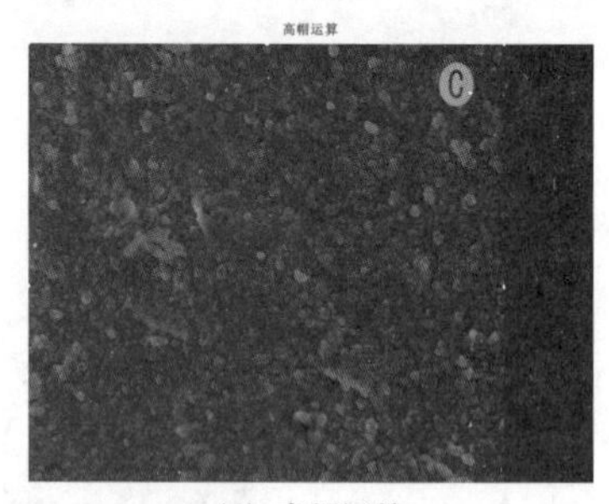

（a）高帽运算

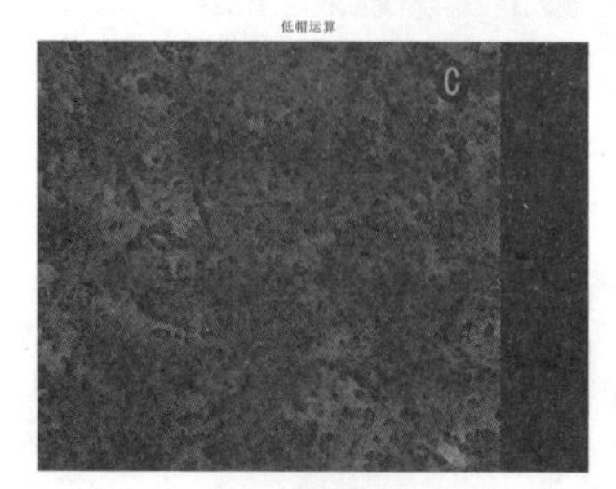

（b）低帽运算

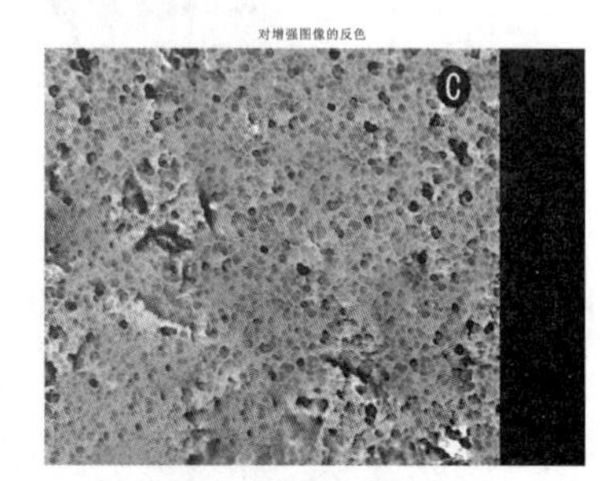

（c）对增强图像的反色

图 7.13　图像的高、低帽运算

```
>> bw=bwmorph(I,'skel',6);                               %抽取图像骨架
>> bw1=bwmorph(bw,'spur',8);                             %去除图像突刺
>> bw2=~bw1;figure,imshow(bw2),title('颗粒的边界图')     %绘制如图 7.14 的颗粒的边界图
```

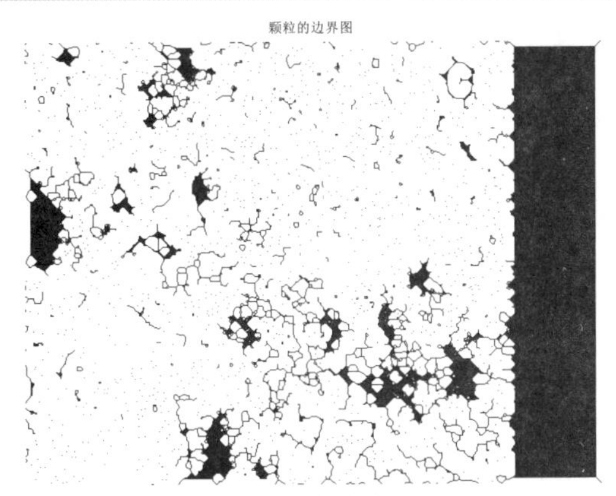

图 7.14　颗粒的边界图

从处理结果可以看出，图像经过一些处理后，其特征变得更加明显，有利于模式识别等技术的开展。

例 7.9　物体，特别是移动物体（如汽车等）的自动识别系统是以物体为特定目标的专用机器视觉系统，是机器视觉和图像模式识别技术在智能交通领域的应用。汽车车牌的自动识别便是其中一个典型的应用。车牌的自动识别系统由车牌的定位和车牌字符识别两个部分组成。由于受各种复杂背景环境以及不同光照条件的影响，车牌自动识别存在相当大的难度。目前国内外有一些车牌识别系统已投入使用，但这些系统的应用存在一定的约束。因 MATLAB 图像工具箱具有强大的功能，其中的一些函数的功能完全可以用于对汽车车牌的自动识别。

试利用 MATLAB 图像工具箱对图 7.15 所示的某汽车的原始图片进行车牌自动识别。

图 7.15　某汽车的原始图片

解：以常见小型汽车的车牌为例，其背景为蓝色，字体为白色，车体与车牌颜色存在明显的对比。我们可以先通过 MATLAB 图像工具箱的 impixelinfo 函数获取车牌背景色的红、绿、蓝分量的亮度值和坐标，并在 X、Y 方向上统计，确定车牌背景在整个图像中的坐标范围。然后对图像进行分割，最终确定并显示汽车车牌号码。下面给出整个过程的 MATLAB 代码。

```
>> I=imread('D:\图片\DSC00643.jpg');I=imresize(I,0.3);imshow(I);      %显示原始图像
>> [y,x,z]=size(I);          %求原始图像行数、列数、维数
>> myI=double(I);            %图像转换
>> blue_y=zeros(y,1);        %图像蓝色像素点
%以下循环用于确定车牌背景在整体图像中的位置，其中的数值为车牌区域的红、绿和蓝分量值的范围
>> for i=1:y
    for j=1:x
        if(myI(i,j,1)<=50)&& myI(i,j,1)>=10&&((myI(i,j,2)<60)&& …
                       (myI(i,j,2)>=20))&&((myI(i,j,3)<=170)&&(myI(i,j,3)>=60))
            blue_y(i,1)=blue_y(i,1)+1;
        end
    end
>> end
```

```
>> [temp maxY]=max(blue_y);          %确定 Y 方向的车牌区域
>> PY1=maxY;
>> while ((blue_y(PY1,1)>=5)&&(PY1>1))
    PY1=PY1-1;
>> end
>> PY2=maxY;
>> while ((blue_y(PY2,1)>=5)&&(PY2<y))
    PY2=PY2+1;
>> end
>> IY=I(PY1:PY2,:,:);imshow(IY);plot(blue_y); %显示 Y 方向上的统计图及车牌
>> blue_x=zeros(1,x);                          %确定 X 方向的车牌区域
>> for j=1:x
      for i=PY1:PY2
            if(myI(i,j,1)<=50)&&myI(i,j,1)>=10&&((myI(i,j,2)<60)&& …
                      (myI(i,j,2)>=20))&&((myI(i,j,3)<=170)&&(myI(i,j,3)>=60))
                blue_x(1,j)=blue_x(1,j)+1;
            end
      end
>> end
>> PX1=1;
>> while ((blue_x(1,PX1)<3)&&(PX1<x))
    PX1=PX1+1;
>> end
>> PX2=x;
>> while ((blue_x(1,PX2)<3)&&(PX2>PX1))
    PX2=PX2-1;
>> end
>> plot(blue_x);
>> PX1=PX1-2;PX2=PX2+2;          %对车牌区域的修正
>> plate=I(PY1:PY2,PX1-2:PX2,:);
>> imshow(plate);
```

运行该代码，可得到图 7.16 所示的结果。从图 7.16 中可看出已较为精确地识别出车牌。

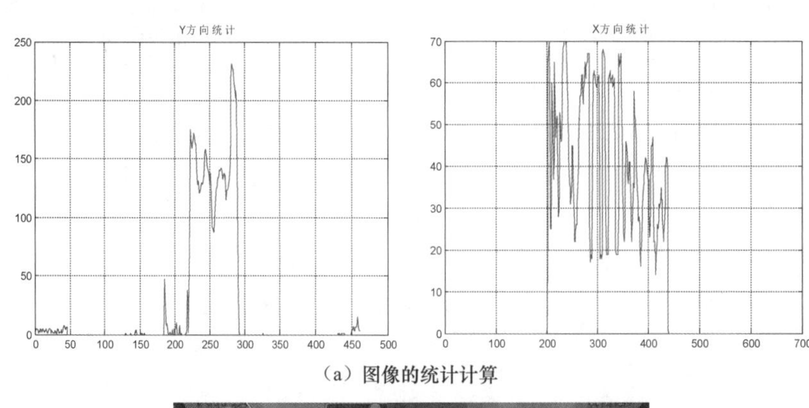

（a）图像的统计计算

（b）Y 方向车牌区域确定

（c）车牌显示

图 7.16　汽车车牌的自动识别

该程序如要达到实用化，即不仅可以对实例中的车体颜色的汽车车牌进行自动识别，而且可以对其他车体颜色的汽车车牌进行自动识别，需要进行大量的统计分析，分析不同车体颜色与车牌背景颜色的差异及不同光照条件的影响，从而确定不同汽车车牌区域的红、绿和蓝分量值。在此基础上，对该程序进行适当的修改，就可能使汽车车牌自动识别系统达到较为完善的程度。

例 7.10　由于光学成像系统自身原理的限制，它对同一场景内不同距离上的物体所成的像，具有不能同时清晰成像的特点。当成像系统的焦点聚集在某个物体上时，它可在像平面形成一个清晰的像，这时其他位置上的物体在像平面上所形成的像将呈现不同程度的模糊。但我们通常希望得到一幅所有目标都清晰的像。为了实现这个目标，我们可以采用将多帧图像融合的处理方法。请对图 7.17 所示图像进行图像融合。

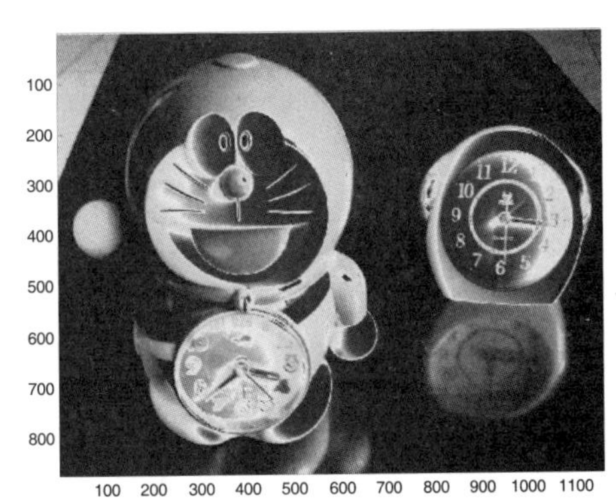

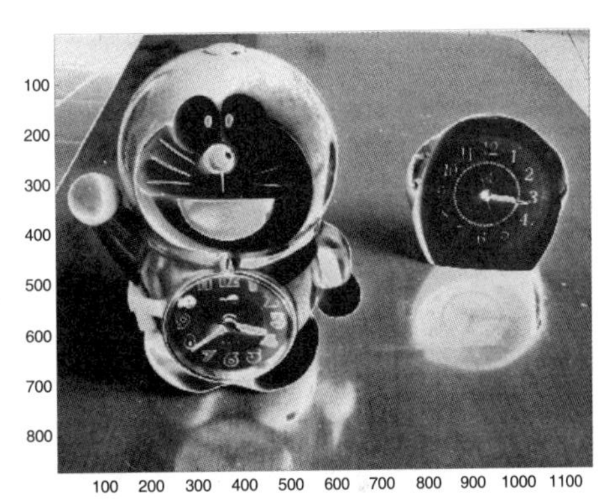

图 7.17　待融合图像

解：图像融合的方法有多种，在此我们采用基于小波变换的融合方法。根据试验可知，在一幅图像中为了获得前后景物均清晰的图像，应该采取高频系数取大、低频系数取平均的融合策略，即首先进行两幅图像各自的多尺度分解，然后在变换域内某一分辨级别上，比较两幅图像相应位置的高频系数，进行取大运算，对它们的低频系数取算术平均，得到新的组合系数，最后将组合系数进行多尺度重建，即可获得一幅融合图像。

```
>> I1=imread('D:\相片\1.bmp'); I2=imread('D:\相片\2.bmp');
>> bw1=double(rgb2gray(I1));bw2=double(rgb2gray(I2));      %图像格式转换
>> [cA2,cH2,cV2,cD2]=dwt2(bw2,'sym4',2);                    %二层小波分解
>> [cA1,cH1,cV1,cD1]=dwt2(bw1,'sym4',2);
>> cA=(cA1+cA2)./2;                                         %低频系数即近似系数取平均
>> cH=max(cH1,cH2);                                         %高频系数即细节系数取最大
>> cV=max(cV1,cV2);cD=max(cD1,cD2);
>> y=idwt2(cA,cH,cV,cD,'sym4');                             %重构图像，得到图 7.18
```

由于受到照相设备的限制，待融合的两幅图像中的物体在图中的位置有些差异，但还是可以在图 7.18 中看出，两个物体的图像基本上变得较为清晰。在实际应用中，还可以采用不同的小波基及不同的分解层数。

例 7.11　手写体数字的识别在社会的许多方面有着广泛的应用，并且有多种技术可以实现对手写体数字的识别。试用支持向量机方法实现对手写体数字的识别。

解：手写体数字的识别实际上是一个多类的分类问题，因此利用支持向量机完全可以完成这项工作。

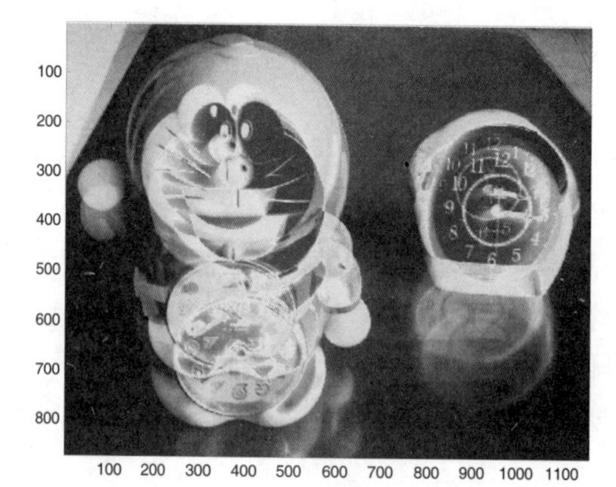

图 7.18　融合图像

首先选取一定数量的 0～9 这 10 个数字的手写体数字图片作为训练样本，为了使其具有代表性，每个数字都应有相当数量的图片，图 7.19 所示为其中的一组图片。由于初始图片中每个数字的区域大小不统一，而且不是二值图像，因此需要进行处理，以适应数学处理。即对每张图片进行反色和二值化处理，以获得每个数字的特征向量值，并截取包含完整数字的最小区域，将该区域转换成 16×16（单位：像素）大小的图像。转换后的图像是白底黑字的，图 7.19 中数字区域的像素为 1，背景区域的像素则为 0。

图 7.19　一组手写体数字图片

对所有的训练图像进行处理后，就可以构造并训练得到一系列支持向量机，并完成对 0～9 这 10 个手写体数字的识别。

程序如下。

```
>> picformat={'*.jpg','JPEG image(*,jpg)';'*.bmp','bitmap image(*,bmp)';'*.*','All files (*,*)'};
              %可以处理图片的各种格式
>> [filename, filepath]=uigetfile(picformat,'导入图片','*.jpg','multiselect','on');
              %可以一次性选择多张图片输入
>> filename=cellstr(filename);    %图片名称，如 01，代表数字 0 的第一张图片
>> n=length(filename);totalpicture=zeros(n,256);group=zeros(n,1);    %亮度 255 代表白色
>> for i=1:n
     I=imread([filepath,filename{i}]);I=255-I;I=im2bw(I,0.5);    %反色处理并转换为二值图像
     [y,x]=find(I==1);bw=I(min(y):max(y),min(x):max(x));         %含完整数字的最小区域
     bw=imresize(bw,[16,16]);                                     %16×16（单位：像素）大小
     totalpicture(i,:)=double(bw(:)');                            %将图像转换为数字矩阵
     group(i)=str2double(filename{i}(1));                         %图片对应的真实数字
>> end
>> train_pic=arrayfun(@(k)totalpicture(group==k,:),0:9,'uniformoutput',false);
     %循环函数，即将指定的函数应用到给定数组的所有元素
>> nchk=nchoosek(0:9,2);        %将 0～9 数字两两配对
>> svm=cell(size(nchk,1),1);   %将 0～9 数字分类总共需要的向量机
>> for k=1:size(nchk,1)
```

```
        t1=train_pic{nchk(k,1)+1};t2=train_pic{nchk(k,2)+1};     %构成训练样本
        svm{k}=svmtrain([t1;t2],[ones(size(t1,1),1);zeros(size(t2,1),1)],'kernel_function',…
             'polynomial','polyorder',1);   %支持向量机训练函数，核函数可以选用其他
>> end
```

支持向量机训练结束后，便可对未知手写体数字的图片进行测试。同样，首先对未知手写体数字的图片进行反色、二值化、截取指定区域并转换成统一大小等处理，处理结束后，便可以用训练好的支持向量机进行识别。

```
>> for i=1:n
    true_num(i)=str2double(filename{i}(2));   %每张图片代表的真实数字，文件名为 001 等
    I=imread([filepath,filename{i}]);I=255-I;I=im2bw(I,0.5);[y,x]=find(I==1);
    bw=I(min(y):max(y),min(x):max(x));bw=imresize(bw,[16,16]);test=double(bw(:)');
    for k=1:length(svm)
        svmresult(k)=svmclassify(svm{k},test);      %支持向量机分类函数
        temp(k)=nchk(k,1).*svmresult(k)+nchk(k,2).*~svmresult(k);
    end
    result(i)=mode(temp);          %两两比较，以出现次数多的为最终类别
>> end
```

例 7.12　请对人脸进行定位识别。

解：人脸识别有两种情况，对应以下两种方法。

第一种是仅能够识别图片中的人脸，也就是说，只能识别出这张图片中有一张人脸，但是不能够识别出这张人脸是谁的。这是一种比较简单的识别方法。其优点是算法简单，执行速度较快。其缺点是不能识别这个人是谁。

第二种是能够识别图中的人脸是谁的。这种识别方法可以以第一种识别方法作为基础，第一步判断图中是否存在人脸，第二步判断图中的人脸是谁的。这样做可以提升算法的执行效率，避免浪费，但同时计算量较大，运行速度有所降低。

本例使用第一种方法。该方法一般利用图片中的肤色进行识别，还可以加入眼睛、鼻子等定位来提升算法的性能。

```
>> locat_face              %自编函数
```

根据提示输入人脸照片，可得出图 7.20 所示的结果。

图 7.20　人脸的定位及识别

例 7.13　请进行人脸识别。

解：此例使用例 7.11 中提及的第二种方法，即识别人脸是谁的。理论上讲，任何一种模式识别的方法都可以用于人脸的识别，在此采用 BP 人工神经网络方法。

首先根据人脸训练数据库中人脸的类别，确定输出目标 t，本例训练数据库为 4 个人的脸，如图 7.21 所示，每个人有 5 张不同表情的脸部图片。

图 7.21 训练图片数据

```
>> t=[1 0 0 0;1 0 0 0;1 0 0 0;1 0 0 0;1 0 0 0 ;…      %输出目标
      0 1 0 0;0 1 0 0;0 1 0 0;0 1 0 0 ;0 1 0 0 ;…
      0 0 1 0;0 0 1 0; 0 0 1 0; 0 0 1 0; 0 0 1 0;…
      0 0 0 1;0 0 0 1;0 0 0 1;0 0 0 1;0 0 0 1]';
```

然后调用自编函数 bpfacerecog 进行识别计算。

```
>> class=bpfacerecog('C:\Users\lenovo\Documents\face2\',…
                     'C:\Users\lenovo\Documents\face2\','.png',t,1);
   class=1
```

测试结果即图片中的人脸属于第 1 个人，测试图片如图 7.22 所示。

图 7.22 测试图片

程序中因为采用人工神经网络的行命令，而且高版本的 MATLAB 已禁用 newff，所以在高版本 MATLAB 中运行本程序时，有可能会出错，读者可自行修改程序中有关 BP 网络的计算部分。

bpfacerecog 的输入参数为 bpfacerecog(traindatapath,testdatapath,imag_format,target,testnum)。其中 traindatapath 为训练数据库文件的路径，testdatapath 为测试数据库文件的路径，imag_format 为人脸图片的格式，target 为输出目标，testnum 为要测试的人脸数。

如果要提高测试精度，应增加训练数据库中每个人不同表情的人脸数。

参考文献

[1] 蔡自兴,徐光祐．人工智能及其应用[M]．4 版．北京：清华大学出版社,2015.

[2] 朱福喜．人工智能[M]．3 版．北京：清华大学出版社,2017.

[3] 杨淑莹．模式识别与智能计算：MATLAB 实现[M]．北京：电子工业出版社,2008.

[4] 陈守煜．中长期水文预报综合分析理论模式与方法[J]．水利学报,1997,(8)：15-21.

[5] 杨晓华,沈珍瑶．智能算法及其在资源环境系统建模中的应用[M]．北京：北京师范大学出版社,2005.

[6] 朱尔一,杨芃原,邓志成,等．正交递归选择法及其在转炉炉龄研究中的应用[J]．计算机和应用化学,1993.10：246-252.

[7] 陈水利,李敬功,王向功．模糊集理论及其应用[M]．北京：科学出版社,2006.

[8] 刘思峰,党耀国,方志耕,等．灰色系统理论及其应用[M]．3 版．北京：科学出版社,2005.

[9] 边肇祺,张学工．模式识别[M]．北京：清华大学出版社,2000.

[10] 郭秀英．预测决策的理论与方法[M]．北京：化学工业出版社,2012.

[11] 郑小平,高金吉,刘梦婷．事故预测理论与方法[M]．北京：清华大学出版社,2009.

[12] 于俊年．计量经济学[M]．北京：对外经济贸易大学出版社,2014.

[13] 张建林．MATLAB＆Excel 定量预测与决策：运作案例精编[M]．北京：电子工业出版社,2012.

[14] HAN JW, KAMBERM．数据挖掘概论与技术（原书第 2 版）[M]．范明,孟小峰,译．北京：机械工业出版社,2007.

[15] 廖芹,郝志峰,陈志宏．数据挖掘与数学建模[M]．北京：国防工业出版社,2010.

[16] 梁循．数据挖掘算法与应用[M]．北京：北京大学出版社,2006.

[17] Margaret H. Dunham．数据挖掘教程[M]．郭崇慧,田凤占,靳晓明,等译．北京：清华大学出版社,2005.

[18] 谢邦昌．数据挖掘基础与应用[M]．北京：机械工业出版社,2011.

[19] 陈文卫,黄金才,赵新昱．数据挖掘技术[M]．北京：北京工业大学出版社,2002.

[20] 陈京民．数据仓库与数据挖掘技术[M]．北京：电子工业出版社,2002.

[21] 焦李成,刘芳,缑水平,等．智能数据挖掘与知识发现[M]．西安：西安电子科技大学出版社,2006.

[22] 倪志伟,倪丽萍,刘慧婷,等．动态数据挖掘[M]．北京：科学出版社,2010.

[23] 李雄飞,李军．数据挖掘与知识发现[M]．北京：高等教育出版社,2003.

[24] 邵峰晶,于忠清,王金龙,等．数据挖掘原理与算法[M]．北京：科学出版社,2009.

[25] 杨淑莹,张桦．群体智能与仿生计算：MATLAB 技术实现[M]．北京：电子工业出版社,2012.

[26] 江铭炎,袁东风．人工鱼群算法及其应用[M]．北京：科学出版社,2012.

[27] 王凌．智能优化算法及其应用[M]．北京：清华大学出版社,2001.

[28] 施彦．群体智能预测与优化[M]．北京：国防工业出版社,2012.

[29] 王海英,黄强,李传涛,等．图论算法及其 MATLAB 实现[M]．北京：北京航空航天大学出版社,2010.

[30] 黄华江．实用化工计算机模拟：MATLAB 在化学工程中的应用[M]．北京：化学工业出版社,2004.

[31] 傅英定,成孝予,唐应辉．最优化理论与方法[M]．北京：国防工业出版社,2008.

[32] 唐焕文,秦学志．实用最优化方法[M]．大连：大连理工大学出版社,2010.

[33] 施光燕,董加礼．最优化方法[M]．北京：高等教育出版社,2005.

[34] 李玉鑑,张婷,单传辉,等．深度学习：卷积神经网络从入门到精通[M]．北京：机械工业出版社,2019.

[35] KIM P．深度学习：基于 MATLAB 的设计实例[M]．邹伟,王振波,王燕妮,译．北京：北京航空航天大学出版社,2018.